船舶与海洋工程翻译出版计划

Fluid Mechanics and Turbomachinery Problems and Solutions

# 流体力学及其叶轮机械应用

〔美〕毕杰·K. 苏丹（Bijay K. Sultanian） 著

高 杰 郑 群 牛夕莹 译

黑版贸登字 08-2023-042 号
Fluid Mechanics and Turbomachinery Problems and Solutions 1s tauthored/edited / by Sultanian, Bijay K / ISBN: 9780367514747



**图书在版编目(CIP)数据**

流体力学及其叶轮机械应用 / (美) 毕杰·K. 苏丹 (Bijay K. Sultanian) 著 ; 高杰, 郑群, 牛夕莹译. — 哈尔滨 : 哈尔滨工程大学出版社, 2023. 5
书名原文: Fluid Mechanics and Turbomachinery: Problems and Solutions
ISBN 978-7-5661-2695-5

Ⅰ. ①流… Ⅱ. ①毕… ②高… ③郑… ④牛… Ⅲ. ①叶轮机械流体动力学-高等学校-教材 Ⅳ. ①TK12

中国国家版本馆 CIP 数据核字(2023)第 098800 号

**流体力学及其叶轮机械应用**
LIUTI LIXUE JI QI YELUN JIXIE YINGYONG

◎**选题策划** 石 岭 ◎**责任编辑** 丁 伟 ◎**封面设计** 李海波

**出版发行** 哈尔滨工程大学出版社
**社 址** 哈尔滨市南岗区南通大街 145 号
**邮政编码** 150001
**发行电话** 0451-82519328
**传 真** 0451-82519699
**经 销** 新华书店
**印 刷** 黑龙江天宇印务有限公司
**开 本** 787 mm×1 092 mm 1/16
**印 张** 20. 25
**字 数** 528 千字
**版 次** 2023 年 5 月第 1 版
**印 次** 2023 年 5 月第 1 次印刷
**定 价** 128. 00 元
http://www. hrbeupress. com
E-mail: heupress@ hrbeu. edu. cn

# 前　言

流体力学是航空航天推进和发电的核心，其应用包括火箭发动机、燃气轮机、蒸汽轮机、水轮机、风力涡轮机、陆地和海洋发电厂、压气机、风扇、泵等。在世界上大多数大学的机械和航空航天工程的典型课程中，流体力学通常是那些正在攻读热流体力学专业学位学生的一门核心必修课程。

在中佛罗里达大学教授"流体力学及其叶轮机械应用"本研课程的十年间，我意识到每个班级的规模都在逐年增大。班级规模增大的直接影响是减少了我布置整个学期课后作业的数量。这样做的主要目的是减轻我对所有学生作业进行评分的负担。学生们确实从课堂和教科书上的各种例子中受益匪浅。在此期间，我也意识到，虽然理解流体力学的基本概念和各种守恒定律是必要的，但仅凭这一点并不能保证学生可以成功解决实际问题，除非这些问题需要直接应用流体力学中著名的基本方程。每当我在课堂上进行闭卷考试时，学生们总是问我是否会为他们提供所有需要的流体力学方程。我经常用爱因斯坦的智慧之言提醒他们："教育不是学习事实，而是训练思维。"我最难忘的一次经历是我在"流体力学及其叶轮机械应用"课程的第一周布置了以下家庭作业：

一个小男孩在帮他爸爸做院子里的活，一边玩花园里的水管，一边说道："嘿，爸爸！当我把水管口盖上一半时，水会喷得更快，流得更远。"父亲回道："很明显，对于相同的流量，如果面积减半，水射流速度会加倍。"过了一会儿，男孩又说道："爸爸，但是现在装满水桶需要更长的时间。"爸爸继续回道："嗯……这是我需要考虑的事情。"

根据你对流体流动的理解，你会如何帮助这位父亲摆脱困境？

我有点失望，班上没有学生能够正确解决这个相对简单的不可压缩流动问题，它并不需要使用复杂的方程——当然不是可怕的纳维-斯托克斯方程。通过在中佛罗里达大学对300多名学生进行教学、测试和评分，我了解到他们中的大多数人，除了了解流体力学的各种概念和控制守恒定律之外，还需要大量实践来解决工程实际问题。对于后者，他们需要一本很好的关于实际问题及其解法的图书来与他们指定的教科书结合使用。

基于我超过45年的、主要专注于液体火箭推进的热流体工程以及用于飞机推进和发电的世界级燃气轮机的行业研发经验，我看到了一个令人失望的趋势，即"计算背后的艺术"在新一代有才华的热流体工程师中逐渐消失。导致这一趋势的关键因素是过度依赖各种设计工具和商业软件，包括它们的集成和自动化，以满足不断缩短的新产品设计周期需要。当然，一本关于实际问题的详细解法的好书，将大大提高这些研发工程师在分析和设计中保持和强化他们在自动化设计工具的黑盒应用之外的解决工程问题的能力和技能。有一次，我问我在一家燃气轮机公司工作的同事：假设他利用一个商用设计工具来求解带有摩擦、传热和旋转的可变面积管道中的一维可压缩流动问题，以辅助涡轮叶片的内部冷却设计，如何验证设计工具的结果？这位同事的答案是，该设计工具正确计算了等熵收缩-扩张喷管流、范诺流和瑞利流的极限情况。我的答案是，由于各种效应之间的非线性耦合影响，一次使用一种效应对工具的验证是不够的，我们需要对考虑管道面积变化、摩擦、传热和旋转的综合影响的管道流动进行数值求解（例如，使用 MS Excel 进行手动计算）。这让我的同事不知所措，不知道如何根据我的提议对设计工具进行基本验证。而该工具基本上是为低马赫数流动（不可压缩空气流动）定制的，在设计中却被错误地用于计算涡轮叶片内部带有阻塞和正激波的冷却流动之中。

本书反映了我多年的行业研发和教学经验，其中包括许多创新问题及其使用物理优先方法的系统化详细解法。尽管本书的每一章都简要回顾了支持该章所包含问题及其解法的一些关键概念，但本书并不能取代流体力学教科书。作为许多具有详细解法的实践问题的理想来源，高年级本科生和研究生、教学人员、研发工程师和从事流体力学各个分支的研究人员，会发现本书是保持和强化其涉及流体力学方面问题求解技能的不可或缺的“伴侣”。作为具有广泛吸引力的同类书籍之一，本书有望长期为感兴趣的读者服务。

**毕杰 · K. 苏丹**

# 译者前言

《流体力学及其叶轮机械应用》一书以关键概念介绍为先导，以来自工程实际的大量创新性问题及其详细解法为主体，深入浅出地阐述了流体力学的基础知识及其工程应用，包括流体运动学、控制体分析、伯努利方程、可压缩流、势流、纳维-斯托克斯方程、边界层流动等，并从流体力学基本原理出发对常见的离心泵与风机、离心压气机、轴流泵、风扇与压气机、径流燃气涡轮、轴流燃气涡轮、扩压器等叶轮机械内部的流体流动过程及能量转换原理、工作性能和初步设计进行了详细介绍。

本书作者 Sultanian 博士是中佛罗里达大学的兼职教授和 Takaniki 技术公司的创始人兼高管。他教授“流体力学及其叶轮机械应用”课程十余年，他是燃气轮机传热、气动热力学、二次空气系统和计算流体力学领域的国际权威，是美国机械工程师协会(ASME)的终身会士、科学研究协会 Sigma Xi 的荣誉会员等。本书作者长期从事叶轮机械设计方面的科研与教学工作，迄今已超过 45 年。面对流体力学课堂教学存在的问题和研发工程师过度依赖商用设计软件的现状，他将流体力学基本理论与叶轮机械设计问题紧密结合，强调流体力学工程应用能力的培养以及叶轮机械工程设计背后的流体力学基本理论分析，以此形成本书。

在解决流体力学问题时仅懂得一些理论知识是不够的，在利用商用软件去做叶轮机械工程设计时，仅会进行软件操作而不了解设计背后的基础理论也是不够的。本书是作者基于多年教学与科研工作的思考产物：“这是我儿时梦寐以求的书！”目的是通过对基本概念的仔细诠释，并通过运用大量的工程实际问题，建立一座跨越理论知识和实际应用之间鸿沟的桥梁。

本书秉承“实践是最好的学习方法”理念，强调工程应用，书中大量的综合性和设计性问题均来自工程实际，并由作者给出详细解法，力求将流体力学基本概念、对基本理论的理解与掌握融入大量实际问题的求解过程之中，注重加强流体力学基础理论及其应用能力的培养，是国际上第一部容纳了大量具有详细解法的工程实际问题、聚焦于内流领域的流体力学图书。虽然本书不是传统意义上的教材，但各章节内容仍然涵盖了流体力学的基本内容。本书可以作为高年级本科生和研究生的流体力学辅助教材，也可作为从事能源动力、船舶与海洋工程、航空航天、机械、水利、石化、气象、电力等相关行业的专业技术人员维持和强化其解决问题技能的参考书。

本书由高杰、郑群、牛夕莹翻译，全书由高杰统稿。本书在翻译过程中，得到了多位研究生的协助，在此表示感谢。本书的翻译出版得到了中国造船工程学会“船舶与海洋工程翻译出版计划”和哈尔滨工程大学动力与能源工程学院的资助，在此表示感谢。还要感谢哈尔滨工程大学出版社石岭老师等，该书在他们的帮助下才得以顺利出版。

由于译者水平有限，本书翻译内容难免存在疏漏和不足之处，敬请广大读者批评指正。

高　杰<br>2023 年 1 月

# 目　录

# 第1章　流体运动学基本概念

## 关键概念

本章简要介绍了流体运动学的一些关键概念。有关每个主题的更多细节详见 Sultanian, 2015。

### 速度场

并非所有矢量场都代表速度场,它们还必须满足局部质量守恒方程(连续性方程)——流体力学第一定律:

$$\frac{\partial\rho}{\partial t}+\frac{\partial(\rho V_x)}{\partial x}+\frac{\partial(\rho V_y)}{\partial y}+\frac{\partial(\rho V_z)}{\partial z}=0 \tag{1.1}$$

这对任何非定常的层流或湍流都是有效的。对于定常、可压缩流动,此方程可简化为

$$\frac{\partial(\rho V_x)}{\partial x}+\frac{\partial(\rho V_y)}{\partial y}+\frac{\partial(\rho V_z)}{\partial z}=0 \tag{1.2}$$

对于恒定密度的不可压缩流动,无论是定常流动还是非定常流动,式(1.1)都可简化为

$$\frac{\partial V_x}{\partial x}+\frac{\partial V_y}{\partial y}+\frac{\partial V_z}{\partial z}=0 \tag{1.3}$$

### 流线和流管

在流体流动中,流线是一种瞬时线,其局部速度矢量处处相切,即没有流体穿过流线。虽然速度的大小可以沿流线变化,但它的方向总是与流线的局部切线相一致。一束流线形成一个流管,没有流体穿过流管的表面。写出如下的三维流线方程:

$$\frac{\mathrm{d}x}{V_x}=\frac{\mathrm{d}y}{V_y}=\frac{\mathrm{d}z}{V_z} \tag{1.4}$$

### 总加速度:当地和迁移加速度

把非定常流体的总加速度写成

$$\boldsymbol{a}=\frac{\mathrm{D}\boldsymbol{V}}{\mathrm{D}t}=\frac{\partial \boldsymbol{V}}{\partial t}+V_x\frac{\partial \boldsymbol{V}}{\partial x}+V_y\frac{\partial \boldsymbol{V}}{\partial y}+V_z\frac{\partial \boldsymbol{V}}{\partial z} \tag{1.5}$$

右边的第一项是当地加速度,剩下的三项合起来就是迁移加速度。根据式(1.5),将每个速度分量的加速度写成

$$a_x=\frac{\mathrm{D}V_x}{\mathrm{D}t}=\frac{\partial V_x}{\partial t}+V_x\frac{\partial V_x}{\partial x}+V_y\frac{\partial V_x}{\partial y}+V_z\frac{\partial V_x}{\partial z} \tag{1.6}$$

$$a_y=\frac{\mathrm{D}V_y}{\mathrm{D}t}=\frac{\partial V_y}{\partial t}+V_x\frac{\partial V_y}{\partial x}+V_y\frac{\partial V_y}{\partial y}+V_z\frac{\partial V_y}{\partial z} \tag{1.7}$$

$$a_z=\frac{\mathrm{D}V_z}{\mathrm{D}t}=\frac{\partial V_z}{\partial t}+V_x\frac{\partial V_z}{\partial x}+V_y\frac{\partial V_z}{\partial y}+V_z\frac{\partial V_z}{\partial z} \tag{1.8}$$

## 涡量

像速度一样,涡量是一种流动的运动矢量性质。从局部速度的旋度得到涡量。涡量矢量沿坐标方向的每个分量代表流体质点沿坐标方向局部逆时针旋转速率的两倍。因此,可以写成

$$\boldsymbol{\zeta}=\mathrm{curl}\ \boldsymbol{V}=\nabla\times\boldsymbol{V}=\left(\frac{\partial V_z}{\partial y}-\frac{\partial V_y}{\partial z}\right)\hat{\boldsymbol{i}}+\left(\frac{\partial V_x}{\partial z}-\frac{\partial V_z}{\partial x}\right)\hat{\boldsymbol{j}}+\left(\frac{\partial V_y}{\partial x}-\frac{\partial V_x}{\partial y}\right)\hat{\boldsymbol{k}} \tag{1.9}$$

和

$$\boldsymbol{\zeta}=2\boldsymbol{\omega} \tag{1.10}$$

分量

$$\omega_x=\frac{1}{2}\left(\frac{\partial V_z}{\partial y}-\frac{\partial V_y}{\partial z}\right) \tag{1.11}$$

$$\omega_y=\frac{1}{2}\left(\frac{\partial V_x}{\partial z}-\frac{\partial V_z}{\partial x}\right) \tag{1.12}$$

$$\omega_z=\frac{1}{2}\left(\frac{\partial V_y}{\partial x}-\frac{\partial V_x}{\partial y}\right) \tag{1.13}$$

## 自由涡

旋转矢量($\boldsymbol{\omega}$)是流体质点局部刚体旋转的度量,而涡流是整个流场的整体圆周运动,其流线为同心圆。自由涡中的角动量保持不变,给出:

$$V_\mathrm{t}=\frac{C}{r} \tag{1.14}$$

它的奇点在 $r=0$ 处。式中,$C$ 为常数。如图 1.1 所示,该涡流外部流线的切向速度低于内部流线的切向速度。尽管有违直觉,但自由涡中远离原点的涡量为零。

## 受迫涡

一个受迫涡表现为固体以恒定角速度(rad/s)旋转,其所有流线为同心圆。把受迫涡的方程写成

$$V_\mathrm{t}=r\Omega \tag{1.15}$$

如图 1.2 所示,受迫涡外部流线比内部流线具有更大的切向或涡流速度。

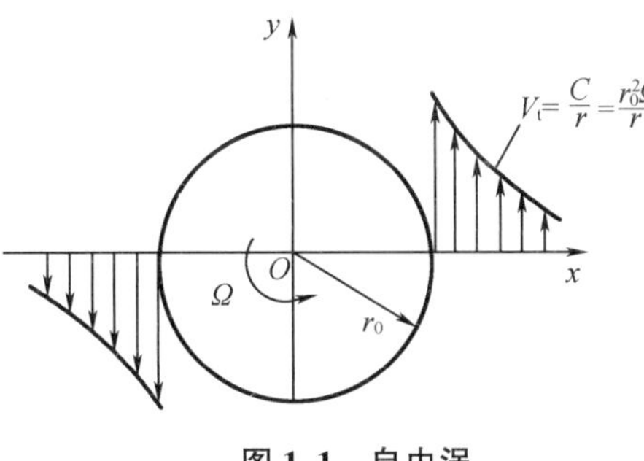

图 1.1 自由涡

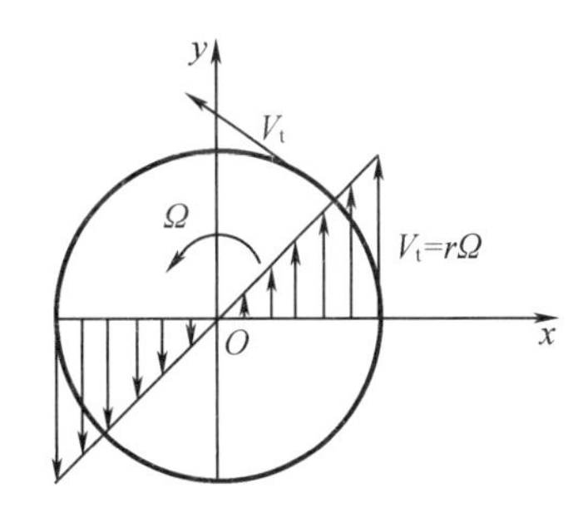


图 1.2 受迫涡

## 兰金涡

理想的自由涡流在其切向速度趋于无穷大时，在原点处（半径为零）具有奇异性。对于具有非零黏度的实际流体，这一条件在物理上是不可实现的。一个真实的自由涡流，如龙卷风，其特征是在原点处有一个切向速度为零的受迫涡核心——如图 1.3 所示的兰金涡。因此，对于兰金涡，当 $r=r_0$ 时，其方程写成 $V_t=r\Omega$；当 $r>r_0$ 时，其方程写成 $V_t=C/r$。

## 环量

环量是速度场的另一个特性。对于一个封闭的轮廓线，环量表征包含在轮廓线内的总涡量。为了计算沿正向闭合轮廓线的环量，如图 1.4 所示，对速度进行线积分，得

$$\Gamma=\oint_C \boldsymbol{V}\cdot \mathrm{d}\boldsymbol{l} \tag{1.16}$$

应用 Stokes 定理，将线积分和面积分联系起来，得到方程

$$\Gamma=\oint_C \boldsymbol{V}\cdot \mathrm{d}\boldsymbol{l}=\iint_S (\nabla\times\boldsymbol{V})\cdot\hat{\boldsymbol{n}}\mathrm{d}S=\iint_S \boldsymbol{\zeta}\cdot\hat{\boldsymbol{n}}\mathrm{d}S \tag{1.17}$$

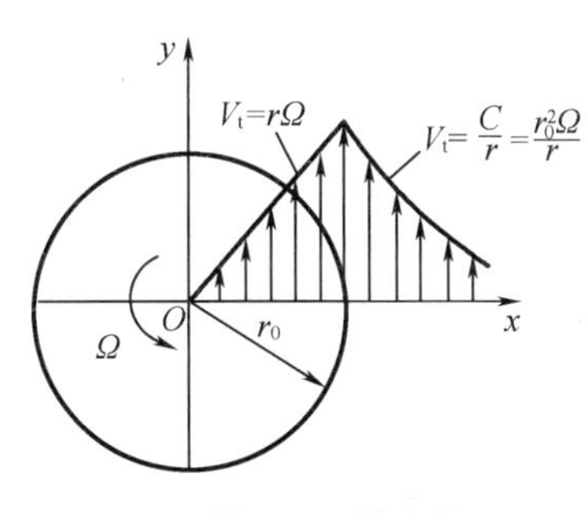


图 1.3 兰金涡

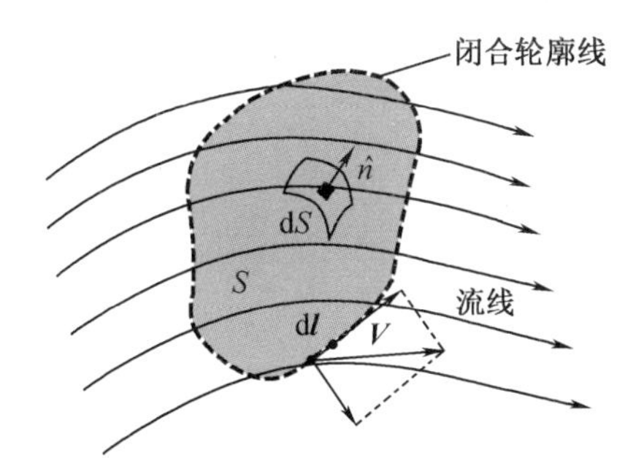


图 1.4 流场中闭合轮廓线的环量涡

## 总温

对于不可压缩流体和可压缩流体，得到总（滞止）温度 $T_0$ 为静态温度 $T$ 和动态温度 $V^2/2c_p$ 之和：

$$T_0=T+\frac{V^2}{2c_p} \tag{1.18}$$

用可压缩气流动的马赫数表示,把这个方程写成

$$\frac{T_0}{T}=1+\frac{\gamma-1}{2}Ma^2 \tag{1.19}$$

式中,马赫数 $Ma=\sqrt{\gamma RT}$。

### 总压

对于不可压缩流体或 $Ma\leqslant 0.3$ 时的可压缩流体,利用方程得到总(滞止)压力:

$$p_0=p+\frac{1}{2}\rho V^2 \tag{1.20}$$

式中,$\rho V^2/2$ 是不可压缩流体的动压力。

对于可压缩流体,假设一个等熵的滞止过程,通过方程得到最大总压:

$$\frac{p_0}{p}=\left(\frac{T_0}{T}\right)^{\frac{\gamma}{\gamma-1}} \tag{1.21}$$

用马赫数表示,方程可以写成

$$\frac{p_0}{p}=\left(1+\frac{\gamma-1}{2}Ma^2\right)^{\frac{\gamma}{\gamma-1}} \tag{1.22}$$

### 流体推力和冲击压力

在管道流动的任意截面上,无论是不可压缩流体还是可压缩流体,都可以得到流体的推力为压力和动量(惯性力)之和,即

$$\boldsymbol{S}_{\mathrm{T}}=p\boldsymbol{A}\cdot\left(\frac{\boldsymbol{V}}{V}\right)+\dot{m}\boldsymbol{V} \tag{1.23}$$

$\boldsymbol{S}_{\mathrm{T}}$ 是一个沿动量方向的矢量,可以认为它代表了与流体流动有关的合力(压力和惯性力的总和)。

当某一截面上的流体推力除以其垂直于动量方向的面积时,就得到了一个新的压力,即冲击压力:

$$p_{\mathrm{i}}=p+\rho V^2 \tag{1.24}$$

请注意:与计算不可压缩流体中总压力的方程(1.20)相比,方程(1.24)中缺失了1/2。在无壁面摩擦的等面积管道中,即使进口和出口的静压、总压和静温、总温不同,流体推力和冲击压力也保持不变。

## 问题 1.1:三维定常不可压缩流动中的流线

三维定常不可压缩流动的速度分布由 $V_x=5x\mathrm{e}^{-2z}$,$V_y=-3y\mathrm{e}^{-2z}$ 和 $V_z=\mathrm{e}^{-2z}$ 给出,求通过点 $A(1,1,1)$ 的流线方程。

## 问题 1.1 的解法

首先验证给定的速度分量是否满足连续性方程:

$$\frac{\partial V_x}{\partial x}+\frac{\partial V_y}{\partial y}+\frac{\partial V_z}{\partial z}=0$$

$$\frac{\partial(5xe^{-2z})}{\partial x}+\frac{\partial(-3ye^{-2z})}{\partial y}+\frac{\partial e^{-2z}}{\partial z}$$

$$5e^{-2z}-3e^{-2z}-2e^{-2z}=0$$

**流线方程**

$$\frac{dx}{V_x}=\frac{dy}{V_y}=\frac{dz}{V_z}$$

$$\frac{dx}{5xe^{-2z}}=\frac{dy}{-3ye^{-2z}}=\frac{dz}{e^{-2z}}$$

$$\frac{dx}{5x}=-\frac{1}{3}\cdot\frac{dy}{y}=dz$$

对这个方程的前两项积分可得

$$\frac{1}{5}\ln x=-\frac{1}{3}\ln y+\ln\widetilde{C}_1$$

$$y=C_1x^{-3/5}$$

对于经过$A(1,1,1)$的流线，求出$C_1=1$，$y=x^{-3/5}$。

类似地，对$\frac{dx}{5x}=dz$积分可得

$$\frac{1}{5}\ln x=z+C_2$$

$$z=\frac{1}{5}\ln x-C_2$$

## 问题 1.2：变密度三维定常流动中的流线

对于问题 1.1 中给出的流场，密度变化为$\rho=e^{-z}$，这只改变了$z$方向上的速度分量。求$V_z$的新分布和通过点$A(1,1,1)$的新流线方程。

## 问题 1.2 的解法

变密度流场必须满足连续方程。假设$V_z=ae^{-bz}$，其中$a$和$b$是待确定的常数。将变密度的连续性方程写成

$$\frac{\partial(\rho V_x)}{\partial x}+\frac{\partial(\rho V_y)}{\partial y}+\frac{\partial(\rho V_z)}{\partial z}=0$$

$$\frac{\partial(5xe^{-2z}e^{-z})}{\partial x}+\frac{\partial(-3ye^{-2z}e^{-z})}{\partial y}+\frac{\partial(ae^{-bz}e^{-z})}{\partial z}=0$$

$$5e^{-3z}-3e^{-3z}-a(1+b)e^{-(1+b)z}=0$$

从中得到$a=\frac{2}{3}$和$b=2$，给出$V_z=\frac{2}{3}e^{-2z}$。

### 流线方程

流线方程没有明确地包含密度。密度的变化只通过改变的速度场影响流线，而速度场必须始终满足连续性方程——流体力学第一定律。

$$\frac{dx}{V_x}=\frac{dy}{V_y}=\frac{dz}{V_z}$$

$$\frac{dx}{5xe^{-2z}}=-\frac{dy}{-3ye^{-2z}}=\frac{3}{2}\cdot\frac{dz}{e^{-2z}}$$

$$\frac{dx}{5x}=-\frac{1}{3}\cdot\frac{dy}{y}=\frac{3}{2}dz$$

对这个方程的前两项积分得到

$$\frac{1}{5}\ln x=-\frac{1}{3}\ln y+\ln\widetilde{C}_1$$

$$y=C_1x^{-3/5}$$

对于经过 $A(1,1,1)$ 的流线，求出 $C_1=1$，进而求出 $y=x^{-3/5}$。

对 $\frac{dx}{5x}=\frac{3}{2}dz$ 积分可得

$$\frac{1}{5}\ln x=\frac{3}{2}z+\widetilde{C}_2$$

$$z=\frac{2}{15}\ln x-C_2$$

当流线经过 $A(1,1,1)$ 时，得到 $C_2=-1$，给出

$$z=1+\frac{2}{15}\ln x$$

因此，在给定密度变化的流场中，通过 $A(1,1,1)$ 的所需流线上的点的坐标满足 $y=x^{-3/5}$ 和 $z=1+\frac{2}{15}\ln x$。

## 问题 1.3：测量得到的速度分布

某组研究生在平板上进行了二维定常流场 $V_x$ 和温度的精确测量，如图 1.5 所示。他们将这些测量值与 $V_x=V_0x^2$ 相关联，其中 $V_0$ 是一个常数。注意 $V_y$ 在 $y=0$ 时为 0，他们根据对不可压缩流体流动的理解计算出 $V_y$ 的分布。指导老师在查看数据和计算结果后，指出计算出来的 $V_y$ 在所有地方都高出 33%。她要求学生考虑温度的变化后重新进行计算，温度的变化引起了密度的变化 $\rho=\rho_0xy$，其中 $\rho_0$ 是一个常数，$x$ 和 $y$ 都是无量纲坐标。验证该小组计算的 $V_y$ 中指导老师估计的误差。

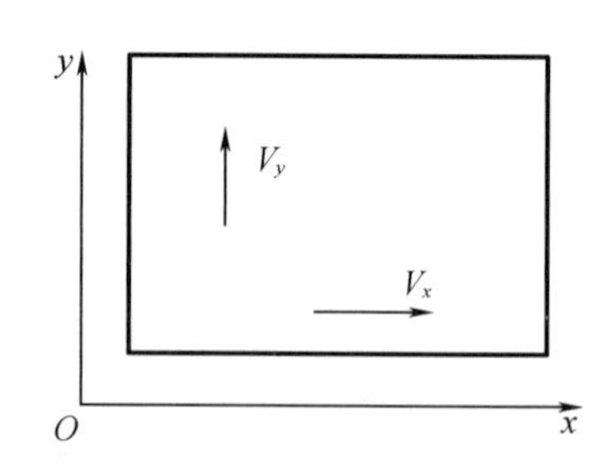


**图 1.5　平板上的二维流动(问题 1.3)**

## 问题1.3的解法

最初，他们采用二维流动连续性方程的不可压缩形式，计算了速度的分量($\widetilde{V}_y$)，方程为

$$\frac{\partial V_x}{\partial x}+\frac{\partial \widetilde{V}_y}{\partial y}=0$$

$$\frac{\partial \widetilde{V}_y}{\partial y}=-\frac{\partial V_x}{\partial x}=-\frac{\partial (V_0 x^2)}{\partial x}=-2V_0 x$$

当 $y=0$ 时，$\widetilde{V}_y=0$，可得

$$\widetilde{V}_y=-2V_0 xy$$

考虑温度分布不均匀引起的密度变化，连续性方程变为

$$\frac{\partial (\rho V_x)}{\partial x}+\frac{\partial (\rho V_y)}{\partial y}=0$$

$$\frac{\partial (\rho V_y)}{\partial y}=-\frac{\partial (\rho V_x)}{\partial x}=-\frac{\partial (\rho_0 xyV_0 x^2)}{\partial x}=-3\rho_0 V_0 x^2 y$$

式中，$V_y$ 为实际流量随密度变化的速度的 $y$ 分量，当 $y=0$ 时，$\widetilde{V}_y=0$，可得

$$\rho V_y=-\frac{3}{2}\rho_0 V_0 x^2 y^2$$

$$V_y=-\frac{3}{2}V_0 xy$$

初始计算出的速度 $y$ 向分量的百分比误差 $e$ 为

$$e=\frac{\widetilde{V}_y-V_y}{V_y}\times 100\%=33.3\%$$

所以，指导老师是对的。

## 问题1.4:锥形扩压器中的当地迁移加速

对于如图1.6所示的锥形扩压器中体积流量为 $Q$ 的一维定常不可压缩流动，求距入口距离为 $x$ 处的迁移加速度。

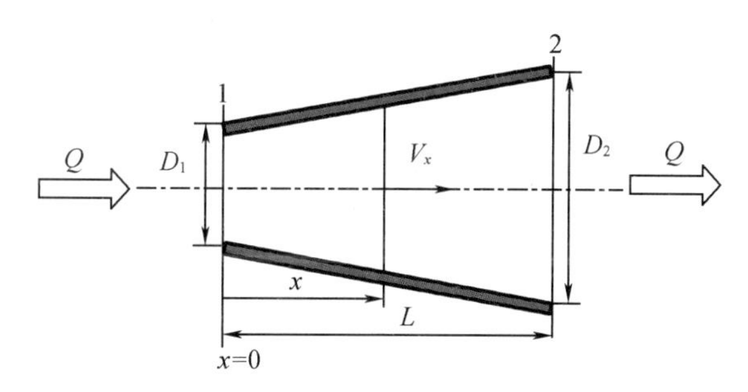


图1.6 锥形扩压器内一维定常不可压缩流动(问题1.4)

## 问题 1.4 的解法

**扩压器直径**

$$D_x = D_1 + x\frac{D_2 - D_1}{L} = D_1 + \alpha x$$

式中

$$\alpha = \frac{D_2 - D_1}{L}$$

**扩压器流动面积**

$$A_x = \frac{\pi D_x^2}{4} = \frac{\pi}{4}(D_1 + \alpha x)^2$$

**$x$ 方向的速度**

$$V_x = \frac{Q}{A_x} = \frac{4Q}{\pi} \cdot \frac{1}{(D_1 + \alpha x)^2}$$

**迁移加速度**

$$a_x = V_x \frac{\mathrm{d}V_x}{\mathrm{d}x}$$

$$\frac{\mathrm{d}V_x}{\mathrm{d}x} = -\frac{8\alpha Q}{\pi} \cdot \frac{1}{(D_1 + \alpha x)^3}$$

$$a_x = -\left[\frac{4Q}{\pi} \cdot \frac{1}{(D_1 + \alpha x)^2}\right]\left[\frac{8\alpha Q}{\pi} \cdot \frac{1}{(D_1 + \alpha x)^3}\right]$$

$$a_x = -\frac{32\alpha Q^2}{\pi^2} \cdot \frac{1}{(D_1 + \alpha x)^5}$$

这就是所需的迁移加速度。

## 问题 1.5：非定常三维流动中的迁移加速度和旋转矢量

给出了三维非定常不可压缩流动的速度矢量

$$\boldsymbol{V} = (x^2y + 5xt + yz^2)\hat{\boldsymbol{i}} + (xy^2 + 4t)\hat{\boldsymbol{j}} - (4xyz - xy + 5zt)\hat{\boldsymbol{k}}$$

(1)验证给定的速度场满足连续性方程。

(2)求解点 $A(1,1,1)$ 在 $t = 1.0$ 时的加速度矢量。

(3)求解点 $A(1,1,1)$ 在 $t = 1.0$ 时的旋转矢量。

# 问题 1.5 的解法

从每个速度分量得到：

对 $V_x = x^2y + 5xt + yz^2$

$$\frac{\partial V_x}{\partial t} = 5x, \frac{\partial V_x}{\partial x} = 2xy + 5t, \frac{\partial V_x}{\partial y} = x^2 + z^2, \text{并且} \frac{\partial V_x}{\partial z} = 2yz$$

对 $V_y = xy^2 + 4t$

$$\frac{\partial V_y}{\partial t} = 4, \frac{\partial V_y}{\partial x} = y^2, \frac{\partial V_y}{\partial y} = 2xy, \text{并且} \frac{\partial V_y}{\partial z} = 0$$

对 $V_z = -(4xyz - xy + 5zt)$

$$\frac{\partial V_z}{\partial t} = -5z, \frac{\partial V_z}{\partial x} = -4yz + y, \frac{\partial V_z}{\partial y} = -4xz + x, \text{并且} \frac{\partial V_z}{\partial z} = -4xy - 5t$$

## (1) 连续性方程

$$\frac{\partial V_x}{\partial x} + \frac{\partial V_y}{\partial y} + \frac{\partial V_z}{\partial z} = 0$$

$$2xy + 5t + 2xy - 4xy - 5t = 4xy - 4xy + 5t - 5t = 0$$

## (2) 加速度矢量

$$\boldsymbol{a} = a_x\hat{\boldsymbol{i}} + a_y\hat{\boldsymbol{j}} + a_z\hat{\boldsymbol{k}}$$

$$a_x = \frac{\partial V_x}{\partial t} + V_x\frac{\partial V_x}{\partial x} + V_y\frac{\partial V_x}{\partial y} + V_z\frac{\partial V_x}{\partial z}$$

这个方程中的各项在 $A(1,1,1)$ 处的值变成

$$\frac{\partial V_x}{\partial t} = 5x = 5$$

$$V_x\frac{\partial V_x}{\partial x} = (x^2y + 5xt + yz^2)(2xy + 5t) = 49$$

$$V_y\frac{\partial V_x}{\partial y} = (xy^2 + 4t)(x^2 + z^2) = 10$$

$$V_z\frac{\partial V_x}{\partial z} = (4xyz - xy + 5zt)(4xy + 5t) = 72$$

得到 $a_x$

$$a_x = 5 + 49 + 10 + 72 = 136$$

相似地，得到 $a_y$

$$\frac{\partial V_y}{\partial t} = 4$$

$$V_x\frac{\partial V_y}{\partial x} = (x^2y + 5xt + yz^2)y^2 = 7$$

$$V_y \frac{\partial V_y}{\partial y} = (xy^2 + 4t)(2xy) = 10$$

$$V_z \frac{\partial V_y}{\partial z} = (4xyz - xy + 5zt) \times 0 = 0$$

得到

$$a_y = 4 + 7 + 10 + 0 = 21$$

相似地,得到 $a_z$

$$\frac{\partial V_z}{\partial t} = -5z = -5$$

$$V_x \frac{\partial V_z}{\partial x} = (x^2y + 5xt + yz^2)(-4yz + y) = -21$$

$$V_y \frac{\partial V_z}{\partial y} = (xy^2 + 4t)(-4xz + x) = -15$$

$$V_z \frac{\partial V_z}{\partial z} = (4xyz - xy + 5zt)(-4xy - 5t) = -72$$

得到

$$a_z = -5 - 21 - 15 - 72 = -113$$

总加速度可写成

$$\boldsymbol{a} = 136\hat{\boldsymbol{i}} + 21\hat{\boldsymbol{j}} - 113\hat{\boldsymbol{k}}$$

### (3)旋转矢量

对于旋转矢量

$$\boldsymbol{\omega} = \omega_x \hat{\boldsymbol{i}} + \omega_y \hat{\boldsymbol{j}} + \omega_z \hat{\boldsymbol{k}}$$

可以得到在点 $A(1,1,1)$ 处

$$\omega_x = \frac{\partial V_z}{\partial y} - \frac{\partial V_y}{\partial z} = -4xz + x - 0 = x(1 - 4z) = -3$$

$$\omega_y = \frac{\partial V_x}{\partial z} - \frac{\partial V_z}{\partial x} = 2yz + 4yz = 6$$

$$\omega_z = \frac{\partial V_y}{\partial x} - \frac{\partial V_x}{\partial y} = y^2 - x^2 - z^2 = -1$$

最后得出

$$\boldsymbol{\omega} = -3\hat{\boldsymbol{i}} + 6\hat{\boldsymbol{j}} - \hat{\boldsymbol{k}}$$

这说明在给定的非定常三维速度场中,旋转矢量或两倍于旋转矢量的涡量矢量,处处是稳定的。

## 问题 1.6:自由涡、受迫涡和兰金涡中的环量

二维旋涡中的流线是圆形的。计算从原点开始半径为 $R$ 的圆周围的环量,每种涡类型为(1)受迫涡流,(2)自由涡流,(3)兰金涡流,其特征在于其内部核心处的受迫涡流和自由

涡流相邻。

## 问题 1.6 的解法

### (1) 受迫涡的环量

由于每个点处的切向流速都与圆相切,因此计算半径为 $R$ 的圆的环量为

$$\Gamma_{\text{forced vortex}} = \oint \boldsymbol{V} \cdot \mathrm{d}\boldsymbol{l} = \int_0^{2\pi} R\Omega(R\mathrm{d}\theta) = \pi R^2(2\Omega)$$

这表明,$\Gamma_{\text{forced vortex}}$ 等于圆的面积和 $2\Omega$ 的乘积,$2\Omega$ 是受迫涡的恒定涡量。

### (2) 自由涡的环量

对于自由旋涡,把半径为 $R$ 的圆的环量写成

$$\Gamma_{\text{free vortex}} = \oint \boldsymbol{V} \cdot \mathrm{d}\boldsymbol{l} = \int_0^{2\pi} \frac{C}{R}(R\mathrm{d}\theta) = 2\pi C$$

这表明自由涡流的环量是恒定的,且与圆的半径无关。请注意,围绕原点的两个圆之间的环形区域将有零环量(涡量),恒定的环量被限制在内圆内。因此,在理想的自由涡流中,原点处的奇点包含恒定的环量和相关涡量。

### (3) 兰金涡的环量

由于兰金涡是受迫涡和自由涡的结合,由(1)和(2)的结果可知,对于受迫涡核内的一个圆($R \leqslant r_0$),环量等于 $2\pi R^2\Omega$;对于所有 $R>r_0$ 的圆,环量等于 $2\pi r_0^2\Omega$。

## 问题 1.7:受迫涡中正方体的绕流环量

图 1.7 显示了受迫涡的一些流线(圈)。计算正方体 $A$ 和正方体 $B$ 的环量,正方体 $A$ 以原点为中心,正方体 $B$ 以点 $P(2a,a)$ 为中心。

## 问题 1.7 的解法

具有恒定角速度 $\Omega$ 的受迫涡的涡量处处等于 $2\Omega$。受迫涡中任何闭合曲线的环量等于其封闭面积与其涡量均匀值($2\Omega$)的乘积。因此,$A$ 和 $B$ 的环量为 $2\Omega a^2$。

## 问题 1.8:自由涡中正方体的绕流环量

图 1.8 显示了自由涡的一些流线(圈)。计算正方体 $A$ 和正方体 $B$ 的环量,正方体 $A$ 以原点为中心,正方体 $B$ 以点 $P(2a,a)$ 为中心。

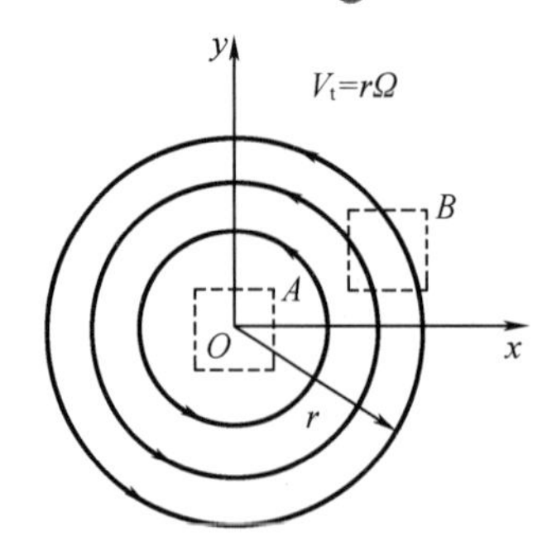


图 1.7　受迫涡的环量(问题 1.7)

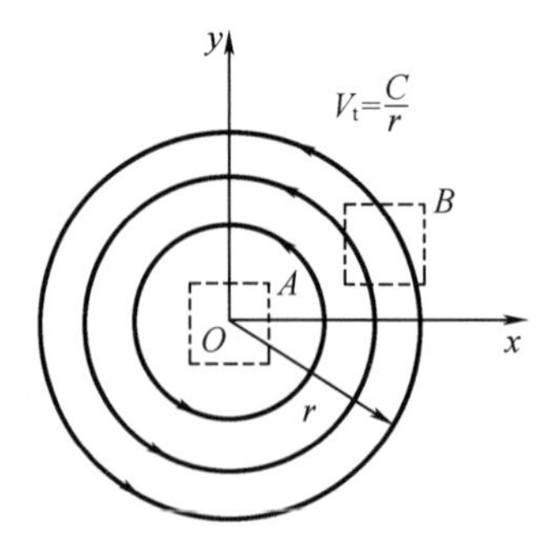


图 1.8　自由涡的环量(问题 1.8)

## 问题 1.8 的解法

在自由涡流中,任何包含原点的闭合曲线的环量都是一个常数 $2\pi C$,并且外面是 0,因此,正方体 $A$ 的环量为 $2\pi C$,正方体 $B$ 的环量为 0。

## 问题 1.9:通过具有两个进口和一个出口的歧管的不可压缩流动

图 1.9 显示了密度为 $\rho$ 的流体通过有两个入口和一个出口的歧管的不可压缩流动。每个进口处的流速是均匀的。歧管出口速度为抛物线形,其平均值为 $V_3$。求解歧管在给定流场下保持适当位置所需的力。

## 问题 1.9 的解法

使歧管保持在适当位置所需的力等于组合歧管和流量控制体上的力,它由出口的流体推力之和减去入口的流体推力之和给出。

截面 1 进口处的气流推力计算为

$$S_{T_1}=p_1A_1+\dot{m}_1V_1=p_1A_1+\rho A_1V_1^2$$

类似地,截面 2 进口处的气流推力计算为

$$S_{T_2}=p_2A_2+\dot{m}_2V_2=p_2A_2+\rho A_2V_2^2$$

类似地,截面 3 出口处的气流推力计算为

$$S_{T_3}=p_3A_3+\beta\dot{m}_3V_2=p_3A_3+\frac{4}{3}\rho A_3V_3^2$$

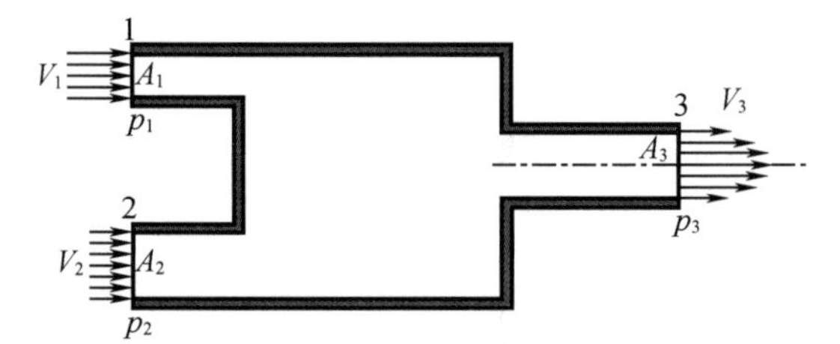


图 1.9　通过两入口、一出口歧管的不可压缩流动(问题 1.9)

在这里,在出口管道中抛物线速度剖面处用动量修正因子($\beta=\frac{4}{3}$)。

因此,所需计算的力为

$$F=S_{T_3}-S_{T_2}-S_{T_1}=(p_3A_3-p_2A_2-p_1A_1)+\rho\left(\frac{4}{3}A_3V_3^2-A_2V_2^2-A_1V_1^2\right)$$

# 术　　语

| 符号 | 含义 |
| --- | --- |
| $a$ | 加速度大小 |
| $\boldsymbol{a}$ | 加速度矢量 |
| $A$ | 面积 |
| $\boldsymbol{A}$ | 面积矢量 |
| $c_p$ | 定压比热容 |
| $c_v$ | 定容比热容 |
| $D$ | 直径 |
| $F$ | 力 |
| $\hat{\boldsymbol{F}}$ | 力矢量 |
| $\hat{\boldsymbol{i}}$ | $x$ 方向上的单位矢量 |
| $\hat{\boldsymbol{j}}$ | $y$ 方向上的单位矢量 |
| $\hat{\boldsymbol{k}}$ | $z$ 方向上的单位矢量 |
| $\boldsymbol{l}$ | 与闭合轮廓线局部相切的长度矢量 |
| $L$ | 长度 |
| $\dot{m}$ | 质量流量 |
| $Ma$ | 马赫数 |
| $\hat{\boldsymbol{n}}$ | 垂直于封闭轮廓内的表面局部向外指向的单位法向量 |
| $p$ | 静压 |
| $Q$ | 体积流量 |
| $r$ | 径向距离 |
| $R$ | 气体常数,圆半径 |
| $s$ | 熵 |
| $S$ | 封闭轮廓内的表面积 |
| $S_{\mathrm{T}}$ | 流体推力 |
| $t$ | 时间 |
| $T$ | 温度 |
| $u$ | $x$ 方向的速度 |
| $U$ | 自由流速度 |
| $V$ | 速度大小 |
| $\boldsymbol{V}$ | 速度矢量 |
| $W$ | 相对速度 |
| $x$ | 笛卡儿坐标系 $x$ 轴 |

| 符号 | 含义 |
| --- | --- |
| $y$ | 笛卡儿坐标系 $y$ 轴 |
| $z$ | 笛卡儿坐标系 $z$ 轴 |

# 下标和上标

| 符号 | 含义 |
| --- | --- |
| i | 冲击 |
| 0 | 总(滞止) |
| $x$ | $x$ 坐标方向的分量 |
| $y$ | $y$ 坐标方向的分量 |
| $z$ | $z$ 坐标方向的分量 |
| t | 切向方向 |

# 希腊符号

| 符号 | 含义 |
| --- | --- |
| $\alpha$ | 系数 |
| $\beta$ | 动量修正因子 |
| $\Gamma$ | 环量 |
| $\boldsymbol{\zeta}$ | 涡量矢量 |
| $\gamma$ | 比热比($\gamma = c_p/c_v$) |
| $\rho$ | 密度 |
| $\boldsymbol{\omega}$ | 流体质点的局部角速度 |
| $\omega$ | $\boldsymbol{\omega}$ 大小 |
| $\Omega$ | 流动角速度 |

# 参考文献

Sultanian, B. K. 2015. Fluid Mechanics: An Intermediate Approach. Boca Raton: Taylor & Francis.

Sultanian, B. K. 2019. Logan's Turbomachinery: Flowpath Design and Performance Fundamentals, 3rd edition. Boca Raton: Taylor & Francis.

# 参 考 书 目

Lugt, H. J. 1995. Vortex Flow in Nature and Technology. Malabar: Krieger Publishing Company.

Samimy, M., Breuer, K. S., Lealetal, L. G. 2003. A Gallery of Fluid Motion. Cambridge: Cambridge University Press.

Van Dyke, M. 1982. An Album of Fluid Motion. Stanford: The Parabolic Press.

# 第 2 章　控制体分析

## 关键概念

本章总结了用于控制体(CV)分析的质量守恒、能量守恒、线性和角动量方程。有关这些方程的详细推导详见 Sultanian(2015)。

### 雷诺输运定理

雷诺输运定理为将质量、动量和能量守恒方程(适用于系统,拉格朗日观点)转换为控制体分析(欧拉观点)提供了一种方便的方法。将得到的方程称为积分控制体方程。由于控制入口和出口的参数是均匀的,因此将这些方程称为代数方程。如果控制体大小与工程设备的大小相当,那么将其称为大控制体或宏观分析。如果像计算流体力学中通常所做的那样,将一个大控制体细分为许多个小控制体,则相应的分析称为小控制体分析或微分析。

### 积分型质量守恒方程:流体力学第一定律

对于通过控制体表面(CS)具有任意流入和流出的一般控制体,质量守恒方程可写成

$$\frac{\partial}{\partial t}\iiint_{CV}\rho \mathrm{d}\tau + \iint_{CS}\rho \boldsymbol{V}\cdot \mathrm{d}\boldsymbol{A} = 0 \tag{2.1}$$

对于具有瞬时流体质量 $m_{CV}$ 以及多个流入和流出的控制体,可以将此方程写成

$$\frac{\mathrm{d}m_{CV}}{\mathrm{d}t} + \sum_{N_{outlet}}\dot{m} - \sum_{N_{inlet}}\dot{m} = 0 \tag{2.2}$$

式中,$N_{inlet}$ 和 $N_{outlet}$ 分别为穿过控制面的入口和出口的总数,与坐标方向无关。

### 惯性参考系中的积分型线性动量方程

对于通过控制体表面具有任意流入和流出的非加速一般控制体,线性动量方程可写成

$$\boldsymbol{F}_s + \boldsymbol{F}_b = \frac{\partial}{\partial t}\iiint_{CV}\boldsymbol{V}\rho \mathrm{d}\tau + \iint_{CS}\boldsymbol{V}(\rho \boldsymbol{V}\cdot \mathrm{d}\boldsymbol{A}) \tag{2.3}$$

式中,表面力($\boldsymbol{F}_s$)通常包括入口处、出口处、壁面上的压力,以及壁面上的剪切力。请注意,压力与其作用的截面始终是垂直的和压紧的。剪切力始终平行于其作用的壁面。这里只考虑重力和旋转引起的体积力($\boldsymbol{F}_b$)。

如果每个入口和出口处的流动特性是均匀的,可以用代数求和来代替方程式(2.3)右侧的表面积分。例如,$x$ 坐标方向上的线性动量方程可写成

$$F_{sx} + F_{bx} = \frac{\mathrm{d}M_{CVx}}{\mathrm{d}t} + \sum_{N_{outlet}}\dot{m}V_x - \sum_{N_{inlet}}\dot{m}V_x \tag{2.4}$$

式中,$M_{CVx}$ 是控制体内的总瞬时 $x$ 动量。在该方程中,确定质量速度(产生质量流量的速

度)始终为正,极大地简化了动量流率的计算,确保了其在控制体每个入口和出口处都有正确的符号。如果 $V_x$ 位于正 $x$ 方向,则每个入口或出口处的线性动量流率为正,否则为负。为了处理入口和出口处的非均匀速度剖面,可使用下一节中给出的动量修正系数 $\beta$。

### 动量和动能修正系数

动量修正系数 $\beta$ 定义为

$$\beta = \frac{\iint\limits_{A} V(\rho V \cdot \mathrm{d}A)}{\dot{m}\overline{V}} \tag{2.5}$$

这是根据入口或出口区域积分计算的实际动量通量与根据平均速度计算的动量通量之比。同样,动能修正系数 $\alpha$ 定义为

$$\alpha = \frac{\iint\limits_{A} V^2(\rho V \cdot \mathrm{d}A)}{\dot{m}V^2} \tag{2.6}$$

对于轴对称抛物线速度剖面,可得到 $\beta=4/3$ 和 $\alpha=2$。

### 非惯性参考系下的积分型线性动量方程

对于具有线性和旋转的速度与加速度的一般控制体,以及通过其控制表面的任意流入和流出,线性动量方程可写成

$$\boldsymbol{F}_{\mathrm{s}} + \boldsymbol{F}_{\mathrm{b}} - \iiint\limits_{\mathrm{CV}} (R + 2\boldsymbol{\Omega} \times V_{xyz} + \boldsymbol{\Omega} \times (\boldsymbol{\Omega} \times r) + \dot{\boldsymbol{\Omega}} \times r)\rho \mathrm{d}\tau$$
$$= \frac{\partial}{\partial t_{xyz}} \iiint\limits_{\mathrm{CV}} \boldsymbol{V}_{xyz}(\rho \mathrm{d}\tau) + \iint\limits_{\mathrm{CS}} \boldsymbol{V}_{xyz}(\rho \boldsymbol{V}_{xyz} \cdot \mathrm{d}\boldsymbol{A}) \tag{2.7}$$

当 $\boldsymbol{\Omega}=\dot{\boldsymbol{\Omega}}=0$, 此方程简化为

$$\boldsymbol{F}_{\mathrm{s}} + \boldsymbol{F}_{\mathrm{b}} - \iiint\limits_{\mathrm{CV}} \ddot{\boldsymbol{R}}\rho \mathrm{d}\tau = \boldsymbol{F}_{\mathrm{s}} + \boldsymbol{F}_{\mathrm{b}} - m_{\mathrm{CV}}\ddot{\boldsymbol{R}}$$
$$= \frac{\partial}{\partial t_{xyz}} \iiint\limits_{\mathrm{CV}} \boldsymbol{V}_{xyz}(\rho \mathrm{d}\tau) + \iint\limits_{\mathrm{CS}} \boldsymbol{V}_{xyz}(\rho \boldsymbol{V}_{xyz} \cdot \mathrm{d}\boldsymbol{A}) \tag{2.8}$$

式中,$m_{\mathrm{CV}}$ 是控制体的瞬时总质量。

### 惯性参考系中的积分型角动量方程

惯性控制体的积分角动量方程可写成

$$\boldsymbol{\Gamma}_{\mathrm{s}} + \boldsymbol{\Gamma}_{\mathrm{b}} = \frac{\partial}{\partial t_{XYZ}} \iiint\limits_{\mathrm{CV}} (\boldsymbol{r}_{XYZ} \times \boldsymbol{V}_{XYZ})(\rho \mathrm{d}\tau) + \iint\limits_{\mathrm{CS}} (\boldsymbol{r}_{XYZ} \times \boldsymbol{V}_{XYZ})(\rho \boldsymbol{V}_{XYZ} \cdot \mathrm{d}\boldsymbol{A}) \tag{2.9}$$

### 非惯性参考系中的积分型角动量方程

将非惯性控制体的积分角动量方程写成

$$\boldsymbol{\Gamma}_{\mathrm{s}} + \boldsymbol{\Gamma}_{\mathrm{b}} - \iiint\limits_{\mathrm{CV}} \boldsymbol{r} \times \{\ddot{\boldsymbol{R}} + 2\boldsymbol{\Omega} \times \boldsymbol{V}_{xyz} + \boldsymbol{\Omega} \times (\boldsymbol{\Omega} \times \boldsymbol{r}) + \dot{\boldsymbol{\Omega}} \times r\}\rho \mathrm{d}\tau$$

$$= \iint_{CV} \boldsymbol{r} \times \boldsymbol{V}_{xyz}(\rho \boldsymbol{V}_{xyz} \cdot d\boldsymbol{A}) + \frac{\partial}{\partial t_{xyz}} \iiint_{CV} \boldsymbol{r} \times \boldsymbol{V}_{xyz}(\rho d\tau) \tag{2.10}$$

当 $\dot{\boldsymbol{\Omega}}=0$ 时,方程式(2.10)简化为

$$\boldsymbol{\Gamma}_s + \boldsymbol{\Gamma}_b - \iiint_{CV} \boldsymbol{r} \times \{\ddot{\boldsymbol{R}} + 2\boldsymbol{\Omega} \times \boldsymbol{V}_{xyz} + \boldsymbol{\Omega} \times (\boldsymbol{\Omega} \times \boldsymbol{r})\}\rho d\tau$$

$$= \iint_{CS} \boldsymbol{r} \times \boldsymbol{V}_{xyz}(\rho \boldsymbol{V}_{xyz} \cdot d\boldsymbol{A}) + \frac{\partial}{\partial t_{xyz}} \iiint_{CV} \boldsymbol{r} \times \boldsymbol{V}_{xyz}(\rho d\tau) \tag{2.11}$$

如 Sultanian(2015)所示,当 $\boldsymbol{R}=0$ 以及控制体入口和出口处流动均匀时,可以进一步将该方程简化为

$$\boldsymbol{\Gamma}_s + \boldsymbol{\Gamma}_b = \sum_{N_{outlet}} \dot{m}(\boldsymbol{r} \times \boldsymbol{V}_{XYZ}) - \sum_{N_{inlet}} \dot{m}(\boldsymbol{r} \times \boldsymbol{V}_{XYZ}) = \sum_{N_{outlet}} \dot{\boldsymbol{H}}_{XYZ} - \sum_{N_{inlet}} \dot{\boldsymbol{H}}_{XYZ} \tag{2.12}$$

式中,速度和角动量通量对应于惯性(绝对)参考系。

### 积分型能量守恒方程

把控制体的能量方程写成

$$\dot{Q} + \dot{W}_{pressure} + \dot{W}_{shear} + \dot{W}_{rotation} + \dot{W}_{shaft} + \dot{W}_{other} = \frac{\partial}{\partial t} \iiint_{CV} e\rho d\tau + \iint_{CS} e\rho \boldsymbol{V} \cdot d\boldsymbol{A} \tag{2.13}$$

在不可变形控制体中,压力只能在其流入和流出处做功。在控制体内,任意点的压力都会被相等和相反的压力抵消,并且不会对功转移项 $\dot{W}_{pressure}$ 产生影响,因为控制体表面处的压力方向与表面法线方向相反,所以 $\dot{W}_{pressure}$ 可以表示为

$$\dot{W}_{pressure} = -\iint_{CS} \frac{p}{\rho}(\rho \boldsymbol{V} \cdot d\boldsymbol{A})$$

式中,$p/\rho$ 是单位质量的流量功。将其代入方程(2.13),得到

$$\dot{Q} + \dot{W}_{shear} + \dot{W}_{rotation} + \dot{W}_{shaft} + \dot{W}_{other} = \frac{\partial}{\partial t} \iiint_{CV} e\rho d\tau + \iiint_{CS} \left(u + \frac{p}{\rho} + \frac{V^2}{2} + gz\right) \rho \boldsymbol{V} \cdot d\boldsymbol{A} \tag{2.14}$$

从而得出稳定流能量方程,压力为

$$\dot{Q} + \dot{W}_{shear} + \dot{W}_{rotation} + \dot{W}_{shaft} + \dot{W}_{other} = \iint_{CS} \left(u + \frac{p}{\rho} + \frac{V^2}{2} + gz\right) \rho \boldsymbol{V} \cdot d\boldsymbol{A} \tag{2.15}$$

焓为

$$\dot{Q} + \dot{W}_{shear} + \dot{W}_{rotation} + \dot{W}_{shaft} + \dot{W}_{other} = \iint_{CS} \left(h + \frac{V^2}{2} + gz\right) \rho \boldsymbol{V} \cdot d\boldsymbol{A} \tag{2.16}$$

## 问题 2.1:具有进口和出口的水箱中的最高水位

如图 2.1 所示,当水箱中的水位超过 $h_0$ 后,水以恒定的体积流量 $Q_{in}$ 流入横截面积为 $A_{tank}$ 的大型水箱,并以体积流量 $Q_{out}$ 流出靠近水箱底部的 $A_{pipe}$ 区域的排水管。推导控制水箱水位 $h$ 随时间变化的微分方程,从而找到稳态下水箱的最高水位。

## 问题 2.1 的解法

针对该流动系统的非定常积分连续性方程为

$$A_{tank}\frac{dh}{dt}=Q_{in}-Q_{out}=Q_{in}-A_{pipe}\sqrt{2g(h-h_0)}$$

$$A_{tank}\frac{dh}{dt}+A_{pipe}\sqrt{2g(h-h_0)}=Q_{in}$$

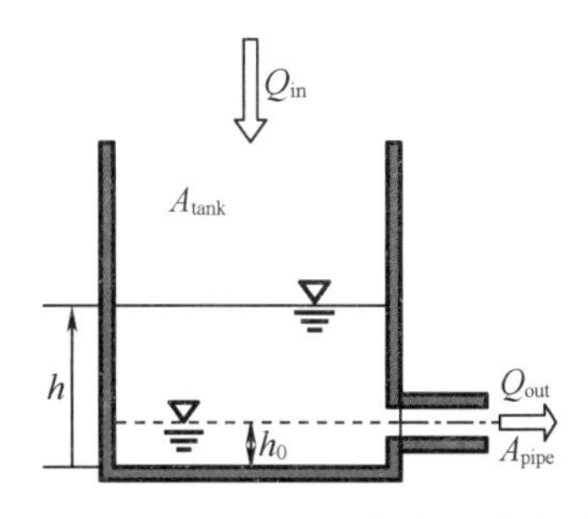


图 2.1 有流入和流出的水箱中的水位(问题 2.1)

使用伯努利方程获得 $Q_{out}=A_{pipe}\sqrt{2g(h-h_0)}$(见第 3 章)。在稳态下,时间相关项消失,给出 $Q_{out}=Q_{in}$,水箱中的水位达到其最大值 $h_{max}$,由下式给出:

$$A_{pipe}\sqrt{2g(h_{max}-h_0)}=Q_{in}$$

$$h_{max}=h_0+\frac{Q_{in}^2}{2gA_{pipe}^2}$$

## 问题 2.2:射流冲击平板的力

在一场考试中,教授问了一个学生一个简单的流体问题。如果流体密度 $\rho$ 的垂直射流在射流撞击平板的停滞区 $A$ 上以速度 $V$ 撞击水平平板,那么对平板施加的力是多少?假设环境压力为零(真空)。学生计算出板上的滞止压力为 $\rho V^2/2$,知道力等于压力乘以面积,故很快回答出 $A\rho V^2/2$。教授评论说,答案应该是学生计算值的两倍。你同意教授还是学生的观点?为什么?

## 问题 2.2 的解法

在满足控制体连续性方程的同时,需要使用停滞区($A$)上的力-动量平衡计算流体施加在平板上的力。计算该力的一种简单方法是考虑入口和出口处的垂直水流推力,在这种情况下,垂直水流推力为零。当环境压力为零时,入口垂直流推力变为

$$F=S_{T\_inlet}=\dot{m}V=(A\rho V)V=A\rho V^2$$

这是学生根据流动停滞压力计算值的两倍。

## 问题 2.3:消防软管喷管产生的推力

使用图 2.2 所示的消防水带喷管的操作量和几何量,找到一个表达式来计算消防员在处理消防水带时必须抵抗的力 $F$。消防员受的是拉力还是推力?

# 问题 2.3 的解法

截面 1 和截面 2 之间的连续性方程

$$\rho A_1 V_1 = \rho A_2 V_2$$

$$V_1 = V_2 \frac{A_2}{A_1}$$

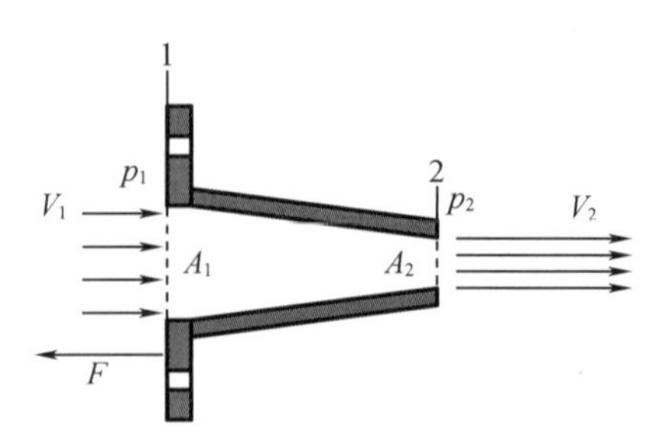


图 2.2 消防软管喷管产生的推力（问题 2.3）

入口位于截面 1、出口位于截面 2 的控制体上的动量方程为

$$-F + p_1 A_1 - p_2 A_2 - p_{\text{amb}}(A_1 - A_2) = \dot{m}V_2 - \dot{m}V_1$$

当 $p_2 = p_{\text{amb}}$ 时，上述方程简化为

$$F = -(p_1 - p_{\text{amb}})A_1 + \dot{m}(V_2 - V_1)$$

$$= -(p_1 - p_{\text{amb}})A_1 + \rho Q(V_2 - V_1)$$

式中，$Q$ 是水通过喷管的体积流量。

截面 1 和截面 2 之间的机械能方程

$$\frac{p_1}{\rho} + \frac{V_1^2}{2} = \frac{p_2}{\rho} + \frac{V_2^2}{2}$$

$$p_1 - p_2 = p_1 - p_{\text{amb}} = \frac{1}{2}\rho(V_2^2 - V_1^2)$$

替代 $p_1 - p_{\text{amb}}$，这个方程转化为动量方程得到

$$F = -\frac{1}{2}\rho(V_2^2 - V_1^2)A_1 + \rho Q(V_2 - V_1)$$

$$= \rho Q^2\left(\frac{1}{A_2} - \frac{1}{A_1}\right) - \frac{1}{2}\rho Q^2\left(\frac{1}{A_2^2} - \frac{1}{A_1^2}\right)A_1$$

经过简化后

$$F = \frac{\rho Q^2(\beta - 1)^2}{2A_2\beta}$$

式中，喷管面积比 $\beta = A_1/A_2$。可以将这个方程改写为

$$F = C_{\text{n}}\left(\frac{1}{2}\rho V_2^2\right)A_2$$

式中，$C_{\text{n}} = (\beta - 1)^2/\beta$。$F$ 为正值，表示消防员受到的是拉力。

# 问题 2.4：二维流中方形截面木头上的力

图 2.3 所示为二维横流中方形横截面的木头，在 $x$ 方向具有均匀的速度。该图还显示了将控制体留在测量曲线上的 $x$ 方向线速度剖面。$CD$ 上没有流量。流体具有恒定的密度 $\rho$。计算 $x$ 方向上作用在控制体上的每单位深度净力。

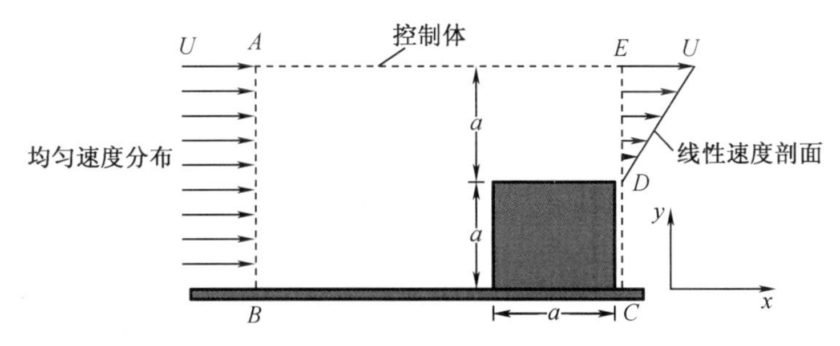


图 2.3 二维水流中方形截面木头上的力(问题 2.4)

# 问题 2.4 的解法

## 控制体的质量守恒(假设单位深度)

通过入口 $AB$ 获得质量流量为

$$\dot{m}_{AB} = 2a\rho U$$

通过出口 $DE$ 的质量流量为

$$\dot{m}_{DE} = \int_0^a \rho \frac{U}{a} y\mathrm{d}y = \frac{1}{2}a\rho U$$

通过 $AE$ 的质量流量为

$$\dot{m}_{AE} = \dot{m}_{AB} - \dot{m}_{DE} = 2a\rho U - \frac{1}{2}a\rho U = \frac{3}{2}a\rho U$$

## 控制体上的力 - 动量平衡(假设单位深度)

进入 $AB$ 的 $x$ 向动量流率为

$$\dot{M}_{AB} = 2a\rho U^2$$

流出 $DE$ 的 $x$ 向动量流率为

$$\dot{M}_{DE} = \int_0^a \rho \left(\frac{U}{a}\right)^2 y^2 \mathrm{d}y = \frac{1}{3}a\rho U^2$$

流出 $AE$ 的 $x$ 向动量流率为

$$\dot{M}_{AE} = \frac{3}{2}a\rho U^2$$

因此,将控制体 $x$ 方向力 - 动量平衡方程写成

$$\begin{aligned} F_x &= \dot{M}_{DE} + \dot{M}_{AE} - \dot{M}_{AB} \\ &= \frac{1}{3}a\rho U^2 + \frac{3}{2}a\rho U^2 - 2a\rho U^2 \\ &= -\frac{1}{6}a\rho U^2 \end{aligned}$$

控制体上力的负号与木头对流入水流的阻力这一事实一致。

# 问题 2.5:喷射器中两种不可压缩湍流的掺混

图 2.4 所示为喷射器,其中两个相同流体的不可压缩湍流在截面 1 和截面 2 之间混合。在截面 1 处,中心射流以匀速 $V_j$ 进入,通过环管的诱导流以匀速 $V_j/4$ 进入。截面 1 处的两股水流占据相等的横截面积。在下游段 2,两股水流以匀速 $V_2$ 完全混合。忽略壁面剪力,计算第 1 节和第 2 节之间静压的增加和平均总压的减少。管道横截面积($A$)在这些截面之间保持不变。

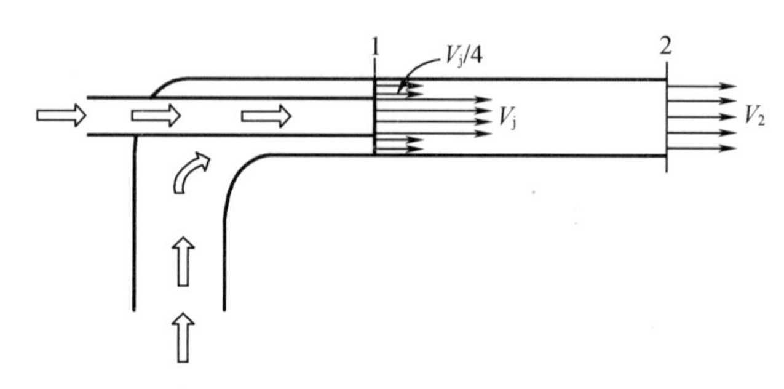


图 2.4 喷射器中两种不可压缩湍流的掺混(问题 2.5)

# 问题 2.5 的解法

## 连续性方程

截面 1 处中心射流的质量流量为

$$\dot{m}_{1j} = \frac{1}{2}A\rho V_j$$

穿过截面 1 处环管的质量流量为

$$\dot{m}_{1\_annulus} = \left(\frac{1}{2}A\right)\rho\left(\frac{1}{4}V_j\right) = \frac{1}{8}A\rho V_j$$

并且通过截面 2 的质量流量为

$$\dot{m}_2 = A\rho V_2$$

由进入截面 1 的总质量流量与离开截面 2 的总质量流量相等,得出

$$\dot{m}_2 = \dot{m}_{1j} + \dot{m}_{1\_annulus}$$

$$A\rho V_2 = \frac{1}{2}A\rho V_j + \frac{1}{8}A\rho V_j$$

$$V_2 = \frac{5}{8}V_j$$

## 动量方程

截面 1 处中心射流的动量流率为

$$\dot{M}_{1j}=\dot{m}_{1j}V_j=\frac{1}{2}A\rho V_j^2$$

通过环形截面 1 的为

$$\dot{M}_{1\_annulus}=\dot{m}_{1\_annulus}\left(\frac{1}{4}V_j\right)=\frac{1}{32}A\rho V_j^2$$

并且通过截面 2 的为

$$\dot{M}_2=A\rho\left(\frac{5}{8}V_j\right)^2=\frac{25}{64}A\rho V_j^2$$

假设截面 1 的静压均匀,将截面 1 和截面 2 之间控制体的动量方程写成

$$(p_1-p_2)A=\dot{M}_2-\dot{M}_{1j}-\dot{M}_{1\_annulus}=\frac{25}{64}A\rho V_j^2-\frac{1}{2}A\rho V_j^2-\frac{1}{32}A\rho V_j^2$$

这将使从截面 1 到截面 2 的静压增加,如下所示:

$$p_2-p_1=\frac{9}{64}\rho V_j^2$$

在不可压缩流中,得到任意点的总压力,即静压 $p$ 和动压 $p_{dyn}$ 之和

$$p_0=p+p_{dyn}=p+\frac{1}{2}\rho V^2$$

在截面 1 处,两流体相关的动压不同。首先计算该段的平均动压。由于不可压缩流中的动压等于单位体积的动能,因此计算截面 1 处两股流的质量加权平均值而非面积加权平均值在物理上是一致的。与中心射流和环管流相关的总入口质量流率分数分别为 4/5 和 1/5。

得到了截面 1 处中心射流中的动压为

$$p_{1j\_dyn}=\frac{1}{2}\rho V_j^2$$

通过环管的动压为

$$p_{1\_annulus\_dyn}=\frac{1}{2}\rho\left(\frac{1}{4}V_j\right)^2=\frac{1}{32}\rho V_j^2$$

给出该段的平均动压和平均总压,如下所示:

$$\bar{p}_{1\_dyn}=\left(\frac{4}{5}\right)\frac{1}{2}\rho V_j^2+\left(\frac{1}{5}\right)\frac{1}{32}\rho V_j^2=\frac{13}{32}\rho V_j^2$$

并且

$$\bar{p}_{01}=p_1+\frac{13}{32}\rho V_j^2$$

得到了截面 2 处的动压和平均总压,如下所示:

$$p_{2\_dyn}=\frac{1}{2}\rho V_2^2=\frac{1}{2}\rho\left(\frac{5}{8}V_j\right)^2=\frac{25}{128}\rho V_j^2$$

并且

$$\bar{p}_{02}=p_2+\frac{25}{128}\rho V_j^2$$

现在,得到了截面 1 和截面 2 之间平均总压力的降低值,如下所示:

$$\bar{p}_{01}-\bar{p}_{02}=\left(p_1+\frac{13}{32}\rho V_j^2\right)-\left(p_2+\frac{25}{128}\rho V_j^2\right)$$
$$=(p_1-p_2)+\frac{13}{32}\rho V_j^2-\frac{25}{128}\rho V_j^2$$

在该方程中替换 $p_1-p_2$，得到

$$\bar{p}_{01}-\bar{p}_{02}=-\frac{9}{64}\rho V_j^2+\frac{13}{32}\rho V_j^2-\frac{25}{128}\rho V_j^2$$
$$=\frac{9}{128}\rho V_j^2$$

## 问题 2.6：爸爸的花园软管困境

一个小男孩在帮他爸爸做院子里的活，一边玩花园里的水管，一边说道："嘿，爸爸！当我把水管口盖上一半时，水会喷得更快，流得更远。"父亲回道："很明显，对于相同的流量，如果面积减半，水射流速度会加倍。"过了一会儿，男孩又说道："爸爸，但是现在装满水桶需要更长的时间。"爸爸继续回道："嗯……这是我需要考虑的事情。"

根据你对流体流动的理解，你会如何帮助这位父亲摆脱困境？

## 问题 2.6 的解法

花园软管出口处的喷射速度取决于总压力和环境压力之间的差值，该差值保持不变。在花园软管入口具有固定供水压力的情况下，软管出口处的总压力等于该供水压力减去软管系统压力损失，该压力损失与水流量的平方成正比（对于湍流）。加注水桶所需时间较长，这表明堵塞软管出口会降低水流量。这导致软管系统中的压力损失较小，软管出口处的总压力较高，从而提高喷射速度。完全关闭软管出口会导致没有水流通过软管，其压力会成为所有地方的供应压力。

## 问题 2.7：具有一个进口和一个出口的推车所受到的约束力

图 2.5 显示了位于无摩擦车轮上的四个流动装置。这些装置仅限于在 $x$ 方向移动，并且最初保持静止。每个装置的入口和出口处的压力都是大气压力，进出它们的流体都是不可压缩的。释放时，哪个装置将向右移动，哪个装置将向左移动？

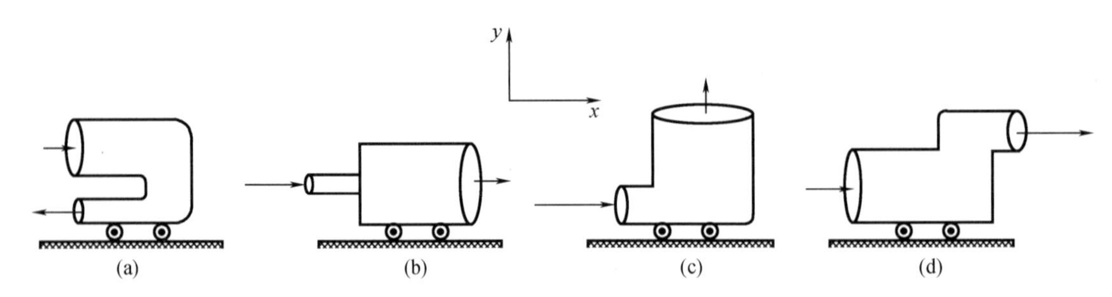


图 2.5　四个流动装置仅在释放时沿 $x$ 方向移动（问题 2.7）

# 问题 2.7 的解法

由于整个装置表面的静压是均匀的,其在动量控制体分析中的影响可以忽略,并假设为零。为了满足质量守恒(连续性方程),每个装置的入口和出口处的速度和面积的乘积必须相等。这意味着较高的流动面积会导致较低的速度。下面,在每个装置上使用动量方程来确定作用在其上的约束力。

对于图 2.5(a)所示的装置,有

$$F=-\dot{m}V_{\text{outlet}}-\dot{m}V_{\text{inlet}}=-\dot{m}(V_{\text{outlet}}+V_{\text{inlet}})$$

由于约束力 $F$ 处于 $x$ 负方向,释放时装置将向右移动。

对于图 2.5(b) 所示的装置,有

$$F=\dot{m}V_{\text{outlet}}-\dot{m}V_{\text{inlet}}=\dot{m}(V_{\text{outlet}}-V_{\text{inlet}})$$

当 $V_{\text{outlet}}<V_{\text{inlet}}$ 时,由于约束力 $F$ 处于 $x$ 负方向,释放时装置将向右移动。

对于图 2.5(c) 所示的装置,有

$$F=0-\dot{m}V_{\text{inlet}}=-\dot{m}V_{\text{inlet}}$$

由于约束力 $F$ 处于 $x$ 负方向,释放时装置将向右移动。

对于图 2.5(d) 所示的装置,有

$$F=\dot{m}V_{\text{outlet}}-\dot{m}V_{\text{inlet}}=\dot{m}(V_{\text{outlet}}-V_{\text{inlet}})$$

当 $V_{\text{outlet}}>V_{\text{inlet}}$ 时,由于约束力 $F$ 处于 $x$ 正方向,释放时装置将向左移动。

# 问题 2.8:在给定的流入和流出条件下将水箱保持在适当位置所需的力

图 2.6 所示为直径为 1.0 m 的圆柱形水箱,其出口管直径为 0.25 m。水箱进口处的速度分布如下所示:

$$V_x=1-\left(\frac{r}{0.5}\right)^2$$

在管道出口处,对应于充分发展的湍流管道流,具有 1/7 幂次剖面。将油箱固定到位所需的净力是多少?在大罐进口处使用 1.333 的动量修正系数,在出口管中使用 1.02 的动量修正系数。水的密度为 1 000 kg/m$^3$,水箱入口处的表压为 1.4 bar[①],环境压力为 1.0 bar。

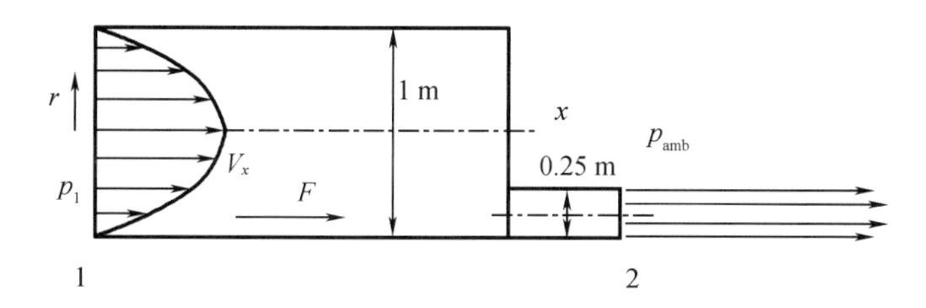


图 2.6 在给定流入和流出条件下,将水箱固定到位所需的力(问题 2.8)

① 1 bar = $10^5$ Pa。

## 问题 2.8 的解法

计算截面 1(入口) 的以下变量:

$$A_1 = \frac{\pi \cdot 1^2}{4} = 0.785\ \text{m}^2$$

$$V_{1\_max} = 1.0\ \text{m/s}$$

对于抛物线速度剖面,平均速度是中心线(最大) 速度的一半:

$$\overline{V}_1 = 0.5\ \text{m/s}$$

$$\dot{m}_1 = A_1\rho\overline{V}_1 = 0.785 \times 1\,000 \times 0.5 = 392.699\ \text{kg/s}$$

$$\dot{M}_1 = \beta_1\dot{m}_1\overline{V}_1 = 1.333 \times 392.699 \times 0.5 = 264.734\ \text{N}$$

在截面 2(出口),获得

$$A_2 = \frac{\pi \cdot 0.25^2}{4} = 0.049\,1\ \text{m}^2$$

根据质量守恒(连续性方程),出口管道中的平均速度为

$$\overline{V}_2 = \frac{m_1}{\rho A_2} = \frac{392.699}{1\,000 \times 0.049\,1} = 8\ \text{m/s}$$

给出动量流率为

$$\dot{M}_2 = \beta_2\dot{m}_1\overline{V}_2 = 1.02 \times 392.699 \times 8 = 3\,204.425\ \text{N}$$

油箱管控制体上的力 - 动量平衡产生

$$F + p_1A_1 - p_{\text{amb}}A_1 = \dot{M}_2 - \dot{M}_1$$

$$\begin{aligned} F &= \dot{M}_2 - \dot{M}_1 - (p_1 - p_{\text{amb}})A_1 \\ &= 3\,204.425 - 264.734 - 1.4 \times 10^5 \times 0.785 \\ &= -106\,963.03\ \text{N} \end{aligned}$$

负号表示力的作用方向与图 2.6 所示方向相反。

## 问题 2.9:进入突然膨胀管道的层流流动

图 2.7 显示了管径为 $D_1$ 和 $D_2$ 的管道突然扩张时的不可压缩流。较小管道中的层流以抛物线速度分布充分发展。从较大管道流出的水流为湍流,具有均匀的速度,截面 1 和 2 处的静压是均匀的。请找出这些部分之间静压和总压的变化。忽略来自下游管壁的任何剪切力。

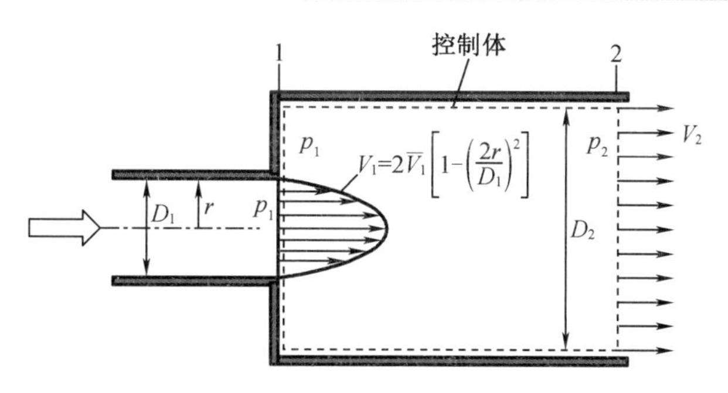


图 2.7 入口为抛物线速度剖面、出口为匀速的突扩管流(问题 2.9)

## 问题 2.9 的解法

在这个问题中,进入较大管道的层流速度分布为抛物线,由下式给出:

$$V_1 = 2\overline{V}_1\left[1 - \left(\frac{2r}{D_1}\right)^2\right]$$

得出进口截面 1 处的质量流量为 $\dot{m}_1 = A_1\rho\overline{V}_1$,出口截面 2 处的质量流量为 $\dot{m}_2 = A_2\rho V_2$,其中,$A_1 = \pi D_1^2/4$, $A_2 = \pi D_2^2/4$。对于稳定的流动,有

$$\frac{A_2}{A_1} = \frac{\overline{V}_1}{V_2}$$

为了将动量方程应用于图 2.7 所示的控制体,假设较小管道出口处的静压 $p_1$ 在整个截面 1 上是均匀的,其中包括两条管道之间的环管区域。轴向动量流率 $\dot{M}_1 = \beta_1\dot{m}_1\overline{V}_1 = \frac{4}{3}\dot{m}_1\overline{V}_1$,通过截面 1 流入控制体;$\dot{M}_2 = \dot{m}_2 V_2 = \dot{m}_1 V_2$,通过截面 2 流出控制体。将力-动量平衡写为

$$(p_1 - p_2)A_2 = \dot{M}_2 - \dot{M}_1 = \dot{m}_1\left(V_2 - \frac{4}{3}\overline{V}_1\right) = \rho A_1\overline{V}_1\left(V_2 - \frac{4}{3}\overline{V}_1\right)$$

$$p_2 - p_2 = \rho\overline{V}_1^2\frac{A_1}{A_2}\left(\frac{4}{3} - \frac{A_1}{A_2}\right)$$

$$C_p = \frac{p_2 - p_1}{\frac{1}{2}\rho\overline{V}_1^2} = 2\frac{A_1}{A_2}\left(\frac{4}{3} - \frac{A_1}{A_2}\right)$$

式中,根据基于平均入口速度 $\overline{V}_1$ 的动压定义了压力上升系数 $C_p$。请注意,对于 $A_1/A_2 = 2/3$,$C_p$ 达到最大值 8/9。在这个问题中,当入口动量较高的非均匀(抛物线)速度剖面变得均匀,出口动量较低时,静压恢复的一部分就会发生。

截面 1 处的总压力为

$$\overline{p}_{01} = p_1 + \frac{1}{2}\alpha\rho\overline{V}_1^2 = p_1 + \frac{1}{2}2\rho\overline{V}_1^2 = p_1 + \rho\overline{V}_1^2$$

式中,$\alpha$ 是动能修正系数,对于圆管中的抛物线速度剖面,$\alpha = 2$。得到截面 2 处的总压力为

$$p_{02} = p_2 + \frac{1}{2}\rho V_2^2$$

这些部分之间的总压力损失为

$$\bar{p}_{01}-p_{02}=p_1+\rho\bar{V}_1^2-p_2-\frac{1}{2}\rho V_2^2=\rho\bar{V}_1^2-\frac{1}{2}\rho V_2^2-(p_2-p_1)$$

替换 $p_2-p_1$,得

$$\bar{p}_{01}-p_{02}=\rho\bar{V}_1^2-\frac{1}{2}\rho V_2^2-\rho\bar{V}_1^2\frac{A_1}{A_2}\left(\frac{4}{3}-\frac{A_1}{A_2}\right)$$

当 $A_1/A_2=V_2/\bar{V}_1$时,此方程变为

$$\bar{p}_{01}-p_{02}=\frac{1}{2}\rho(\bar{V}_1-V_2)^2+\frac{1}{2}\rho\bar{V}_1^2\left(1-\frac{2}{3}\cdot\frac{V_2}{\bar{V}_1}\right)$$

可以用损失系数 $K$ 表示为

$$K=\frac{\bar{p}_{01}-p_{02}}{\frac{1}{2}\rho\bar{V}_1^2}=2-\frac{8}{3}\cdot\frac{A_1}{A_2}+\left(\frac{A_1}{A_2}\right)^2$$

这表明对于 $A_1/A_2\ll1$, 获得 $K\approx2.0$,也就是说,具有抛物线速度剖面的入流的动压在下游管道中完全损失,起到增压的作用。

## 问题 2.10:具有恒定流出量的加速推车

图 2.8 所示为装有恒定密度 $\rho$ 流体的加速车。厚板的缓慢运动产生恒定的质量流量 $\dot{m}$ 通过喷管,相对于推车出口速度为 $W_0$。大车系统的总初始质量为 $m_0$。假设空气阻力和接触摩擦力可以忽略不计,计算从静止状态开始随时间变化的小车速度 $U_c$。

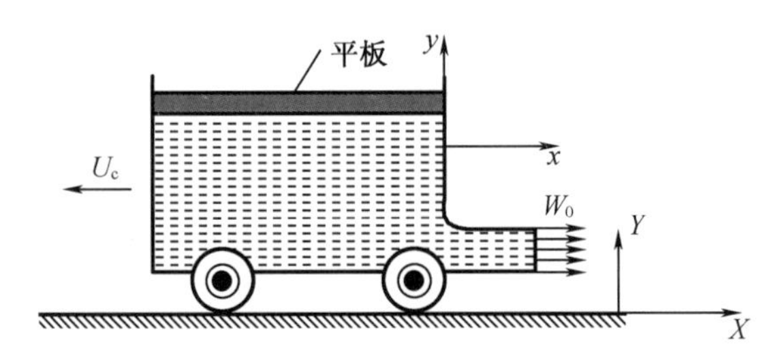


图 2.8 持续流出的加速车(问题 2.10)

## 问题 2.10 的解法

这是一个变质量问题,就像相对于火箭的排气速度恒定的火箭问题一样。包含车系统的控制体的质量守恒,有

$$m_c(t)=m_0-\dot{m}t$$

在控制体上没有表面力和体积力的情况下,附加在车上的非惯性(加速)$x$-$y$ 坐标系中 $x$ 的动量方程为

$$m_c\frac{\mathrm{d}U_c}{\mathrm{d}t}=\dot{m}W_0$$

用连续性方程代替 $m_c$，得到

$$\frac{\mathrm{d}U_c}{\mathrm{d}t}=\frac{\dot{m}W_0}{m_c}=\frac{\dot{m}W_0}{m_0-\dot{m}t}$$

当 $U_c=0$，$t=0$ 时，该常微分方程的解为

$$U_c = W_0\ln\frac{m_0}{m_0-\dot{m}t}$$

## 问题 2.11：在偏转的水射流下加速的小车

如图 2.9 所示，恒定速度为 $V_j$、横截面积为 $A_j$ 的水平水射流进入质量为 $m_c$ 的叶片车系统，并以 $\theta$ 角离开，从而加速叶片车系统。控制体内流速为 $V_j$ 的水的质量在 $m_w$ 时保持不变。假设 $A_j$ 和 $V_j$ 从叶片入口到出口保持不变。忽略阻碍小车运动的任何摩擦力，求出当小车速度在时间 $t_1$ 为 $U_{c1}$ 时，射流离开叶片的角度。

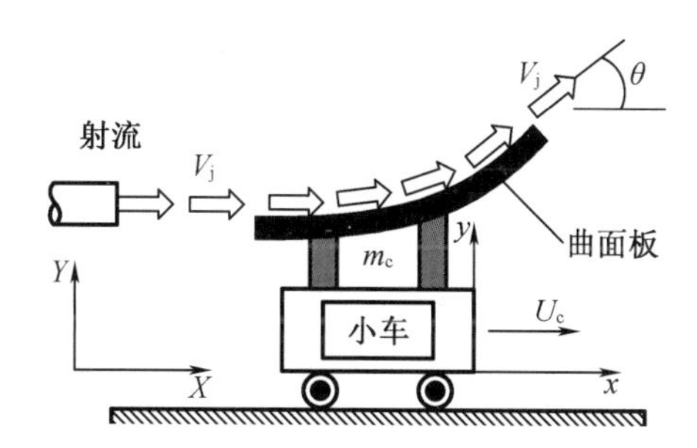


图 2.9 转向水射流下的加速车(问题 2.11)

## 问题 2.11 的解法

在这个问题中，推车系统的质量和控制体内水的质量保持不变。当小车加速时，与小车相连的 $x$-$y$ 坐标系将变为非惯性系。在这个坐标系中，虽然水射流相对于车的速度与时间有关，但是控制体内水的 $x$ 向动量不随时间变化。

将相对于推车的水射流速度表示为

$$W_j = V_j - U_c$$

由此得到

$$\frac{\mathrm{d}W_j}{\mathrm{d}t}=-\frac{\mathrm{d}U_c}{\mathrm{d}t}$$

根据连续性方程，推导出推车入口和出口处的水质量流量为

$$\dot{m}=\rho A_j W_j$$

在控制体上没有表面力和体积力的情况下，将 $x$ 动量方程写在附加到推车的非惯性(加速)$x$-$y$ 坐标系中，如下所示：

$$-(m_c + m_w)\frac{\mathrm{d}U_c}{\mathrm{d}t}=\dot{m}W_j\cos\theta-\dot{m}W_j$$

替代 $\dot{m}$,从连续性方程得出

$$(m_c + m_w)\frac{dU_c}{dt} = \rho A_j W_j^2(1 - \cos\theta)$$

$$\frac{dU_c}{dt} = \frac{\rho A_j(1 - \cos\theta)}{m_c + m_w}W_j^2$$

$$-\frac{dW_j}{dt} = \frac{\rho A_j(1 - \cos\theta)}{m_c + m_w}W_j^2$$

$$-\frac{dW_j}{W_j^2} = \frac{\rho A_j(1 - \cos\theta)}{m_c + m_w}dt$$

从 $t=0$ 到 $t=t_1$ 的积分

$$-\int_{V_j}^{(V_j-U_{c1})}\frac{dW_j}{W_j^2} = \frac{\rho A_j(1 - \cos\theta)}{m_c + m_w}\int_0^{t_1}dt$$

$$\frac{1}{V_j - U_{c1}} - \frac{1}{V_j} = \frac{\rho A_j(1 - \cos\theta)}{m_c + m_w}t_1$$

$$\frac{U_{c1}}{V_j(V_j - U_{c1})} = \frac{\rho A_j(1 - \cos\theta)}{m_c + m_w}t_1$$

由此得到

$$\cos\theta = 1 - \frac{U_{c1}(m_c + m_w)}{\rho A_j V_j(V_j - U_{c1})t_1}$$

$$\theta = \arccos\left[1 - \frac{U_{c1}(m_c + m_w)}{\rho A_j V_j(V_j - U_{c1})t_1}\right]$$

## 问题 2.12:具有可变流出量的加速推车

找到图 2.10 所示的随时间变化的小车加速度。装有密度 $\rho$ 流体的大车的初始总质量为 $m_0$。解决方案所需的其他量如图所示,忽略任何与大车运动相反的摩擦力。

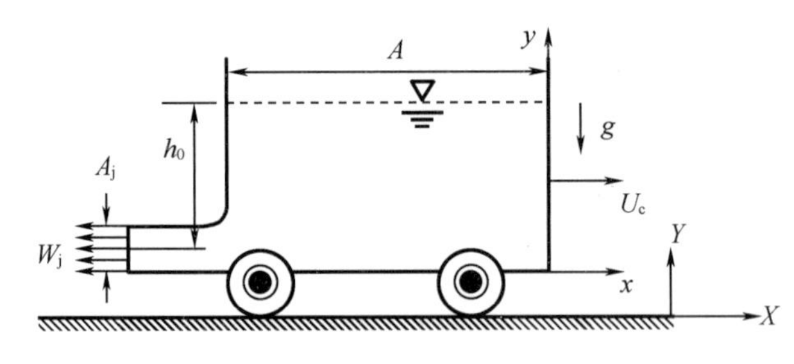


图 2.10　可变流量加速车(问题 2.12)

## 问题 2.12 的解法

在该变质量问题中,与时间相关的射流速度(假设在射流横截面上均匀)取决于射流中心线(基准面)处射流车中液位的高度(位置水头)。忽略车内流体自由表面的速度,得到射

流速度为

$$W_{\mathrm{j}}=\sqrt{2gh}$$

从质量守恒出发,得到

$$\dot{m}_{\mathrm{j}}=\rho A_{\mathrm{j}}W_{\mathrm{j}}=\frac{\mathrm{d}}{\mathrm{d}t}[m_0-\rho(h_0-h)A]$$

$$A\frac{\mathrm{d}h}{\mathrm{d}t}=A_{\mathrm{j}}\sqrt{2gh}$$

$$\frac{\mathrm{d}h}{\mathrm{d}t}=\frac{A_{\mathrm{j}}\sqrt{2g}}{A}\sqrt{h}$$

$$\int_{h_0}^{h}\frac{\mathrm{d}h}{\sqrt{h}}=\frac{A_{\mathrm{j}}\sqrt{2g}}{A}\int_0^t\mathrm{d}t$$

$$2(\sqrt{h}-\sqrt{h_0})=\frac{A_{\mathrm{j}}\sqrt{2g}}{A}t$$

$$\sqrt{h}=\sqrt{h_0}+\frac{A_{\mathrm{j}}\sqrt{2g}}{2A}t$$

$$h=\left(\sqrt{h_0}+\frac{A_{\mathrm{j}}\sqrt{g/2}}{A}t\right)^2$$

非惯性参考系中 $x$ 方向的动量方程为(在没有表面力和体积力的情况下)

$$-[m_0-\rho(h_0-h)A]\dot{U}_{\mathrm{c}}=-\dot{m}_{\mathrm{j}}W_{\mathrm{j}}=-\rho A_{\mathrm{j}}W_{\mathrm{j}}^2$$

$$\dot{U}_{\mathrm{c}}=\frac{\rho A_{\mathrm{j}}W_{\mathrm{j}}^2}{m_0-\rho(h_0-h)A}$$

$$\dot{U}_{\mathrm{c}}=\frac{2\rho A_{\mathrm{j}}gh}{m_0-\rho(h_0-h)A}$$

其中,$h$ 从前面得到,如下所示:

$$h=\left(\sqrt{h_0}+\frac{A_{\mathrm{j}}\sqrt{g/2}}{A}t\right)^2$$

## 问题 2.13:水射流引起的水箱加速

如图 2.11 所示,恒定速度为 $V_{\mathrm{j}}$、横截面积为 $A_{\mathrm{j}}$ 的水射流正在进入水车,水车可以自由移动,摩擦力可以忽略不计。假设水车最初在质量为 $m_0$ 的情况下静止,求出其产生的加速度 $U_{\mathrm{t}}$ 和质量 $m$。

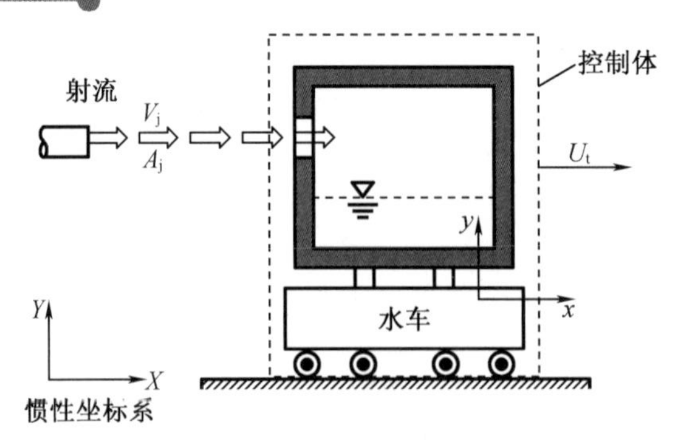


图 2.11　水车因进水射流而加速(问题 2.13)

# 问题 2.13 的解法

在这个问题中,水车的质量以递减的速度增加,直到它逐渐达到射流速度,在该速度下,水射流不会进入水车。将连续性方程(式(2.1))的非定常形式应用于图 2.11 所示的水车控制体,得到

$$\frac{\partial}{\partial t}\iiint_{CV}\rho \mathrm{d}V = \rho W_j A_j$$

$$\frac{\mathrm{d}m}{\mathrm{d}t}=\rho W_j A_j$$

其中 $W_j = V_j - U_t$ 是相对于连接到水车的非惯性坐标轴的喷射速度。对于常数 $V_j$,得到

$$\dot{W}_j = -\dot{U}_t$$

## 非惯性参考系中的线性动量方程

在没有体积力和表面力作用于水车控制体的情况下,方程式(2.8)的左侧变为$-(m+m_j)\dot{U}_t$。在这种情况下,只有一个流入水车控制体,没有流出。因此,方程式(2.8)右侧的曲面积分得到$-\dot{m}W_j$。这个方程中的不稳定项需要仔细评估。假设水射流进入水车后,其速度瞬时变为水车速度 $U_t$,从而导致相对于水车的零速度。水车控制体内的总瞬时质量由装有水的水车的质量 $m$ 和进入水车前具有恒定质量 $m_j$、速度 $V_j$ 的喷水部分组成。因此,可以将非惯性参考系中水车控制体整体质量的瞬时动量写为 $m_j(V_j-U_t)$,给出

$$\frac{\partial}{\partial t_{xyz}}\iiint_{CV}V_{xyz}(\rho \mathrm{d}\tau) = \frac{\mathrm{d}}{\mathrm{d}t}(m_j\tau_j - m_j U_t) = -\frac{\mathrm{d}}{\mathrm{d}t}(m_j U_t) = -m_j\dot{U}_t$$

使用了 $m_j$ 和 $V_j$ 保持不变的事实。因此,方程式(2.8)变为

$$-(m+m_j)\dot{U}_t = -\dot{m}W_j - m_j\dot{U}_t$$

$$-m\dot{U}_t = -\dot{m}\dot{W}_j$$

替换$\dot{W}_j = -\dot{U}_t$,从连续性方程中得出

$$m\dot{W}_j = -\dot{m}W_j$$

$$\frac{\dot{m}}{m} = -\frac{\dot{W}_j}{W_j}$$

现在,使用惯性参考系中的线性动量方程导出此方程。

## 惯性参考系中的线性动量方程

在没有作用在水车控制体上的体积力和表面力的情况下,方程式(2.3)的左侧变为零。水射流速度 $V_j=W_j+U_t$ 是水车入口处的动量速度。只有一个流入水车控制体,没有流出,得到的净动量流出率为$-\dot{m}W_j$。

方程式(2.3)右侧的不稳定项需要仔细评估。水车控制体内的总瞬时质量由装有水的水车的质量 $m$ 和进入水车前具有恒定质量 $m_j$ 和速度 $V_j$ 的部分水射流组成。假设水射流的质量在进入水车时,立即假定其速度为 $U_t$。因此,将惯性参考系中水车控制体整体质量的瞬时动量写为 $mU_t+m_jV_j$。方程式(2.3)中的非定常项变为

$$\frac{\partial}{\partial t_{XYZ}}\iiint_{CV} V_{XYZ}(\rho \mathrm{d}V)=\frac{\mathrm{d}}{\mathrm{d}t}(mU_t+m_jV_j)=\frac{\mathrm{d}}{\mathrm{d}t}(mU_t)=U_t\frac{\mathrm{d}m}{\mathrm{d}t}+m\frac{\mathrm{d}U_t}{\mathrm{d}t}$$

这里使用了 $m_j$ 和 $V_j$ 保持不变的事实。因此,方程式(2.3)简化为

$$0=-\dot{m}V_j+U_t\dot{m}+m\dot{U}_j$$

$$\dot{m}(V_j-U_t)=m\dot{U}_t$$

$$\dot{m}W_j=-m\dot{W}_j$$

$$\frac{\dot{m}}{m}=-\frac{\dot{W}_j}{W_j}$$

这与在非惯性参数系中得到的方程相同。

当水车静止时,有 $m=m_0$ 和 $W_j=V_j$。积分该方程得出

$$\int_{m_0}^{m}\frac{\mathrm{d}m}{m}=-\int_{V_j}^{W_j}\frac{\mathrm{d}W_j}{W_j}$$

$$\ln\frac{m}{m_0}=-\ln\frac{W_j}{V_j}=\ln\frac{V_j}{W_j}$$

令两边的自然对数相等,并重新排列,得到

$$W_j=\frac{m_0V_j}{m}$$

将其代入连续性方程$\frac{\mathrm{d}m}{\mathrm{d}t}=\rho W_jA_j$,得到

$$\frac{\mathrm{d}m}{\mathrm{d}t}=\rho A_j\frac{m_0V_j}{m}$$

$$m\mathrm{d}m=(\rho A_jV_j)m_0\mathrm{d}t=\dot{m}_jm_0\mathrm{d}t$$

式中,$\dot{m}_j=\rho A_jV_j$ 是离开喷管的恒定水射流质量流率。通过积分这个方程,得到

$$\int_{m_0}^{m}m\mathrm{d}m=\int_0^t\dot{m}_jm_0\mathrm{d}t$$

$$\frac{m^2-m_0^2}{2}=\dot{m}_jm_0t$$

$$m^2=m_0^2+2\dot{m}_jm_0t$$

$$m=(m_0^2+2\dot{m}_j m_0 t)^{1/2}=m_0(1+2\zeta t)^{1/2}$$

$$\zeta=\frac{\dot{m}_j}{m_0}=\frac{\rho A_j V_j}{m_0}$$

将 $m=m_0(1+2\zeta t)^{1/2}$ 代入 $W_j=m_0 V_j/m$，有

$$W_j=\frac{m_0 V_j}{m}=V_j(1+2\zeta t)^{-1/2}$$

$$\overline{U}_t=V_j[1-(1+2\zeta t)^{-1/2}]$$

将该方程与时间微分，得出油轮加速度

$$\overline{U}_t=V_j\zeta(1+2\zeta t)^{-3/2}$$

## 问题 2.14：具有两个不等臂的草坪洒水器

图 2.12 显示了具有两个不等臂的草坪喷水装置。对于给定的几何量和连接到每个喷水器臂的喷管出口处的水射流速度，计算可忽略摩擦扭矩下的喷水器转速。假设出口 1 处的射流面积为 $A_1$，出口 2 处的射流面积为 $A_2$。

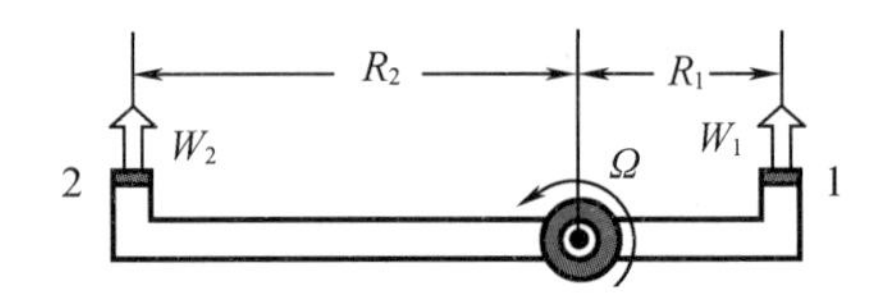


图 2.12　水车因进水射流而加速（问题 2.13）

## 问题 2.14 的解法

在这个问题中，旋转轴上有一个入口，不同半径上有两个出口。入口处的气流角动量为零。每个出口的质量速度对应于射流速度。角动量在逆时针方向为正，在顺时针方向为负。可以在每个出口处写下各种数量，如下所示。

在出口 1 处，计算质量流量为

$$\dot{m}_1=\rho A_1 W_1$$

比角动量为

$$R_1 V_{t1}=R_1(R_1\Omega+W_1)$$

角动量的流出率为

$$\dot{H}_1=\dot{m}_1 R_1(R_1\Omega+W_1)$$

同样，在出口 2 处，计算质量流量为

$$\dot{m}_2=\rho A_2 W_2$$

比角动量为

$$R_2 V_{t2}=R_2(R_2\Omega-W_2)$$

角动量的流出率为

$$\dot{H}_2=\dot{m}_2 R_2(R_2\Omega-W_2)$$

在喷头控制体上没有任何扭矩作用的情况下，角动量的净流出率必须为零

$$\dot{H}_1+\dot{H}_2=0$$

$$\dot{m}_1 R_1(R_1\Omega + W_1) + \dot{m}_2 R_2(R_2\Omega - W_2) = 0$$

$$\Omega = \frac{\dot{m}_2 R_2 W_2 - \dot{m}_1 R_1 W_1}{\dot{m}_1 R_1^2 + \dot{m}_2 R_2^2}$$

在该方程中代入$\dot{m}_1 = \rho A_1 W_1$ 和$\dot{m}_2 = \rho A_2 W_2$，根据上述内容，最终获得

$$\Omega = \frac{A_2 R_2 W_2^2 - A_1 R_1 W_1^2}{A_1 W_1 R_1^2 + A_2 W_2 R_2^2}$$

这表明 $\Omega$ 不取决于喷洒液体密度。

## 问题 2.15：内壁和外壁具有不同相对粗糙度的环管流的有效平均莫迪摩擦系数

考虑密度为 $\rho$ 且平均速度为 $V$ 的流体通过内径为 $D_1$、外径为 $D_2$、长度为 $L$ 的环管的充分发展的不可压缩湍流。环管内壁的表面粗糙度高于其外壁的表面粗糙度。对于主流雷诺数和相对粗糙度参数，试验数据表明，内壁的摩擦系数为 $f_1$，外壁的摩擦系数为 $f_2$。假定通过环管的静压降为

$$p_1 - p_2 = \frac{f^* L}{D_h}\left(\frac{1}{2}\rho V^2\right)$$

给出在这个方程中 $f^*$ 的表达式，用给定的量表示。

## 问题 2.15 的解法

对于充分发展的管流，长度为 $L$ 的控制体的轴向动量净流出为零。因此，入口和出口之间的净压力必须与环管壁处产生的净剪切力平衡，从而

$$(p_1 - p_2)\frac{\pi}{4}(D_2^2 - D_1^2) = \pi L(D_1\tau_{w1} + D_2\tau_{w2})$$

式中

$$\tau_{w1} = C_{f1}\left(\frac{1}{2}\rho V^2\right)$$

$$\tau_{w2} = C_{f2}\left(\frac{1}{2}\rho V^2\right)$$

得到

$$(p_1 - p_2)\frac{\pi}{4}(D_2^2 - D_1^2) = \pi L\left(\frac{1}{2}\rho V^2\right)(D_1 C_{f1} + D_2 C_{f2})$$

$$p_1 - p_2 = \frac{L}{D_2^2 - D_1^2}\left(\frac{1}{2}\rho V^2\right)(D_1 4C_{f1} + D_2 4C_{f2})$$

平均水力直径 $D_h = (D_2 - D_1)$，$4C_{f1} = f_1$，$4C_{f2} = f_2$，将此方程改写为

$$p_1 - p_2 = \frac{f^* L}{D_h}\left(\frac{1}{2}\rho V^2\right)$$

$$f^* = \frac{D_1 f_1 + D_2 f_2}{D_2 + D_1}$$

# 术　语

| 符号 | 含义 |
| --- | --- |
| $a$ | 加速度大小;长度 |
| $\boldsymbol{a}$ | 加速度矢量 |
| $A$ | 面积 |
| $\boldsymbol{A}$ | 面积矢量 |
| $c_p$ | 定压比热容 |
| $c_v$ | 定容比热容 |
| $C_p$ | 静压上升(恢复)系数 |
| $D$ | 管道直径 |
| $e$ | 系统的比总能量 |
| $\hat{\boldsymbol{e}}$ | 单位向量 |
| $E$ | 控制系统的总能量 |
| $F$ | 力 |
| $\hat{\boldsymbol{F}}$ | 力矢量 |
| $g$ | 重力加速度 |
| $h$ | 从基准测量的高度;比焓;传热系数 |
| $\dot{H}$ | 角动量流率 |
| $\boldsymbol{H}$ | 角动量矢量 |
| $K$ | 损失系数 |
| $L$ | 长度 |
| $m$ | 质量 |
| $\dot{m}$ | 质量流量 |
| $Ma$ | 线性动量;马赫数 |
| $\boldsymbol{M}$ | 线性动量矢量 |
| $\dot{M}$ | 线性动量流量 |
| $N$ | 控制体的入口或出口数量 |
| $p$ | 静压 |
| $p_{\mathrm{dyn}}$ | 动压 |
| $Q$ | 体积流量 |
| $\dot{Q}$ | 传热速率 |
| $r$ | 半径 |
| $\boldsymbol{r}$ | 非惯性坐标系中的位移矢量 |
| $R$ | 管道半径;气体常数 |

| 符号 | 含义 |
|---|---|
| $\boldsymbol{R}$ | 惯性坐标系中的位移矢量 |
| $s$ | 比熵 |
| $S_{\mathrm{T}}$ | 气流推力 |
| $t$ | 时间 |
| $\boldsymbol{T}$ | 温度 |
| $u$ | $x$ 方向的速度 |
| $U$ | 自由流速度 |
| $V$ | 速度大小 |
| $\boldsymbol{V}$ | 速度矢量 |
| $\tau$ | 体积 |
| $W$ | 相对速度 |
| $x$ | 笛卡儿坐标系 $x$ 轴 |
| $xyz$ | 非惯性笛卡儿坐标轴 |
| $XYZ$ | 惯性笛卡儿坐标轴 |
| $y$ | 笛卡儿坐标系 $y$ 轴 |
| $z$ | 笛卡儿坐标系 $z$ 轴 |

## 下标和上标

| 符号 | 含义 |
|---|---|
| 1 | 位置 1;截面 1 |
| 2 | 位置 2;截面 2 |
| 3 | 位置 3;截面 3 |
| amb | 外界 |
| b | 体 |
| c | 小车 |
| CV | 控制体 |
| CS | 控制体表面 |
| dyn | 动力学的 |
| f | 摩擦力 |
| h | 均质物体的求解 |
| in | 进口 |
| inlet | 进口 |
| j | 喷射 |

| 符号 | 含义 |
| --- | --- |
| max | 最大 |
| out | 出口 |
| outlet | 出口 |
| 0 | 总(滞止) |
| s | 表面 |
| sh | 剪切 |
| t | 装水车 |
| $x$ | $x$ 坐标方向的分量 |
| $xyz$ | 非惯性笛卡儿坐标轴 |
| $XYZ$ | 惯性笛卡儿坐标轴 |
| $y$ | $y$ 坐标方向的分量 |
| $z$ | $z$ 坐标方向的分量 |
| t | 切向 |
| $(\overline{\ })$ | 截面平均值 |

## 希腊符号

| 符号 | 含义 |
| --- | --- |
| $\alpha$ | 动能修正系数 |
| $\beta$ | 动量修正系数 |
| $\varepsilon$ | 无量纲电热参数 |
| $\Gamma$ | 转矩 |
| $\gamma$ | 比热容比($\gamma = c_p / c_v$) |
| $\eta$ | 传输单元数(NTU) |
| $\theta$ | $x$ 方向角度,无量纲温度 |
| $\zeta$ | 涡矢量 |
| $\rho$ | 密度 |
| $\omega$ | 角速度(大小) |
| $\boldsymbol{\omega}$ | 流体粒子的局部角速度 |
| $\Omega$ | 流动角速度 |
| $\boldsymbol{\Omega}$ | 非惯性坐标轴 $xyz$ 的旋转矢量 |
| $\dot{\Omega}$ | 角加速度 |

# 参考文献

Sultanian, B. K. 2015. Fluid Mechanics: An Intermediate Approach. Boca Raton: Taylor & Francis.

# 参考书目

Sultanian, B. K. 2018. Gas Turbines: Internal Flow Systems Modeling (Cambridge Aerospace Series #44). Cambridge: Cambridge University Press.

Sultanian, B. K. 2019. Logan's Turbomachinery: Flowpath Design and Performance Fundamentals, 3rd edition. Boca Raton, FL: Taylor & Francis.

White, F. 2015. Fluid Mechanics, 8th edition. New York: McGraw-Hill Education.

# 第3章　伯努利方程:机械能方程

## 关键概念

在本章中,考虑需要应用伯努利方程和机械能方程(MEE)的定常、不可压缩流动问题,其也被称为扩展的伯努利方程。本章简要介绍了这些方程和相关概念。读者可以在Sultanian(2015)中找到它们的详细推导。

### 伯努利方程

根据比能写出伯努利方程,它适用于沿流线的无黏流或势流(无旋转)中任意两点之间的无黏流,如

$$\frac{p}{\rho}+\frac{V^2}{2}+gz=E_B \tag{3.1}$$

式中,$p/\rho$、$V^2/2$、$gz$、$E_B$ 分别为守恒重力场中的比流动功、比动能、比势能和伯努利总比能(机械能)。

将式(3.1)乘以 $\rho$,得到压力的伯努利方程:

$$p+\frac{\rho V^2}{2}+\rho gz=p_B \tag{3.2}$$

式中,$p$、$\rho V^2/2$、$\rho gz$ 和 $p_B$ 分别为静压、动压、静水压力和伯努利总压力,它不同于(滞止)总压力 $p_0=p+\rho V^2/2$。

将式(3.1)除以 $g$,得到用水头(长度单位)表示的伯努利方程:

$$\frac{p}{\rho g}+\frac{V^2}{2g}+z=Z_B \tag{3.3}$$

式中,$p/(\rho g)$、$V^2/(2g)$、$z$ 和 $Z_B$ 分别为压力水头、速度水头、位置水头(势能水头或静水头)和以水头表示的伯努利常数。

图3.1显示了沿任意无摩擦管道(流管)的每个截面上三项的变化情况。能量梯度线(EGL)是与基准面平行的顶部线,这条线表示总的伯努利方程 $Z_B$,在这种情况下,由于沿管道流动能量损失为零,所以它保持不变。水力梯度线(HGL)是位置水头(势能水头或静水头)和压力水头之和的线。如图所示,EGL与HGL在管道流动的任意截面处的差值等于该截面处的速度水头。

### 机械能方程

MEE以热力学第一定律的定常流动能量方程形式为基础,其中流动能量的变化仅由功的传递(如轴功)引起。其他所有形式的能量转移都被忽略。该方程广泛应用于分析流动

截面上速度分布不均匀的不可压缩内部流动，主要表现为机械能由于摩擦而损失，以及通过其他方式产生熵而损失。在内部流动的任意两个截面之间，最常见的扩展的伯努利方程形式如式(3.4)所示。请注意，这个方程与线性动量方程没有直接关系，并且与原始的伯努利方程不同，它不局限于沿流线或势流(无旋转)中任意点之间的无黏不可压缩流动。

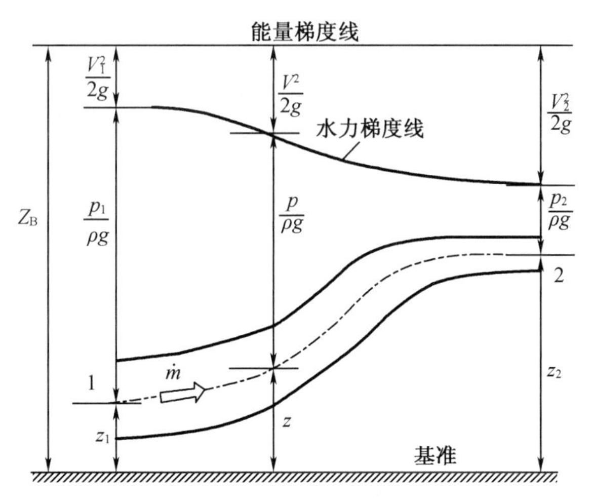


图 3.1 伯努利方程中各项的描述

$$\frac{p_1}{\rho g}+\alpha_1\frac{\overline{V}_1^2}{2g}+z_1+\sum\Delta h_{\text{gain}}-\sum\Delta h_{\text{loss}}=\frac{p_2}{\rho g}+\alpha_2\frac{\overline{V}_2^2}{2g}+z_2 \tag{3.4}$$

式中，静压和流速为截面平均值。考虑到速度分布的不均匀性，在每个截面使用动能修正因子，如

$$\alpha_1=\frac{\int_{A_1}V_1^3\mathrm{d}A}{A_1\overline{V}_1^3}$$

和

$$\alpha_2=\frac{\int_{A_2}V_2^3\mathrm{d}A}{A_2\overline{V}_2^3}$$

对于圆管中具有抛物线速度分布的充分发展的层流，得到 $\alpha_2=2.0$。对于速度分布几乎均匀的湍流，假设 $\alpha=1.0$。方程式(3.4)有一个简单的解释。在公式的左侧，代表压力水头、速度水头和位置水头的前三项构成了截面 1 的总水头。同样地，公式右侧相应的三项构成了截面 2 的总水头。这些截面之间总水头的变化来自功转移(例如，通过泵)引起的水头的增加 $\sum\Delta h_{\text{gain}}$，以及连接这些截面的流路的损失(例如，由于摩擦)导致的压头损失 $\sum\Delta h_{\text{loss}}$。对于通过具有壁摩擦的任意管道流动，图 3.2 显示了公式(3.4)中除了 $\sum\Delta h_{\text{gain}}$ 之外的各种项。与理想 EGL 相比，实际 EGL 沿管道向下游单调下降。由于摩擦，管道中的静压损失使流体的 HGL 和 EGL 均低于图 3.1 所示的值，该值对应于无摩擦的管道流动。

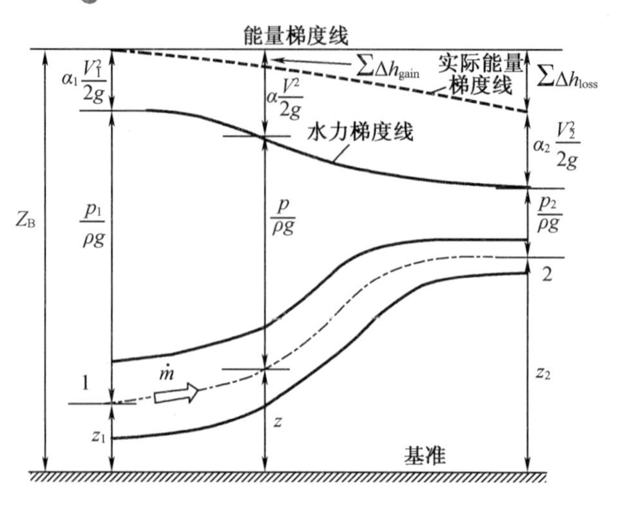


图 3.2 扩展的伯努利方程中各项的描述

定义 $p_0$ 为

$$p_0=p+\frac{\alpha\rho\overline{V}^2}{2}=\rho\left(\frac{p}{\rho}+\frac{\alpha\overline{V}^2}{2}\right) \tag{3.5}$$

在这个公式中,括号内的第一项是比流动功,第二项是比动能。因此,总压 $p_0$ 可以解释为每单位体积的总机械能。

关于总压,将式(3.4)写成

$$p_{02}=p_{01}+\sum\Delta p_{0\_gain}-\sum\Delta p_{0\_loss}-\rho g(z_2-z_1) \tag{3.6}$$

式中,与原始伯努利方程一样,$z_1$ 和 $z_2$ 是从固定基准面测量的。注意,在式(3.6)中,$\sum\Delta p_{0\_gain}$ 包含除重力以外的所有总压力增加,例如,通过泵做的功;$\sum\Delta p_{0\_loss}$ 包含除重力以外所有总压的下降,例如,由于涡轮做功、摩擦和通过其他方式产生的熵增(例如,掺混损失)。

已知总压力 $p_{01}$ 和 $p_{02}$,可以通过式(3.7)计算截面 1 和截面 2 之间所需的功率:

$$P_{hyd}=Q(p_{02}-p_{01}) \tag{3.7}$$

式中,$Q$ 为这些截面之间的体积流量。

## 主要损失

主要损失来自管道壁的黏性剪切应力。为了计算直径为 $D$ 的圆管中充分发展的水流长度 $L$ 上的压头损失 $\Delta h_{loss}$,使用 Darcy-Weisbach 方程:

$$\Delta h_{loss\_major}=f\frac{L}{D}\cdot\frac{\overline{V}^2}{2g} \tag{3.8}$$

其中,雷诺数为 $Re=\rho\overline{V}D/\mu<2\ 300$ 的完全发展层流的 Darcy 摩擦系数由如下公式给出:

$$f=\frac{64}{Re} \tag{3.9}$$

对于雷诺数 $Re\geqslant 2\ 300$ 的完全发展湍流,从 Moody(1944)给出的曲线中获得 $f$,该曲线在 Fox 和 McDonald(2010)等流体力学的许多本科教材中都可以找到。计算 $f$ 的三个广泛使用的公式如下：

Colebrook(1938—1939)提出方程

$$\frac{1}{\sqrt{f}}=-2.0\lg\left(\frac{\frac{e}{D}}{3.7}+\frac{2.51}{Re\sqrt{f}}\right) \tag{3.10}$$

式中，$e$ 为管壁的绝对粗糙度(以长度为单位)；$\frac{e}{D}$为其相对粗糙度。

Swamee 和 Jain(1976)提出了近似方程

$$\frac{1}{\sqrt{f}}=-2.0\lg\left(\frac{\frac{e}{D}}{3.7}+\frac{5.74}{Re^{0.9}}\right) \tag{3.11}$$

Haaland(1983) 提出了近似方程

$$\frac{1}{\sqrt{f}}=-1.8\lg\left[\left(\frac{\frac{e}{D}}{3.7}\right)^{1.11}+\frac{6.9}{Re}\right] \tag{3.12}$$

对于非圆形管道，用管道水力平均直径 $D_h=4A/P_W$ 替换这些等式中使用的管道直径 $D$，其中 $A$ 为流动面积，$P_W$ 为湿周长。

### 次要损失

次要损失，也称为局部损失，是由流体流经管道的局部特征引起的。这些特征包括管道形状和尺寸的变化，如管道流动区域的突然膨胀或突然收缩。使用式(3.13)可得到次要损失：

$$\Delta h_{loss\_minor}=K\frac{\overline{V}^2}{2g} \tag{3.13}$$

式中，$K$ 为次要损失系数。

## 问题 3.1：重力作用下垂直管道内稳定水流的自由下落

图 3.3 显示了稳定水流在重力作用下从 $A_1$ 区域垂直管道自由下落。恒定质量流量为 $\dot{m}$。使用图中所示的各种量，忽略水射流上的任何阻力，求出面积比 $A_2/A_1$。

## 问题 3.1 的解法

在这个问题中，重力是作用在落水上的唯一力。恒定的环境压力在截面 1 和截面 2 之间应用伯努利方程的两侧抵消，给出

$$\frac{V_1^2}{2}+gh_1=\frac{V_2^2}{2}+gh_2$$

也就是说，落水的势能和动能之和在每一个截面上保持不变。

从连续性方程

$$\dot{m}=\rho A_1V_1=\rho A_2V_2$$

可得

$$V_1=\frac{\dot{m}}{\rho A_1}$$

和

$$V_2=\frac{\dot{m}}{\rho A_2}$$

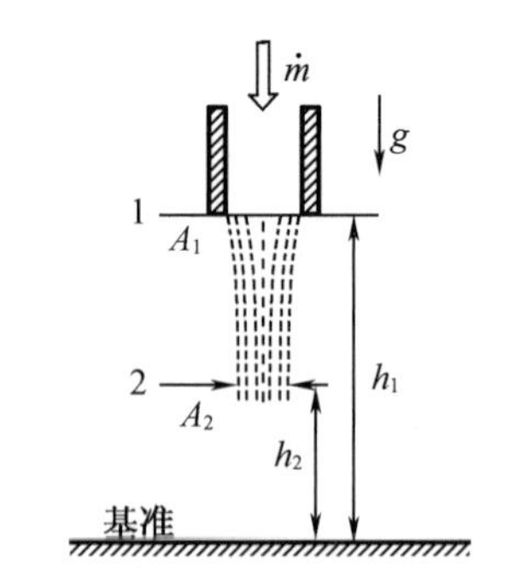


图 3.3　垂直管道内稳定水流的自由下落(问题 3.1)

将 $V_1$ 和 $V_2$ 代入简化的伯努利方程,得到

$$\frac{\dot{m}^2}{2\rho^2A_1^2}+gh_1=\frac{\dot{m}^2}{2\rho^2A_2^2}+gh_2$$

$$\frac{1}{A_2^2}=\frac{1}{A_1^2}+\frac{2\rho^2g(h_1-h_2)}{\dot{m}^2}$$

$$\frac{A_1^2}{A_2^2}=1+\frac{2\rho^2A_1^2g(h_1-h_2)}{\dot{m}^2}=1+\frac{2g(h_1-h_2)}{V_1^2}$$

$$\frac{A_2}{A_1}=\frac{1}{\sqrt{1+\frac{2g(h_1-h_2)}{V_1^2}}}$$

结果表明 $A_2<A_1$。水射流面积的减小取决于初始流速 $V_1$ 和落差 $h_1-h_2$。

## 问题 3.2:作为流量测量装置的明渠水流动

图 3.4 显示了明渠水流。如图 3.4(a)所示,平行于水流的渠道横截面自上而下保持均匀。在中间的长度 $L$ 上,这个截面的宽度从 $b_1$ 减小到 $b_2$。明渠的侧壁具有恒定的高度 $h$。对于体积流量 $Q$,图 3.4(b)显示出明渠中的水深在 $z_1$ 与 $z_2$ 之间变化。

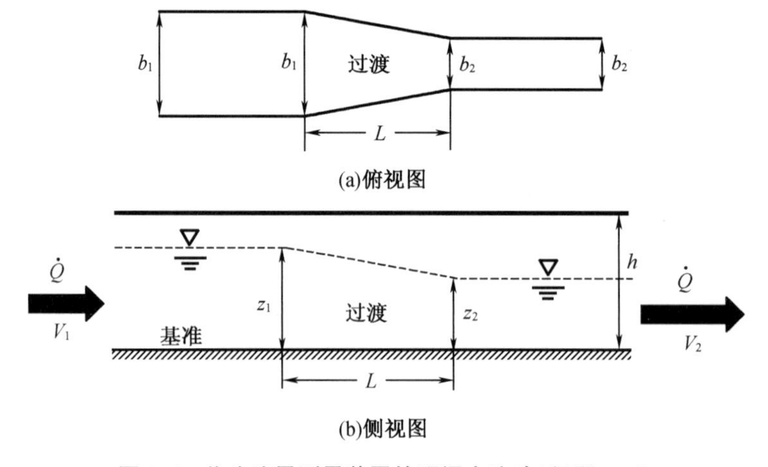


图 3.4　作为流量测量装置的明渠水流动(问题 3.2)

假设该流动系统中没有能量损失，找到一个用图中所示的其他量来表示的 $Q$ 表达式。另外，过渡段的水深是否呈线性变化？

## 问题 3.2 的解法

假设在明渠的每个横截面上，流速是均匀的，通过明渠的体积流量 $Q$ 保持恒定。在过渡段起始处，流动面积为 $b_1z_1$，速度为 $V_1$；在过渡段的结尾处，流动面积和速度分别是 $b_2z_2$ 和 $V_2$。对于稳定流，过渡段上的连续性方程为

$$V_1=\frac{Q}{b_1z_1}$$

$$V_2=\frac{Q}{b_2z_2}$$

对于恒定环境压力下沿渠道开口表面的流线，伯努利方程为

$$\frac{V_1^2}{2}+gz_1=\frac{V_2^2}{2}+gz_2$$

替换 $V_1$ 和 $V_2$，得到

$$\frac{Q^2}{2b_1^2z_1^2}+gz_1=\frac{Q^2}{2b_2^2z_2^2}+gz_2$$

$$Q^2\left(\frac{1}{2b_2^2z_2^2}-\frac{1}{2b_1^2z_1^2}\right)=g(z_1-z_2)$$

$$Q=\sqrt{\frac{g(z_1-z_2)}{\dfrac{1}{2b_2^2z_2^2}-\dfrac{1}{2b_1^2z_1^2}}}$$

可以通过在已知 $b_1$ 和 $b_2$ 的明渠中测量稳定流中的 $z_1$ 和 $z_2$ 来计算 $Q$。这一结果表明，过渡段水深的减少不是线性的。在各种设备的冷态流量标定中，经常使用本解法中分析的明渠装置来测量流量。

## 问题 3.3：可变面积无摩擦管道中的水流

1738 年，丹尼尔 · 伯努利(Daniel Bernoulli)请一位年轻的流体工程师对图 3.5 所示的可变面积管道中的水流进行一些计算。工程师被要求忽略管道中的任何摩擦力。

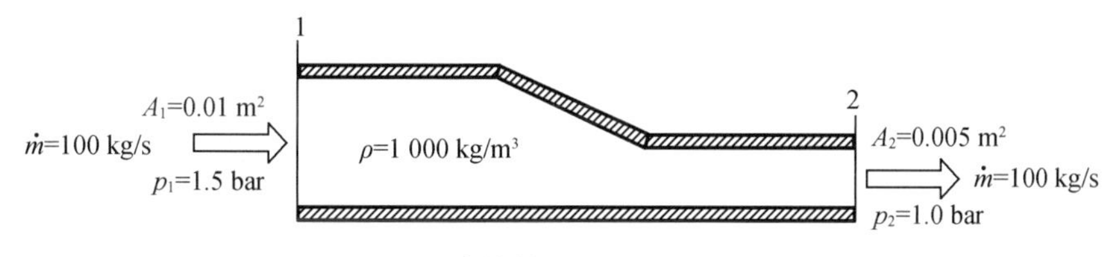


图 3.5 无摩擦管道中的水流(问题 3.3)

回顾图中伯努利方程所示的计算结果，伯努利曾评论说，年轻工程师的计算结果在物理上是不可能的。你同意伯努利的结论吗？为什么？

## 问题 3.3 的解法

年轻工程师提供的解决方案显然满足连续性方程,因为进出管道的质量流量为 100 kg/s。现在检查解决方案是否也满足动量方程。

### 截面 1(进口)

#### 速度

$$V_1=\frac{\dot{m}}{A_1\rho}=\frac{100}{0.01\times1\ 000}=10\ \text{m/s}$$

#### 流体推力

$$S_{T1}=p_1A_1+\dot{m}V_1=1.5\times10^5\times0.01+100\times10=2\ 500\ \text{N}$$

### 截面 2(出口)

#### 速度

$$V_2=\frac{\dot{m}}{A_2\rho}=\frac{100}{0.005\times1\ 000}=20\ \text{m/s}$$

#### 流体推力

$$S_{T2}=p_2A_2+\dot{m}V_2=1.5\times10^5\times0.005+100\times20=2\ 500\ \text{N}$$

这些结果表明,管道入口和出口之间的流体推力没有变化。虽然在这个问题中忽略了壁面摩擦力,但管道中间截面的收缩上壁将在流体控制体积上产生相反的压力。因此,管道出口处的流体推力将低于其进口处的流体推力。

从能量角度考虑,在没有任何能量损失的情况下,流动功和动能之和必须沿管道守恒。因此,现在检查计算的总压在管道入口和出口之间的变化。

#### 管道进口的总压

$$p_{01}=1.5\times10^5+\frac{1\ 000\times10\times10}{2}=2.0\ \text{bar}$$

#### 管道出口的总压

$$p_{02}=1.0\times10^5+\frac{1\ 000\times20\times20}{2}=3.0\ \text{bar}$$

管道入口和出口处的总压力计算表明，从入口到出口，总压力增加，这违反了流动物理学。对于有摩擦的管道流，总压力必须在下游降低；对于无摩擦流动，它必须保持恒定。因此，这里的分析完全支持伯努利得出的结论。

# 问题 3.4：虹吸管的操作

图 3.6 显示了使用密度为 1 000 kg/m$^3$ 水的虹吸管的操作。环境压力为 1.0 bar。计算 $D$ 处的流动速度以及 $B$ 和 $C$ 处恒定面积管内的静压。$C$ 处是虹吸管中心线上的最高点，忽略虹吸系统中的任何摩擦损失。

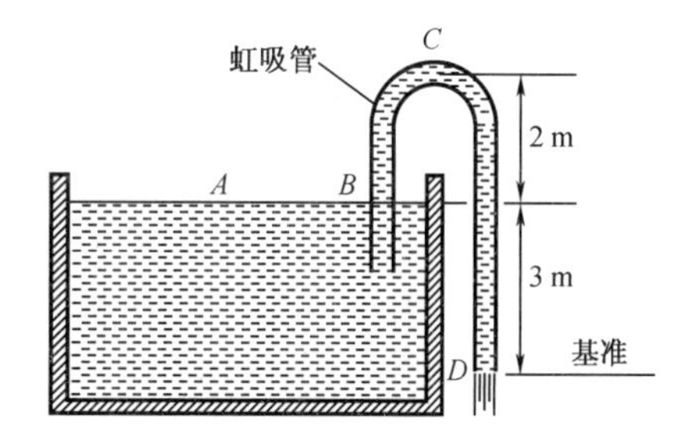


图 3.6 虹吸管的操作（问题 3.4）

# 问题 3.4 的解法

伯努利方程（式(3.1)）支配着图 3.6 所示的理想虹吸管的运行，在每个点 $A$、$B$、$C$ 和 $D$ 产生恒定的总水头。

## $D$ 点流动速度

以测量位置水头的 $D$ 点为基准，可以将 $A$ 点和 $D$ 点之间的伯努利方程写成

$$\frac{p_{amb}}{\rho g}+\frac{V_A^2}{2g}+3.0=\frac{p_{amb}}{\rho g}+\frac{V_D^2}{2g}$$

与 $V_D$ 相比，忽略 $V_A$，该方程简化为

$$\frac{V_D^2}{2g}=3.0$$

可得

$$V_D=\sqrt{2\times 9.81\times 3.0}=7.672\ \text{m/s}$$

## 虹吸管内 $B$ 点静压

在 $B$ 点和 $D$ 点之间写出伯努利方程

$$\frac{p_B}{\rho g}+\frac{V_B^2}{2g}+3.0=\frac{p_{amb}}{\rho g}+\frac{V_D^2}{2g}$$

由于恒流面积管内 $B$ 点和 $D$ 点之间的连续性方程产生 $V_B=V_D$，该方程简化为

$$\frac{p_B}{\rho g}=\frac{p_{amb}}{\rho g}-3.0$$

$$p_B=p_{amb}-3.0\rho g=1.0\times 10^5-3.0\times 1\,000\times 9.81=70\,570\ \text{Pa}$$

此时处于负压环境。

### 虹吸管内 C 点静压

在 $C$ 点和 $D$ 点之间写出伯努利方程

$$\frac{p_C}{\rho g}+\frac{V_C^2}{2g}+5.0=\frac{p_{\text{amb}}}{\rho g}+\frac{V_D^2}{2g}$$

由恒流面积管内 $C$ 点和 $D$ 点之间的连续性方程可得 $V_C=V_D$，该方程简化为

$$\frac{p_C}{\rho g}=\frac{p_{\text{amb}}}{\rho g}-5.0$$

$$p_C=p_{\text{amb}}-5.0\rho g=1.0\times10^5-5.0\times1\ 000\times9.81=51\ 000\ \text{Pa}$$

此时 $C$ 点处于负压环境，且静压值低于 $B$ 点。

因此，虹吸管中的静压在 $C$ 点处达到最低值，$C$ 点是最高点。静压从 $C$ 点增加到 $D$ 点，$D$ 点处静压等于环境压力。随着 $C$ 点高度的增加，管道中的静压变得越来越低，直到达到虹吸管中所用液体的饱和压力。这设定了 $C$ 点高度的上限。进一步增加 $C$ 点高度会产生破坏液体流动的蒸汽，使虹吸管停止工作。

## 问题 3.5：水流系统所需的泵送功率

图 3.7 显示了一个泵流动系统，该系统使用离心泵以体积流量 $Q=0.015\ \text{m}^3/\text{s}$ 泵送密度为 850 $\text{kg/m}^3$ 的油。$A$ 点测得的表压为−30 kPa，$B$ 点的压力为 300 kPa。泵上游管道内径为 7.62 cm，下游管道内径为 5.08 cm。

在给定的流速下，止逆阀的较小压头损失为 0.75 m，管道摩擦产生的较大压头损失为 1.25 m。计算该流动系统中的泵送功率。

## 问题 3.5 的解法

根据泵上游和下游管道的给定内径，得到

$$A_A=4.560\times10^{-3}\ \text{m}^2\ \text{和}\ A_B=2.027\times10^{-3}\ \text{m}^2$$

### A 点速度

$$V_A=\frac{Q}{A_A}=\frac{0.015}{4.560\times10^{-3}}=3.289\ \text{m/s}$$

### B 点速度

$$V_B=\frac{Q}{A_B}=\frac{0.015}{2.027\times10^{-3}}=7.401\ \text{m/s}$$

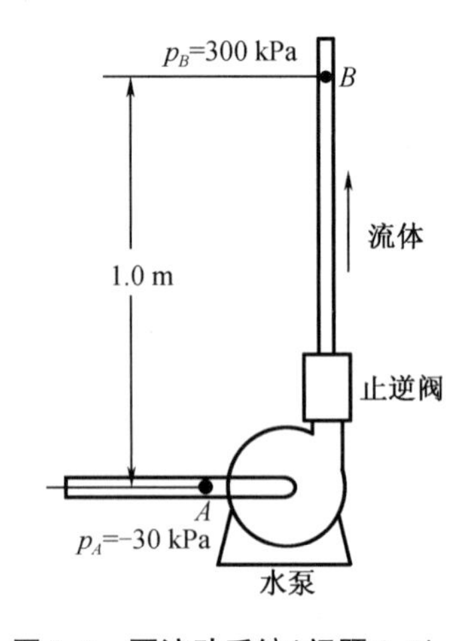

图 3.7　泵流动系统（问题 3.5）

把 $A$ 点和 $B$ 点之间扩展的伯努利方程（式（3.4））写成

$$\frac{p_A}{\rho g}+\frac{V_A^2}{2g}+z_A+H_{\text{pump}}-\sum\Delta h_{\text{loss}}=\frac{p_B}{\rho g}+\frac{V_B^2}{2g}+z_B$$

$$H_{\text{pump}}=\frac{p_B-p_A}{\rho g}+\frac{V_B^2-V_A^2}{2g}+(z_B-z_A)+\sum\Delta h_{\text{loss}}$$

该等式右侧的每项计算如下：

$$\frac{p_B-p_A}{\rho g}=\frac{300\times10^3-(-10\times10^3)}{850\times9.81}=37.177\ \text{m}$$

$$\frac{V_B^2-V_A^2}{2g}=\frac{7.401^2-3.289^2}{2\times9.81}=2.240\ \text{m}$$

$$z_B-z_A=1.0-0.0=1.0\ \text{m}$$

$$\sum\Delta h_{\text{loss}}=0.75+1.25=2.0\ \text{m}$$

因此，泵送水头变为

$$H_{\text{pump}}=37.177+2.240+1.0+2.0=42.417\ \text{m}$$

### 泵送功率

$$P_{\text{pump}}=H_{\text{pump}}\dot{m}g=(H_{\text{pump}}\rho g)Q=\Delta p_{0\_\text{loss}}Q$$

$$P_{\text{pump}}=42.417\times850\times9.81\times0.015=5\ 305\ \text{W}=5.305\ \text{kW}$$

## 问题 3.6：汤姆的旧滑板车化油器的调整

汤姆是一名电气工程师，喜欢自己那辆装有化油器的旧滑板车。在不完全了解化油器工作原理的情况下，他经常对滑板车化油器进行微调，以获得最佳的空燃比。图 3.8 示出了化油器中的空燃比，其中空气流经文丘里管，文丘里管中放置燃油喷嘴。根据伯努利方程，随着文丘里管喉部空气速度的增加，文丘里管喉部的静压下降。静压的降低导致燃油喷射到气流中形成均匀的空气-燃油混合物，并在下游燃烧。假设 $K_a$ 和 $K_g$ 分别为空气和燃油流道中的次要损失系数，忽略所有相关的主要损失，使用扩展的伯努利方程找到计算该化油器空燃比的表达式。用你的结果向汤姆解释空燃比是如何随着文丘里管喉部直径 $D$ 的变化而变化的。

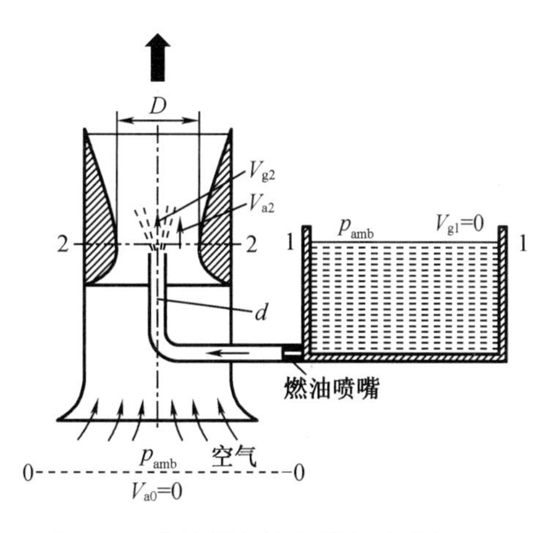


图 3.8 化油器中的空燃比（问题 3.6）

# 问题 3.6 的解法

在不同的小节中，定义了以下数值：

## 0—0 截面

$V_{a0}$——环境空气的均匀速度($V_{a0}=0$)；

$p_{amb}$——环境静压；

## 1—1 截面

$V_{g1}$——均匀燃油速度($V_{g1}=0$)；

## 2—2 截面

$D$——喉部直径；

$p_2$——文丘里管喉部的静压；

$V_{a2}$——均匀空气速度；

$V_{g2}$——均匀燃油速度。

对于 0—0 和 2—2 截面之间的气流，可以将扩展的伯努利方程写成

$$\frac{p_{amb}}{\rho_a g}+\frac{V_{a1}^2}{2g}=\frac{p_2}{\rho_a g}+\frac{V_{a2}^2}{2g}+K_a\frac{V_{a2}^2}{2g}$$

当 $V_{a1}=0$ 时，该方程简化为

$$\frac{p_{amb}}{\rho_a g}=\frac{p_2}{\rho_a g}+(1+K_a)\frac{V_{a2}^2}{2g}$$

$$p_{amb}-p_2=(1+K_a)\frac{\rho_a V_{a2}^2}{2g}$$

式中，$\rho_a$ 为空气密度；$K_a$ 为气流管路中的次要损失系数。

对于 1—1 和 2—2 截面之间的燃油流量，将扩展的伯努利方程写成

$$\frac{p_{amb}}{\rho_g g}+\frac{V_{g1}^2}{2g}=\frac{p_2}{\rho_g g}+\frac{V_{g2}^2}{2g}+K_g\frac{V_{g2}^2}{2g}$$

当 $V_{g1}=0$ 时，该方程简化为

$$\frac{p_{amb}}{\rho_g g}=\frac{p_2}{\rho_g g}+(1+K_g)\frac{V_{g2}^2}{2g}$$

$$p_{amb}-p_2=(1+K_g)\frac{\rho_g V_{g2}^2}{2g}$$

式中，$\rho_g$ 为汽油密度；$K_g$ 为汽油管线中的次要损失系数。

对于上述空气和燃油流线下的有关($p_{amb}-p_2$)的方程，得到

$$(1+K_a)\frac{\rho_a V_{a2}^2}{2g}=(1+K_g)\frac{\rho_g V_{g2}^2}{2g}$$

$$\frac{V_g}{V_a}=\sqrt{\frac{\rho_a(1+K_a)}{\rho_g(1+K_g)}}$$

$$\frac{\dot{m}_g}{\dot{m}_a}=\frac{\rho_g V_g d^2}{\rho_a V_a D^2}$$

$$\frac{\dot{m}_g}{\dot{m}_a}=\left(\frac{d}{D}\right)^2\sqrt{\frac{\rho_g(1+K_a)}{\rho_a(1+K_g)}}$$

这一结果表明,可以通过调整文丘里管喉部直径来改变燃油-空气混合比。

# 术　　语

| 符号 | 含义 |
| --- | --- |
| $A$ | 管流面积 |
| $b$ | 明渠宽度 |
| $D$ | 管道直径 |
| $D_h$ | 水力平均直径 |
| $e$ | 绝对粗糙度 |
| $E_B$ | 伯努利总比能 |
| EGL | 能量梯度线 |
| $f$ | Darcy 摩擦系数 |
| $g$ | 重力加速度 |
| $h$ | 距基准面的高度(单位质量位能) |
| $H$ | 泵送水头 |
| HGL | 水力梯度线 |
| $K$ | 次要损失系数 |
| $L$ | 管道长度 |
| $m$ | 质量 |
| $\dot{m}$ | 质量流量 |
| $Ma$ | 马赫数 |
| $p$ | 静压 |
| $p_B$ | 伯努利总压力 |
| $P$ | 功率 |
| $P_W$ | 湿周长 |
| $Q$ | 体积流量 |
| $R$ | 气体常数 |

| 符号 | 含义 |
| --- | --- |
| $Re$ | 雷诺数 |
| $V$ | 总速度(量级) |
| $x$ | 笛卡儿坐标 $x$ 轴 |
| $y$ | 笛卡儿坐标 $y$ 轴 |
| $z$ | 笛卡儿坐标 $z$ 轴 |
| $Z_{\mathrm{B}}$ | 关于能的伯努利常数 |

## 下标和上标

| 符号 | 含义 |
| --- | --- |
| 1 | 位置 1;截面 1 |
| 2 | 位置 2;截面 2 |
| amb | 外界的 |
| gain | 总压增加 |
| hyd | 水力的 |
| loss | 总压损失或水头损失 |
| loss-major | 主要损失 |
| loss-minor | 次要损失 |
| pump | 泵送 |
| 0 | 总(滞止) |
| $x$ | $x$ 坐标方向上的分量 |
| $y$ | $y$ 坐标方向上的分量 |
| $z$ | $z$ 坐标方向上的分量 |
| $(\overline{\ \ })$ | 平均 |

## 希 腊 符 号

| 符号 | 含义 |
| --- | --- |
| $\alpha$ | 动能修正因子 |
| $\mu$ | 动力黏度 |
| $\rho$ | 密度 |

# 参考文献

Colebrook, C. 1938-1939. Turbulent Flow in Pipes, with Particular Reference to the Transition Region Between the Smooth and Rough Pipe Laws. Journal of the Institution of Civil Engineers. 11: 133-156.

Fox, W., P. Prichard, and McDonald, A. 2010. Introduction to Fluid Mechanics, 7th edition. New York: John Wiley & Sons.

Haaland, S. 1983. Simple and Explicit Formulas for Friction Factor in Turbulent Flow. Transactions of ASME. Journal of Fluids Engineering. 103: 89-90.

Moody, L. 1944. Friction Factors for Pipe Flow. Transactions of the ASME. 66(8): 671-684.

Sultanian, B. K. 2015. Fluid Mechanics: An Intermediate Approach. Boca Raton, FL: Taylor & Francis.

Swamee, P. and A. Jain. 1976. Explicit Equations for Pipe-Flow Problems. Journal of the Hydraulics Division. 102(5): 657-664.

# 参考书目

Blevin, R. D. 2003. Applied Fluid Dynamics Handbook. Malabar: Krieger Publishing Company.

Idelchik, I. E. 2005. Handbook of Hydraulic Resistance, 3rd edition. New Delhi: Jaico Publishing House.

Schlichting, H. 1979. Boundary Layer Theory, 7th edition. New York: McGraw-Hill.

Miller, R. W. 1996. Flow Measurement Engineering Handbook, 3rd edition. New York: McGraw-Hill.

Mott, R. L. 2006. Applied Fluid Mechanics, 6th edition. Upper Saddle River, NJ: Pearson Prentice Hall.

# 第 4 章　可压缩流动

## 关 键 概 念

在此总结了用于解决带有面积变化、摩擦、传热和旋转（正激波和斜激波）的一维可压缩流动问题的概念和方程。这些方程的详细推导参考 Sultanian（2015）。马赫数支配可压缩流，即马赫数越高，在内部和外部进行双向能量交换的流体可压缩性越高。可压缩流体的低马赫数（$Ma \leqslant 0.3$）流动可以认为是不可压缩的。

### 等熵流

流动马赫数定义为流速与声速的比值，即

$$Ma = \frac{V}{C} \tag{4.1}$$

式中，$C = \sqrt{\gamma RT}$。使用马赫数，可以通过下式将静温和总温关联起来：

$$T_0 = T + \frac{V^2}{2c_p} = T\left(1 + \frac{\gamma+1}{2}Ma^2\right)$$

$$\frac{T_0}{T} = 1 + \frac{\gamma+1}{2}Ma^2 \tag{4.2}$$

对于经历等熵滞止过程的完全气体，可以写成

$$\Delta s = 0 = c_p \ln\frac{T_0}{T} - R\ln\frac{p_0}{p}$$

$$\frac{p_0}{p} = \left(\frac{T_0}{T}\right)^{\frac{c_p}{R}} = \left(\frac{T_0}{T}\right)^{\frac{\gamma}{\gamma-1}} \tag{4.3}$$

将式（4.2）代入式（4.3），有

$$\frac{p_0}{p} = \left(1 + \frac{\gamma-1}{2}Ma^2\right)^{\frac{\gamma}{\gamma-1}} \tag{4.4}$$

对于完全气体，借助状态方程 $p = \rho RT$，$p_0 = \rho_0 RT_0$ 和式（4.2），可得

$$\frac{\rho_0}{\rho} = \left(\frac{T_0}{T}\right)^{\frac{1}{\gamma-1}} = \left(1 + \frac{\gamma-1}{2}Ma^2\right)^{\frac{1}{\gamma-1}} \tag{4.5}$$

在等熵可压缩流中，滞止参数保持不变。当流体速度等于声速时，流动就变成 $Ma = 1$ 的音速流，则式（4.2）、式（4.4）、式（4.5）变为

$$\frac{T_0}{T^*} = \frac{\gamma+1}{2} \tag{4.6}$$

$$\frac{p_0}{p^*}=\left(\frac{\gamma+1}{2}\right)^{\frac{\gamma}{\gamma-1}} \tag{4.7}$$

$$\frac{\rho_0}{\rho^*}=\left(\frac{\gamma+1}{2}\right)^{\frac{1}{\gamma-1}} \tag{4.8}$$

其中静参数(上标星号)也称为等熵流的特征(临界)参数。

### 特征马赫数

特征马赫数定义为

$$Ma^*=\frac{V}{C^*}=\frac{V}{\sqrt{\gamma RT^*}} \tag{4.9}$$

其很容易证明,详见 Sultanian(2015)。$Ma$ 和 $Ma^*$ 有如下关系:

$$Ma^* = \sqrt{\frac{(\gamma + 1)Ma^2}{2 + (\gamma - 1)Ma^2}} \tag{4.10}$$

对于可压缩流中的正激波,普朗特给出了以下等式,其将正激波前后的特征马赫数关联起来:

$$Ma_2^*=\frac{1}{Ma_1^*} \tag{4.11}$$

在正激波中,上游马赫数必须始终为超音速,即 $Ma_1^*>1$。因此,根据式(4.11),正激波下游的马赫数必须始终为亚音速,即 $Ma_2^*<1$。

### 总压质量流量函数

使用总压质量流量函数,可以计算均匀流的任何截面的质量流量:

$$\dot{m}=\frac{F_{f0}Ap_0}{\sqrt{T_0}}=\frac{\hat{F}_{f0}Ap_0}{\sqrt{RT_0}} \tag{4.12}$$

其中总压质量流量函数 $F_{f0}$ 及其无量纲数 $\hat{F}_{f0}$ 如下:

$$F_{f0} = Ma\sqrt{\frac{\gamma}{R\left(1 + \frac{\gamma - 1}{2}Ma^2\right)^{\frac{\gamma+1}{\gamma-1}}}} \tag{4.13}$$

$$\hat{F}_{f0} = Ma\sqrt{\frac{\gamma}{\left(1 + \frac{\gamma - 1}{2}Ma^2\right)^{\frac{\gamma+1}{\gamma-1}}}} \tag{4.14}$$

式(4.13)表明,$F_{f0}$ 的单位是 $1/\sqrt{R}$,联立式(4.14)则可以写为 $F_{f0}=\hat{F}_{f0}/\sqrt{R}$,对于 $Ma=1$ 的截面,得到

$$F_{f0}^* = \sqrt{\frac{\gamma}{R\left(\frac{\gamma+1}{2}\right)^{\frac{\gamma+1}{\gamma-1}}}} \tag{4.15}$$

和

$$\hat{F}_{f0}^{*}=\sqrt{\frac{\gamma}{\left(\frac{\gamma+1}{2}\right)^{\frac{\gamma+1}{\gamma-1}}}} \tag{4.16}$$

则对于 $\gamma=1.4$、$R=287$ J/(kg·K)的空气来说,可以得到 $\hat{F}_{f0}^{*}=0.6847$,$F_{f0}^{*}=0.0404$,其单位为$\sqrt{(\text{kg}\cdot\text{K})/\text{J}}$。

### 静压质量流量函数

使用静压,而不是总压,特定截面的质量流量为

$$\dot{m}=\frac{F_{f}Ap}{\sqrt{T_{0}}}=\frac{\hat{F}_{f}Ap}{\sqrt{RT_{0}}} \tag{4.17}$$

其中静压质量流量函数 $F_{f0}$ 及其无量纲数 $\hat{F}_{f}$ 计算如下:

$$F_{f}=F_{f0}\frac{p_{0}}{p} \tag{4.18}$$

和

$$\hat{F}_{f}=\hat{F}_{f0}\frac{p_{0}}{p} \tag{4.19}$$

结合式(4.4)、式(4.13)、式(4.14)可以将式(4.18)和式(4.19)写为

$$F_{f}=Ma\sqrt{\frac{\gamma\left(1+\frac{\gamma-1}{2}Ma^{2}\right)}{R}} \tag{4.20}$$

和

$$\hat{F}_{f}=Ma\sqrt{\gamma\left(1+\frac{\gamma-1}{2}Ma^{2}\right)} \tag{4.21}$$

对于 $Ma=1$,以上各式可以写为

$$F_{f}^{*}=\sqrt{\frac{\gamma(\gamma+1)}{2R}} \tag{4.22}$$

和

$$\hat{F}_{f}^{*}=\sqrt{\frac{\gamma(\gamma+1)}{2}} \tag{4.23}$$

则对于 $\gamma=1.4$、$R=287$ J/(kg·K)的空气来说,可以得到 $\hat{F}_{f}^{*}=1.2961$,$F_{f}^{*}=0.07651$,其单位为$\sqrt{(\text{kg}\cdot\text{K})/\text{J}}$。

对于给定的 $\hat{F}_{f}$ 值,可以直接计算马赫数:对等式(4.21)两边取平方得到

$$\hat{F}_{f}^{2}=\gamma Ma^{2}+0.5\gamma(\gamma-1)Ma^{4}$$

$$0.5\gamma(\gamma-1)Ma^{4}+\gamma Ma^{2}-\hat{F}_{f}^{2}=0$$

这是一个关于 $Ma^{2}$ 的二次方程,可以解得

$$Ma=\left[\frac{-\gamma+\sqrt{\gamma^{2}+2\gamma(\gamma-1)\hat{F}_{f}^{2}}}{\gamma(\gamma-1)}\right]^{\frac{1}{2}} \tag{4.24}$$

同样,得到

$$Ma=\left[\frac{-\gamma+\sqrt{\gamma^2+2\gamma(\gamma-1)RF_f^2}}{\gamma(\gamma-1)}\right]^{\frac{1}{2}} \tag{4.25}$$

在式(4.12)和式(4.17)中,假设 $V$ 垂直于流动面积。相反,如果 $V$ 中只有一个等于 $V_n$ 的分量垂直于流动面积,这些方程可以改写为

$$\dot{m}=\frac{C_V F_{f0} A p_0}{\sqrt{T_0}}=\frac{C_V \hat{F}_{f0} A p_0}{\sqrt{RT_0}} \tag{4.26}$$

$$\dot{m}=\frac{C_V F_f A p}{\sqrt{T_0}}=\frac{C_V \hat{F}_f A p}{\sqrt{RT_0}} \tag{4.27}$$

式中,$C_V=V_n/V$。请注意,在式(4.26)和式(4.27)中,马赫数基于 $V$ 而定义。

## 静压冲量函数

就马赫数而言,在一个具有均匀参数的截面上,将静压脉动压力表示如下:

$$p_i=p+\rho V^2=p\left(1+\frac{\rho V^2}{p}\right)=p\left(1+\frac{\gamma V^2}{\gamma RT}\right)=p(1+\gamma Ma^2)=pI_f \tag{4.28}$$

式中,$I_f$ 是由式(4.29)给出的静压冲量函数

$$I_f=1+\gamma Ma^2 \tag{4.29}$$

当 $Ma=1$ 时,式(4.29)可以改写为

$$I_f^*=1+\gamma \tag{4.30}$$

## 总压冲量函数

就总压而言,式(4.28)可写为

$$p_i=p_0\frac{1+\gamma Ma^2}{\left(1+\frac{\gamma-1}{2}Ma^2\right)^{\frac{\gamma}{\gamma-1}}}=p_0 I_{f0} \tag{4.31}$$

式中,$I_{f0}$ 是由式(4.32)给出的总压脉动函数

$$I_{f0}=\frac{1+\gamma Ma^2}{\left(1+\frac{\gamma-1}{2}Ma^2\right)^{\frac{\gamma}{\gamma-1}}} \tag{4.32}$$

当 $Ma=1$ 时,式(4.32)可以改写为

$$I_{f0}^*=\frac{1+\gamma}{\left(\frac{\gamma+1}{2}\right)^{\frac{\gamma}{\gamma-1}}} \tag{4.33}$$

使用冲量函数,可以将管道流动面积的流体推力表示为

$$S_T=pAI_f=p_0AI_{f0} \tag{4.34}$$

其中,使用质量流量函数可以得到

$$S_T=\frac{\dot{m}\sqrt{RT_0}}{\hat{F}_f/I_f}=\frac{\dot{m}\sqrt{RT_0}}{\hat{F}_{f0}/I_{f0}}=\frac{\dot{m}\sqrt{RT_0}}{N(Ma,\gamma)} \tag{4.35}$$

式中，$N(Ma,\gamma)=\hat{F}_f/I_f=\hat{F}_{f0}/I_{f0}$。

### 正激波函数

质量流量、流体推力和总温在正激波下保持不变。式(4.35)表明 $N(Ma,\gamma)$ 也必须在正激波下保持恒定。将 $N(Ma,\gamma)$ 称为正激波函数，可以将其用 $Ma$ 和 $\gamma$ 表示为

$$N(Ma,\gamma)=\frac{\hat{F}_f}{I_f}=\frac{\hat{F}_{f0}}{I_{f0}}=\frac{Ma}{1+\gamma Ma^2}\sqrt{\gamma\left(1+\frac{\gamma-1}{2}Ma^2\right)} \tag{4.36}$$

$$N^*(1,\gamma)=\sqrt{\frac{\gamma}{2(1+\gamma)}} \tag{4.37}$$

当 $\gamma=1.4$ 时，其值等于 0.540。对于 $Ma\to\infty$，式(4.36)得到 $N(Ma,\gamma)$ 的渐近值：

$$N^\infty(\infty,\gamma)=\sqrt{\frac{\gamma-1}{2\gamma}} \tag{4.38}$$

当 $\gamma=1.4$ 时，其值等于 0.378。

### 有摩擦的非等熵流：范诺流

范诺流是非等熵的，其总温在整个管道中保持恒定。在这种流动中，对于亚音速入口，出口马赫数最大可以等于 1.0(摩擦阻塞)，对应管道长度为 $L_{max}$。增加管道长度以至于超过 $L_{max}$，将导致流速降低，但出口仍然阻塞。但是，如果入口是超音速来流，下游马赫数将会降低，直到当管道长度等于 $L_{max}$ 时在管道出口处达到 $Ma=1$。将管道长度增加到 $L_{max}$ 以上，同时保持质量流量不变并阻塞出口，将导致在管道中形成正激波。表 4.1 总结了一组方程式，用于评估此流程中各种参数的变化。Sultanian(2015) 给出了这些方程的详细推导。

**表 4.1　范诺流方程**

$$\frac{T}{T^*}=\frac{\gamma+1}{2+(\gamma-1)Ma^2},\quad \frac{\rho}{\rho^*}=\frac{1}{Ma}\sqrt{\frac{2+(\gamma-1)Ma^2}{\gamma+1}},\quad \frac{p}{p^*}=\frac{1}{Ma}\sqrt{\frac{\gamma+1}{2+(\gamma-1)Ma^2}}$$

$$\frac{p_0}{p_0^*}=\frac{1}{Ma}\left[\frac{2+(\gamma-1)Ma^2}{\gamma+1}\right]^{\frac{\gamma+1}{2(\gamma-1)}},\quad \frac{p_i}{p_i^*}=\frac{p(1+\gamma Ma^2)}{p^*(\gamma+1)}$$

$$\frac{fL_{max}}{D_h}=\frac{\gamma+1}{2\gamma}\ln\left[\frac{(\gamma+1)Ma^2}{2+(\gamma-1)Ma^2}\right]+\frac{1}{\gamma}\left(\frac{1}{Ma^2}-1\right)$$

### 具有传热的非等熵流动：瑞利流

瑞利流是非等熵的。对于亚音速入口的流动加热情况，熵从管道入口到出口连续增加，在出口处达到最大值，此时 $Ma=1$(热阻塞)。对于超音速入口的流动加热问题，马赫数在下游减小，在出口处再次达到热阻塞极限。流动冷却导致熵减，这显示出与加热流动相反的趋势。在所有情况下，瑞利流中的流体推力始终保持不变。表 4.2 总结了一组方程来评估瑞利流中各种参数的变化。Sultanian(2015)中给出了这些方程的详细推导。

表 4.2 瑞利流方程

$$\frac{T}{T^*}=Ma^2\left(\frac{\gamma+1}{1+\gamma Ma^2}\right)^2,\quad \frac{\rho}{\rho^*}=\frac{1}{Ma^2}\cdot\frac{1+\gamma Ma^2}{\gamma+1},\quad \frac{p}{p^*}=\frac{\gamma+1}{1+\gamma Ma^2}$$

$$\frac{p_0}{p_0^*}=\frac{\gamma+1}{1+\gamma Ma^2}\left[\frac{2+(\gamma-1)Ma^2}{\gamma+1}\right]^{\frac{\gamma}{\gamma-1}},\quad \frac{T_0}{T_0^*}=Ma^2\left(\frac{\gamma+1}{1+\gamma Ma^2}\right)^2\frac{2+(\gamma-1)Ma^2}{\gamma+1}$$

## 等温恒面积有摩擦流动

与范诺流和瑞利流一样,具有摩擦的等面积管道中的等温流是非等熵的,其静温在整个管道中保持恒定。表 4.3 总结了一组方程来评估该流程中各种属性的变化。Sultanian (2015) 中给出了这些方程的详细推导。

表 4.3 有摩擦的等温恒面积流动

$$\frac{p}{p^*}=\frac{1}{Ma\sqrt{\gamma}},\quad \frac{p_0}{p_0^*}=\frac{1}{Ma\sqrt{\gamma}}\left\{\frac{\gamma[2+(\gamma-1)Ma^2]}{3\gamma-1}\right\}^{\frac{\gamma}{\gamma-1}}$$

$$\frac{T_0}{T_0^*}=\frac{\gamma[2+(\gamma-1)Ma^2]}{3\gamma-1},\quad \frac{fL_{\max}}{D_h}=\ln(\gamma Ma^2)+\frac{1}{\gamma Ma^2}-1$$

## 正激波

正激波的特点是,流动参数的突然变化代表垂直于流动方向的压缩波。在模拟正激波时,假设没有面积变化、摩擦和热传递。正激波上游的流动总是超音速的,而下游的流动总是亚音速的。请注意,正激波函数 $N(Ma,\gamma)$ 在正激波下保持不变。表 4.4 总结了一组与正激波前后流动参数相关的方程。Sultanian(2015) 给出了这些方程的详细推导。

表 4.4 正激波方程

$$Ma_{n2}^2=\frac{2+(\gamma-1)Ma_{n1}^2}{2\gamma Ma_{n1}^2-(\gamma-1)},\quad \frac{p_2}{p_1}=\frac{2\gamma Ma_{n1}^2-(\gamma-1)}{\gamma+1},\quad \frac{\rho_2}{\rho_1}=\frac{(\gamma+1)Ma_{n1}^2}{2+(\gamma-1)Ma_{n1}^2}$$

$$\frac{T_2}{T_1}=\frac{2\gamma Ma_{n1}^2-(\gamma-1)}{\gamma+1}\cdot\frac{2+(\gamma-1)Ma_{n1}^2}{(\gamma+1)Ma_{n1}^2},\quad \frac{p_{02}}{p_{01}}=\left[\frac{\gamma+1}{2\gamma Ma_{n1}^2-(\gamma-1)}\right]^{\frac{1}{\gamma-1}}\left[\frac{(\gamma+1)Ma_{n1}^2}{2+(\gamma-1)Ma_{n1}^2}\right]^{\frac{\gamma}{\gamma-1}}$$

$$\frac{p_{02}}{p_1}=\left[\frac{2\gamma Ma_{n1}^2-(\gamma-1)}{\gamma+1}\right]^{\frac{-1}{\gamma-1}}\left[\frac{(\gamma+1)Ma_{n1}^2}{2}\right]^{\frac{\gamma}{\gamma-1}}$$

## 斜激波

当有几何凸起(如管道壁上的凸起),或外部流动中的障碍物(如迎面而来的超音速气流中的楔形物),就会发生斜激波,并为流动提供必要的机制来适应这些几何特征。在斜激波中，速度分量垂直于激波的方向受到正激波，沿激波的速度分量不变。因此，斜激波下游的流动转向并沿着障碍物壁面流动。与正激波一样，斜激波也具有压缩性。

图 4.1 说明了斜激波的流动几何。表 4.5 总结了一组与斜激波前后流动特性相关的方程。Sultanian(2015) 中给出了这些方程的详细推导。

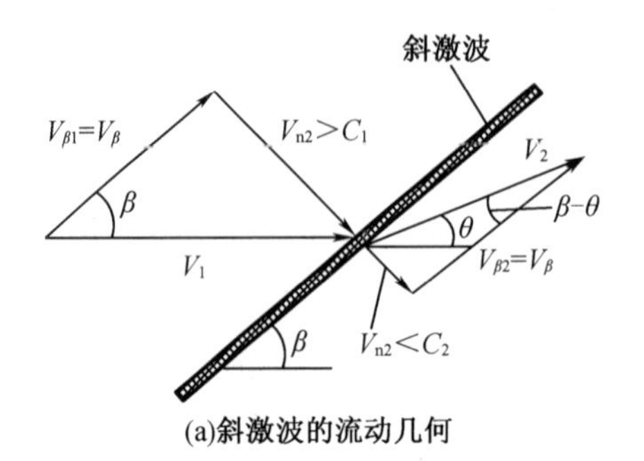


(a)斜激波的流动几何

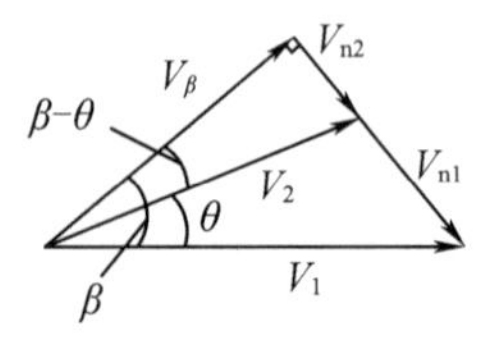


(b)以$V_\beta$为共同底的上游和下游速度三角形

**图 4.1　斜激波的流动几何及其上下游速度三角形**

**表 4.5　斜激波方程**

$$Ma_2^2 = \frac{1}{\sin^2(\beta-\theta)}\cdot\frac{2+(\gamma-1)Ma_1^2\sin^2\beta}{2\gamma Ma_1^2\sin^2\beta-(\gamma-1)}$$

$$\frac{p_2}{p_1}=\frac{2\gamma Ma_1^2\sin^2\beta-(\gamma-1)}{\gamma+1},\quad \frac{\rho_2}{\rho_1}=\frac{(\gamma+1)Ma_1^2\sin^2\beta}{2+(\gamma-1)Ma_1^2\sin^2\beta}$$

$$\frac{T_2}{T_1}=\frac{[2\gamma Ma_1^2\sin^2\beta-(\gamma-1)][2+(\gamma-1)Ma_1^2\sin^2\beta]}{(\gamma+1)^2Ma_1^2\sin^2\beta}$$

$$\frac{p_{02}}{p_{01}}=\left[\frac{\gamma+1}{2\gamma Ma_1^2\sin^2\beta-(\gamma-1)}\right]^{\frac{1}{\gamma-1}}\left[\frac{(\gamma+1)Ma_1^2\sin^2\beta}{2+(\gamma-1)Ma_1^2\sin^2\beta}\right]^{\frac{\gamma}{\gamma-1}}$$

$$\frac{s_2-s_1}{R}=-\ln\left\{\left[\frac{\gamma+1}{2\gamma Ma_1^2\sin^2\beta-(\gamma-1)}\right]^{\frac{1}{\gamma-1}}\left[\frac{(\gamma+1)Ma_1^2\sin^2\beta}{2+(\gamma-1)Ma_1^2\sin^2\beta}\right]\frac{\gamma}{\gamma-1}\right\}$$

## 与激波角、偏转角和上游马赫数有关的方程

对于给定的$\beta$和$Ma_1$，通过式(4.39)确定$\theta$：

$$\tan\theta=2\cot\beta\left[\frac{Ma_1^2\sin^2\beta-1}{Ma_1^2(\gamma+\cos 2\beta)+2}\right]\tag{4.39}$$

对于给定的$\theta$和$Ma_1$，通过式(4.40)确定$\beta$：

$$\tan\beta=\frac{Ma_1^2-1+2\lambda\cos\dfrac{4\pi\delta+\arccos\chi}{3}}{3\left(1+\dfrac{\gamma-1}{2}Ma_1^2\right)\tan\theta}\tag{4.40}$$

式中，$\delta=0$产生强激波解，$\delta=1$对应于弱激波解。在这两种情况下，都通过式(4.41)和式(4.42)来计算$\lambda$和$\chi$：

$$\lambda = \sqrt{(Ma_1^2 - 1)^2 - 3\left(1 + \frac{\gamma - 1}{2}Ma_1^2\right)\left(1 + \frac{\gamma + 1}{2}Ma_1^2\right)\tan^2\theta} \tag{4.41}$$

$$\chi = \frac{(Ma_1^2 - 1)^3 - 9\left(1 + \frac{\gamma - 1}{2}Ma_1^2\right)\left(1 + \frac{\gamma - 1}{2}Ma_1^2 + \frac{\gamma + 1}{4}Ma_1^4\right)\tan^2\theta}{\lambda^3} \tag{4.42}$$

### 普朗特–迈耶流动

斜激波是压缩波,除了极小的偏转角外,它们是非等熵的。当迎面而来的超音速流需要通过一个凸角时,它会通过一系列膨胀波发生,这些膨胀波可以假设为等熵的。假设 $Ma=1$ 时普朗特–迈耶展开角 $\varphi=0$,通过式(4.43)计算 $Ma>1$ 时的 $\varphi$:

$$\varphi=\sqrt{\frac{\gamma+1}{\gamma-1}}\arctan\sqrt{\frac{\gamma-1}{\gamma+1}(Ma^2-1)}-\arctan\sqrt{Ma^2-1} \tag{4.43}$$

## 问题 4.1:在等面积管道中运行的压气机上的力

图 4.2 显示了在恒定面积 $A=0.064\ 5\ \text{m}^2$ 的管道中运行的压气机。对于管道中的一维流动,截面 1 和截面 2 的总压和马赫数分别为 $p_{01}=1.5$ bar,$Ma_1=0.3$,$p_{02}=2.0$ bar,$Ma_2=0.4$。假设空气的 $\gamma=1.4$,求:(1)作用在压气机上的力;(2)总温比 $T_{02}/T_{01}$;(3) 熵变$(s_2-s_1)/R$。

图 4.2 在等面积管道中运行的压气机(问题 4.1)

## 问题 4.1 的解法

在解决这个问题时,进一步假设作用在管道壁上的摩擦力与压气机自身的阻力相比可以忽略不计。

### (1) 沿流动方向作用在压气机上的力

如果 $F$ 是沿流动方向作用在压气机上的阻力,则作用在流动方向上的力将为$-F$,得出

$$-F = S_{T2} - S_{T1}$$

$$F = S_{T1} - S_{T2} = p_{01}AI_{f01} - p_{02}AI_{f02}$$

$$F = 1.5.0 \times 10^5 \times 0.064\ 5 \times 1.096\ 2 - 2 \times 10^5 \times 0.064\ 5 \times 1.057\ 8$$
$$= 10\ 605.735 - 13\ 645.62 =- 3\ 039.885\ \text{N}$$

### (2) 总温比

由于截面 1 和截面 2 的质量流量相等,得到

$$\dot{m}=\frac{A\hat{F}_{f01}p_{01}}{\sqrt{RT_{01}}}=\frac{A\hat{F}_{f02}p_{02}}{\sqrt{RT_{02}}}$$

由此

$$\frac{T_{02}}{T_{01}}=\left(\frac{\hat{F}_{f02}p_{02}}{\hat{F}_{f01}p_{01}}\right)^2$$

$$\frac{T_{02}}{T_{01}}=\left(\frac{0.430\,6\times2.0\times10^5}{0.336\,5\times1.5\times10^5}\right)^2=2.912$$

### (3)熵变

就总参数而言,可以计算截面 1 和截面 2 之间的熵变为

$$s_2-s_1=c_p\ln\frac{T_{02}}{T_{01}}-R\ln\frac{p_{02}}{p_{01}}$$

$$\frac{s_2-s_1}{R}=\frac{c_p}{R}\ln\frac{T_{02}}{T_{01}}-\ln\frac{p_{02}}{p_{01}}=\frac{\gamma}{\gamma-1}\ln\frac{T_{02}}{T_{01}}-\ln\frac{p_{02}}{p_{01}}$$

$$=\frac{1.4}{1.4-1}\ln 2.912-\ln\frac{2.0\times10^5}{1.5\times10^5}=3.453$$

## 问题 4.2:压缩空气流动系统中的阻塞

如图 4.3 所示,总压为 8 bar 和总温为 300 K 的空气通过 $A$ 处的入口管进入集气室,并在 $D$ 处的出口管以 1 bar 的压力进入周围环境。两根管子的长度和直径相同。从入口到出口,包括 $B$ 处的突然膨胀和 $C$ 处的突然收缩(忽略在 $C$ 处进入的流体中的任何射流紧缩效应),流体的总压损失为 0.5 bar。整个流动系统是绝热的。根据你对可压缩流的理解,($Ma=1$)判断气流将阻塞哪个截面($A$、$B$、$C$ 或 $D$),并说出你选择的理由。

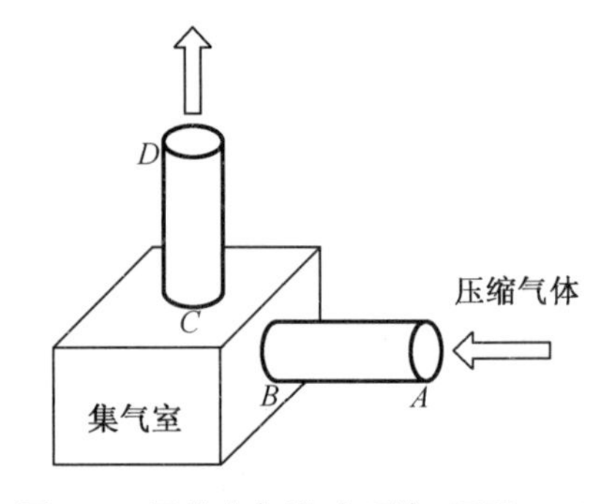


图 4.3 压缩空气流动系统(问题 4.2)

## 问题 4.2 的解法

在稳态下,通过 $A$、$B$、$C$ 和 $D$ 的质量流量必须相等。在阻塞流($Ma=1$)的任何截面上,质量流量与截面面积和总压成正比,与总温的平方根成反比。由于四个截面都具有相等的面积和相等的总温(绝热流),因此在总压最小的地方,阻塞质量流量最小,在 $D$ 处总压为 7.5 bar。因此,系统中的气流将在 $D$ 处阻塞。

# 问题 4.3:通过两个收缩喷管和一个扩张喷管的绝热气流

如图 4.4 所示,空气流经两个相同的收缩喷管进入一个大的集气室,并通过一个阻塞的扩张喷管从侧面排出。扩张喷管的喉部面积等于每个收缩喷管喉部面积的两倍。分别对每个收缩喷管供给总压 8 bar 和总温 436.5 K 的气流,求出通过阻塞扩张喷管的质量流量。所有墙壁都是绝热且无摩擦的。假设空气是完全气体,$\gamma=1.4$,$R=287$ J/(kg·K)。

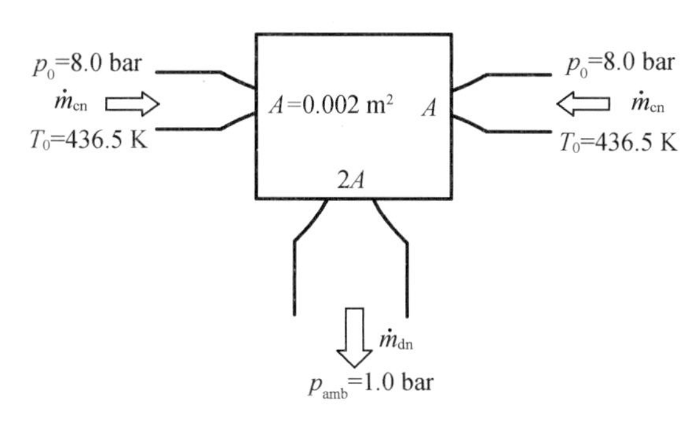


图 4.4 绝热气流通过连接到集气室的两个收缩喷管和一个扩张喷管(问题 4.3)

# 问题 4.3 的解法

来自每个收缩喷管的气流动态压力在集气室中损失。因此,阻塞扩张喷管的入口总压等于每个收缩喷管出口处的静压。由于流动系统是绝热的,因此空气总温在整个流动过程中保持恒定。对于稳定流,离开扩张喷管的质量流量等于通过两个收缩喷管的质量流量之和,即

$$\dot{m}_{dn}=2\dot{m}_{cn}$$

可以得到通过每个收缩喷管的质量流量为

$$\dot{m}_{cn}=\frac{A\hat{F}_{f}p}{\sqrt{RT_0}}$$

以及通过扩张喷管的质量流量为

$$\dot{m}_{dn}=\frac{2A\hat{F}_{f0}^{*}p}{\sqrt{RT_0}}$$

可以得出

$$\dot{m}_{dn}=\frac{2A\hat{F}_{f0}^{*}p}{\sqrt{RT_0}}=2\dot{m}_{cn}=2\frac{A\hat{F}_{f}p}{\sqrt{RT_0}}$$

$$\hat{F}_{f0}^{*}=0.6847=\hat{F}_{f}$$

每个收缩喷管喉部的马赫数为

$$Ma=\left[\frac{-\gamma+\sqrt{\gamma^2+2\gamma(\gamma-1)\hat{F}_f^2}}{\gamma(\gamma-1)}\right]^{\frac{1}{2}}$$

$$= \left[\frac{-1.4+\sqrt{1.4^2+2\times1.4\times(1.4-1)\times0.6847^2}}{1.4\times(1.4-1)}\right]^{\frac{1}{2}}$$

$$= 0.561$$

计算得到每个收缩喷管喉部的静压为

$$\frac{p_0}{p}=\left(1+\frac{\gamma-1}{2}Ma^2\right)^{\frac{\gamma}{\gamma-1}}=\left(1+\frac{1.4-1}{2}\times0.561^2\right)^{\frac{1.4}{1.4-1}}=1.238$$

$$p=p_0\frac{p}{p_0}=\frac{8}{1.238}=6.46\ \text{bar}=6.46\times10^5\ \text{Pa}$$

通过扩张喷管的阻塞质量流量为

$$\dot m_{\text{dn}}=\frac{2A\hat F^*_{f0}p}{\sqrt{RT_0}}=\frac{2\times0.002\times0.6847\times6.46\times10^5}{\sqrt{287\times436.5}}=4.999\ \text{kg/s}$$

## 问题 4.4:通过冲压汽车轮胎的空气流速

汽车轮胎中空气的压力和温度分别为 2.4 bar 和 298 K。轮胎上被不小心打了一个直径为 1.0 mm 的孔。该孔呈现收缩喷管的形状。忽略摩擦效应,求出通过孔的空气质量流量。如果孔的形状正好可以使得气流等熵膨胀到 1 bar 的环境压力,那么空气速度和马赫数会是多少?假设空气为完全气体,$\gamma=1.4$,$R=287\ \text{J/(kg·K)}$。

## 问题 4.4 的解法

对于直径 $d=1.0\ \text{mm}=0.001\ \text{m}$ 的孔,流动面积为

$$A=\frac{\pi d^2}{4}=7.854\times10^{-7}\ \text{m}^2$$

对于给定的 $p_0=2.4\ \text{bar}=2.4\times10^5\ \text{Pa}$ 和 $p_{\text{amb}}=1\ \text{bar}=10^5\ \text{Pa}$,得到

$$\frac{p_0}{p_{\text{amb}}}=\frac{2.4\times10^5}{10^5}=2.4$$

由于 $p_0/p_{\text{amb}}=2.4$ 大于阻塞所需的值,孔处的气流被 $Ma=1$ 阻塞。最大质量流量为

$$\dot m=\frac{\hat F^*_{f0}Ap_0}{\sqrt{RT_0}}=\frac{0.6847\times7.854\times10^{-7}\times2.4\times10^5}{\sqrt{287\times298}}=4.413\times10^{-4}\ \text{kg/s}$$

为了使出口压力等于环境压力,孔的形状必须为收缩-扩张喷管,给出

$$\frac{T_0}{T_{\text{exit}}}=\left(\frac{p_0}{p_{\text{exit}}}\right)^{\frac{\gamma-1}{\gamma}}=2.4^{\frac{1.4-1}{1.4}}=1.284$$

$$T_{\text{exit}}=\frac{298}{1.284}=232.1\ \text{K}$$

$$M_{\text{exit}}=\sqrt{\frac{2}{\gamma-1}\left(\frac{T_0}{T_{\text{exit}}}-1\right)}=\sqrt{\frac{2}{1.4-1}(1.284-1)}=1.192$$

$$C_{\text{exit}}=\sqrt{\gamma RT_{\text{exit}}}=\sqrt{1.4\times287\times232.1}=305.349\ \text{m/s}$$

$$V_{\text{exit}}=305.349\times1.192=364\ \text{m/s}$$

# 问题 4.5:通过可变形橡胶管的等熵气流

图 4.5 显示了空气在直径为 0.1 m 的橡胶管中的等熵流动,入口总压和总温分别为 1.2 bar 和 300 K,环境压力为 1.0 bar。如虚线所示,管道缓慢变形为收缩-扩张喷管,直到流量刚好在喉部阻塞($Ma=1$)。根据给定的边界条件,计算喉部直径。假设空气是完全气体,$\gamma=1.4$,$R=287\ \text{J/(kg}\cdot\text{K)}$。

# 问题 4.5 的解法

管道入口和出口面积为

$$A_{\text{inlet}}=A_{\text{exit}}=\frac{\pi D_{\text{exit}}^2}{4}=\frac{\pi\times 0.1^2}{4}=7.854\times 10^{-3}\ \text{m}^2$$

管道出口处的压力比为

$$\frac{p_{0\_\text{exit}}}{p_{\text{exit}}}=\frac{p_{0\_\text{exit}}}{p_{\text{amb}}}=\frac{1.2}{1.0}=1.2$$

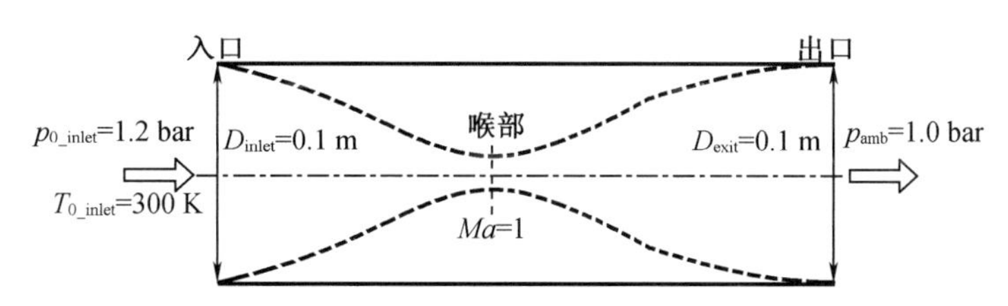


**图 4.5 通过可变形橡胶管的等熵气流(问题 4.5)**

出口马赫数为 $Ma_{\text{exit}}$,通过计算得到温比

$$\frac{T_{0\_\text{exit}}}{T_{\text{exit}}}=\left(\frac{p_{0\_\text{exit}}}{p_{\text{exit}}}\right)^{\frac{\gamma-1}{\gamma}}=1.2^{0.286}=1.0535$$

$$\frac{T_{0\_\text{exit}}}{T_{\text{exit}}}=1+\frac{\gamma-1}{2}Ma_{\text{exit}}^2$$

则

$$Ma_{\text{exit}}=\sqrt{\frac{2}{\gamma-1}\left(\frac{T_{0\_\text{exit}}}{T_{\text{exit}}}-1\right)}=0.517$$

$$\hat{F}_{f0\_\text{exit}}=Ma_{\text{exit}}\sqrt{\frac{\gamma}{R\left(1+\frac{\gamma-1}{2}Ma_{\text{exit}}^2\right)^{\frac{\gamma+1}{\gamma-1}}}}=0.517\sqrt{\frac{1.4}{287\times\left(1+\frac{1.4-1}{2}Ma_{\text{exit}}^2\right)^{\frac{1.4+1}{1.4-1}}}}=0.5233$$

得到

$$\dot{m}=\frac{\hat{F}_{f0\_\text{exit}}A_{\text{exit}}p_{0\_\text{exit}}}{\sqrt{RT_{0\_\text{exit}}}}=\frac{0.5233\times 7.854\times 10^{-3}\times 1.2\times 10^5}{\sqrt{287\times 300}}=1.681\ \text{kg/s}$$

对于喉部的阻塞流,可以得到

$$A_{\text{throat}}=\frac{\dot{m}\sqrt{RT_{0\_\text{throat}}}}{\hat{F}_{f0}^{*}p_{0\_\text{throat}}}=\frac{1.681\times\sqrt{287\times300}}{0.6847\times1.2\times10^{5}}=6.003\times10^{-3}\ \text{m}$$

和

$$D_{\text{throat}}=8.742\times10^{-2}\ \text{m}$$

# 问题 4.6:收缩-扩张喷管中的正激波

对于图 4.6 所示的收缩-扩张喷管中的气流,正激波位于扩张部分。收缩-扩张喷管的出口与喉部面积比是已知的。对于给定的出口马赫数 $Ma_{\text{exit}}$,编写一个非图形和非迭代的程序来确定正激波所在位置的喷管面积 $A_{\text{ns}}$ 与喉部面积 $A^*$ 的比。

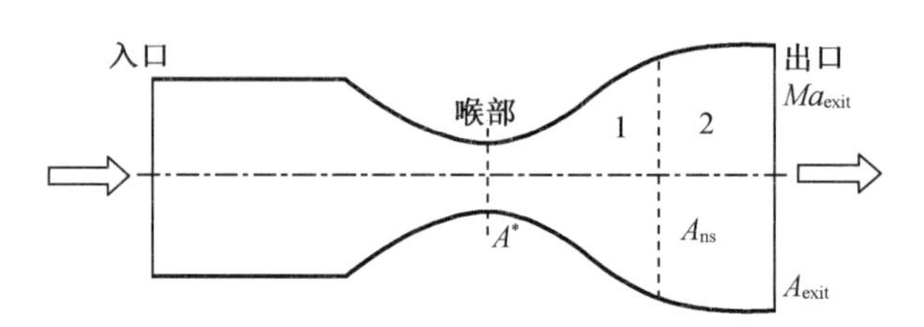


图 4.6　收缩-扩张喷管中的正激波(问题 4.6)

# 问题 4.6 的解法

步骤 1:对于 $Ma_{\text{exit}}$ 的给定值,使用等熵流量表(Sultanian, 2015)确定 $A_{\text{exit}}/A_2^*$。

步骤 2:由于 $A_1^*=A^*$,则有

$$\frac{A_1^*}{A_2^*}=\frac{\dfrac{A_{\text{exit}}}{A_2^*}}{\dfrac{A_{\text{exit}}}{A_1^*}}$$

步骤 3:由于质量流量和总温在正激波下保持不变,因此可以写成 $A_1^*/A_2^*=p_{02}/p_{01}$。

步骤 4:已知 $p_{02}/p_{01}$,从正激波表中找到 $Ma_1$ 和 $Ma_2$(Sultanian, 2015)。

步骤 5:使用 $Ma_1$ 从等熵流量表(Sultanian, 2015)中找到 $A_{\text{ns}}/A_1^*$。

# 问题 4.7:发电用陆基燃气轮机的高压进气引气系统

图 4.7 显示了用于发电的陆基燃气轮机的高压入口排热气(IBH)系统。当环境空气较冷时,IBH 系统用于提高其温度,以防止压缩机入口导叶(IGV)结冰。在该系统中,热空气从中间压缩机排出,并与发动机入口处的气流均匀混合。考虑这样一个系统,环境压力和温度分别为 1 bar 和 20 ℃。进入 IGV 的气流马赫数为 0.6。为防止结冰,此部分的静温要求为 2 ℃。在低马赫数($Ma<0.2$)下进入发动机进气系统(高压放热段之前)的空气质量流量为 275 kg/s。从压缩机排出的空气的总温和总压分别为 269 ℃ 和 8 bar。忽略引气

供应系统中压力和温度的任何变化，假设空气是完全气体，$\gamma=1.4$，$R=287\ \mathrm{J/(kg\cdot K)}$。

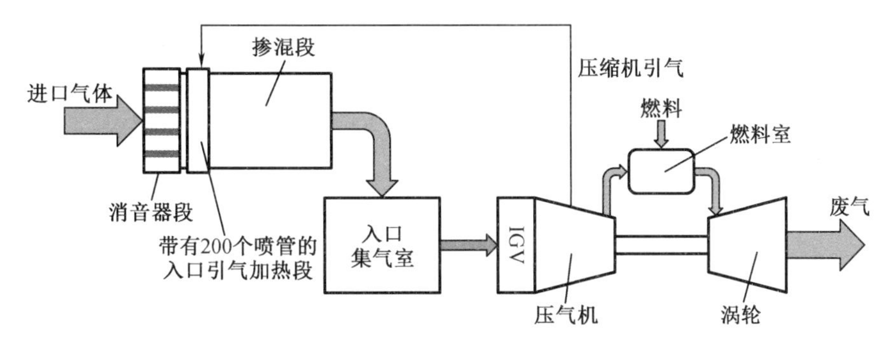


**图 4.7　用于功率输出的陆基燃气轮机的高压 IBH 系统（问题 4.7）**

（1）计算压气机引气的质量流量以满足压气机 IGV 入口处的设计目标。

（2）为了促进压气机热引气与入口环境冷空气的均匀混合，200 个用于引气喷射的喷管均匀地放置在入口管道横截面中，求每个喷管的有效流动面积。

# 问题 4.7 的解法

## （1）压气机引气质量流量

由 $T_{IGV}=2+273=275$ K 和 $Ma_{IGV}=0.6$，可以得到

$$\frac{T_{0\_IGV}}{T_{IGV}}=1+\frac{\gamma-1}{2}Ma_{IGV}^2=1+\frac{1.4-1}{2}\times 0.6^2=1.072$$

$$T_{0\_IGV}=1.072T_{IGV}=1.072\times 275=294.8\ \mathrm{K}$$

由 $T_{0\_inlet}=20+273=293$ K，$T_{0\_bleed}=269+273=542$ K 和 $\dot m_{inlet}=275$ kg/s，从能量守恒出发，混合引气和进气得到

$$\dot m_{bleed}c_p(T_{0\_bleed}-T_{0\_IGV})=\dot m_{inlet}c_p(T_{0\_IGV}-T_{0\_inlet})$$

$$\dot m_{bleed}=\frac{\dot m_{inlet}(T_{0\_IGV}-T_{0\_inlet})}{T_{0\_bleed}-T_{0\_IGV}}=\frac{275\times(294.8-293)}{542-294.8}=2.002\ \mathrm{kg/s}$$

## （2）每个喷管的有效流通面积

喷管数量=200 个

每个喷管（$\dot m_{nozzle}$）的质量流量为

$$\dot m_{nozzle}=\frac{\dot m_{bleed}}{200}=\frac{2.002}{200}=1.001\times10^{-2}\ \mathrm{kg/s}$$

通过每个喷管的最大质量流量可表示为

$$\dot m_{nozzle}=\frac{\hat F_{f0}^{*}A_{nozzle}p_{0\_bleed}}{\sqrt{RT_{0\_bleed}}}$$

得
$$A_{\text{nozzle}}=\frac{\dot{m}_{\text{nozzle}}\sqrt{RT_{0\_\text{bleed}}}}{\hat{F}_{\text{fo}}^{*}p_{0\_\text{bleed}}}=\frac{1.001\times10^{-2}\sqrt{287\times542}}{0.6847\times8\times10^{5}}=7.209\times10^{-6}\ \text{m}^2$$
$$=7.209\ \text{mm}^2$$

## 问题 4.8:带有正激波的收缩-扩张喷管气流

空气流过一个无摩擦的绝热收缩-扩张喷管,喷管入口处的滞止压力和温度分别为 $6.0\times10^5$ Pa 和 600 K。喷管发散段的面积比 $A_{\text{exit}}/A_{\text{throat}}=12$。在 $Ma=3.3$ 的喷管扩张段存在正激波。确定喷管出口平面的马赫数、静压和静温,假设空气是完全气体,$\gamma=1.4$,$R=287$ J/(kg · K)。

## 问题 4.8 的解法

收缩-扩张喷管中的正激波将流动分为两个等熵流:正激波上游和正激波下游。在正激波过程中,质量流量和总温都保持不变。

对于 $Ma_1=3.3$,使用正激波方程或正激波表(Sultanian, 2015),得到 $Ma_2=0.4596$ 和 $p_{02}/p_{01}=0.2533$。由于临界区域的比与正激波过程中的总压比成反比,因此得到 $A_1^*/A_2^*=0.2533$,其中 $A_1^*=A_{\text{throat}}$。因此得到

$$\frac{A_{\text{exit}}}{A_2^*}=\frac{A_{\text{exit}}}{A_1^*}\cdot\frac{A_1^*}{A_2^*}=12\times0.2533=3.0396$$

从等熵流方程或等熵流量表(Sultanian, 2015)中得到 $Ma_{\text{exit}}=0.1948$,$p_{02}/p_{\text{exit}}=1.0268$,$T_{02}/T_{\text{exit}}=1.0076$。根据上述结果,得到

$$p_{\text{exit}}=p_{01}\cdot\frac{p_{02}}{p_{01}}\cdot\frac{p_{\text{exit}}}{p_{02}}=6.0\times10^5\times\frac{0.2533}{1.0268}=1.48\times10^5\ \text{Pa}$$

$$T_{\text{exit}}=T_{02}\cdot\frac{T_{\text{exit}}}{T_{02}}=\frac{600}{1.0076}=595.5\ \text{K}$$

## 问题 4.9:从等熵流量表中寻找总压质量流量函数

对于 $\gamma=1.4$,无量纲全压质量流量函数的最大值为 0.6847。使用等熵流量表(Sultanian, 2015)求:(1)对于 $Ma=0.5$ 的无量纲总压质量流量函数;(2)无量纲总压质量流量函数值等于(1)时的超音速马赫数值。利用可压缩流量函数表来验证你的答案(Sultanian, 2015)。

## 问题 4.9 的解法

### (1) $Ma=0.5$ 时的 $\hat{F}_{\text{f0}}$ 值

对于等熵内部可压缩流动,总压和总温保持恒定,用总压写成的连续性方程质量流量

函数为

$$\hat{F}_{f0}=\frac{\hat{F}^*_{f0}}{A/A^*}$$

对于 $Ma=0.5$,从等熵流量表(Sultanian, 2015)中得到 $A/A^*=1.339\ 8$,即有

$$\hat{F}_{f0}=\frac{0.684\ 7}{1.339\ 8}=0.511\ 0$$

从可压缩流量函数表(Sultanian,2015)中获得的值为0.511 1。

### (2) $\hat{F}_{f0}=0.511\ 0$ 时的超声速马赫数

已知 $\hat{F}_{f0}=0.511\ 0$,可以得到面积比为

$$A/A^*=\frac{\hat{F}^*_{f0}}{\hat{F}_{f0}}=\frac{0.684\ 7}{0.511\ 0}=1.339\ 8$$

其中,使用线性插值,从等熵流量表(Sultanian,2015)中得到 $Ma=1.702\ 3$。对于 $\hat{F}_{f0}=0.511\ 0$,使用表格值之间的线性插值,从可压缩流量函数表(Sultanian, 2015)中得到$Ma=1.702\ 3$。

## 问题4.10:普朗特-迈耶方程与正激波函数

对于 $\gamma=1.4$,当上游马赫数 $Ma_1=3.5$ 时,首先使用普朗特-迈耶方程,其次使用表格中的正激波函数 $N$,找到正激波下游的马赫数 $Ma_2$。根据正激波表(Sultanian,2015)来验证你的答案。

## 问题4.10的解法

根据普朗特-迈耶方程,特征马赫数在正激波前后的乘积始终为1。从流量函数表(Sultanian, 2015)中得到 $Ma_1^*=2.064\ 2$,$Ma_1=3.5$。可以计算出正激波下游的特征马赫数:

$$Ma_2^*=\frac{1}{Ma_1^*}=\frac{1}{2.064\ 2}=0.484\ 4$$

通过表格值之间的线性插值得到 $Ma_2=0.451\ 1$。

在正激波下,函数 $N$ 保持不变。对于 $Ma_1=3.5$,从流量函数表(Sultanian,2015)中得到 $N=0.423\ 8$,通过线性插值进一步得到亚音速马赫数 $Ma_2=0.451\ 1$。从正激波表(Sultanian, 2015)中,对于 $Ma_1=3.5$,得到 $Ma_2=0.451\ 2$。

## 问题4.11:使用范诺流和瑞利流的正激波分析

从正激波表(Sultanian, 2015)中,对于 $Ma_1=2.0$,得到 $Ma_2=0.577\ 4$ 和 $p_{02}/p_{01}=0.720\ 9$。使用范诺流和瑞利流量表显示范诺流线和瑞利流线的交点具有相同的总压比($p_{02}/p_{01}=0.720\ 9$)。计算这些交点之间的熵变 $\Delta s/R$。

## 问题 4.11 的解法

从范诺流量表(Sultanian, 2015) 中,对于 $Ma_1=2.0$,得到 $p_{01}/p_{01}=1.687\ 5$,对于 $Ma_2=0.577\ 4$,通过表格值之间的线性插值得到 $p_{02}/p_0^*=1.216\ 5$,一起得到 $p_{02}/p_{01}=0.720\ 9$。同样,从瑞利流量表(Sultanian, 2015)中,对于 $Ma_1=2.0$,得到 $p_{01}/p_0^*=1.503\ 1$,对于 $Ma_2=0.577\ 4$,通过线性插值得到 $p_{02}/p_0^*=1.083\ 6$,一起得到 $p_{02}/p_{01}=0.720\ 9$。

由于总温在正激波下保持恒定,得到

$$\frac{\Delta s}{R}=-\ln\frac{p_{02}}{p_{01}}=-\ln 0.720\ 9=0.327\ 3$$

## 问题 4.12:提供指定质量流量的范诺流管的最大长度

直径为 0.05 m 的直管连接到压力为 $1.4\times10^6$ Pa 和温度为 300 K 的大型储气罐。管道出口对大气开放。假设平均 Darcy 摩擦系数为 0.02 的绝热流动,计算最大的管道长度,以提供 2.5 kg/s 的质量流量。假设空气是完全气体,$\gamma=1.4$,$R=287$ J/(kg · K)。

## 问题 4.12 的解法

入口和出口处的管道面积为

$$A=\frac{\pi D^2}{4}=\frac{\pi\times0.05^2}{4}=1.963\ 5\times10^{-3}\ \mathrm{m}^2$$

最大管道长度对应于当 $Ma_{\mathrm{exit}}=1.0$ 和 $\hat{F}_{\mathrm{f0}}^*=0.684\ 7$ 时管道出口处的摩擦阻塞。

出口总压为

$$p_0^*=\frac{\dot{m}\sqrt{RT_0}}{A\hat{F}_{\mathrm{f0}}^*}=\frac{2.5\times\sqrt{287\times300}}{1.963\ 5\times10^{-3}\times0.684\ 7}=5.456\ 5\times10^5\ \mathrm{Pa}$$

因为

$$\frac{p_0}{p_0^*}=\frac{1.4\times10^6}{5.456\ 5\times10^5}=2.565\ 8$$

从范诺流量表(Sultanian, 2015) 中获得 $fL_{\max}/D=10.100\ 3$,在表格值之间进行线性插值,给出

$$L_{\max}=10.100\ 3\ \frac{D}{f}=10.100\ 3\times\frac{0.05}{0.02}=25.250\ 8\ \mathrm{m}$$

## 问题 4.13:通过长管的范诺流

静压为 $3.5\times10^5$ Pa 和总温为 300 K 的空气以 0.11 kg/s 的速率通过等径管道在 500 m 长度内输送。管道出口静压为 $1.5\times10^5$ Pa。假设是绝热流动,且平均 Darcy 摩擦系数为

0.015,试确定管道直径。假设空气是完全气体,$\gamma=1.4$,$R=287\ \mathrm{J/(kg\cdot K)}$。

# 问题 4.13 的解法

在这个问题中,有摩擦的等径管道中的绝热气流是范诺流。由于解决此问题的整体求解方法需要迭代,因此将使用可压缩流动方程而不是给出的表格值,例如 Sultanian(2015)中给出的值。在此处介绍的 MS Excel 中使用“Goal Seek”的逐步迭代求解方法,括号内的值是最终收敛解。

## 截面 1(进口)

步骤 1:假设入口马赫数 $Ma_1=0.056\ 761$。

步骤 2:从以下方程计算 $\hat{F}_{f1}$

$$\hat{F}_{f1}=Ma_1\sqrt{\gamma\left(1+\frac{\gamma-1}{2}Ma_1^2\right)}$$

步骤 3:计算管道流动面积

$$A=\frac{\dot{m}\sqrt{RT_0}}{\hat{F}_{f1}p_1}=\frac{0.11\times\sqrt{287\times 300}}{0.067\ 19\times 3.50\times 10^5}=1.372\ 6\times 10^{-3}\ \mathrm{m}^2$$

以及直径

$$D=\sqrt{\frac{4A}{\pi}}=\sqrt{\frac{4\times 1.372\ 6\times 10^{-3}}{\pi}}=4.181\ \mathrm{m}$$

步骤 4:计算 $fL/D$

$$\frac{fL}{D}=\frac{0.015\times 500}{4.181\times 10^{-2}}=179.402\ 9$$

步骤 5:计算 $fL_{\max 1}/D$

$$\frac{fL_{\max 1}}{D}=\frac{\gamma+1}{2\gamma}\ln\frac{(\gamma+1)Ma_1^2}{2+(\gamma-1)Ma_1^2}+\frac{1}{\gamma}\left(\frac{1}{Ma_1^2}-1\right)=216.207\ 5$$

## 截面 2(出口)

步骤 6:计算 $\hat{F}_{f2}$

$$\hat{F}_{f2}=\frac{\dot{m}\sqrt{RT_0}}{Ap_2}=\frac{0.11\times\sqrt{287\times 300}}{1.372\ 6\times 10^{-3}\times 1.50\times 10^5}=0.156\ 8$$

步骤 7:计算 $Ma_2$

$$Ma_2=\left[\frac{-\gamma+\sqrt{\gamma^2+2\gamma(\gamma-1)\hat{F}_{f2}^2}}{\gamma(\gamma-1)}\right]^{\frac{1}{2}}=0.132\ 3$$

步骤 8:计算 $fL_{\max 2}/D$

$$\frac{fL_{\max 2}}{D}=\frac{\gamma+1}{2\gamma}\ln\frac{(\gamma+1)Ma_2^2}{2+(\gamma-1)Ma_2^2}+\frac{1}{\gamma}\left(\frac{1}{Ma_2^2}-1\right)$$

步骤 9:重复步骤 1 ~ 9,直到在指定的公差范围内满足以下等式:

$$\frac{fL}{D}=\frac{fL_{\max1}}{D}-\frac{fL_{\max2}}{D}$$

最终在步骤 3 中得到管径 $D=0.041\ 81$ m。

# 问题 4.14：连接到范诺管的收缩-扩张喷管中的正激波

如图 4.8 所示，面积比(出口面积/喉部面积)为 2 的等熵收缩-扩张喷管将空气排放到长度为 $L$、直径为 $D$ 的绝热管道中。喷管入口空气的滞止压力为 $7.0\times10^5$ Pa、滞止温度为 300 K，管道排放到静压为 $2.8\times10^5$ Pa 的空间。当正激波分别位于(1)喷管喉部、(2)喷管出口处和(3)管道出口处，计算管道的 $fL/D$ 和管道中单位面积的质量流量。

# 问题 4.14 的解法

如图 4.8 所示，收缩-扩张喷管出口直径等于下游管径($A_{\text{exit}}=A_{\text{pipe}}$)。由于收缩-扩张喷管和管道中的流动都是绝热的，因此总温保持恒定($T_0=300$ K)。对于收缩-扩张喷管中的等熵流，总压保持恒定($p_0=7.0\times10^5$ Pa)。在上述三种情况下，质量流量由阻塞的收缩-扩张喷管喉部确定，因此，在上述三种情况下，管道出口处的马赫数必须是亚音速且相等的。管道出口处的流动是亚音速的，出口静压必须等于给定的环境压力 $p_{\text{amb}}=2.8\times10^5$ Pa。

## (1)喷管喉部的正激波

在收缩-扩张喷管喉部，流体流动被 $Ma=1$ 阻塞。根据喉部的条件可计算出质量流量为

$$\dot{m}=\frac{\hat{F}_{f0}^{*}A_{\text{throat}}p_0}{\sqrt{RT_0}}$$

$$\frac{\dot{m}}{A_{\text{throat}}}=\frac{\hat{F}_{f0}^{*}p_0}{\sqrt{RT_0}}=\frac{0.684\ 7\times7\times10^5}{\sqrt{287\times300}}=1\ 633.416\ \text{kg/(m}^2\cdot\text{s)}$$

$$\frac{\dot{m}}{A_{\text{pipe}}}=\frac{\dfrac{\dot{m}}{A_{\text{throat}}}}{\dfrac{A_{\text{pipe}}}{A_{\text{throat}}}}=\frac{1\ 633.416}{2}=816.708\ \text{kg/(m}^2\cdot\text{s)}$$

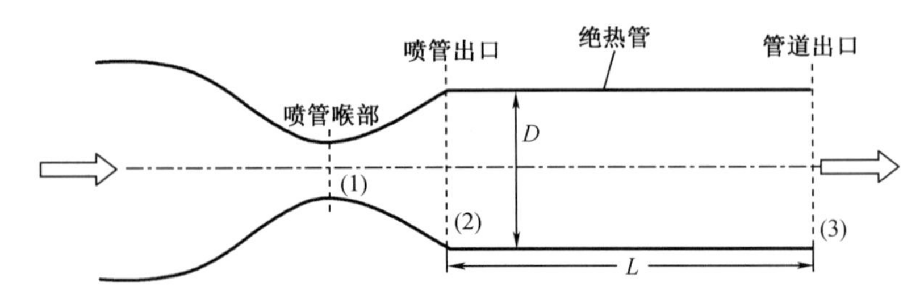


图 4.8　向范诺管道排气的收缩-扩张喷管(问题 4.14)

在喉部发生正激波,在喉部的下游,流动刚刚变成超音速,这意味着下游流动变为亚音速,收缩-扩张喷管的扩张部分作为扩压器运行。对于喷管面积比($A_{exit}/A_{throat}$),使用等熵流量表(Sultanian,2015)在表格值之间进行线性插值,得到 $Ma_{nozzle\_exit}=0.306$,它成为管道入口处的马赫数。

由于通过管道的质量流量保持恒定,因此可以在管道出口处写出以下关系:

$$\frac{\dot{m}}{A_{pipe}}=\frac{\hat{F}_{f\_pipe\_exit}p_{amb}}{\sqrt{RT_0}}$$

得到

$$\hat{F}_{f\_pipe\_exit}=0.856=\frac{\dot{m}}{A_{pipe}}\cdot\frac{\sqrt{RT_0}}{p_{amb}}=\frac{816.708\times\sqrt{287\times300}}{2.8\times10^5}=0.856$$

使用流量函数表(Sultanian, 2015) 在表格值之间进行线性插值,得到 $Ma_{pipe\_exit}=0.691$,$\hat{F}_{f\_pipe\_exit}=0.856$。

因此,对于管道中的范诺流,入口和出口马赫数分别为 0.306 和 0.691。使用范诺流量表(Sultanian, 2015) 在表格值之间进行线性插值,得到

$$\left(\frac{fL_{max}}{D}\right)_{Ma=0.306}=5.031$$

和

$$\left(\frac{fL_{max}}{D}\right)_{Ma=0.691}=0.226$$

从而得到

$$\frac{fL}{D}=\left(\frac{fL_{max}}{D}\right)_{Ma=0.306}-\left(\frac{fL_{max}}{D}\right)_{Ma=0.691}=5.031-0.226=4.805$$

### (2)喷管出口的正激波

在这种情况下,管道出口处的质量流量和马赫数与在(1)中获得的相同。对于正激波,上游马赫数对应于收缩-扩张喷管出口处的值。对于喷管面积比为 2 的情况,从等熵流量表(Sultanian, 2015) 中获得出口超音速马赫数 2.197,并在表格值之间进行线性插值,即得到正激波上游马赫数。使用正激波表(Sultanian, 2015) 在表格值之间进行线性插值,得到 0.548,作为正激波下游马赫数,其等于管道入口马赫数。

对于管道中的范诺流,现在入口和出口马赫数分别为 0.548 和 0.691。使用范诺流量表(Sultanian, 2015) 在表格值之间进行线性插值,得到

$$\left(\frac{fL_{max}}{D}\right)_{Ma=0.548}=0.743$$

和

$$\left(\frac{fL_{max}}{D}\right)_{Ma=0.691}=0.226$$

从而得到

$$\frac{fL}{D}=\left(\frac{fL_{max}}{D}\right)_{Ma=0.548}-\left(\frac{fL_{max}}{D}\right)_{Ma=0.691}=0.743-0.226=0.517$$

### (3)管道出口的正激波

在这种情况下,管道出口处的质量流量和马赫数与(1)和(2)中的相同。管道入口马赫数等于 2.197,这是在(2) 中收缩-扩张喷管出口处计算的。对于(1) 和(2) 中获得的 $Ma_{\text{pipe\_exit}}=0.691$,它成为正激波下游马赫数,从正激波表(Sultanian, 2015) 中通过表格值之间的线性插值得到上游正激波马赫数为 1.529。对于管道中的范诺流动,现在已知入口和出口马赫数分别为 2.197 和 1.529。使用范诺流量表(Sultanian, 2015) 在表格值之间进行线性插值,得到

$$\left(\frac{fL_{\max}}{D}\right)_{Ma=2.197}=0.360$$

和

$$\left(\frac{fL_{\max}}{D}\right)_{Ma=1.529}=0.147$$

从而得到

$$\frac{fL}{D}=\left(\frac{fL_{\max}}{D}\right)_{Ma=2.197}-\left(\frac{fL_{\max}}{D}\right)_{Ma=1.529}=0.360-0.147=0.213$$

## 问题 4.15:使用范诺流和等熵流量表的正激波分析

已知可压缩气流中正激波上游的总压、静压和静温。使用范诺流量表(如果需要,还可以使用等熵流量表,例如 Sultanian(2015) 中给出的),编写程序来确定正激波下游的静压和温度。假设空气是完全气体,$\gamma=1.4$,$R=287\ \text{J/(kg·K)}$。

## 问题 4.15 的解法

在解决这个问题时,利用了脉动压力在正激波下保持恒定这一事实。分别用下标 1 和 2 表示正激波的上游和下游,将所需的逐步求解过程总结如下:

步骤 1:对于给定的 $p_{01}$、$p_1$ 和 $T_1$,计算 $p_{01}/p_1$,并使用等熵流量表找到 $Ma_1$。

步骤 2:对于步骤 1 中的超音速 $Ma_1$,从范诺流量表中找到 $p_i/p_i^*$、$p_1/p^*$ 和 $T_1/T^*$,并计算 $p^*=p_1/(p_1/p^*)$ 和 $T^*=T_1/(T_1/T^*)$。

步骤 3:对于步骤 2 中的 $p_i/p_i^*$,在范诺流量表的亚音速部分找到 $p_2/p^*$ 和 $T_2/T^*$。

步骤 4:使用来自步骤 2 的 $p^*$ 和 $T^*$ 以及来自步骤 3 的 $p_2/p^*$ 和 $T_2/T^*$,确定

$$p_2=p^*\frac{p_2}{p^*}$$

和

$$T_2=T^*\frac{T_2}{T^*}$$

## 问题 4.16：使用瑞利流和等熵流量表的正激波分析

已知可压缩气流中正激波上游的总压、静压和静温。使用瑞利流量表，如果需要，还可以使用等熵流量表(例如 Sultanian(2015) 中给出的)，编写程序来确定正激波下游的静压和温度。假设空气是完全气体，$\gamma=1.4$，$R=287\ \text{J/(kg}\cdot\text{K)}$。

## 问题 4.16 的解法

在解决这个问题时，利用了在正激波下总温保持恒定的事实。分别用下标 1 和 2 表示正激波的上游和下游，将所需的逐步求解过程总结如下：

步骤 1：对于给定的 $p_{01}$、$p_1$ 和 $T_1$，计算 $p_{01}/p_1$，并使用等熵流量表找到 $Ma_1$ 和 $T_{01}/T_1$，给出 $T_{01}=T_1(T_{01}/T_1)$。

步骤 2：对于步骤 1 中的超音速 $Ma_1$，从瑞利流量表中找到 $T_0/T_0^*$、$p_1/p^*$ 和 $T_1/T^*$，并计算 $p^*=p_1/(p_1/p^*)$ 和 $T^*=T_1/(T_1/T^*)$。

步骤 3：对于步骤 2 中的 $T_0/T_0^*$，在瑞利流量表的亚音速部分中找到 $p_2/p^*$ 和 $T_2/T^*$。

步骤 4：使用来自步骤 2 的 $p^*$ 和 $T^*$ 以及来自步骤 3 的 $p_2/p^*$ 和 $T_2/T^*$，计算

$$p_2=p^*\frac{p_2}{p^*}$$

和

$$T_2=T^*\frac{T_2}{T^*}$$

## 问题 4.17：带测量激波角的楔形超声速绕流

角度 $2\theta=30°$ 的楔形用于测量迎面而来的超音速气流的马赫数。如果观测到的波角 $\beta=39°$，求 $Ma_1$、$P_2/P_1$、$T_2/T_1$、$Ma_2$ 和熵在斜激波上的变化。假设空气是完全气体，$\gamma=1.4$，$R=287\ \text{J/(kg}\cdot\text{K)}$。

## 问题 4.17 的解法

重新变换斜激波方程：

$$\frac{\tan\beta}{\tan(\beta-\theta)}=\frac{(\gamma+1)Ma_{n1}^2}{2+(\gamma-1)Ma_{n1}^2}$$

得到以下等式，直接计算来流马赫数 $Ma_1$ 的法向分量 $Ma_{n1}$。

$$Ma_{n1}=\sqrt{\frac{2\tan\beta}{(\gamma+1)\tan(\beta-\theta)-(\gamma-1)\tan\beta}}$$

$$Ma_{n1}=\sqrt{\frac{2\tan 39°}{(1.4+1)\tan(39°-15°)-(1.4-1)\tan 39°}}=1.474\ 8$$

来流马赫数为

$$Ma_1=\frac{Ma_{n1}}{\sin\beta}=\frac{1.474\ 8}{\sin 39°}=2.343\ 5$$

对于 $Ma_{n1}=1.474\ 8$,从正激波表中通过相邻值之间的线性插值得到 $p_2/p_1=2.370\ 8$, $T_2/T_1=1.303\ 5$, $Ma_{n2}=0.710\ 2$(Sultanian, 2015)。进一步得到

$$Ma_2=\frac{Ma_{n2}}{\sin(\beta-\theta)}=\frac{0.710\ 2}{\sin(39°-15°)}=1.746\ 2$$

## 问题 4.18:带测量压比的楔形超声速绕流

在问题 4.17 中,假设测量的是压力比 $p_2/p_1$,而不是波角 $\beta$。描述确定 $Ma_1$ 和剩余未知数的求解方法。

## 问题 4.18 的解法

在这种情况下,知道楔形半角 $\theta$ 和静压比 $p_2/p_1$。在此总结了 $Ma_1$、$Ma_2$、$\beta$ 和 $T_2/T_1$ 的求解方法。

步骤 1:输入具有已知 $p_2/p_1$ 值的正激波表(Sultanian, 2015),确定 $Ma_{n1}$、$Ma_{n2}$,并在每个量的连续表格值之间使用线性插值。

步骤 2:迭代求解以下方程,例如,使用 MS Excel 中的"Goal Seek"来确定波角 $\beta$:

$$\frac{\tan\beta}{\tan(\beta-\theta)}=\frac{(\gamma+1)Ma_{n1}^2}{2+(\gamma-1)Ma_{n1}^2}$$

步骤 3:计算 $Ma_1$

$$Ma_1=\frac{Ma_{n1}}{\sin\beta}$$

和 $Ma_2$

$$Ma_2=\frac{Ma_{n2}}{\sin(\beta-\theta)}$$

## 问题 4.19:具有恒定马赫数的管道中的压力、温度和面积变化

考虑热理想气体在具有热传递的管道中的无摩擦流动,对于管道壁变形以保持马赫数恒定的情况,请根据 $\gamma$、$Ma$ 和 $T_{02}/T_{01}$ 找到 $p_2/p_1$、$p_{02}/p_{01}$ 和 $A_2/A_1$ 的表达式。

## 问题 4.19 的解法

### 总压比

在这里使用以下关系式(Sultanian,2015)给出总温变化和总压变化之间的关系:

$$\frac{\mathrm{d}p_0}{\mathrm{d}T_0}=-\gamma Ma^2\frac{p_0}{T_0}$$

把这个方程改写为

$$\frac{\mathrm{d}p_0}{p_0}=-\gamma Ma^2\frac{\mathrm{d}T_0}{T_0}$$

将管道截面 1 和截面 2 面之间的上述方程积分得到

$$\int_1^2\frac{\mathrm{d}p_0}{p_0}=-\gamma Ma^2\int_1^2\frac{\mathrm{d}T_0}{T_0}$$

$$\ln\frac{p_{02}}{p_{01}}=-\gamma Ma^2\ln\frac{T_{02}}{T_{01}}$$

$$\frac{p_{02}}{p_{01}}=\left(\frac{T_{02}}{T_{01}}\right)^{-\gamma Ma^2}$$

### 静压比

由于管道中的马赫数是恒定的,故有

$$\frac{p_2}{p_1}=\frac{p_{02}}{p_{01}}=\left(\frac{T_{02}}{T_{01}}\right)^{-\gamma Ma^2}$$

### 面积比

由于管道中的质量流量是恒定的,使用总压质量流量函数,得到

$$\dot{m}_1=\frac{\hat{F}_{f01}A_1p_{01}}{\sqrt{RT_{01}}}=\dot{m}_2=\frac{\hat{F}_{f02}A_2p_{02}}{\sqrt{RT_{02}}}$$

对于管道中的恒定马赫数,有 $\hat{F}_{f01}=\hat{F}_{f02}$,将上面方程简化为

$$\frac{A_1p_{01}}{\sqrt{T_{01}}}=\frac{A_2p_{02}}{\sqrt{T_{02}}}$$

可以得到

$$\frac{A_2}{A_1}=\frac{p_{01}}{p_{02}}\sqrt{\frac{T_{02}}{T_{01}}}=\left(\frac{T_{02}}{T_{01}}\right)^{\gamma Ma^2}\sqrt{\frac{T_{02}}{T_{01}}}=\left(\frac{T_{02}}{T_{01}}\right)^{(1+2\gamma Ma^2)/2}$$

## 术　　语

| 符号 | 含义 |
|---|---|
| $A$ | 面积 |
| $A^*$ | 马赫数为 1 时的喉部临界面积 |
| $c_p$ | 定压比热容 |
| $c_v$ | 定容比热容 |
| $C$ | 声速 |

| 符号 | 含义 |
| --- | --- |
| $C^*$ | $T^*$时的特征声速 |
| $C_V$ | 速度系数($C_V=V_n/V$) |
| $C_f$ | 剪切系数或范宁摩擦系数 |
| $D$ | 喷管或管道直径 |
| $D_h$ | 平均水力直径 |
| $f$ | Moody 或 Darcy 摩擦系数 |
| $F_f$ | 静压质量流量函数 |
| $\hat{F}$ | 无量纲静压质量流量函数 |
| $F_{f0}$ | 总压质量流量函数 |
| $\hat{F}_{f0}$ | 无量纲总压质量流量函数 |
| $g$ | 重力加速度 |
| $h$ | 比焓;传热系数 |
| $I_f$ | 静压冲量函数 |
| $I_{f0}$ | 总压脉动函数 |
| $L$ | 长度 |
| $\dot{m}$ | 质量流量 |
| $Ma$ | 马赫数($Ma=V/C$) |
| $N$ | 正激波函数 |
| $N^\infty$ | 马赫数趋近无穷时 $N$ 的渐近值 |
| $p$ | 静压 |
| $p_i$ | 脉动压力 |
| $p_w$ | 管道的湿周长 |
| $\dot{Q}$ | 传热率 |
| $\delta\dot{Q}$ | 进入差分控制体积的传热率 |
| $R$ | 气体常数;管道半径 |
| $Re$ | 雷诺数 |
| $s$ | 比熵 |
| $S_T$ | 流推力 |
| $t$ | 时间 |
| $T$ | 静温 |
| $V$ | 速度大小; 相对于管道的通流速度 |
| $W$ | 相对射流速度 |
| $\dot{W}$ | 传功率 |
| $\delta\dot{W}$ | 进入差分控制体积的传功率 |
| $y$ | 笛卡儿坐标 $y$ |
| $z$ | 笛卡儿坐标 $z$ |

# 下标和上标

| 符号 | 含义 |
| --- | --- |
| 0 | 总的(滞止的) |
| 1 | 位置1(截面1) |
| 2 | 位置2(截面2) |
| cn | 收缩喷管 |
| dn | 扩张喷管 |
| bleed | 引气 |
| exit | 出口 |
| inlet | 进口 |
| max | 最大值 |
| $n$ | 垂直于激波的速度分量 |
| nozzle | 喷管 |
| ns | 正激波 |
| $o$ | 源 |
| rot | 旋转 |
| sh | 剪切 |
| w | 墙 |
| $x$ | 沿 $x$ 坐标方向的分量；轴向 |
| $y$ | 沿 $y$ 坐标方向的分量 |
| $z$ | 沿 $z$ 坐标方向的分量 |
| $\beta$ | 沿激波的速度分量 |
| $\theta$ | 切向方向 |
| $(*)$ | $Ma=1$ 时的性质;特征值;具有摩擦的恒定面积管道中的等温流动的临界值 $Ma=1/\sqrt{\gamma}$ |
| $\overline{(\ )}$ | 截面平均值 |

# 希腊符号

| 符号 | 含义 |
| --- | --- |
| $\beta$ | 斜激波的波角 |
| $\delta$ | 根据已知的上游马赫数和偏转角计算波角的方程中的参数:强激波时 $\delta=0$,弱激波时 $\delta=1$ |

| 符号 | 含义 |
|---|---|
| $\eta$ | 传输单元数(NTU) |
| $\theta$ | 楔形半角或偏转角 |
| $\gamma$ | 比热容比($\gamma = c_p / c_v$) |
| $\lambda$ | 方程中的参数,用于根据已知的上游马赫数和偏转角计算波角 |
| $\mu$ | 动力黏度;马赫波角 ($\mu = \arcsin(1/Ma)$) |
| $\rho$ | 密度 |
| $\tau_w$ | 壁面剪切力 |
| $\chi$ | 方程中的参数,用于根据已知的上游马赫数和偏转角计算波角 |
| $\phi$ | 普朗特-迈耶函数 |
| $\Omega$ | 旋转(角)速度 |

# 参考文献

Sultanian, B. K. 2015. Fluid Mechanics: An Intermediate Approach. Boca Raton, FL: Taylor & Francis.

# 参考书目

Anderson, J. D. 2003. Modern Compressible Flow with Historical Perspective, 3rd edition. Boston, MA: McGraw-Hill.

Oosthuizen, P. H. and Carscallen, W. E. 2013. Introduction to Compressible Fluid Flow, 2nd edition(Heat Transfer). Boca Rotan, FL: Taylor & Francis.

Shapiro, A. H. 1953. The Dynamics and Thermodynamics of Compressible Fluid Flow, Vols. 1 and 2. New York: Ronald Press.

Sultanian, B. K. 2018: Gas Turbines: Internal Flow Systems Modeling(Cambridge Aerospace Series #44). Cambridge: Cambridge University Press.

Sultanian, B. K. 2019. Logan's Turbomachinery: Flowpath Design and Performance Fundamentals, 3rd edition. Boca Raton, FL: Taylor & Francis.

# 第5章 势 流

## 关键概念

三维势流的速度矢量场是由三维标量势函数的梯度得到的,因此称为势流。无旋流的速度矢量场的旋度为零。由于标量函数的梯度的旋度在矢量微积分中等于零,势流必须始终是无旋的,反之亦然。由于是等熵的,势流是总压保持不变的理想流动。

本章主要讨论不可压缩和无黏流体的二维势流问题,不过,这里提出的大多数关键概念同样适用于三维势流。关于这些概念的更多细节,请参考 Sultanian(2015)。

### 速度势

标量函数 $\boldsymbol{\Phi}(x,y,x)$ 的梯度会产生一个向量场($\boldsymbol{V}=\nabla\ \boldsymbol{\Phi}$)。注意 $\boldsymbol{V}$ 同样满足无旋条件 $\nabla\times\boldsymbol{V}=0$,如果要表示一个流场,必须满足零发散的连续性约束,即 $\nabla\cdot\boldsymbol{V}=0$。将 $\boldsymbol{V}=\nabla\ \boldsymbol{\Phi}$ 代入 $\nabla\cdot\boldsymbol{V}=0$,得到拉普拉斯方程 $\nabla^2\boldsymbol{\Phi}=0$。在此条件下,$\boldsymbol{\Phi}(x,y,x)$ 为速度势。

### 流函数

对于二维不可压缩流体,定义标量流函数,得到笛卡儿坐标系下的速度分量为

$$V_x=\frac{\partial \Psi}{\partial y} \tag{5.1}$$

$$V_y=-\frac{\partial \Psi}{\partial x} \tag{5.2}$$

注意 $V_x$ 和 $V_y$ 在流场的每一点都满足连续性方程,也就是说

$$\frac{\partial V_x}{\partial x}+\frac{\partial V_y}{\partial y}=\frac{\partial^2 \Psi}{\partial x\partial y}-\frac{\partial^2 \Psi}{\partial x\partial y}=0$$

在 $x-y$ 平面上二维势流的不旋转条件满足

$$\frac{\partial V_y}{\partial x}-\frac{\partial V_x}{\partial y}=0 \tag{5.3}$$

将式(5.1)中的 $V_x$ 和式(5.2)中的 $V_y$ 代入此方程得到

$$\frac{\partial^2 \Psi}{\partial x^2}+\frac{\partial^2 \Psi}{\partial y^2}=\nabla^2\Psi=0 \tag{5.4}$$

因此,为二维势流定义的流函数也必须满足拉普拉斯方程(式5.4)。

在二维势流中,需要考虑等流函数线。对沿着流动线的 $\Psi$ 进行微分,得到

$$\mathrm{d}\Psi=\frac{\partial \Psi}{\partial x}\mathrm{d}x+\frac{\partial \Psi}{\partial y}\mathrm{d}y=0$$

将式(5.2)中的 $\partial\Psi/\partial x$ 和式(5.1)中的 $\partial\Psi/\partial y$ 代入上面的方程得到

$$-V_y\mathrm{d}x+V_x\mathrm{d}y=0$$

$$\left(\frac{\mathrm{d}y}{\mathrm{d}x}\right)_{\Psi}=\frac{V_y}{V_x} \tag{5.5}$$

这表明局部速度矢量与一个常数 $\Psi$ 线相切。由于速度矢量也与流线相切,因此,这条恒定的 $\Psi$ 线表示流线。

图 5.1 为两条流线形成的单位宽度的二维导管。可以将通过任意界面 $AB$ 的单位宽度的体积流量 $Q$ 表示为

$$Q=\int_A^B V_x\mathrm{d}y-\int_A^B V_y\mathrm{d}x=\int_A^B(V_x\mathrm{d}y-V_y\mathrm{d}x)$$

$$Q=\int_A^B\left(\frac{\partial\Psi}{\partial y}\mathrm{d}y+\frac{\partial\Psi}{\partial x}\mathrm{d}x\right)=\int_A^B\mathrm{d}\Psi=\Psi_2-\Psi_1 \tag{5.6}$$

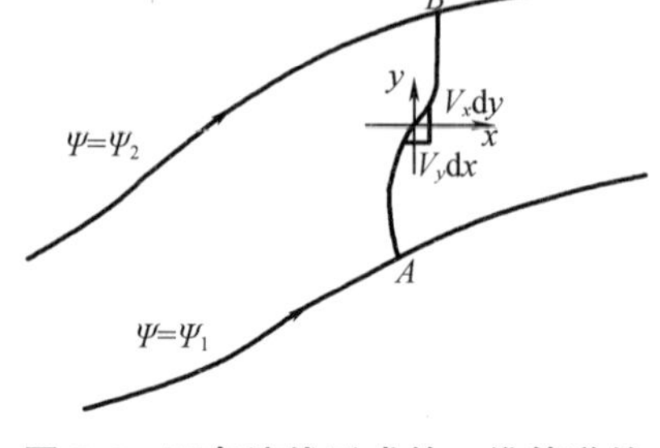


**图 5.1 两条流线形成的二维管道的体积流量**

这表明 $Q$ 是边界流线所代表的流函数值的差值。

在二维流动中,$\Psi$ 沿流线是常数,$\Phi$ 沿等势线是常数。现在来求它们的交角。对于等势线($\mathrm{d}\Phi=0$),写作

$$\mathrm{d}\Phi=\frac{\partial\Phi}{\partial x}\mathrm{d}x+\frac{\partial\Phi}{\partial y}\mathrm{d}y=0$$

$$V_x\mathrm{d}x+V_y\mathrm{d}y=0$$

$$\left(\frac{\mathrm{d}y}{\mathrm{d}x}\right)_{\Phi}=-\frac{V_x}{V_y} \tag{5.7}$$

由式(5.5)和式(5.7),在等势线与流线的交点处,得到二者斜率的关系为

$$\left(\frac{\mathrm{d}y}{\mathrm{d}x}\right)_{\Psi}\left(\frac{\mathrm{d}y}{\mathrm{d}x}\right)_{\Phi}=-1$$

这意味着它们之间是正交关系。

由前文可知,$V_x$ 和 $V_y$ 在笛卡儿坐标下表示为

$$V_x=\frac{\partial\Phi}{\partial x}=\frac{\partial\Psi}{\partial y}$$

和

$$V_y=\frac{\partial\Phi}{\partial y}=-\frac{\partial\Psi}{\partial x}$$

同样,在柱坐标系中,将 $V_r$ 和 $V_t$ 表示为

$$V_r=\frac{\partial\Phi}{\partial x}=\frac{\partial\Psi}{r\partial\theta}$$

和

$$V_t=\frac{\partial\Phi}{r\partial\theta}=-\frac{\partial\Psi}{\partial r}$$

## 环量

对于二维不可压缩流动中正向连通区域 $C$,将环量定义为

$$\Gamma = \oint_C \boldsymbol{V} \cdot \mathrm{d}\boldsymbol{l} \tag{5.8}$$

环量 $\Gamma$ 等于封闭轮廓线 $C$ 内的总涡量。

### 复势

对于二维势流，复势定义为

$$F(z) = \Phi(x,y) + \mathrm{i}\Psi(x,y) \tag{5.9}$$

式中，复坐标 $z=x+\mathrm{i}y$。由于 $\Phi(x,y)$ 和 $\Psi(x,y)$ 都是共轭函数，它们满足复势 $F(z)$ 解析的充分必要条件。

### 复速度

在 $z=x+\mathrm{i}y$ 的笛卡儿坐标系下，得到复共轭速度，详见 Sultanian(2015)，其为

$$\frac{\mathrm{d}F(z)}{\mathrm{d}z} = V_x - \mathrm{i}V_y = \overline{W} \tag{5.10}$$

复速度

$$W = V_x + \mathrm{i}V_y$$

同样，在柱面极坐标下，当 $z=r\mathrm{e}^{\mathrm{i}\theta}$ 时，得到

$$\frac{\mathrm{d}F(z)}{\mathrm{d}z} = \overline{W} = (V_r - \mathrm{i}V_t)\mathrm{e}^{-\mathrm{i}\theta} \tag{5.11}$$

复速度

$$W = (V_r + \mathrm{i}V_t)\mathrm{e}^{-\mathrm{i}\theta}$$

### 复环量

对于二维势流中单连通区域 $C$，用以下方程定义复环量 $C(z)$：

$$\begin{aligned} C(z) &= \oint_C \overline{W}\mathrm{d}z = \oint_C (V_x - \mathrm{i}V_y)(\mathrm{d}x + \mathrm{i}\mathrm{d}y) \\ &= \oint_C (V_x\mathrm{d}x + V_y\mathrm{d}y) + \mathrm{i}\oint_C (V_x\mathrm{d}y - V_y\mathrm{d}x) \\ &= \oint_C \boldsymbol{V} \cdot \mathrm{d}\boldsymbol{l} + \mathrm{i}\oint_C \boldsymbol{V} \cdot \hat{\boldsymbol{n}}\mathrm{d}\boldsymbol{l} = \Gamma + \mathrm{i}Q \end{aligned} \tag{5.12}$$

式中，$\hat{\boldsymbol{n}}$ 表示垂直于线段 $\mathrm{d}\boldsymbol{l}$ 的单位向量。$C(z)$ 的实部是流体的循环 $\Gamma$；虚部给出了体积流量 $Q$（每垂直于流动平面的单位长度），它来自积分轮廓内的源。对于无奇点的单连通流动区域，$C(z)=0$。

### 平行于 $x$ 轴的均匀流动

这种情况下的复势函数是

$$F(z) = Uz \tag{5.13}$$

又

$$\overline{W} = V_x - \mathrm{i}V_y = \frac{\mathrm{d}F}{\mathrm{d}z} = U \tag{5.14}$$

得到 $V_x = U, V_y = 0$。

### 平行于 y 轴的均匀流动

在这种情况下,把复势函数写作

$$F(z) = -\mathrm{i}V_z \tag{5.15}$$

又

$$\overline{W} = V_x - \mathrm{i}V_y = \frac{\mathrm{d}F}{\mathrm{d}z} = -\mathrm{i}V \tag{5.16}$$

使 $V_x = 0, V_y = V$。

### 与 x 轴成 α 角倾斜的均匀流动

复势函数

$$F(z) = V\mathrm{e}^{-\mathrm{i}\alpha}z \tag{5.17}$$

又

$$\overline{W} = V_x - \mathrm{i}V_y = \frac{\mathrm{d}F}{\mathrm{d}z} = V\mathrm{e}^{-\mathrm{i}\alpha} = V\cos\alpha - \mathrm{i}V\sin\alpha \tag{5.18}$$

使 $V_x = V\cos\alpha$, $V_y = V\sin\alpha$,这表明复势函数乘以 $\mathrm{e}^{-\mathrm{i}\alpha}$ 会使整个流场逆时针旋转一个 $\alpha$ 角。

### 源和汇

从复势函数

$$F(z) = \Phi + \mathrm{i}\Psi = C\ln z = C\ln(r\mathrm{e}^{\mathrm{i}\theta}) = C\ln r + \mathrm{i}C\theta \tag{5.19}$$

能得到 $\Phi = C\ln r, \Psi = C\theta$。因此,在 $F(z) = C\ln z$ 产生的流场中,常数 $r$ 的线为等势线,常数 $\theta$ 的线为流线。从这个势函数可得到复共轭速度

$$\overline{W} = \frac{\mathrm{d}F(z)}{\mathrm{d}z} = \frac{C}{z} = \frac{C}{z}\mathrm{e}^{-\mathrm{i}\theta} = (V_r - \mathrm{i}V_t)\mathrm{e}^{-\mathrm{i}\theta} \tag{5.20}$$

定义 $V_r = C/r$ 和 $V_t = 0$。对于 $C$ 为正值,复势函数 $F(z) = C\ln z$ 表示源;对于 $C$ 为负值,它表示一个汇,每个汇位于原点。对于位于 $z_0 = x_0 + \mathrm{i}y_0$ 的源或汇,用 $F(z) = C\ln(z - z_0)$ 进行表示。

根据连续性方程,总体积流量 $m$(每单位宽度)穿过每个等势线,其是一个圆,必须保持恒定。因此

$$m = \int_0^{2\pi} \frac{C}{r} r\mathrm{d}\theta = 2\pi C$$

$$C = \frac{m}{2\pi} \tag{5.21}$$

将位于 $z_0$ 处的源的复势函数写成

$$F(z) = \frac{m}{2\pi}\ln(z - z_0) \tag{5.22}$$

式中,$m$ 为源强度,相对于汇来说为负值。

## 涡流

通过将方程式(5.22)给出的源的复势函数乘以$-i$,将整个流场沿逆时针方向局部旋转90°,并由下式获得旋涡的复势函数:

$$F(z)=-iC\ln z=-iC\ln(re^{i\theta})=C\theta-iC\ln r \tag{5.23}$$

从而得出$\Phi=C\theta$和$\Psi=-C\ln r$。在流动中,恒定半径$r$的线是流线,恒定偏转角度$\theta$的线是等势线,得到复共轭速度:

$$\overline{W}=\frac{dF(z)}{dz}=\frac{-iC}{z}=\frac{-iC}{r}e^{-i\theta}=\left(0-i\frac{C}{r}\right)e^{-i\theta}=(V_r-iV_t)e^{-i\theta} \tag{5.24}$$

定义$V_r=0$和$V_t=C/r$。复势函数$F(z)=-iC\ln z$表示位于原点的旋涡。对于正值$C$,逆时针旋转的旋涡被视为正值;对于负值$C$,得到了顺时针旋转的旋涡。复势函数$F(z)=-iC\ln(z-z_0)$表示位于$z_0=x_0+iy_0$处的旋涡。

通过从以下公式获得的旋涡环量$\Gamma$来测量旋涡的强度:

$$\Gamma=\oint_C \boldsymbol{V}\cdot d\boldsymbol{l}$$

$$\Gamma=\int_0^{2\pi}V_t r d\theta=\int_0^{2\pi}\frac{C}{r}r d\theta=2\pi C$$

$$C=\frac{\Gamma}{2\pi}$$

因此,将位于$z_0$处的旋涡的复势函数表示为

$$F(z)=-i\frac{\Gamma}{2\pi}\ln(z-z_0) \tag{5.25}$$

式中,$\Gamma$是旋涡强度,逆时针旋涡为正,顺时针旋涡为负。

## 偶极子

源流和汇流的叠加产生偶极子:

$$F(z)=\frac{m}{2\pi}\ln(z-\varepsilon)-\frac{m}{2\pi}\ln(z+\varepsilon) \tag{5.26}$$

式中,强度为$m$的源位于$(\varepsilon,0)$,强度为$m$的汇位于$(-\varepsilon,0)$。

## 双偶极子

双偶极子是偶极子的极限情况,在这种情况下,源和汇之间的距离变得非常小,同时保持它们的强度和它们之间距离的乘积不变。把偶极子的复势函数写成

$$F(z)=-\frac{m}{2\pi}\ln\frac{z+\varepsilon}{z-\varepsilon}=-\frac{m}{2\pi}\ln\frac{1+\dfrac{\varepsilon}{z}}{1-\dfrac{\varepsilon}{z}}$$

对于$(-1<\varepsilon/z<1)$,该方程中对数项的幂级数展开得出

$$F(z)=-\frac{m}{2\pi}\left(2\frac{\varepsilon}{z}+\frac{2}{3}\cdot\frac{\varepsilon^3}{z^3}+\frac{2}{5}\cdot\frac{\varepsilon^5}{z^5}+\cdots\right)$$

通过使 $\varepsilon\to 0$ 和 $m\to\infty$，得到 $m\varepsilon=\pi\mu$，其中 $\mu$ 是一个常数，得到

$$F(z)=-\frac{\mu}{z} \tag{5.27}$$

因此，双偶极子是由附近的强源和同样强度的汇叠加而成。将位于 $z=z_0$ 处的双偶极子的复势函数写为

$$F(z)=-\frac{\mu}{z-z_0} \tag{5.28}$$

式中，$\mu$ 是双偶极子的强度。双偶极子的主要用途是通过与其他简单流动的线性叠加生成更复杂和实用的势流。

### 无环量圆柱绕流

均匀流和双偶极子的叠加产生了绕圆柱的无环流势流。将得到的复势函数写成

$$F(z)=Uz+\frac{\mu}{z}=Ure^{\mathrm{i}\theta}+\frac{\mu}{r}e^{-\mathrm{i}\theta}=\left(Ur+\frac{\mu}{r}\right)\cos\theta+\mathrm{i}\left(Ur-\frac{\mu}{r}\right)\sin\theta \tag{5.29}$$

由此得到

$$\Psi=\left(Ur-\frac{\mu}{r}\right)\sin\theta \tag{5.30}$$

在半径 $r=a$ 的圆上，该值变为

$$\Psi_a=\left(Ua-\frac{\mu}{a}\right)\sin\theta$$

对于 $\psi_a=0$，该方程得出 $\mu=Ua^2$。因此，如果将速度 $U$ 的均匀流叠加在强度为 $Ua^2$ 的双偶极子上，将获得半径 $r=a$ 的圆柱体上的势流，其表面对应于零流函数。在圆柱体内，水槽吸收相邻双偶极子源产生的全部质量流量。得到的复势函数和流函数如下：

$$F(z)=U\left(z+\frac{a^2}{z}\right) \tag{5.31}$$

$$\Psi=U\left(r-\frac{a^2}{r}\right)\sin\theta \tag{5.32}$$

### 滞止点

在流动滞止点处，所有速度分量都变为零，写成

$$\overline{W}(z)=\frac{\mathrm{d}F(z)}{\mathrm{d}z}=U\left(1-\frac{a^2}{z^2}\right)$$

$$\overline{W}(z)=\left[U\left(1-\frac{a^2}{r^2}\right)\cos\theta+\mathrm{i}U\left(1+\frac{a^2}{r^2}\right)\sin\theta\right]e^{-\mathrm{i}\theta} \tag{5.33}$$

由此得到

$$V_{\mathrm{r}}=U\left(1-\frac{a^2}{r^2}\right)\cos\theta \tag{5.34}$$

$$V_{\mathrm{t}}=-U\left(1+\frac{a^2}{r^2}\right)\sin\theta \tag{5.35}$$

由方程(5.34)可知，圆柱表面任意位置的径向速度为零($r=a$)；由方程(5.35)可知，在圆柱表面滞止点位置 $\theta=0$ 和 $\theta=\pi$ 处，切向速度为零。

### 有环量圆柱绕流

将顺时针旋转的涡流添加到圆柱体周围的流动中,会产生圆柱体周围流动的有环量绕流复势函数:

$$F(z)=U\left(z+\frac{a^2}{z}\right)+\mathrm{i}\,\frac{\Gamma}{2\pi}\ln z+c_1$$

在该方程中,在圆柱体表面($r=a$)添加常数 $c_1$ 以满足 $\Psi=0$。这对流场中的速度和压力分布没有影响。用圆柱极坐标表示该方程,得到

$$F(z)=\left[U\left(r+\frac{a^2}{r}\right)\cos\theta-\frac{\Gamma\theta}{2\pi}\right]+\mathrm{i}\left[U\left(r-\frac{a^2}{r}\right)\sin\theta+\frac{\Gamma}{2\pi}\ln r\right]+c_1$$

当 $r=a$ 时,用 $c_1=-\frac{\mathrm{i}\Gamma}{2\pi}\ln a$ 替换 $\Psi=0$,得到

$$F(z)=U\left(z+\frac{a^2}{z}\right)+\mathrm{i}\,\frac{\Gamma}{2\pi}\ln\frac{z}{a} \tag{5.36}$$

和

$$\Psi=U\left(r-\frac{a^2}{r}\right)\sin\theta+\frac{\Gamma}{2\pi}\ln r-\frac{\Gamma}{2\pi}\ln a \tag{5.37}$$

### 滞止点

同理可得

$$\overline{W}(z)=\frac{\mathrm{d}F(z)}{\mathrm{d}z}=U\left(1-\frac{a^2}{z^2}\right)+\mathrm{i}\,\frac{\Gamma}{2\pi z}$$

$$\overline{W}(z)=\left\{U\left(1-\frac{a^2}{r^2}\right)\cos\theta+\mathrm{i}\left[U\left(1+\frac{a^2}{r^2}\right)\sin\theta+\frac{\Gamma}{2\pi r}\right]\right\}\mathrm{e}^{-\mathrm{i}\theta} \tag{5.38}$$

因此

$$V_{\mathrm{r}}=U\left(1-\frac{a^2}{r^2}\right)\cos\theta \tag{5.39}$$

$$V_{\mathrm{t}}=-U\left(1+\frac{a^2}{r^2}\right)\sin\theta-\frac{\Gamma}{2\pi r} \tag{5.40}$$

由方程(5.39)可知,圆柱表面任意位置的径向速度为零($r=a$)。对于圆柱表面上的 $V_{\mathrm{t}}=0$,由方程式(5.40)得出

$$\sin\theta=-\frac{\Gamma}{4\pi Ua} \tag{5.41}$$

## 问题 5.1:从给定的势函数中找到流函数

证明

$$\Phi=2xy+x^2-y^2$$

是二维不可压缩流的势函数。找到相应的流函数,绘制一系列流线,并指出其流向。

# 问题 5.1 的解法

不可压缩流场的任何势函数都必须满足拉普拉斯方程$\nabla^2\Phi=0$,对于给定的势函数,写为

$$\nabla^2\Phi=\nabla^2(2xy+x^2-y^2)=\frac{\partial^2}{\partial x^2}(2xy+x^2-y^2)+\frac{\partial^2}{\partial y^2}(2xy+x^2-y^2)=2-2=0$$

这证明了给定的势函数表示二维不可压缩势流,由此得到相应的速度分量为

$$V_x=\frac{\partial}{\partial x}(2xy+x^2-y^2)=2y+2x$$

和

$$V_y=\frac{\partial}{\partial y}(2xy+x^2-y^2)=2x-2y$$

利用方程(5.1),得到

$$\frac{\partial\Psi}{\partial y}=V_x=2y+2x$$

积分得到

$$\Psi=y^2+2xy+f(x)$$

该方程与方程(5.2) 联立得出

$$-\frac{\partial\Psi}{\partial x}=-2y-f'(x)=V_y=2x-2y$$

$$-f'(x)=2x$$

$$f(x)=-x^2$$

其中,在不损失任何一般性的情况下,可以获得积分常数为零。因此,得到了给定速度势的流函数

$$\Phi=y^2+2xy-x^2$$

为了绘制 $x-y$ 平面上的流线,重新转换关于 $y$ 的二次方程:

$$y^2+2xy-(x^2+\Psi)=0$$

求解得到

$$y=-x+\sqrt{2x^2+\Psi}$$

和

$$y=-x-\sqrt{2x^2+\Psi}$$

图 5.2 绘制了带流向的流线,上半部分中的实心流线对应于第一根,下半部分中的虚线流线对应于第二根。

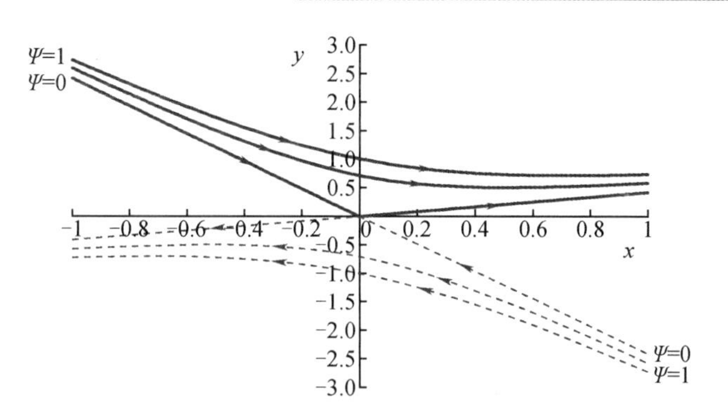


图 5.2 给定势函数的流线(问题 5.1)

# 问题 5.2:均匀流和源的叠加(兰金半体)

图 5.3 显示了通过将均匀流和源叠加得到的兰金半体流动,其复势函数如下所示:

$$F(z)=Uz+\frac{m}{2\pi}\ln z$$

(1)在柱坐标中求流函数;

(2)在滞止点 $S$ 处表示 $V_r=V_t=0$;

(3)求兰金半体表面的静压分布。

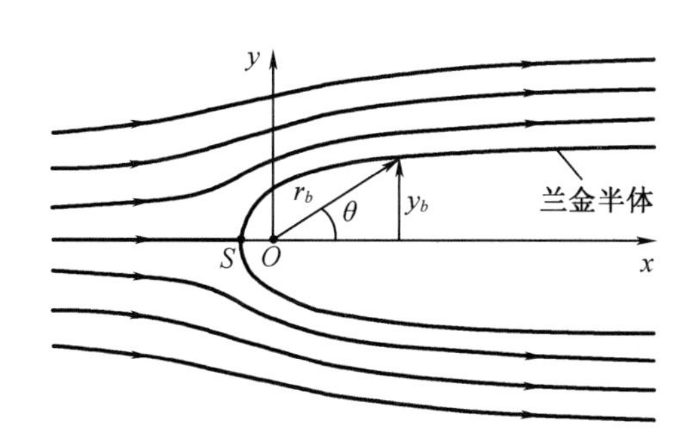


图 5.3 均匀流和源的叠加:兰金半体(问题 5.2)

# 问题 5.2 的解法

## (1)圆柱极坐标中的流函数

已知

$$F(z)=Uz+\frac{m}{2\pi}\ln z$$

在圆柱极坐标中表示为

$$F(z)=Ure^{i\theta}+\frac{m}{2\pi}\ln(re^{i\theta})$$

$$F(z)=Ur(\cos\theta+\mathrm{i}\sin\theta)+\frac{m}{2\pi}\ln r+\mathrm{i}\frac{m}{2\pi}\theta$$

$$F(z)=\left(Ur\cos\theta+\frac{m}{2\pi}\ln r\right)+\mathrm{i}\left(Ur\sin\theta+\frac{m}{2\pi}\theta\right)$$

根据方程(5.9)得到

$$\Psi=Ur\sin\theta+\frac{m}{2\pi}\theta$$

### (2)滞止点

图5.3显示了从(1)中获得的流函数生成的一系列流线。在该图中,$S$ 表示所有速度分量均为零的滞止点。为了验证这一点,将 $V_\mathrm{r}$ 和 $V_\mathrm{t}$ 定义为

$$V_\mathrm{r}=\frac{\partial\Psi}{r\partial\theta}=U\cos\theta+\frac{m}{2\pi r}$$

$$V_\mathrm{t}=-\frac{\partial\Psi}{\partial r}=-U\sin\theta$$

对于滞止点 $S$ 处的 $V_\mathrm{r}=V_\mathrm{t}=0$,得到 $\theta_S=\pi$ 和 $r_S=m/(2\pi U)$。这些值产生 $\Psi_S=m/2$,对应于兰金半体的流线,由方程定义

$$r_b=\frac{m}{2U\sin\theta}\left(1-\frac{\theta}{\pi}\right)$$

得到

$$2y_b=2r_b\sin\theta=\frac{m}{2U}\left(1-\frac{\theta}{\pi}\right)$$

当 $\theta$ 接近零时,其最大值 $m/U$ 渐近出现。

### (3)兰金半体表面的静压分布

自由流静压为 $p_\infty$,远离速度为 $U$ 的兰金半体,得到的总压为

$$p_0=p_\infty+\frac{1}{2}\rho U^2$$

由于总压在势流中保持不变,因此该类流中任何点的静压可通过以下方程式(伯努利方程式)获得:

$$p_0=p_\infty+\frac{1}{2}\rho U^2-\frac{1}{2}\rho(V_\mathrm{r}^2+V_\mathrm{t}^2)$$

在兰金半体上的一点$(r_b,\theta)$得到

$$p=p_\infty+\frac{1}{2}\rho U^2-\frac{1}{2}\rho\left(U\cos\theta+\frac{m}{2\pi r_b}\right)^2-\frac{1}{2}\rho(U\sin\theta)^2$$

$$\frac{p-p_\infty}{\frac{1}{2}\rho U^2}=-\left(\frac{m\cos\theta}{\pi r_b U}+\frac{m^2}{4\pi^2 r_b^2 U^2}\right)$$

替换 $r_b$ 并简化结果表达式,最终得到

$$\frac{p-p_{\infty}}{\frac{1}{2}\rho U^2}=-\frac{\sin 2\theta}{\pi-\theta}-\frac{\sin^2\theta}{(\pi-\theta)^2}$$

如图 5.4 所示,该方程与源强度 $m$ 无关。在对应于 $\theta=180°$的滞止点处,静压等于滞止点压力。随着 $\theta$ 的减小,流动沿兰金半体加速,静压减小。当 $\theta=113.2°$时,速度等于入射均匀速度 $U$,静压等于自由流值 $p_{\infty}$。在 $\theta\simeq63°$处,表面速度在最小静压下达到最大值。当 $\theta$ 接近零时,静压和流速达到其自由流值。

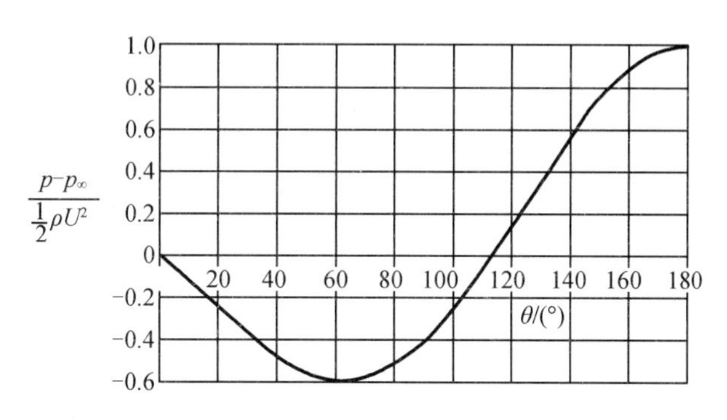


图 5.4 兰金半体上的静压分布(问题 5.2)

## 问题 5.3:向给定的流函数添加源

滞止点在原点的二维势流由流函数 $\Psi_1=Axy$ 表示,其中 $A$ 是常数。当在原点处向该流动添加强度源 $m$ 时,滞止点沿 $y$ 轴向上移动距离 $h$。根据 $A$ 和 $m$ 求出 $h$ 值。对于 $A=4$ 和 $m=1$,在 $x-y$ 平面的第一个象限绘制一系列流线,包括包含滞止点的流线。

## 问题 5.3 的解法

可以将极坐标中的流函数 $\Psi_1=Axy$ 写为

$$\Psi_1=Axy=A(r\cos\theta)(r\sin\theta)=\frac{Ar^2}{2}\sin 2\theta$$

将位于原点的强度点源 $m$ 的流函数表示为 $\Psi_2=m\theta/(2\pi)$。结合这些流函数,得到

$$\Psi=\Psi_1+\Psi_2=\frac{Ar^2}{2}\sin 2\theta+\frac{m}{2\pi}\theta$$

给出

$$V_r=\frac{\partial\Psi}{r\partial\theta}=Ar\cos 2\theta+\frac{m}{2\pi r}$$

$$V_t=-\frac{\partial\Psi}{\partial r}=-Ar\sin 2\theta$$

在滞止点处,有 $V_r=V_t=0$,给出

$$Ar\sin 2\theta=0$$

$$\theta = \pi/2$$

$$A r\cos 2\theta + \frac{m}{2\pi r} = 0$$

将 $\theta=\pi/2$ 和 $r=h$ 代入上式，得到

$$h = \sqrt{\frac{m}{2\pi A}}$$

和

$$\Psi = \frac{m}{4}$$

由 $A=4$ 和 $m=1$，得到 $h=0.199$ 和 $\Psi=0.25$。图 5.5 显示了与流函数 $\Psi=2r^2\sin 2\theta+\theta/2\pi$ 相对应的流线，表明滞止点位于远离 $\Psi=0.25$ 流线原点的 $h=0.199$ 距离处。

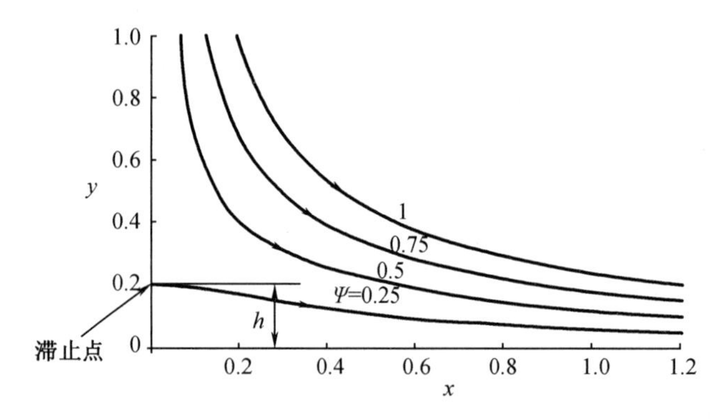


图 5.5　给定流函数的流线（问题 5.3）

# 问题 5.4：螺旋涡流中的流线

螺旋涡流的速度势由下式给出：

$$\Phi = \Phi_{\mathrm{vortex}} + \Phi_{\mathrm{sink}} = \frac{\Gamma}{2\pi}\theta - \frac{m}{2\pi}\ln r$$

式中，$\Gamma$ 和 $m$ 分别表示涡旋强度和汇强度的常数。找到相应的流函数并绘制一系列流线。另外，需指出，对于螺旋涡流，速度矢量和径向之间的角度在整个流场中是恒定的。

# 问题 5.4 的解法

把旋涡的复势写成

$$F_{\mathrm{vortex}} = \Phi_{\mathrm{vortex}} + \mathrm{i}\Psi_{\mathrm{vortex}} = \frac{\Gamma}{2\pi}\theta - \mathrm{i}\frac{\Gamma}{2\pi}\ln r$$

汇的复势写成

$$F_{\mathrm{sink}} = \Phi_{\mathrm{sink}} + \mathrm{i}\Psi_{\mathrm{sink}} = -\frac{m}{2\pi}\ln r - \mathrm{i}\frac{m}{2\pi}\theta$$

将 $F_{\mathrm{vortex}}$ 和 $F_{\mathrm{sink}}$ 进行联立，得到

$$F = F_{\text{vortex}} + F_{\text{sink}} = \Phi + \mathrm{i}\Psi = \left(\frac{\Gamma}{2\pi}\theta - \frac{m}{2\pi}\ln r\right) - \mathrm{i}\left(\frac{\Gamma}{2\pi}\ln r + \frac{m}{2\pi}\theta\right)$$

从中得到螺旋涡流的流函数为

$$\Psi = -\frac{\Gamma}{2\pi}\ln r - \frac{m}{2\pi}\theta$$

对于 $m = 1$ 和 $\Gamma = 2.5$,图 5.6 显示了 $\Psi = 0.50$、$0.75$、$1.0$ 的三条流线。这些流线螺旋下降到原点的汇处。

速度势表示为

$$V_{\mathrm{r}} = \frac{\partial\Phi}{\partial r} = -\frac{m}{2\pi}\cdot\frac{1}{r} = -\frac{m}{2\pi r}$$

$$V_{\mathrm{t}} = \frac{1}{r}\cdot\frac{\partial\Phi}{\partial\theta} = \frac{1}{r}\cdot\frac{\Gamma}{2\pi} = \frac{\Gamma}{2\pi r}$$

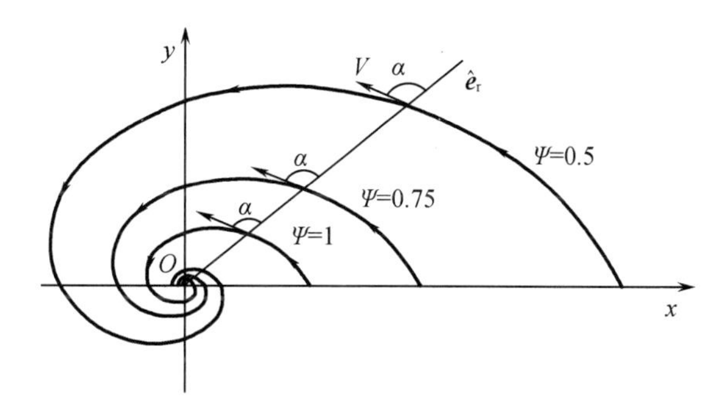


图 5.6　给定螺旋涡中的流线(问题 5.4)

用向量表示法将其写为

$$\boldsymbol{V} = V_{\mathrm{r}}\hat{\boldsymbol{e}}_{\mathrm{r}} + V_{\mathrm{t}}\hat{\boldsymbol{e}}_{\mathrm{t}} = -\frac{m}{2\pi r}\hat{\boldsymbol{e}}_{\mathrm{r}} + \frac{\Gamma}{2\pi r}\hat{\boldsymbol{e}}_{\mathrm{t}}$$

得到 $\boldsymbol{V}$ 和径向单位矢量($\hat{\boldsymbol{e}}_{\mathrm{r}}$) 之间的角度为

$$\boldsymbol{V}\cdot\hat{\boldsymbol{e}}_{\mathrm{r}} = \boldsymbol{V}\cos\alpha$$

$$\cos\alpha = \frac{\boldsymbol{V}\cdot\hat{\boldsymbol{e}}_{\mathrm{r}}}{\boldsymbol{V}} = \frac{-m}{\sqrt{m^2 + \Gamma^2}} = \frac{-1}{\sqrt{1 + \left(\dfrac{\Gamma}{m}\right)^2}}$$

因此,对于给定的 $m$ 和 $\Gamma$ 值,得到 $\alpha = 111.8°$,这在整个流场中是恒定的。

# 问题 5.5:寻找给定势函数的流函数

考虑速度势为 $\Phi = y^2 - x^2$ 的不可压缩流,这个函数满足拉普拉斯方程吗？对于 $\Psi = 3$,绘制流线及其流向。

# 问题 5.5 的解法

将给定势函数的拉普拉斯方程写成

$$\frac{\partial^2 \Phi}{\partial x^2}+\frac{\partial^2 \Phi}{\partial y^2}=0$$

$$-2+2=0$$

这表明给定的势函数满足拉普拉斯方程。

定义 $V_x$ 为

$$V_x=\frac{\partial \Phi}{\partial y}=\frac{\partial \Phi}{\partial x}=-2x$$

整理后得到

$$\Psi=-2xy+f(x)$$

同样,定义 $V_y$ 为

$$V_y=-\frac{\partial \Phi}{\partial x}=2y+f'(x)=\frac{\partial \Phi}{\partial y}=2y$$

这会产生 $f'(x)=0$,积分后会产生 $f(x)=C$。假设 $C=0$,得到 $\Psi=-2xy$。

对于 $\Psi=3$,给出流线方程

$$y=-\frac{3}{2x}$$

每条流线上都有 $V_x=-2x$ 和 $V_y=2y=-3/x$。这些速度对于正 $x$ 为负值,对于负 $x$ 为正值。图 5.7 显示了沿其流向的两条流线。

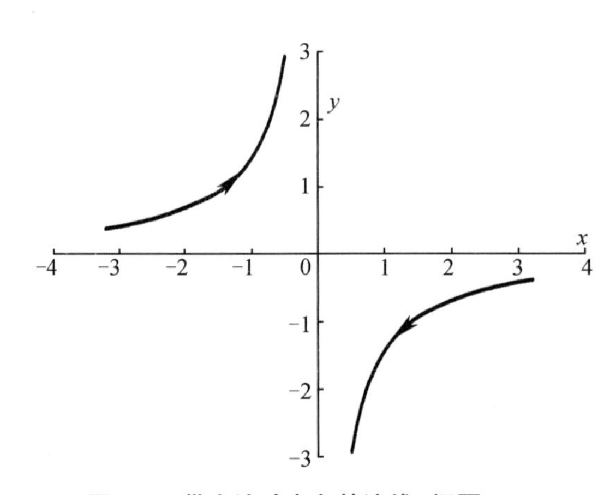


图 5.7 带有流动方向的流线(问题 5.5)

# 问题 5.6:正弦波壁上的势流

以下复势函数表示正弦波壁上的流动:

$$F(z)=V_0(z+y_0 e^{2i\pi x/\lambda})$$

式中,$z=x+iy$;$y_0$ 为波幅;$\lambda$ 为波长。求流线 $\Psi=0$ 的流函数 $\Psi$ 和 $y$ 的变化。

# 问题 5.6 的解法

在实部和虚部展开复势函数

$$F(z)=V_0(x+\mathrm{i}y+y_0\mathrm{e}^{2\mathrm{i}\pi x/\lambda}\mathrm{e}^{-2\pi y/\lambda})$$

$$F(z)=V_0\left(x+\mathrm{i}y+y_0\mathrm{e}^{-2\pi y/\lambda}\cos\frac{2\pi x}{\lambda}+\mathrm{i}y_0\mathrm{e}^{-2\pi y/\lambda}\sin\frac{2\pi x}{\lambda}\right)$$

$$F(z)=\Phi+\mathrm{i}\Psi=V_0\left(x+y_0\mathrm{e}^{-2\pi y/\lambda}\cos\frac{2\pi x}{\lambda}\right)+\mathrm{i}V_0\left(y+y_0\mathrm{e}^{-2\pi y/\lambda}\sin\frac{2\pi x}{\lambda}\right)$$

从中可以得到流函数

$$\Psi=V_0\left(y+y_0\mathrm{e}^{-2\pi y/\lambda}\sin\frac{2\pi x}{\lambda}\right)$$

对于 $\Psi=0$,得到

$$y+y_0\mathrm{e}^{-2\pi y/\lambda}\sin\frac{2\pi x}{\lambda}=0$$

$$y=-y_0\mathrm{e}^{-2\pi y/\lambda}\sin\frac{2\pi x}{\lambda}$$

对于 $2\pi y/\lambda\ll1$,已知 $\mathrm{e}^{-2\pi y/\lambda}\approx1$,得到

$$y=-y_0\sin\frac{2\pi x}{\lambda}$$

# 术 语

| 符号 | 含义 |
|---|---|
| $a$ | 圆柱体半径 |
| $C$ | 复环量;闭合等高线 |
| $\hat{\boldsymbol{e}}_{\mathrm{r}}$ | 径向单位矢量 |
| $\hat{\boldsymbol{e}}_{\mathrm{t}}$ | 切向单位矢量 |
| $F$ | 复势函数;推动力 |
| $\mathrm{i}$ | 虚数 |
| $\hat{\boldsymbol{k}}$ | 沿 $z$ 轴的单位矢量 |
| $\mathrm{d}\boldsymbol{l}$ | 沿闭合轮廓的微分长度向量 |
| $m$ | 源强度 |
| $\hat{\boldsymbol{n}}$ | 垂直于 $\mathrm{d}\boldsymbol{l}$ 的单位向量 |
| $p$ | 压力;静压 |
| $Q$ | 体积流量 |
| $r$ | 圆柱极坐标系的坐标 |
| $S$ | 滞止点 |
| $U$ | $x$ 坐标方向匀速 |

| 符号 | 含义 |
| --- | --- |
| $V$ | $y$ 坐标方向匀速 |
| $\boldsymbol{V}$ | 速度矢量 |
| $W$ | 复速度 |
| $\overline{W}$ | 复共轭速度 |
| $x$ | 笛卡儿坐标 $x$ 轴 |
| $y$ | 笛卡儿坐标 $y$ 轴 |
| $z$ | 复坐标($z=x+\mathrm{i}y$) |
| $\bar{z}$ | 复共轭坐标($\bar{z}=x-\mathrm{i}y$) |

# 下标和上标

| 符号 | 含义 |
| --- | --- |
| 0 | 总(滞止) |
| $b$ | 兰金半体上的点 |
| r | 径向分量 |
| $S$ | 滞止点 |
| $x$ | $x$ 坐标方向上的分量 |
| $y$ | $y$ 坐标方向上的分量 |
| $z$ | 属于 $z$ 平面(物理平面) |
| t | 切向分量 |
| $\infty$ | 无限(无穷远) |

# 希腊符号

| 符号 | 含义 |
| --- | --- |
| $\alpha$ | 速度矢量与 $x$ 轴之间的角度;冲角 |
| $\Gamma$ | 环量 |
| $\varepsilon$ | 源或汇距原点的距离 |
| $\theta$ | 圆柱极坐标 |
| $\rho$ | 密度 |
| $\Phi$ | 速度势函数 |
| $\Psi$ | 流函数 |

# 参考文献

Sultanian, B. K. 2015. Fluid Mechanics: An Intermediate Approach. Boca Raton, FL: Taylor & Francis.

# 参考书目

Currie, I. G. 2013. Fundamental Mechanics of Fluids, 4th edition. Boca Raton, FL: CRC Press.

Kirchhoff, R. H. 1985. Potential Flows: Computer Graphic Solutions, 1st edition. New York: Marcel Dekker.

Milne-Thomson, L. M. 1968. Theoretical Hydrodynamics. New York: Dover Publications.

Zdravkovich, M. M. 1997. FlowAround Circular Cylinders Volume 1: Fundamentals. Oxford: Oxford University Press.

# 第6章　纳维-斯托克斯方程的精确解

## 关 键 概 念

纳维-斯托克斯方程是与时间相关的偏微分方程，无论是层流还是湍流，不可压缩还是可压缩，它都控制牛顿流体流动中的力和线性动量平衡。求解纳维-斯托克斯方程的主要困难在于非线性惯性(对流)项，它涉及速度与其空间梯度的乘积。只有少数层流问题，纳维-斯托克斯方程才有解析解。这些方程总是与连续性方程——流体流动的第一定律——一起求解。Sultanian(2015)提出了一些充分发展的二维层流的精确解决方案。例如，可以在 Bird、Stewart 和 Lightfoot(2006)以及 Riley 和 Drazin(2006)中找到其他解决方案。

纳维-斯托克斯方程的详细推导可以在许多研究生教科书中找到，例如 Sultanian(2015)。在此介绍流体单元上的表面剪切应力和重力体积力的关键概念，包括对具有恒定黏度的不可压缩流动的笛卡儿和圆柱极坐标系中的连续性和纳维-斯托克斯方程的总结。本章将使用这些方程来解决提出的各种问题。

### 应力引起的表面力

图6.1显示了3×3应力张量 $\tau_{ij}$ 在流动中的一个无穷小流体单元上的所有9个分量。$\tau_{ij}$ 的下标 $i$ 表示应力作用的单元面的法线方向，下标 $j$ 表示应力方向。例如，$\tau_{xy}$ 沿 $y$ 方向作用于法线位于 $x$ 方向的单元面上。对于 $i \neq j$，$\tau_{ij}$ 表示剪应力；对于 $i=j$，$\tau_{ij}$ 表示法向应力。应力张量是对称的($\tau_{ij}=\tau_{ji}$)，只有6个不同的应力分量——3个法向应力和3个剪切应力。对于正 $\tau_{ij}$，相对于所使用的坐标系，$i$ 和 $j$ 必须同时为正或同时为负。根据这个约定，在壁面与流体交界处，每个面的 $\tau_{ij}$ 具有相同的符号——它们的面法向量方向相反，它们产生的力也是如此。

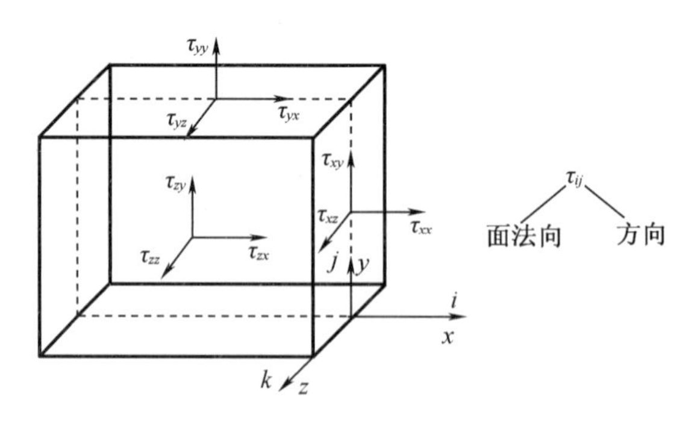


**图6.1　作用在流体单元上的表面力**

图6.2显示了沿笛卡儿坐标方向判定 $\delta x$、$\delta y$ 和 $\delta z$ 的无穷小控制体积。这里包括从位于控制体积中心的点($x$, $y$, $z$)在 $y$ 方向上的 $\tau_{yx}$、$\tau_{yy}$ 和 $\tau_{yz}$ 的变化。现在评估这些应力(在

正 y 面和负 y 面上)对每个坐标方向上作用在控制体积上的总表面力的贡献。例如,对于 $\tau_{yx}$,有如下表达式:

$$\delta F_{s\_yx} = \left(\tau_{yx} + \frac{\partial \tau_{yx}}{\partial y} \cdot \frac{\delta y}{2}\right) \delta x \delta z - \left(\tau_{yx} - \frac{\partial \tau_{yx}}{\partial y} \cdot \frac{\delta y}{2}\right) \delta x \delta z$$

$$\frac{\delta F_{s\_yx}}{\delta x \delta y \delta z} = \frac{\partial \tau_{yx}}{\partial y} \tag{6.1}$$

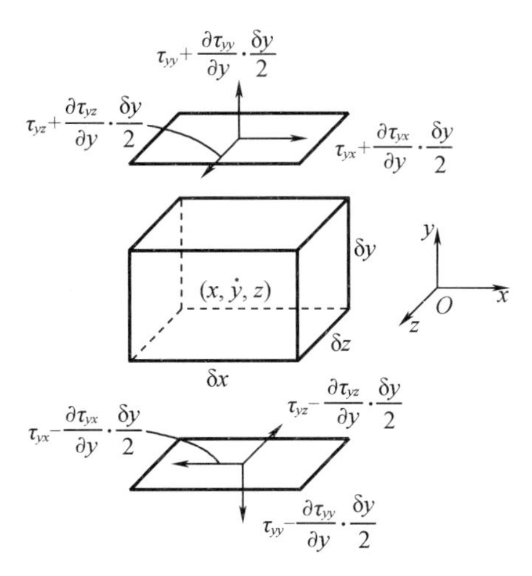


**图 6.2　流体流动中某一点的应力梯度**

式(6.1)表明,$\partial\tau_{yx}/\partial y$ 对作用在控制体积上的 x 方向表面力(单位体积)起作用。考虑到 x 和 z 方向上的类似应力变化,得到$\partial\tau_{xx}/\partial x$ 和$\partial\tau_{zx}/\partial z$ 作为对该力的额外贡献。因此,可以将每个坐标方向上作用在控制体上的每单位体积的净表面力写为

$$\delta f_{sy} = \frac{\partial \tau_{xy}}{\partial x} + \frac{\partial \tau_{yy}}{\partial y} + \frac{\partial \tau_{zy}}{\partial z} \tag{6.2}$$

$$\delta f_{sx} = \frac{\partial \tau_{xx}}{\partial x} + \frac{\partial \tau_{yx}}{\partial y} + \frac{\partial \tau_{zx}}{\partial z} \tag{6.3}$$

$$\delta f_{sz} = \frac{\partial \tau_{xz}}{\partial x} + \frac{\partial \tau_{yz}}{\partial y} + \frac{\partial \tau_{zz}}{\partial z} \tag{6.4}$$

式(6.2)~式(6.4)表明,应力梯度作为单位体积的表面力作用在无穷小的控制体积上。

## 重力引起的体积力

假设重力引起的体积力仅在垂直方向起作用。图 6.3 显示了笛卡儿坐标轴的任意方向,流动中的每个点的高度 $h$ 是从固定基准测量的。将作用在控制体积上的重力体积力的 x 方向分量写为

$$\delta F_{bx} = -\rho g(\delta x \delta y \delta z)\sin\theta$$

$$\frac{\delta F_{bx}}{\delta x \delta y \delta z} = -\rho g \sin\theta$$

式中

$$\sin\theta = \frac{\left(h + \frac{\partial h}{\partial x}\delta x\right) - h}{\delta x} = \frac{\partial h}{\partial x}$$

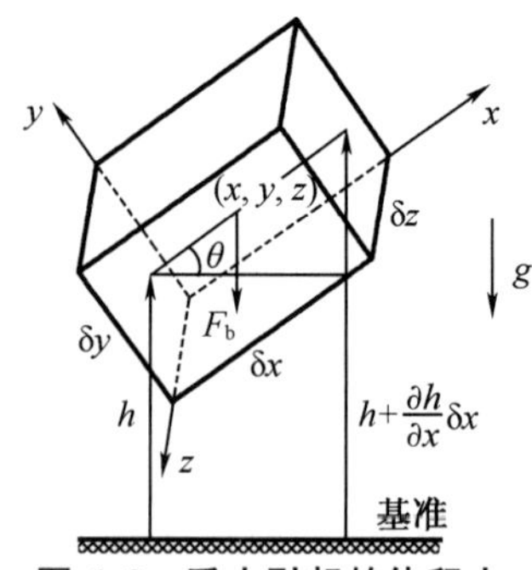

图 6.3　重力引起的体积力

因为

$$\frac{\delta F_{bx}}{\delta x\delta y\delta z} = \delta f_{bx} = -\rho g\frac{\partial h}{\partial x}$$

式中，$\delta f_{bx}$ 是每单位体积的 $x$ 方向体积力。可以类似地获得重力在 $y$ 和 $z$ 方向上的体积力，将三个方向的力用张量表示法写成

$$\delta f_{bi} = -\rho g\frac{\partial h}{\partial x_i}\quad (i = 1,2,3) \tag{6.5}$$

## 纳维-斯托克斯方程和连续性方程的总结——恒定黏度和恒定密度

### 笛卡儿坐标

连续性方程：

$$\frac{\partial V_x}{\partial x}+\frac{\partial V_y}{\partial y}+\frac{\partial V_z}{\partial z}=0 \tag{6.6}$$

纳维-斯托克斯方程：

$$\rho\frac{\mathrm{D}V_x}{\mathrm{D}t} = -\frac{\partial\hat{p}}{\partial x} + \mu\nabla^2 V_x \tag{6.7}$$

$$\rho\frac{\mathrm{D}V_y}{\mathrm{D}t} = -\frac{\partial\hat{p}}{\partial y} + \mu\nabla^2 V_y \tag{6.8}$$

$$\rho\frac{\mathrm{D}V_z}{\mathrm{D}t} = -\frac{\partial\hat{p}}{\partial z} + \mu\nabla^2 V_z \tag{6.9}$$

式中

$$\hat{p}=p+h\partial g$$

$$\frac{\mathrm{D}}{\mathrm{D}t}=\frac{\partial}{\partial t}+V_x\frac{\partial}{\partial x}+V_y\frac{\partial}{\partial y}+V_z\frac{\partial}{\partial z}$$

并且

$$\nabla^2=\frac{\partial^2}{\partial x^2}+\frac{\partial^2}{\partial y^2}+\frac{\partial^2}{\partial z^2}$$

### 圆柱极坐标

连续性方程：

$$\frac{1}{r}\cdot\frac{\partial}{\partial r}(rV_r)+\frac{1}{r}\cdot\frac{\partial V_t}{\partial\theta}+\frac{\partial V_x}{\partial x}=0 \tag{6.10}$$

纳维-斯托克斯方程：

$$\rho\left(\frac{\mathrm{D}V_r}{\mathrm{D}t} - \frac{V_t^2}{r}\right) = -\frac{\partial\hat{p}}{\partial r} + \mu\left(\nabla^2 V_r - \frac{V_r}{r^2} - \frac{2}{r^2}\cdot\frac{\partial V_t}{\partial\theta}\right) \tag{6.11}$$

$$\rho\left(\frac{\mathrm{D}V_{\mathrm{t}}}{\mathrm{D}t}+\frac{V_{\mathrm{r}}V_{\mathrm{t}}}{r}\right)=-\frac{1}{r}\cdot\frac{\partial\hat{p}}{\partial\theta}+\mu\left(\nabla^2 V_{\mathrm{t}}-\frac{V_{\mathrm{t}}}{r^2}+\frac{2}{r^2}\frac{\partial V_{\mathrm{r}}}{\partial\theta}\right) \tag{6.12}$$

$$\rho\frac{\mathrm{D}V_x}{\mathrm{D}t}=-\frac{\partial\hat{p}}{\partial x}+\mu\nabla^2 V_x \tag{6.13}$$

# 问题 6.1:沿垂直平板在重力作用下的液膜下降

如图 6.4 所示,薄液膜在重力作用下沿平板下落。在整个流动过程中,静压是恒定的,薄膜自由面没有剪切力。将流体膜建模为二维不可压缩层流,求解问题:

(1)速度 $w$ 的分布;

(2)最大速度和平均速度之比;

(3)薄膜中剪应力的分布及其在壁上的大小和方向;

(4)使用控制体积上的力-动量平衡来求壁面剪应力。

# 问题 6.1 的解法

在沿垂直方向的平板流动中,由于重力产生的体积力向下作用(正 $z$ 方向),在薄膜自由面没有剪切力的情况下,壁面剪切力向上作用(负 $z$ 方向),使用笛卡儿坐标系有利于流动几何分析。

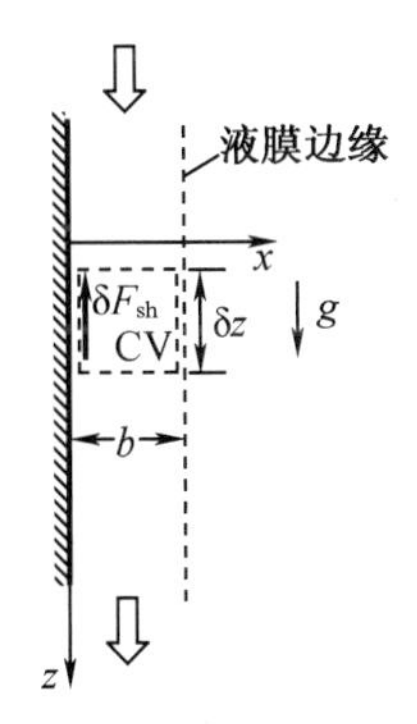


图 6.4 重力作用下流体膜沿平板下落(问题 6.1)

## 假设

在这个问题中,做如下假设:

(1)$\rho$ 和 $\mu$ 均为常数;

(2)流动是层流且稳态的($\partial/\partial t=0$),静压梯度为 0($\partial p/\partial x=0$);

(3)流体在流动方向充分发展($\partial/\partial z=0$);

(4)流动是二维的($v=0$)。

因为流体在 $z$ 方向上充分发展,所以 $w$ 只能是 $x$ 的函数,即 $w=w(x)$。

## 连续性方程

在稳态、不可压缩流动的假设下,笛卡儿坐标中的连续性方程简化为

$$\frac{\partial u}{\partial x}+\frac{\partial v}{\partial y}+\frac{\partial w}{\partial z}=0$$

对于目前的二维充分发展的流动,则进一步简化为

$$\frac{\partial u}{\partial x}=\frac{\mathrm{d}u}{\mathrm{d}x}=0$$

积分后,这个方程产生

$$u=C$$

式中，$C$ 为常数。当 $x=0$ 时，$u=0$，得出结论：在薄膜中各处，$u$ 都必须为零。

### 重力下的压力梯度

$$\hat{p}=p+\rho gh$$

$$\frac{\mathrm{d}\hat{p}}{\mathrm{d}z}=\frac{\mathrm{d}}{\mathrm{d}z}(p+\rho gh)=\frac{\mathrm{d}p}{\mathrm{d}z}+\rho g\frac{\mathrm{d}h}{\mathrm{d}z}=\frac{\mathrm{d}p}{\mathrm{d}z}-\rho g$$

这里使用了 $\mathrm{d}h/\mathrm{d}z=-1$。当 $\mathrm{d}p/\mathrm{d}z=0$ 时，这个方程产生：

$$\frac{\mathrm{d}\hat{p}}{\mathrm{d}z}=-\rho g$$

### 简化的纳维-斯托克斯方程

在对这个问题的假设下，纳维-斯托克斯方程简化为以下 $z$ 方向速度分量的控制方程：

$$\mu\frac{\mathrm{d}^2w}{\mathrm{d}x^2}=\frac{\mathrm{d}\hat{p}}{\mathrm{d}z}=-\rho g$$

$$\frac{\mathrm{d}^2w}{\mathrm{d}x^2}=-\frac{g}{\upsilon}$$

这是一个二阶非齐次线性常微分方程（ODE），其中运动黏度 $\upsilon=\mu/\rho$。

### 边界条件

对于唯一解，二阶常微分方程需要两个边界条件。这些边界条件如下：

$$在\ w=0\ 处，x=0$$

以及

$$在\ x=b\ 处，\mathrm{d}w/\mathrm{d}x=0$$

### 解法和讨论

#### (1) 速度 $w$ 的分布

积分常微分方程并应用边界条件产生：

$$w=-\frac{g}{2\upsilon}x^2+\frac{bg}{\upsilon}x$$

在 $x=b$ 处产生最大速度 $w_{max}=bg/2\upsilon$。使用 $\hat{w}=w/w_{max}$ 和 $\xi=x/b$，将速度 $w$ 分布表示为

$$\hat{w}=2\xi-\xi^2$$

如图 6.5 所示，对于 $0<\xi\leqslant1$，这个速度分布是半抛物线型的。将薄膜的边缘视为对称线，该解还表示在重力作用下，两个由 $2b$ 隔开的垂直板之间下落的流速分布，没有施加静态压力梯度。

#### (2) 最大速度与平均速度之比

通过以下公式计算平均速度 $\overline{w}$：

$$\overline{w}=\frac{\int_0^b\left(-\frac{g}{2\upsilon}x^2+\frac{bg}{\upsilon}x\right)\mathrm{d}x}{b}=\frac{gb^2}{3\upsilon}$$

给出

$$\frac{w_{\max}}{\bar{w}}=\frac{3}{2}$$

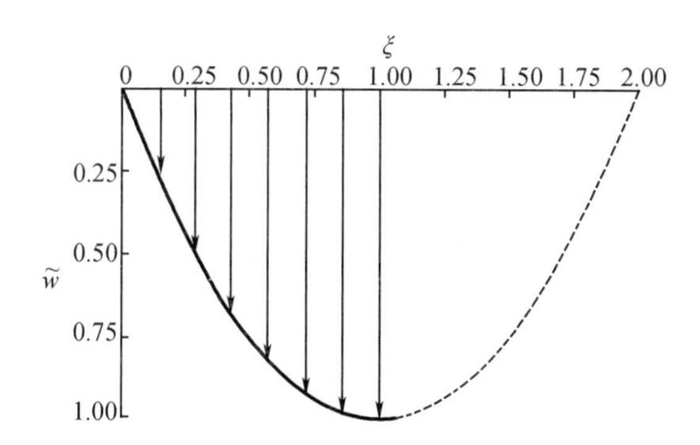


**图 6.5　流体膜沿垂直板流动的速度分布(问题 6.1)**

**(3)剪应力分布和壁面切应力**

通过以下公式计算局部剪切应力：

$$\tau_{xz}=\mu\frac{\mathrm{d}w}{\mathrm{d}x}=\mu\frac{\mathrm{d}}{\mathrm{d}x}\left(-\frac{g}{2\upsilon}x^2+\frac{bg}{\upsilon}x\right)=-\rho gx+\rho gb$$

这表明剪应力在 $x=b$ 处变为零。在壁面($x=0$)处,得到$(\tau_{xz})_{x=0}=\rho gb$,这是正的。如图 6.1 所示,对于一个点的正切应力,面法线和切应力方向都应该相对于所选坐标轴为正或负。由于 $x=0$ 处的流体面法线在负 $x$ 方向上,因此$(\tau_{xz})_{x=0}=\rho gb$ 的正值意味着它的方向沿着负 $z$ 方向(垂直向上)。由于作用在壁上的剪应力必须与作用在接触流体表面上的剪应力相等且相反,因此得到 $\tau_w=\rho gb$ 的方向沿正 $z$ 方向(垂直向下)。

**(4)来自控制体分析的壁面切应力**

对于这种充分发展流动,$z$ 动量通量在图 6.4 所示的控制体积上的净流出量为零,因此,剪切力平衡了重力体积力,由此可得

$$\tau_w\delta z\delta y=\rho g\delta z\delta y$$

$$\tau_w=\rho gb$$

这与(3)中获得的剪切应力分布的值相同。如果只想知道壁面上的剪应力,则此例显示了控制体积分析的能力。

# 问题 6.2:多孔板在静止流体中匀速运动

如图 6.6 所示,考虑无限长多孔板上的稳定充分发展的不可压缩层流。板在 $x$ 方向上以恒定速度 $V_{x0}$ 移动。流体以恒定速度 $V_{y0}$ 通过多孔板排出。清楚地说明所有相关假设,求解问题：

(1)板上的速度剖面；

(2)壁面处的剪应力,根据控制体积分析的结果对其进行验证。

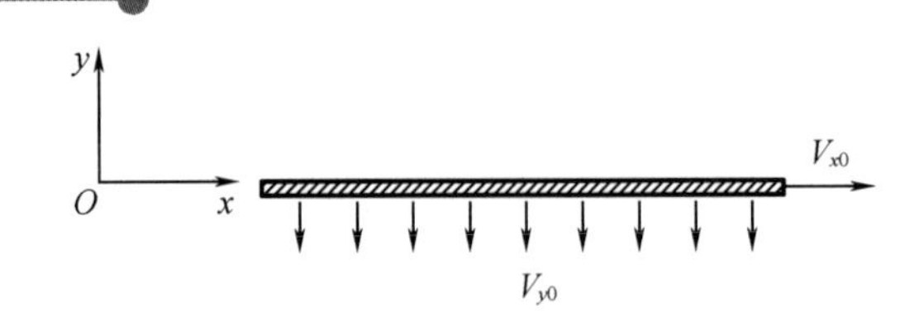


图 6.6　多孔板以恒定速度通过停滞流体(问题 6.2)

# 问题 6.2 的解法

在这种情况下,无限尺寸的多孔板以恒定速度 $V_{x0}$ 沿 $x$ 方向拉动。由于无滑移条件,与板接触的流体也以相同的速度运动。在 $y$ 方向上离板很远的地方,黏度的影响变得可以忽略不计,流体在 $x$ 方向上的速度为零。流体以均匀速度 $V_{y0}$ 沿负 $y$ 方向流过多孔板,该速度必须在整个流场中变得均匀,以满足连续性方程。本例中的流动几何使用笛卡儿坐标有利于求解。

## 假设

在这个问题中,做如下假设:

(1)$\rho$ 和 $\mu$ 均为常数;

(2)流动是层流且稳态的($\partial/\partial t=0$),静压梯度为 0($\partial p/\partial x=0$);

(3)流体在流动方向充分发展($\partial/\partial x=0$);

(4)流动是二维的($\partial/\partial z=0$,并且 $V_z=0$)。

因为流动在 $x$ 方向上充分发展,所以 $V_x$ 只是 $y$ 的函数,即 $V_x=V_x(y)$。

## 连续性方程

基于上述假设,连续性方程:

$$\frac{\partial V_x}{\partial x}+\frac{\partial V_y}{\partial y}+\frac{\partial V_z}{\partial z}=0$$

简化为

$$\frac{\partial V_y}{\partial y}=0$$

其积分为

$$V_y=C_1$$

式中,$C_1$ 为积分常数。因为壁面处 $V_y=-V_{y0}$,得出结论:流动中各处,$V_y=-V_{y0}$。

## 简化的纳维-斯托克斯方程

$x$-动量方程可简化为

$$-\rho V_{y0}\frac{\mathrm{d}V_x}{\mathrm{d}y}=\mu\frac{\mathrm{d}^2V_x}{\mathrm{d}y^2}$$

$$\frac{d^2V_x}{dy^2}+\frac{V_{y0}}{\upsilon}\cdot\frac{dV_x}{dy}=0$$

式中,运动黏度 $\upsilon=\mu/\rho$。针对以下边界条件求解此齐次二阶线性常微分方程。

## 边界条件

这种情况下的边界条件是:$y=0$ 时,$V_x=V_{x0}$;$y=\infty$ 时,$V_x=0$。

## 结果和讨论

### (1)速度剖面 $V_x=V_x(y)$

积分常微分方程获得

$$\frac{dV_x}{dy}+\frac{V_{y0}V_x}{\upsilon}=C_2$$

式中,$C_2$ 为积分常数。可以将这个非齐次一阶常微分方程的通解写为

$$V_x=C_3V_{xh}+V_{xp}$$

式中,$V_{xh}$ 是相应齐次常微分方程的解,$V_{xp}$ 是特定解,得到

$$V_{xh}=e^{-\frac{V_{y0}y}{\upsilon}}$$

以及

$$V_{xp}=\frac{\upsilon}{V_{y0}}C_2$$

可以将常微分方程的通解写为

$$V_x=C_3V_{xh}+V_{xp}=C_3e^{-\frac{V_{y0}y}{\upsilon}}+\frac{\upsilon}{V_{y0}}C_2$$

使用边界条件 $y=\infty$ 时 $V_x=0$,得出 $C_2=0$。在 $y=0$ 处使用边界条件 $V_x=V_{x0}$,得到 $C_3=V_{x0}$,最终给出所需的速度分布为

$$V_x=V_{x0}e^{-\frac{V_{y0}y}{\upsilon}}$$

### (2)壁面切应力

通过上述速度分布,可以得到剪切应力分布如下:

$$\tau_{yx}=\mu\frac{dV_x}{dy}=\mu\frac{d}{dy}\left(V_{x0}e^{-\frac{V_{y0}y}{\upsilon}}\right)=-\rho V_{y0}V_{x0}e^{-\frac{V_{y0}y}{\upsilon}}$$

通过上式可以得到壁面剪切应力如下:

$$\tau_w=\tau_{yx\_(y=0)}=-\rho V_{y0}V_{x0}e^{-\frac{V_{y0}y}{\upsilon}}\Big|_{y=0}=-\rho V_{x0}V_{y0}$$

墙壁的面法线在正 $y$ 方向。该结果右侧的负号表示 $\tau_w$ 作用于正 $x$ 方向。

在流体控制体积上,如图 6.7 所示,得到作用在正 $x$ 方向的总剪切力为

$$F_{sh}=(-\tau_w)L=\rho V_{x0}V_{y0}L$$

因为流体在 $x$ 方向上充分发展,对于该图所示垂直于控制体积平面的单位长度,进入 $AB$ 的 $x$ 动量通量等于离开 $CD$ 的 $x$ 动量通量。考虑通过 $AC$ 和 $BD$ 的剩余 $x$ 动量通量,控制体积 $ABDC$ 在 $x$ 方向上的力 - 动量平衡产生:

$$F_{sh}=(\rho V_{x0}V_{y0}L)_{BD}-(0)_{AC}=\rho V_{x0}V_{y0}L$$

这与前面从纳维-斯托克斯方程的精确解中获得的值相同。

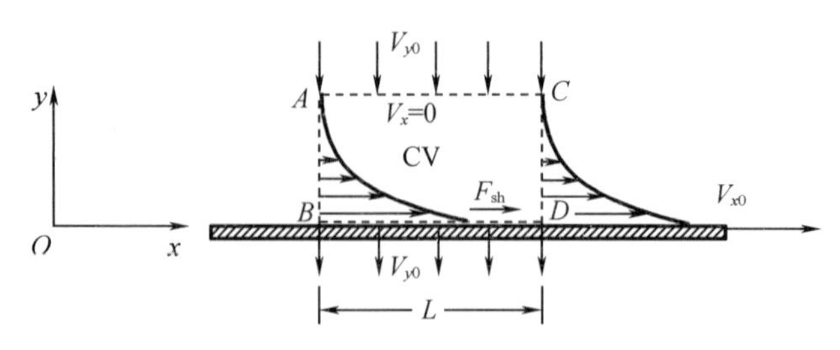


图 6.7　移动多孔板流动的控制体分析(问题 6.2)

## 问题 6.3:管道和沿管道轴线匀速移动的线材之间的环形流动

考虑一个充分发展的、稳态的、不可压缩的层流,当半径为 $R_1$ 的金属丝以恒定速度 $W$ 沿着半径为 $R_2$ 的管道的中心线被拉出时,如图 6.8 所示,开发适当形式的纳维-斯托克斯方程来控制没有施加压力梯度的流动。求解问题:

(1)管道和金属丝之间的环形区域中速度分布 $V_z(r)$ 的表达式;

(2)在此流动中牵引半径为 $R_1$ 和长度为 $L$ 的金属丝所需的力的表达式。

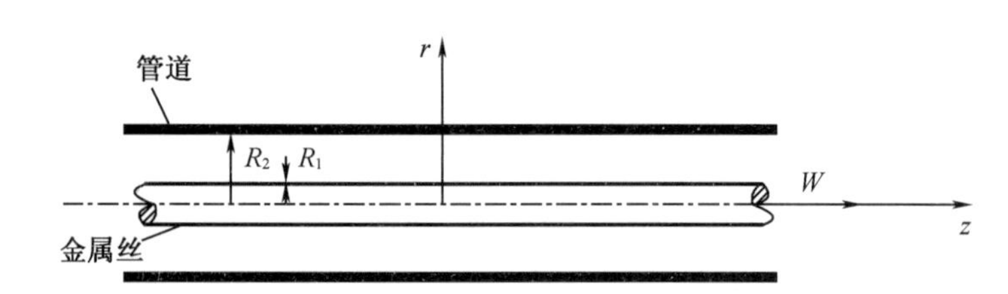


图 6.8　管道和金属丝之间沿管道轴线以恒定速度移动的环形流动(问题 6.3)

## 问题 6.3 的解法

在这种情况下,半径为 $R_1$ 和无限长的线以恒定速度 $W$ 在 $z$ 方向上被拉动。由于无滑移条件,与线接触的流体以相同的速度移动。即使施加的压力梯度为零,也会在管道和电线之间的环形区域中设置流动。管壁处的流体速度为零。这种情况下的流动几何使用圆柱极坐标有利于求解。

### 假设

在这个问题中,做如下假设:

(1)$\rho$ 和 $\mu$ 均为常数;

(2)流动是层流且稳态的($\partial/\partial t=0$),静压梯度为 0($\partial p/\partial x=0$);

(3)流体在流动方向充分发展($\partial/\partial x=0$);

(4)流动是轴对称的($V_t=\partial/\partial\theta=0$)。

由于流体在 $z$ 方向上充分发展,$V_z$ 只能是 $r$ 的函数,即 $V_z=V_z(r)$。

## 连续性方程

对于稳态的不可压缩流,圆柱极坐标中的连续性方程为

$$\frac{1}{r}\cdot\frac{\partial}{\partial r}(rV_r)+\frac{1}{r}\cdot\frac{\partial V_t}{\partial\theta}+\frac{V_z}{\partial z}=0$$

由于$\frac{V_z}{\partial z}=\frac{\partial V_t}{\partial\theta}=0$来自假设,这个方程可以简化为

$$\frac{\partial(rV_r)}{\partial r}=0$$

其积分产生 $rV_r=C_1$,式中 $C_1$ 是积分常数。因为管壁($r=R_2$)和金属丝表面($r=R_1$)处 $V_r=0$,得出结论:流动中各处 $C_1$ 都必须为零。

## 简化的纳维-斯托克斯方程

在流动方向没有静压梯度的情况下,纳维-斯托克斯方程简化为以下速度分量 $v_z$ 的控制方程:

$$\frac{1}{r}\cdot\frac{\mathrm{d}}{\mathrm{d}r}\left(r\frac{\mathrm{d}V_z}{\mathrm{d}r}\right)=0$$

这是一个齐次二阶常微分方程。

## 边界条件

在这种情况下,常微分方程的唯一解所需的两个边界条件是

$$在\ r=R_1\ 处,V_z=w$$

以及

$$在\ r=R_2\ 处,V_z=0$$

## 结果和讨论

### (1)速度分布

积分常微分方程一次产生

$$V_z=C_1\ln r+C_2$$

式中,$C_1$ 和 $C_2$ 是由边界条件确定的积分常数。在金属丝表面应用边界条件 $r=R_1$,得到

$$W=C_1\ln R_1+C_2$$

类似地,在管道壁面应用边界条件 $r=R_2$ 产生

$$0=C_1\ln R_2+C_2$$

这两个方程产生

$$C_1=-\frac{W}{\ln(R_2/R_1)}$$

以及

$$C_2 = -\frac{W\ln R_2}{\ln(R_2/R_1)}$$

因此,最终获得了管道和金属丝之间环形空间中轴向速度的径向分布:

$$V_z = -\frac{W\ln(r/R_2)}{\ln(R_2/R_1)}$$

**(2)拉出半径为 $R_1$、长度为 $L$ 的线所需的力**

从(1)中的速度分布获得剪应力分布为

$$\tau_{rz} = \mu\frac{\mathrm{d}V_z}{\mathrm{d}r} = -\frac{1}{r}\cdot\frac{\mu W}{\ln(R_2/R_1)}$$

这表明与金属丝表面接触的流体表面上的剪切应力为负。由于流体表面法线在负 $r$ 方向,因此流体表面上的剪切应力方向必须在正 $z$ 方向。因此,金属丝表面上的剪应力方向必须在负 $z$ 方向,给定

$$\tau_{\text{wire}} = -\frac{1}{R_1}\cdot\frac{\mu W}{\ln(R_2/R_1)}$$

因此,在正 $z$ 方向上牵引长度为 $L$ 的线所需的力为

$$F_{\text{wire}} = -\tau_{\text{wire}}(2\pi R_1 L)$$

$$F_{\text{wire}} = \frac{2\pi W\mu L}{\ln(R_2/R_1)}$$

该结果表明,拉动金属丝所需的力与金属丝速度和流体黏度成正比。结果显然对 $R_1=0$ 无效,在这种情况下将没有金属丝。结果对于 $R_1=R_2$ 也无效,这意味着金属丝和管道的间隙为零,没有流体流动。当 $0<R_1<R_2$ 时,$F_{\text{wire}}$ 随着金属丝半径增加,最初对于细金属丝的增长率较低,但随着金属丝半径接近管道半径(细环),$F_{\text{wire}}$ 会变得非常大。

## 问题 6.4:无限平行板之间的流动

图 6.9 显示了一个二维($x$-$y$ 平面)充分发展的不可压缩层流,两个无限平行板之间相隔 $2H$。流动特性在 $z$ 方向上没有变化。板之间的流动完全由施加的静压梯度驱动。求解问题:

(1)充分发展的速度 $V_x(y)$;

(2)平均速度及其与最大速度的关系;

(3)板之间的剪应力分布;

(4)以雷诺数表示的 Darcy 摩擦系数的表达式;

(5)计算流向长度 $L$ 上的静压损失的表达式。

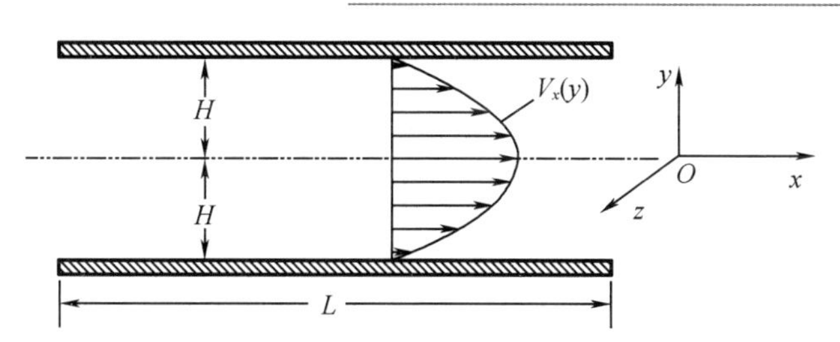


图 6.9 无限平行板之间的流动(问题 6.4)

# 问题 6.4 的解法

## 假设

在这个问题中,做如下假设:

(1)$\rho$ 和 $\mu$ 均为常数;

(2)流动是层流且稳态的($\partial/\partial t=0$);

(3)流体在流动方向充分发展($\partial/\partial x=0$);

(4)流动是二维的($\partial/\partial z=0$,并且 $V_z=0$)。

## 连续性方程

基于上述假设,连续性方程:

$$\frac{\partial u}{\partial x}+\frac{\partial v}{\partial y}+\frac{\partial w}{\partial z}=0$$

简化为

$$\frac{\partial V_y}{\partial y}=0$$

其积分为

$$V_y=C_1$$

式中,$C_1$ 为积分常数。因为壁面处 $V_y=0$,得出结论:流动中各处 $C_1$ 都必须为零。

## 简化的纳维-斯托克斯方程

基于这种情况下所做的假设,同样满足 $z$ 动量方程。因为 $V_y=0$,所以 $y$ 动量方程产生

$$\frac{\partial p}{\partial y}=0$$

也就是说,静压在 $y$ 方向上保持均匀,保持流线平行于 $x$ 轴。最后,$x$ 动量方程简化为

$$\mu\frac{\mathrm{d}^2V_x}{\mathrm{d}x^2}=\frac{\partial p}{\partial x}$$

因为这个等式的左边仅为 $y$ 的函数,而右边仅为 $x$ 的函数,所以等式两边都必须是常数,给出

$$\mu \frac{d^2 V_x}{dy^2}=\frac{\partial p}{\partial x}=C_2$$

这是二阶常微分方程,通过以下边界条件求解。

## 边界条件

每个板的无滑移条件在 $y=\pm H$ 处产生 $V_x=0$。

## 结果和讨论

**(1)完全发展速度剖面:$V_x(y)$**

积分两次常微分方程得到如下通解:

$$V_x=\frac{1}{2\mu}\cdot\frac{dp}{dx}y^2+C_3y+C_4$$

式中,积分常数 $C_3$ 和 $C_4$ 通过边界条件得到

$$C_3=0$$

$$C_4=-\frac{1}{2\mu}\cdot\frac{dp}{dx}H^2$$

给定

$$V_x=-\frac{1}{2\mu}\cdot\frac{dp}{dx}(H^2-y^2)$$

$V_x$ 的最大值出现在 $y=0$(对称平面)。对于正 $V_x$,$dp/dx$ 必须为负,即静压沿流动方向减小以克服黏度的剪切作用。根据

$$V_{x\_max}=-\frac{H^2}{2\mu}\cdot\frac{dp}{dx}$$

将平行板之间充分发展的抛物线速度分布表示为

$$\frac{V_x}{V_{x\_max}}=1-\left(\frac{y}{H}\right)^2$$

**(2)平均速度及其与最大速度的关系**

$$\bar{V}_x=\frac{V_{x\_max}\int_{-H}^{H}\frac{V_x}{V_{x\_max}}dy}{2H}=\frac{V_{x\_max}}{2}\int_{-1}^{1}\left[1-\left(\frac{y}{H}\right)^2\right]d\frac{y}{H}=\frac{2}{3}V_{x\_max}$$

也可以写成

$$\bar{V}_x=-\frac{H^2}{3\mu}\cdot\frac{dp}{dx}$$

**(3)板间剪应力分布**

$$\tau_{yx}=\mu\frac{dV_x}{dy}$$

$$\tau_{yx}=-\frac{2\mu V_{x\_max}y}{H^2}=-\frac{3\mu\bar{V}_x y}{H^2}$$

这表明剪切应力从 $y=0$ 处的0线性变化到 $y=\pm H$（壁面）处的最大绝对值，得到 $y=H$ 处的剪应力为

$$\tau_{yx\_(y=H)}=-\frac{3\bar{V}_x\mu}{H}$$

这是负值，在法线为正 $y$ 方向的面上，处于负 $x$ 方向。类似地，在 $y=-H$ 处，得到

$$\tau_{yx\_(y=-H)}=-\frac{3\bar{V}_x\mu}{H}$$

这是正值，在法线为负 $y$ 方向的面上，位于负 $x$ 方向。

**(4) Darcy 摩擦系数**

重新排列前面获得的平均速度的关系，写出

$$-\frac{\mathrm{d}p}{\mathrm{d}x}=\frac{3\mu\bar{V}_x}{H^2}$$

对于通过板间 $2H$ 间隙的流量，平均水力直径为 $4H$。将此流的雷诺数定义为

$$Re=\frac{\rho\bar{V}_x(4H)}{\mu}$$

将静压梯度表示为

$$-\frac{\mathrm{d}p}{\mathrm{d}x}=\frac{96}{Re}\cdot\frac{1}{4H}\left(\frac{1}{2}\rho\bar{V}_x^{\ 2}\right)$$

产生 Darcy 摩擦系数为

$$f=\frac{96}{Re}$$

**(5) 长度 $L$ 上的压力损失**

对 $L$ 上的压力梯度表达式积分得到所需的压力损失：

$$\Delta p_{\mathrm{loss}}=\frac{96}{Re}\cdot\frac{L}{4H}\left(\frac{1}{2}\rho\bar{V}_x^{\ 2}\right)$$

## 问题6.5：哈根-泊肃叶流动

哈根-泊肃叶流动如图6.10所示，其是在半径为 $R$ 的圆管中充分发展的二维不可压缩层流。这个流动是圆柱形的，类似于在问题6.4中考虑的两个平行板之间的平面流动。使用图中所示的圆柱极坐标系，求解问题：

(1) 充分发展的速度 $V_x(r)$；

(2) 平均速度及其与最大速度的关系；

(3) 剪切应力分布；

(4) 以雷诺数表示的剪切系数；

(5) 计算长度 $L$ 上的静压损失和有关雷诺数的 Darcy 摩擦系数的表达式。

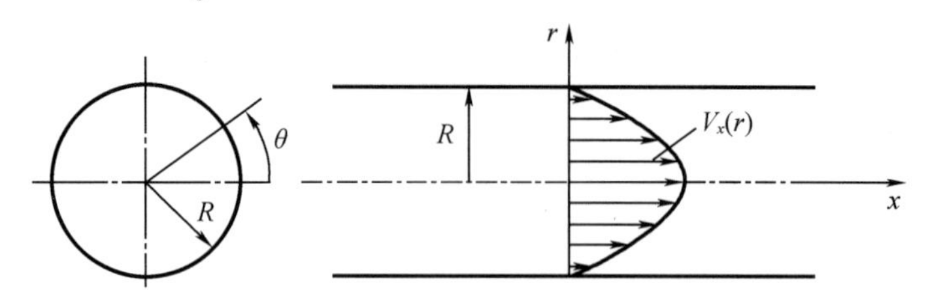


图 6.10　哈根–泊肃叶流动(问题 6.5)

# 问题 6.5 的解法

## 假设

在这个例子中,做如下假设:

(1)$\rho$ 和 $\mu$ 均为常数;

(2)流动是层流且稳态的($\partial/\partial t=0$);

(3)流动在流动方向充分发展($\partial/\partial x=0$);

(4)流动是轴对称的($\partial/\partial\theta=0$ 并且 $V_t=0$)。

## 连续性方程

基于上述假设,连续性方程

$$\frac{1}{r}\cdot\frac{\partial}{\partial r}(rV_r)+\frac{1}{r}\cdot\frac{\partial V_t}{\partial\theta}+\frac{\partial V_x}{\partial x}=0$$

可简化为

$$\frac{\partial(rV_r)}{\partial r}=0$$

其积分产生 $rV_r=C_1$,式中 $C_1$ 为积分常数。因为壁面处($r=R$)$V_r=0$,得出结论:流动中各处 $C_1$ 都必须为零。

## 简化的纳维–斯托克斯方程

当$\partial/\partial\theta=V_t=0$ 时,切向的动量方程相同。当 $V_r=0$ 时,$r$–动量方程简化为

$$\frac{\partial p}{\partial r}=0$$

这意味着 $p$ 仅是 $x$(流向)的函数。

$$\frac{\partial^2 V_x}{\partial r^2}+\frac{1}{r}\cdot\frac{\partial V_x}{\partial r}=\frac{1}{\mu}\cdot\frac{\mathrm{d}p}{\mathrm{d}x}$$

因为这个方程的左边只是 $r$ 的函数,右边只是 $x$ 的函数,所以两边都必须等于一个常数,给出

$$\frac{1}{r}\cdot\frac{\mathrm{d}}{\mathrm{d}r}\left(r\frac{\mathrm{d}V_x}{\mathrm{d}r}\right)=\frac{1}{\mu}\cdot\frac{\mathrm{d}p}{\mathrm{d}x}=C_2$$

这是一个二阶常微分方程,通过以下边界条件求解。

### 边界条件

通过管壁无滑移条件,在 $r=R$ 处得到 $V_x=0$。通过管道轴的流动对称性,得到在 $r=0$ 处 $\mathrm{d}V_x/\mathrm{d}r=0$。

### 结果和讨论

#### (1)速度剖面 $V_x(r)$

对常微分方程积分一次得到

$$\frac{\mathrm{d}V_x}{\mathrm{d}r}=\left(\frac{1}{2\mu}\cdot\frac{\mathrm{d}p}{\mathrm{d}x}\right)r+C_3$$

这里 $C_3$ 是积分常数,它根据边界条件在 $r=0$ 处 $\mathrm{d}V_x/\mathrm{d}r=0$ 得出为零,给出

$$\frac{\mathrm{d}V_x}{\mathrm{d}r}=\left(\frac{1}{2\mu}\cdot\frac{\mathrm{d}p}{\mathrm{d}x}\right)r$$

其积分产生

$$V_x=\left(\frac{1}{4\mu}\cdot\frac{\mathrm{d}p}{\mathrm{d}x}\right)r^2+C_4$$

这里 $C_4$ 是另一个积分常数。将 $r=R$ 处的边界条件 $V_x=0$ 应用于该方程,得到

$$C_4=-\left(\frac{1}{4\mu}\cdot\frac{\mathrm{d}p}{\mathrm{d}x}\right)R^2$$

$$V_x=\left(-\frac{1}{4\mu}\cdot\frac{\mathrm{d}p}{\mathrm{d}x}\right)(R^2-r^2)$$

这是 $V_x(r)$ 所需的解,表明在充分发展的层流管流中,轴向速度的径向变化为抛物线。在该等式中,对于正 $V_x$,$\mathrm{d}p/\mathrm{d}x$ 必须为负,即静压沿流动方向减小。

管道轴 $r=0$ 处的最大速度变为

$$V_{x\_\max}=-\frac{R^2}{4\mu}\cdot\frac{\mathrm{d}p}{\mathrm{d}x}$$

给出

$$\frac{V_x}{V_{x\_\max}}=1-\left(\frac{r}{R}\right)^2$$

#### (2)平均速度及其与最大速度的关系

由于流量是稳态的,管道中每个横截面的质量流量(包括图 6.10 中未显示的入口区域)必须保持恒定。将此流量计算为

$$\dot{m}=\int_A\rho V_x\mathrm{d}A=\rho V_{x\_\max}\int_0^R\left(1-\frac{r^2}{R^2}\right)2\pi r\mathrm{d}r$$

式中,$A$ 为流动面积。由上式积分可得

$$\dot{m}=\pi R^2\rho\overline{V}_x=\frac{\pi R^2\rho V_{x\_\max}}{2}$$

$$\overline{V}_x = \frac{V_{x\_max}}{2} = -\frac{R^2}{8\mu} \cdot \frac{dp}{dx}$$

式中，$\overline{V}_x$ 为截面平均速度。

也可以写出

$$\dot{m} = -\frac{\pi R^4 \rho}{8\mu} \cdot \frac{dp}{dx}$$

这表明，在哈根-泊肃叶流中，质量流量线性依赖于静压梯度。

**(3) 剪应力分布**

$$\tau_{rx} = \mu \frac{dV_x}{dr} = -\frac{2\mu V_{x\_max} r}{R^2} = -\frac{4\mu \overline{V}_x r}{R^2}$$

这表明剪应力从管道处的零线性变化到壁面处的最大绝对值($r = R$)。负号与惯例一致，即剪应力在正 $r$ 方向的面上的负 $x$ 方向，反之亦然。

**(4) 剪力系数**

得到剪切应力如下：

$$\tau_w = \tau_{rx\_(r=R)} = -\frac{4\mu \overline{V}_x}{R}$$

因为与流体接触的管壁法线在负 $r$ 方向，$\tau_w$ 的负值表示它在正 $x$ 方向上作用，所以可以将 $\tau_w$ 的大小写成

$$|\tau_w| = \frac{16}{Re}\left(\frac{1}{2}\rho \overline{V}_x^{\,2}\right) = C_f\left(\frac{1}{2}\rho \overline{V}_x^{\,2}\right)$$

式中，$Re = 2\rho \overline{V}_x R/\mu$，是管道中的流动雷诺数；$C_f$ 是该方程产生的剪切系数：

$$C_f = \frac{16}{Re}$$

**(5) 静压损失和 Darcy 摩擦系数**

对于长度为 $L$、直径为 $D$ 的管道中充分发展的流动，得到了壁面剪应力和静压降之间的以下关系：

$$\Delta p_{loss} = 4|\tau_w|\frac{L}{D}$$

用 $|\tau_w|$ 代换得到

$$\Delta p_{loss} = 4C_f \frac{L}{D}\left(\frac{1}{2}\rho \overline{V}_x^{\,2}\right)$$

上式使用 Darcy 摩擦系数 $f$，可以写为

$$\Delta p_{loss} = f \frac{L}{D}\left(\frac{1}{2}\rho \overline{V}_x^{\,2}\right)$$

得出 $f = 4C_f = 64/Re$，请注意 $f = 4C_f$ 也适用于完全发展的湍流管流。

# 问题 6.6:同心管之间的环形空间中的流动

图 6.11 显示了通过半径为 $R_1$ 和 $R_2$ 的两个同心管道之间的环形空间的轴对称充分发展的不可压缩层流。环形空间中的流动完全由施加的静压梯度驱动,不受重力体积力的影响。求解问题:

(1)充分发展速度 $V_x(r)$;

(2)最大速度的径向位置;

(3)最大速度;

(4)平均速度;

(5)环形空间中的剪应力分布;

(6)以雷诺数表示的 Darcy 摩擦系数的表达式;

(7)流动方向长度 $L$ 上的静压损失。

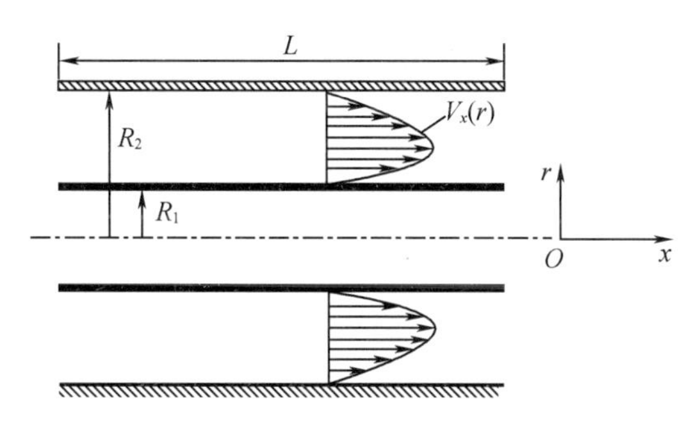


图 6.11　同心管之间的环形空间中的充分发展层流(问题 6.6)

# 问题 6.6 的解法

在与问题 6.5 中关于哈根–泊肃叶流的相同假设下,得到 $V_r=0$ 和简化的纳维–斯托克斯方程,作为 $V_x(r)$ 的以下二阶常微分方程:

$$\frac{1}{r}\cdot\frac{\mathrm{d}}{\mathrm{d}r}\left(r\frac{\mathrm{d}V_x}{\mathrm{d}r}\right)=\frac{1}{\mu}\cdot\frac{\mathrm{d}p}{\mathrm{d}x}=C_1$$

式中,$C_1$ 为积分常数。

## 边界条件

在该流动中,环内外壁的无滑移条件产生 $V_x(R_1)=V_x(R_2)=0$。

## 结果和讨论

### (1)速度剖面 $V_x(r)$

常微分方程积分一次得到

$$\frac{\mathrm{d}V_x}{\mathrm{d}r}=\frac{C_1}{2}r+\frac{C_2}{r}$$

式中,$C_2$ 为积分常数。再次对方程积分,得到

$$V_x=\frac{C_1}{2}r^2+C_2\ln r+C_3$$

式中,$C_3$ 为另一个积分常数。在环形内壁和外壁处应用边界条件可得出以下方程:

$$\frac{C_1}{4}R_1^2+C_2\ln R_1+C_3=0$$

$$\frac{C_1}{4}R_2^2+C_2\ln R_2+C_3=0$$

由此得到 $C_2$ 和 $C_3$ 如下:

$$C_2=-\frac{C_1}{4}\cdot\frac{R_2^2-R_1^2}{\ln(R_2/R_1)}$$

$$C_3=-\frac{C_1}{4}R_2^2+\frac{C_1}{4}(\ln R_2)\frac{R_2^2-R_1^2}{\ln(R_2/R_1)}$$

在上述解决方案中代入 $V_x(r)$ 以产生

$$V_x=-\frac{C_1}{4}\left[R_2^2-r^2-(R_2^2-R_1^2)\frac{\ln R_2-\ln r}{\ln R_2-\ln R_1}\right]$$

$$=-\frac{1}{4\mu}\cdot\frac{\mathrm{d}p}{\mathrm{d}x}\left[R_2^2-r^2-(R_2^2-R_1^2)\frac{\ln R_2-\ln r}{\ln R_2-\ln R_1}\right]$$

根据 $\xi=r/R,\beta=R_1/R_2$,

$$K_1=-\frac{R_2^2}{4\mu}\cdot\frac{\mathrm{d}p}{\mathrm{d}x}$$

以及

$$K_2=\frac{1-\beta^2}{\ln(1/\beta)}$$

也可以将 $V_x$ 写为

$$V_x=K_1(1-\xi^2+K_2\ln\xi)$$

**(2) 最大速度的径向位置**

在最大速度点,有 $\mathrm{d}V_x/\mathrm{d}r=0$,给出

$$\frac{\mathrm{d}V_x}{\mathrm{d}r}=\frac{\mathrm{d}V_x}{R_2\mathrm{d}\xi}=\frac{K_1\mathrm{d}}{R_2\mathrm{d}\xi}(1-\xi^2+K_2\ln\xi)$$

由此可以得到

$$\xi_{\max}=\sqrt{\frac{K_2}{2}}=\sqrt{\frac{1-\beta^2}{2\ln(1/\beta)}}$$

**(3) 最大速度**

将 $\xi=\xi_{\max}$ 代入速度分布的表达式中,得到最大速度

$$V_{x\_\max}=K_1(1-\xi_{\max}^2+K_2\ln\xi_{\max})=-\frac{R_2^2}{4\mu}\cdot\frac{\mathrm{d}p}{\mathrm{d}x}\left\{1-\frac{1-\beta^2}{2\ln(1/\beta)}\left[1-\ln\frac{1-\beta^2}{2\ln(1/\beta)}\right]\right\}$$

**(4)平均速度**

$$\overline{V}_x=\frac{\int_0^{2\pi}\int_{R_1}^{R_2}V_x r\mathrm{d}r\mathrm{d}\theta}{\int_0^{2\pi}\int_{R_1}^{R_2}r\mathrm{d}r\mathrm{d}\theta}=\frac{\int_{R_1}^{R_2}V_x r\mathrm{d}r}{\int_{R_1}^{R_2}r\mathrm{d}r}=\frac{2\int_{R_1}^{R_2}V_x r\mathrm{d}r}{R_2^2-R_1^2}=\frac{2\int_{R_1}^{R_2}V_x\xi\mathrm{d}\xi}{1-\beta^2}$$

$$=\frac{2\int_{\beta}^{1}K_1(1-\xi^2+K_2\ln\xi)\xi\mathrm{d}\xi}{1-\beta^2}$$

$$=\frac{2K_1}{1-\beta^2}\int_{\beta}^{1}(\xi-\xi^3+K_2\xi\ln\xi)\mathrm{d}\xi$$

$$=-\frac{R_2^2}{8\mu}\cdot\frac{\mathrm{d}p}{\mathrm{d}x}\left[(1+\beta^2)-\frac{1-\beta^2}{\ln(1/\beta)}\right]$$

**(5)切应力分布**

$$\tau_{rx}=\frac{\mu\mathrm{d}V_x}{\mathrm{d}r}=\frac{\mu}{R_2}\cdot\frac{\mathrm{d}V_x}{\mathrm{d}\xi}=\frac{\mu K_1}{R_2}\cdot\frac{\mathrm{d}}{\mathrm{d}\xi}(1-\xi^2+K_2\ln\xi)=-\frac{R_2}{2}\cdot\frac{\mathrm{d}p}{\mathrm{d}x}\left[\frac{1-\beta^2}{2\xi\ln(1/\beta)}-\xi\right]$$

**(6)Darcy 摩擦系数**

对于环形空间来说,水力平均直径等于 $2(R_2-R_1)$。使用流动雷诺数:

$$Re=\frac{2(R_2-R_1)\rho\overline{V}_x}{\mu}$$

同时

$$\lambda=R_2^2\left[(1+\beta^2)-\frac{1-\beta^2}{\ln(1/\beta)}\right]$$

对于给定的环形空间是恒定的,将平均速度写为

$$\overline{V}_x=-\left(\frac{1}{8\mu}\cdot\frac{\mathrm{d}p}{\mathrm{d}x}\right)\lambda$$

由此得到

$$-\frac{\mathrm{d}p}{\mathrm{d}x}=\frac{8\mu\overline{V}_x}{\lambda}$$

$$-\frac{\mathrm{d}p}{\mathrm{d}x}=f\frac{1}{2(R_2-R_1)}\left(\frac{1}{2}\rho\overline{V}_x^{\,2}\right)$$

其中根据 $Re$ 和 $\lambda$ 得出 Darcy 摩擦系数 $f$ 为

$$f=\frac{64}{Re}\cdot\frac{(R_2-R_1)^2}{\lambda}$$

**(7)环形长度 $L$ 上的静压损失**

积分环形长度 $L$ 上的恒定压力梯度项,得到

$$\Delta p_{\text{loss}}=\frac{32}{Re}\cdot\frac{(R_2-R_1)L}{\lambda}\left(\frac{1}{2}\rho\overline{V}_x^{\,2}\right)$$

# 问题 6.7:在同心管之间的环形空间中充分发展层流的限制情况

使用充分发展的速度曲线:

$$V_x = -\frac{1}{4\mu}\cdot\frac{\mathrm{d}p}{\mathrm{d}x}\left[R_2^2 - r^2 - (R_2^2 - R_1^2)\frac{\ln R_2 - \ln r}{\ln R_2 - \ln R_1}\right]$$

表明:

(1)对于 $R_1=0$ 和 $R_2=R$,速度分布减小到问题 6.5 中获得的半径为 $R$ 的管道中的哈根-泊肃叶流中的速度分布;

(2)对于 $R_2\approx R_1$,解简化为两个相距 $2H$ 的无限平行板之间的解,在问题 6.4 中得到。

## 问题 6.7 的解法

**(1)$R_1=0$ 和 $R_2=R$ 的速度剖面**

将给定的速度分布重写为

$$V_x = -\frac{1}{4\mu}\cdot\frac{\mathrm{d}p}{\mathrm{d}x}\left[R^2 - r^2 - (R_2^2 - R_1^2)\frac{\ln(R/r)}{\ln(R/R_1)}\right]$$

对于 $R_1=0, \ln(R/R_1)=\infty$,该等式括号内的第二项变为零,将其简化为

$$V_x = -\frac{1}{4\mu}\cdot\frac{\mathrm{d}p}{\mathrm{d}x}(R^2 - r^2)$$

这与在问题 6.5 中针对半径为 $R$ 的管道中充分发展的层流(哈根-泊肃叶流)中获得的速度分布相同。

**(2)$R_2\approx R_1$ 的速度剖面**

使用图 6.12 所示的坐标和关系式 $R_m=(R_1+R_2)/2, R_1=R_m-H, R_1=R_m+H, r=R_m+y$, $\xi=y/R_m$ 和 $\kappa=H/R_m$ 为给定的环形空间中速度分布,在方程中写下各种项,如下所示:

$$R_2^2 - r^2 = (R_2 - r)(R_2 + r) = (H - y)(2R_m + H + y)$$

$$R_2^2 - R_1^2 = (R_2 - R_1)(R_2 + R_1) = (2H)(2R_m)$$

$$\ln(r/R_m) = \ln(1+\xi) = \xi - \frac{\xi^2}{2} + \frac{\xi^3}{3} - \frac{\xi^3}{4} + \cdots \quad (\xi \ll 1)$$

$$\ln(R_1/R_m) = \ln(1-\kappa) = -\kappa - \frac{\kappa^2}{2} - \frac{\kappa^3}{3} - \frac{\kappa^3}{4} + \cdots \quad (\kappa \ll 1)$$

$$\ln(R_2/R_m) = \ln(1+\kappa) = \kappa - \frac{\kappa^2}{2} + \frac{\kappa^3}{3} - \frac{\kappa^3}{4} + \cdots \quad (\kappa \ll 1)$$

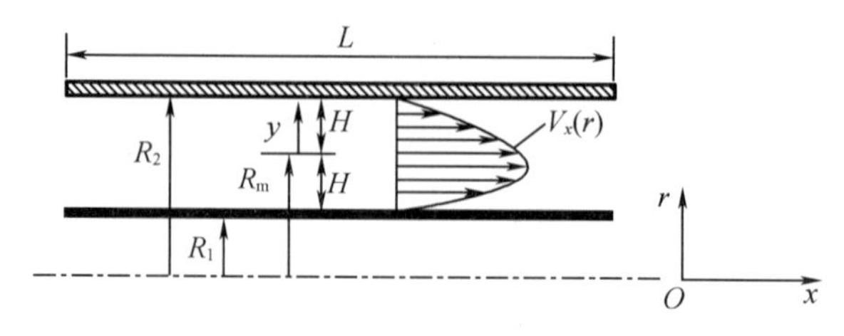


图 6.12 同心管之间环形流中的附加坐标(问题 6.7)

忽略对数表达式的这些泰勒级数展开中的三次和高阶项，得到

$$\ln R_2 - \ln r = \ln(R_2/R_m) - \ln(r/R_m) = \ln(1+\kappa) - \ln(1+\xi)$$

$$\ln R_2 - \ln r = \kappa - \frac{\kappa^2}{2} - \xi + \frac{\xi^2}{2} = \frac{1}{2}(\kappa+\xi)(2-\kappa-\xi)$$

$$\ln R_2 - \ln R_1 = \ln(R_2/R_m) - \ln(R_1/R_m) = \ln(1+\kappa) - \ln(1-\kappa)$$

$$\ln R_2 - \ln R_1 = \kappa - \frac{\kappa^2}{2} + \kappa + \frac{\kappa^2}{2} = 2\kappa$$

将给定解中的上述表达式代入 $V_x$ 得到

$$V_x = -\frac{1}{4\mu}\cdot\frac{\mathrm{d}p}{\mathrm{d}x}\left[(H-y)(2R_m+H+y) - 4HR_m\frac{(\kappa-\xi)(2-\kappa-\xi)}{4\kappa}\right]$$

在重新代入 $\xi = y/R_m$ 和 $\kappa = H/R_m$ 后，进一步简化得到

$$V_x = -\frac{1}{4\mu}\cdot\frac{\mathrm{d}p}{\mathrm{d}x}(H^2 - y^2)$$

这与在问题 6.4 中获得的速度分布相同，即在两个被 $2H$ 隔开的平行板之间完全展开的层流。

# 术　语

| 符号 | 含义 |
|---|---|
| $b$ | 液膜厚度 |
| $C_1$、$C_2$、$C_3$、$C_4$ | 积分常数 |
| $C_f$ | 剪切系数 |
| $D$ | 管道直径 |
| $f$ | Darcy 摩擦系数 |
| $F$ | 力 |
| $F_b$ | 体积力 |
| $g$ | 重力加速度 |
| $h$ | 从固定基准垂直向上测量的高度 |
| $H$ | 两个无限平行板之间距离的一半 |
| $L$ | 长度 |
| $\dot{m}$ | 质量流量 |
| $p$ | 压力 |
| $\hat{p}$ | 修正静压，包括局部静水压力 |
| $r$ | 圆柱极坐标 $r$；半径 |
| $R$ | 管道半径；气体常数 |
| $R_1$ | 内半径 |
| $R_2$ | 外半径 |

| 符号 | 含义 |
| --- | --- |
| $Re$ | 雷诺数 |
| $t$ | 时间 |
| $u$ | $x$ 方向速度 |
| $v$ | $y$ 方向速度 |
| $V$ | 速度 |
| $\overline{V}$ | 截面平均速度 |
| $w$ | $z$ 方向速度 |
| $\hat{w}$ | 无量纲速度（$\hat{w}=w/w_{max}$） |
| $W$ | 质量;线速度 |
| $x$ | 笛卡儿坐标 $x$ |
| $y$ | 笛卡儿坐标 $y$ |
| $z$ | 笛卡儿坐标 $z$ |

# 下标和上标

| 符号 | 含义 |
| --- | --- |
| $g$ | 重力加速度 |
| h | 常微分方程的齐次部分的解 |
| i | 内圆筒 |
| loss | 损失 |
| max | 最大值 |
| o | 外圆筒 |
| p | 非齐次常微分方程的特解 |
| r | 径向分量 |
| w | 壁面 |
| $x$ | $x$ 坐标方向的分量 |
| $y$ | $y$ 坐标方向的分量 |
| $z$ | $z$ 坐标方向的分量 |
| t | 切向分量 |

# 希腊符号

| 符号 | 含义 |
| --- | --- |
| $\beta$ | 半径之比($\beta=R_1/R_2$) |
| $\Gamma$ | 扭矩 |
| $\delta f_b$ | 作用在无穷小控制体积上的单位体积力 |
| $\delta f_s$ | 作用在无穷小控制体积上的单位体积表面力 |
| $\delta F_{bx}$ | 在 $x$ 方向上作用在无穷小控制体积上的力 |
| $\delta F_{s\_yx}$ | $\partial\tau_{yx}/\partial y$ 对每单位体积的表面力的贡献 |
| $\zeta$ | 无量纲径向距离($\zeta=r/R_2$) |
| $\theta$ | 圆柱极坐标系中的坐标 $\theta$ |
| $\kappa$ | 给定的环形空间中速度分布 |
| $\mu$ | 动态黏度 |
| $\upsilon$ | 运动黏度($\upsilon=\mu/\rho$) |
| $\xi$ | 无量纲距离($\xi=x/b$) |
| $\rho$ | 密度 |
| $\sigma_{ii}$ | 张量表示法中的法向应力 |
| $\tau_{ij}$ | 作用在微元控制体的控制面的 $j$ 方向上,法向为 $i$ 方向的应力($\tau_{ij}=\tau_{ji}$) |

# 参考文献

Bird, R. B., Stewart, W. E., and Lightfoot, E. N. 2006. Transport Phenomena, 2nd edition. New York: John Wiley & Sons.

Riley, N. and Drazin, P. G. 2006. The Naiver-Stokes Equations: A Classification of Flows and Exact Solutions. London: Cambridge University Press.

Sultanian, B. K. 2015. Fluid Mechanics: An Intermediate Approach. Boca Raton, FL: Taylor & Francis.

# 参考书目

Doering, C. R. and Gibbon, J. D. 1993. Applied Analysis of the Naiver-Stokes Equation. Cambridge: Cambridge University Press.

Schlichting, H. 1979. Boundary Layer Theory, 7th edition. New York: McGraw-Hill.

Sultanian, B. K. 2018. Gas Turbines: Internal Flow Systems Modeling (Cambridge Aerospace Series). Cambridge: Cambridge University Press.

Sultanian, B. K. 2019. Logan's Turbomachinery: Gaspath Design and Performance Fundamentals. Boca Raton, FL: Taylor & Francis.

# 第7章　边界层流动

## 关键概念

本章提出的问题和解决方案涉及具有恒定黏度的不可压缩流体的层流边界层流动。Schlichting(1979)提出了各种边界层的综合分析,包括湍流边界层。

### 微分边界层方程

第6章中给出的图7.1所示的恒定黏度二维、不可压缩层流的连续性方程和动量方程(纳维–斯托克斯方程)如下:

### 连续性方程

$$\frac{\partial u}{\partial x}+\frac{\partial v}{\partial y}=0 \tag{7.1}$$

### *x* 方向的动量方程

$$\frac{\partial u}{\partial t}+u\frac{\partial u}{\partial x}+v\frac{\partial u}{\partial y}=-\frac{1}{\rho}\cdot\frac{\partial p}{\partial x}+\nu\left(\frac{\partial^2 u}{\partial x^2}+\frac{\partial^2 u}{\partial y^2}\right) \tag{7.2}$$

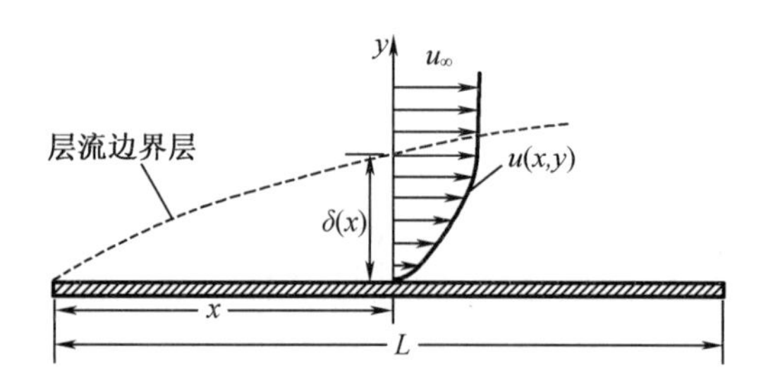


图7.1　固体表面上的层流边界层流动

### *y* 方向的动量方程

$$\frac{\partial v}{\partial t}+u\frac{\partial v}{\partial x}+v\frac{\partial v}{\partial y}=-\frac{1}{\rho}\cdot\frac{\partial p}{\partial y}+\nu\left(\frac{\partial^2 v}{\partial x^2}+\frac{\partial^2 v}{\partial y^2}\right) \tag{7.3}$$

根据Sultanian(2015)中给出的推导过程,得到以下边界层方程:

$$\frac{\partial u}{\partial t}+u\frac{\partial u}{\partial x}+v\frac{\partial u}{\partial y}=u_\infty\frac{\mathrm{d}u_\infty}{\mathrm{d}x}+\frac{1}{\rho}\cdot\frac{\partial \tau_{xy}}{\partial y} \tag{7.4}$$

这是一个二阶偏微分方程,与连续性方程(式(7.1))一起,足以计算给定初始和边界条

件下边界层中 $u$ 和 $v$ 的分布。

### 冯卡门动量积分方程

在每个 $x$ 值处，沿边界层厚度的 $y$ 方向对方程(7.4)进行积分，得到以下常微分方程，其中变量仅在 $x$ 方向变化，$x$ 方向是主要流动方向：

$$\frac{\mathrm{d}}{\mathrm{d}x}(u_\infty^2\delta_2)+u_\infty\delta_1\frac{\mathrm{d}u_\infty}{\mathrm{d}x}=\frac{\tau_0}{\rho} \tag{7.5}$$

它被称为 $x$-$y$ 平面上稳定不可压缩边界层流动的冯卡门动量积分方程。也可以将此方程表示为

$$\frac{\mathrm{d}\delta_2}{\mathrm{d}x}+(2+H)\frac{\delta_2}{u_\infty}\cdot\frac{\mathrm{d}u_\infty}{\mathrm{d}x}=\frac{\tau_0}{\rho u_\infty^2}=\frac{C_\mathrm{f}}{2} \tag{7.6}$$

其中形状因子 $H=\delta_1/\delta_2$，剪切系数(也称为扇形摩擦系数) $C_\mathrm{f}$ 定义为

$$C_\mathrm{f}=\frac{\tau_0}{\dfrac{1}{2}\rho u_\infty^2} \tag{7.7}$$

Sultanian(2015)从两个方面推导了方程(7.5)：首先，通过直接积分方程(7.4)；其次，使用控制体积分析。这里给出了方程(7.5)和(7.6)中使用的边界层厚度($\delta$)、位移厚度($\delta_1$)和动量厚度($\delta_2$)。

### 边界层厚度

边界层厚度 $\delta$ 是一个特征长度标度，用以测量黏性效应显著的壁面距离。虽然从理论上讲，边界层在横流方向上延伸到无穷远，将忽略超过 $\delta$ 的流体黏度的影响，其中流向上的速度达到局部自由流速度的99%。如图7.2(a)所示，对于所有实际用途，$\delta$ 定义了边界层的外缘，其中 $u=u_\infty(x)$。剪应力在壁面处有最大值，假设边界层边缘处的剪应力为零。

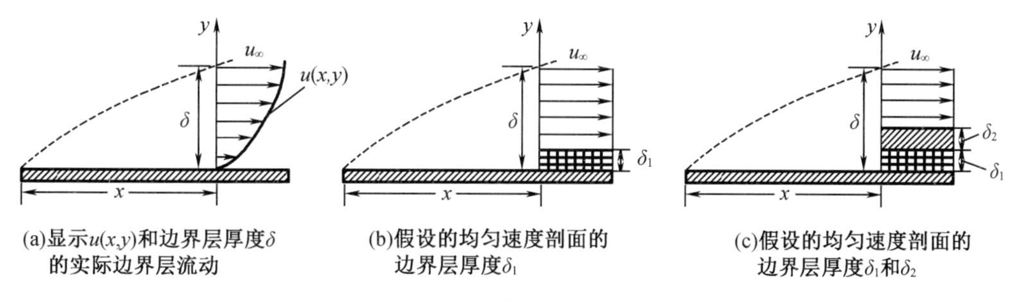


图7.2 不同类型边界层流动与边界层厚度

### 位移厚度

在边界层中的每个 $x$ 位置，速度 $u(x,y)$ 在 $y$ 方向上从壁面处的零变化到在 $y=\delta$ 处的 $u_\infty(x)$。为了产生相同的质量流量，根据均匀速度 $u_\infty$ 对该速度剖面进行建模，如图7.2(b)所示，需要一个阶跃函数，即均匀速度从零速度到 $u_\infty$，厚度从 $\delta_1$ 到超过($\delta-\delta_1$)。图7.2(a)

所示的实际速度剖面 $u(x,y)$ 和图 7.2(b)中的假设剖面产生相等的质量流量。对于 $z$ 方向上的恒定密度和单位厚度,可以将每个速度剖面的质量流量写为

$$\dot{m}=\rho\int_0^{\delta}u\mathrm{d}y=\rho\int_{\delta_1}^{\delta}u_{\infty}\,\mathrm{d}y=\rho\int_0^{\delta}u_{\infty}\,\mathrm{d}y-\rho\int_0^{\delta_1}u_{\infty}\,\mathrm{d}y=\rho\int_0^{\delta}u_{\infty}\,\mathrm{d}y-\rho\delta_1u_{\infty}$$

给出

$$\delta_1=\int_0^{\delta}\left(1-\frac{u}{u_{\infty}}\right)\mathrm{d}y \tag{7.8}$$

定义了位移厚度,如图 7.2(b)所示。换句话说,如果将壁面位移 $\delta_1$,可以使用均匀速度剖面 $u=u_{\infty}$ 来计算质量流量。或者,对于已知 $\delta$ 和 $\delta_1$ 的给定速度剖面 $u(x,y)$,可以计算每单位厚度的相关质量流量为

$$\dot{m}=\rho(\delta-\delta_1)u_{\infty} \tag{7.9}$$

### 动量厚度

虽然它模拟了边界层中实际局部速度剖面的质量流量,但图 7.2(b)中所示的假设阶跃函数速度剖面无法模拟其 $x$ 动量流率。为此,需要进一步修改阶跃函数剖面,增加一个称为动量厚度 $\delta_2$ 的步骤,如图 7.2(c)所示,因此

$$\dot{M}_x=\rho\int_0^{\delta}u^2\mathrm{d}y=\rho\int_{\delta_1+\delta_2}^{\delta}u_{\infty}^2\,\mathrm{d}y=\rho\int_0^{\delta}u_{\infty}^2\,\mathrm{d}y-\rho\int_0^{\delta_1}u_{\infty}^2\,\mathrm{d}y-\rho\int_0^{\delta_2}u_{\infty}^2\,\mathrm{d}y$$

$$\int_0^{\delta}u^2\mathrm{d}y=\int_0^{\delta}u_{\infty}^2\,\mathrm{d}y-u_{\infty}^2\delta_1-u_{\infty}^2\delta_2$$

将方程式(7.8)中的 $\delta_1$ 代入该方程式,得出

$$\int_0^{\delta}u^2\mathrm{d}y=\int_0^{\delta}u_{\infty}^2\,\mathrm{d}y-u_{\infty}^2\int_0^{\delta}\left(1-\frac{u}{u_{\infty}}\right)\mathrm{d}y-u_{\infty}^2\delta_2$$

$$=u_{\infty}^2\int_0^{\delta}\frac{u}{u_{\infty}}\mathrm{d}y-u_{\infty}^2\delta_2$$

$$\delta_2=\int_0^{\delta}\frac{u}{u_{\infty}}\left(1-\frac{u}{u_{\infty}}\right)\mathrm{d}y \tag{7.10}$$

对于已知 $\delta$、$\delta_1$ 和 $\delta_2$ 的给定速度剖面 $u(x,y)$,可以计算单位厚度的相关 $x$ 动量流率为

$$\dot{M}_x=\rho(\delta-\delta_1-\delta_2)u_{\infty}^2 \tag{7.11}$$

## 问题 7.1:平板上的二维不可压缩层流

对于平板上二维不可压缩层流边界层流动中的流向速度,考虑以下自相似无量纲剖面:

$$U=C_1+C_2\eta+C_3\eta^3$$

式中,$U=u/u_{\infty}$,$\eta=y/\delta(x)$。该速度剖面必须满足边界条件:

(1)$\eta=0$ 时,$U=0$;

(2)$\eta=1$ 时,$U=1$;

(3)$\eta=1$ 时,$\mathrm{d}U/\mathrm{d}\eta=0$。

计算：

(1)边界层厚度 $\delta(x)$；

(2)位移厚度 $\delta_1(x)$；

(3)动量厚度 $\delta_2(x)$；

(4)作用在长 $L$、宽 $b$ 平板上的总阻力。

## 问题 7.1 的解法

使用给定的边界条件计算速度剖面假定的三次多项式中的 $C_1$、$C_2$ 和 $C_3$。从第一个边界条件中得到 $C_1=0$。从剩下的两个边界条件中得到 $C_2+C_3=1$ 和 $C_2+3C_3=0$，联合这两个条件得到 $C_2=3/2$ 和 $C_3=-1/2$。速度剖面的三次多项式变成

$$U=\frac{3}{2}\eta-\frac{1}{2}\eta^3$$

### (1)边界层厚度

平板边界层流动的动量积分方程(式(7.5))的常量 $u_\infty$ 减少到

$$\frac{d\delta_2}{dx}=\frac{\tau_0}{\rho u_\infty^2}$$

**壁面切应力**

$$\tau_0=\mu\left(\frac{\partial u}{\partial y}\right)_{y=0}=\frac{\mu u_\infty}{\delta}\left(\frac{\partial U}{\partial \eta}\right)_{\eta=0}=\frac{3}{2}\cdot\frac{\mu u_\infty}{\delta}$$

**动量厚度**

$$\begin{aligned}\frac{\delta_2}{\delta}&=\int_0^1 U(1-U)\,d\eta\\&=\int_0^1\left(\frac{3}{2}\eta-\frac{1}{2}\eta^3\right)\left(1-\frac{3}{2}\eta+\frac{1}{2}\eta^3\right)d\eta\\&=\int_0^1\left(\frac{3}{2}\eta-\frac{9}{4}\eta^2-\frac{1}{2}\eta^3+\frac{3}{2}\eta^4-\frac{1}{4}\eta^6\right)d\eta\\&=\frac{3}{4}-\frac{9}{12}-\frac{1}{8}+\frac{3}{10}-\frac{1}{28}\\&=\frac{39}{280}\end{aligned}$$

替换动量积分方程中的 $\tau_0$ 和 $\delta_2$，得到

$$\frac{39}{280}\cdot\frac{d\delta}{dx}=\frac{3\mu}{2\delta\rho u_\infty}$$

$$\frac{\delta d\delta}{dx}=\frac{140\mu}{13\rho u_\infty}$$

分离方程中的变量并进行积分,得到

$$\delta=\sqrt{\frac{280\mu x}{13\rho u_{\infty}}+C}$$

当 $x=0$ 时,边界层厚度为零,得到 $C=0$,给出

$$\delta=\sqrt{\frac{280\mu x}{13\rho u_{\infty}}}=4.641\sqrt{\frac{\nu x}{u_{\infty}}}$$

边界层厚度的近似结果比 Blasius 给出的精确解低了大约 7%。

$$\delta=5\sqrt{\frac{\nu x}{u_{\infty}}}$$

## (2) 位移厚度

$$\frac{\delta_1}{\delta}=\int_0^1(1-U)\,\mathrm{d}\eta=\int_0^1\left(1-\frac{3}{2}\eta+\frac{1}{2}\eta^3\right)\mathrm{d}\eta=1-\frac{1}{2}+\frac{1}{8}=\frac{5}{8}$$

替换(1)中的 $\delta$,得到

$$\delta_1=1.740\sqrt{\frac{\nu x}{u_{\infty}}}$$

这比 Blasius 给出的精确解高出约 1%——对于近似解方法来说,这令人印象深刻。

## (3) 动量厚度

在(1)中,得到 $\delta_2/\delta=39/280$。替换 $\delta$ 得到

$$\delta_2=0.646\sqrt{\frac{\nu x}{u_{\infty}}}$$

这比 Blasius 给出的精确解低了大约 3%。

## (4) 平板上的总阻力

用解中的 $\delta$ 代替(1)中获得的局部壁面剪应力 $\tau_0$:

$$\tau_0(x)=0.323\rho u_{\infty}^2\sqrt{\frac{\nu}{u_{\infty}x}}$$

$$F_{\mathrm{D}}=b\int_0^L\tau_0(x)\,\mathrm{d}x=0.323b\rho u_{\infty}^2\sqrt{\frac{\nu}{u_{\infty}}}\int_0^L\sqrt{\frac{1}{x}}\,\mathrm{d}x$$

$$=0.646(bL)\rho u_{\infty}^2\sqrt{\frac{\nu}{u_{\infty}L}}$$

这比根据 Blasius 精确解计算的局部壁面剪切系数($C_{\mathrm{f}}=0.646/\sqrt{Re_x}$)低了大约 3%。该解证明了动量积分法在利用立方速度剖面快速计算平板层流边界层关键参数方面的能力。表 7.1 总结了该问题的解决方案结果以及 Blasius 精确解。

表 7.1 用动量积分法计算平板层流边界层的结果及其精确解

| 流速剖面<br>$U=u/u_\infty;\eta=y/\delta(x)$ | $\delta_1\sqrt{\frac{u_\infty}{\nu x}}$ | $\delta_2\sqrt{\frac{u_\infty}{\nu x}}$ | $\frac{\tau_0}{\rho u_\infty^2}\sqrt{\frac{u_\infty x}{\nu}}$ | $\overline{C}_f\sqrt{\frac{u_\infty L}{\nu}}$ | $H=\delta_1/\delta_2$ |
|---|---|---|---|---|---|
| $U=\eta$ | 1.732 | 0.578 | 0.289 | 1.155 | 3.00 |
| $U=\frac{3}{2}\eta-\frac{1}{2}\eta^3$ | 1.740 | 0.646 | 0.323 | 1.292 | 2.70 |
| $U=2\eta-2\eta^3+\eta^4$ | 1.752 | 0.686 | 0.343 | 1.372 | 2.55 |
| $U=\sin\frac{\pi\eta}{2}$ | 1.741 | 0.654 | 0.327 | 1.310 | 2.66 |
| 精确解 | 1.721 | 0.664 | 0.332 | 1.328 | 2.59 |

# 问题 7.2:迎面而来的均匀水流中平板上的总阻力

考虑将一块 0.5 m×1.0 m 的薄平板放置在迎面而来的匀速水流中,$u_\infty=10$ m/s。使用 Blasius 边界层方程的精确解,计算两个方向(平行于水流的长边和短边)板顶面和底面上的总阻力。假设薄板可忽略形状阻力的影响。

# 问题 7.2 的解法

在这个解中,假设水 $\rho=1\ 000\ \mathrm{kg/m^3}$,$v=1.0\times10^{-6}\ \mathrm{m^2/s}$。

板顶面和底面总面积 $A=2\times0.5\times1.0=1.0\ \mathrm{m^2}$。

由 Blasius 精确解(表 7.1)得出长度为 $L$(沿流动方向)的平板上的平均剪切系数为

$$\overline{C}_f=\frac{1.328}{\sqrt{\frac{u_\infty L}{\nu}}}=\frac{1.328}{\sqrt{Re_L}}$$

计算了自由流速度的动压力 $u_\infty=10$ m/s,有

$$\frac{1}{2}\rho u_\infty^2=\frac{1}{2}\times1\ 000\times10^2=5\times10^4\ \mathrm{Pa}$$

## 平行于流动的长边

$$Re_L=\frac{u_\infty L}{\nu}=\frac{10\times1}{1.0\times10^{-6}}=10^7$$

$$\overline{C}_f=\frac{1.328}{\sqrt{10^7}}=4.200\times10^{-4}$$

产生的总阻力为

$$F_D=\overline{C}_f\left(\frac{1}{2}\rho u_\infty^2\right)A=4.200\times10^{-4}\times5\times10^4\times1.0=21\ \mathrm{N}$$

**平行于流动的短边**

$$Re_L=\frac{u_\infty L}{\nu}=\frac{10\times0.5}{1.0\times10^{-6}}=5\times10^6$$

$$\overline{C}_{\mathrm{f}}=\frac{1.328}{\sqrt{5\times10^6}}=5.939\times10^{-4}$$

产生的总阻力为

$$F_{\mathrm{D}}=\overline{C}_{\mathrm{f}}\left(\frac{1}{2}\rho u_\infty^2\right)A=5.939\times10^{-4}\times5\times10^4\times1.0=29.659\ \mathrm{N}$$

因此，当长边与水流平行时，板顶面和底面上的总阻力（忽略任何形式的阻力）为 21 N，当短边与水流平行时，总阻力为 29.659 N。这些结果是基于假设 Blasius 精确解在整个板上有效得出的。

由于两种情况下的流动雷诺数都高于 $Re_L=3\times10^6$，这是层流边界层过渡到具有更高阻力系数的湍流边界层的极限，因此，平板上长边平行于流动的阻力将高于 29.659 N，短边平行于流动的阻力将高于 21 N。

## 问题 7.3：动量积分法——平板上的层流边界层

对于平板上的层流边界层，使用动量积分法，计算表 7.1 中给出的以下近似速度剖面的各种量：

$$U=\frac{u}{u_\infty}=1-\mathrm{e}^{-\alpha\eta}$$

式中，$\alpha$ 为常数。将结果与表中给出的精确解进行比较。

## 问题 7.3 的解法

首先计算给定速度剖面的边界层厚度 $\delta(x)$。平板边界层流动的动量积分方程（式 7.5）中的常数 $u_\infty$ 减小到

$$\frac{\mathrm{d}\delta_2}{\mathrm{d}x}=\frac{\tau_0}{\rho u_\infty^2}$$

**壁面剪应力**

$$\tau_0=\mu\left(\frac{\partial u}{\partial y}\right)_{y=0}=\frac{\mu u_\infty}{\delta}\left(\frac{\partial U}{\partial\eta}\right)_{\eta=0}=\frac{\alpha\mu u_\infty}{\delta}(\mathrm{e}^{-\alpha\eta})_{\eta=0}=\frac{\alpha\mu u_\infty}{\delta}$$

**动量厚度**

$$\frac{\delta_2}{\delta}=\int_0^1U(1-U)\mathrm{d}\eta$$

$$=\int_0^1 e^{-\alpha\eta}(1-e^{-\alpha\eta})\,d\eta$$

$$=\int_0^1 (e^{-\alpha\eta}-e^{-2\alpha\eta})\,d\eta$$

$$=\left(\frac{e^{-2\alpha\eta}}{2\alpha}-\frac{e^{-\alpha\eta}}{\alpha}\right)_0^1$$

$$=\frac{e^{-2\alpha\eta}}{2\alpha}-\frac{e^{-\alpha\eta}}{\alpha}+\frac{1}{2\alpha}$$

$$=\frac{(1-e^{-\alpha})^2}{2\alpha}$$

用动量积分方程中的 $\tau_0$ 和 $\delta_2$ 代替平板得到

$$\frac{(1-e^{-\alpha})^2}{2\alpha}\cdot\frac{d\delta}{dx}=\frac{\alpha\mu}{\delta\rho u_\infty}$$

$$\frac{d\delta}{dx}=\frac{2\alpha^2}{(1-e^{-\alpha})^2}\cdot\frac{v}{\delta u_\infty}$$

分离方程中的变量并积分,得到

$$\delta=\sqrt{\frac{4\alpha^2}{(1-e^{-\alpha})^2}\cdot\frac{\nu x}{u_\infty}}+C$$

当 $x=0$,边界层厚度为0时,得到 $C=0$,给出

$$\delta=\frac{2\alpha}{1-e^{-\alpha}}\sqrt{\frac{\nu x}{u_\infty}}$$

因此,动量厚度变为

$$\delta_2=\frac{(1-e^{-\alpha})^2}{2\alpha}\cdot\frac{2\alpha}{1-e^{-\alpha}}\sqrt{\frac{\nu x}{u_\infty}}$$

$$\delta_2\sqrt{\frac{u_\infty}{\nu x}}=1-e^{-\alpha}$$

## 位移厚度

$$\frac{\delta_1}{\delta}=\int_0^1(1-U)\,d\eta=\int_0^1 e^{-\alpha\eta}\,d\eta$$

$$=\left(-\frac{e^{-\alpha\eta}}{\alpha}\right)_0^1=\frac{1-e^{-\alpha}}{\alpha}$$

代入该方程中的 $\delta$ 得到

$$\delta_1=\frac{1-e^{-\alpha}}{\alpha}\cdot\frac{2\alpha}{1-e^{-\alpha}}\sqrt{\frac{\nu x}{u_\infty}}$$

$$\delta_1\sqrt{\frac{u_\infty}{\nu x}}=2$$

用上述方程中的 $\delta$ 代替局部壁面剪应力 $\tau_0$,得到

$$\frac{\tau_0}{\rho u_\infty^2}\sqrt{\frac{u_\infty L}{\nu}}=\frac{1-e^{-\alpha}}{2}$$

为了计算长度为 $L$、宽度为 $b$ 的板的平均剪切系数,首先确定板上的总摩擦力为

$$F_{\mathrm{D}} = b\int_0^L \tau_0(x)\,\mathrm{d}x = \frac{1 - \mathrm{e}^{-\alpha}}{2} b\rho u_\infty^2 \sqrt{\frac{\nu}{u_\infty}}\int_0^L \sqrt{\frac{1}{x}}\,\mathrm{d}x$$
$$= (1 - \mathrm{e}^{-\alpha})(bL)\rho u_\infty^2 \sqrt{\frac{\nu}{u_\infty L}}$$

从而得到

$$\overline{C}_{\mathrm{f}} = \frac{2F_{\mathrm{D}}}{(bL)\rho u_\infty^2} = 2(1 - \mathrm{e}^{-\alpha})\sqrt{\frac{\nu}{u_\infty L}}$$
$$\overline{C}_{\mathrm{f}}\sqrt{\frac{u_\infty L}{\nu}} = 2(1 - \mathrm{e}^{-\alpha})$$

最后,计算形状因子:

$$H = \frac{\delta_1}{\delta_2} = \frac{2}{1 - \mathrm{e}^{-\alpha}}$$

对于假定的速度剖面($U=u/u_\infty=1-\mathrm{e}^{-\alpha}$),除位移厚度 $\delta_1$ 外,所有其他边界层量(表 7.1)均为常数 $\alpha$ 的函数。对于 $\alpha=1.091$,这种情况下的动量厚度 $\delta_2$ 等于从精确解获得的值。$\alpha=1.091$ 的所有量的数值以及精确解括号中的值概括如下:

$$\delta_1\sqrt{\frac{u_\infty}{\nu x}} = 1\ (1.721)$$

$$\delta_2\sqrt{\frac{u_\infty}{\nu x}} = 1 - \mathrm{e}^{-\alpha} = 0.664\ (0.664)$$

$$\frac{\tau_0}{\rho u_\infty^2}\sqrt{\frac{u_\infty x}{\nu}} = \frac{1 - \mathrm{e}^{-\alpha}}{2} = 0.332\ (0.332)$$

$$\overline{C}_{\mathrm{f}}\sqrt{\frac{u_\infty L}{\nu}} = 2(1 - \mathrm{e}^{-\alpha}) = 1.328\ (1.328)$$

$$H = \frac{2}{1 - \mathrm{e}^{-\alpha}} = 3.012\ (2.590)$$

## 问题 7.4:平板边界层中的阻力分布

将平板置于匀速 $u_\infty$ 的不可压缩层流中。假设整个板上有层流边界层,在距离前缘的长度的多少部分,前部的阻力将等于总阻力的一半?

## 问题 7.4 的解法

根据表 7.1 中总结的精确解,得到

$$\overline{C}_{\mathrm{f}}\sqrt{\frac{u_\infty L}{\nu}} = 1.328$$

利用上述关系式,可以计算宽度为 $b$、长度为 $L_1$ 的平板上从前缘沿流动方向的总阻

力为

$$F_{\mathrm{D}}=\overline{C}_{\mathrm{f}}\left(\frac{1}{2}\rho u_{\infty}^{2}\right)(L_{1}b)=1.328\left(\frac{1}{2}\rho u_{\infty}^{2}\right)(L_{1}b)\sqrt{\frac{\nu}{u_{\infty}L_{1}}}$$

$$F_{\mathrm{D1}}=0.664b\rho u_{\infty}^{1.5}\nu^{0.5}\sqrt{L_{1}}$$

如果板的总长度为 $L$,相应的阻力为 $F_{\mathrm{D}}$,则有

$$\frac{F_{\mathrm{D1}}}{F_{\mathrm{D}}}=\frac{1}{2}=\frac{0.664b\rho u_{\infty}^{1.5}\nu^{0.5}\sqrt{L_{1}}}{0.664b\rho u_{\infty}^{1.5}\nu^{0.5}\sqrt{L}}$$

其中

$$\frac{L_{1}}{L}=\frac{1}{4}=0.25$$

因此,平板初始四分之一(从前缘)上的阻力等于平板剩余四分之三(从后缘)上的阻力。

## 问题 7.5:平板上的湍流边界层

对于平板上的不可压缩湍流边界层,速度剖面可近似为七分之一幂律,$U=u/u_{\infty}=\eta^{1/7}$。根据经验数据,壁面剪应力与以下方程式相关:

$$\tau_{0}(x)=0.0228\rho u_{\infty}^{2}\left(\frac{\nu}{u_{\infty}\delta(x)}\right)^{1/4}$$

使用冯卡门动量积分方程,得到 $\delta(x)$、$\delta_{1}(x)$、$\delta_{2}(x)$、$C_{\mathrm{f}}(x)$ 和 $C_{\mathrm{f}}(L)$ 的表达式。

## 问题 7.5 的解法

首先计算给定速度剖面的边界层厚度 $\delta(x)$。平板边界层流动的动量积分方程(式 7.5)中的常数 $u_{\infty}$ 减小到

$$\frac{\mathrm{d}\delta_{2}}{\mathrm{d}x}=\frac{\tau_{0}}{\rho u_{\infty}^{2}}$$

其中,壁面剪切应力由下式给出

$$\tau_{0}(x)=0.0228\rho u_{\infty}^{2}\left[\frac{\nu}{u_{\infty}\delta(x)}\right]^{1/4}$$

将七分之一幂律剖面的动量厚度 $\delta_{2}$ 计算为

$$\frac{\delta_{2}}{\delta}=\int_{0}^{1}U(1-U)\mathrm{d}\eta=\int_{0}^{1}\eta^{1/7}(1-\eta^{1/7})\mathrm{d}\eta=\int_{0}^{1}(\eta^{1/7}-\eta^{2/7})\mathrm{d}\eta=\left(\frac{7}{8}\eta^{8/7}-\frac{7}{9}\eta^{9/7}\right)_{0}^{1}=\frac{7}{72}$$

替换动量积分方程中的 $\tau_{0}$ 和 $\delta_{2}$,得到

$$\frac{7}{72}\cdot\frac{\mathrm{d}\delta}{\mathrm{d}x}=0.0228\left(\frac{\nu}{u_{\infty}\delta}\right)^{1/4}$$

$$\delta^{1/4}\frac{\mathrm{d}\delta}{\mathrm{d}x}=0.2338\left(\frac{\nu}{u_{\infty}}\right)^{1/4}$$

对该方程进行积分得到

$$\frac{4}{5}\delta^{5/4}=0.233\ 8\left(\frac{\nu}{u_\infty}\right)^{1/4}x+C$$

当 $x=0$ 时，边界层厚度为 0 时，得到 $C=0$，给出

$$\frac{\delta}{x}=0.373\ 7\left(\frac{\nu}{u_\infty}\right)^{1/5}x^{4/5}=\frac{0.373\ 7}{Re_x^{0.2}}$$

其中 $Re_x=\dfrac{u_\infty x}{\nu}$。因此，动量厚度变为

$$\frac{\delta_2}{x}=\frac{7}{72}\cdot\frac{0.373\ 7}{Re_x^{0.2}}=\frac{0.036\ 3}{Re_x^{0.2}}$$

位移厚度 $\delta_1$

$$\frac{\delta_1}{\delta}=\int_0^1(1-U)\,\mathrm{d}\eta=\int_0^1(1-\eta^{1/7})\,\mathrm{d}\eta=\left(\eta-\frac{7}{8}\eta^{8/7}\right)_0^1=\frac{1}{8}$$

代入该方程中的 $\delta$，得到

$$\frac{\delta_1}{x}=\frac{1}{8}\cdot\frac{0.373\ 7}{Re_x^{0.2}}=\frac{0.046\ 7}{Re_x^{0.2}}$$

用公式中的 $\delta$ 代替局部壁剪应力 $\tau_0$ 得到

$$\tau_0=0.022\ 8\rho u_\infty^2\left[\frac{\nu}{u_\infty\delta(x)}\right]^{1/4}=0.022\ 8\rho u_\infty^2\left(\frac{Re_x^{0.2}}{0.373\ 7Re_x}\right)^{1/4}=0.029\ 2\frac{\rho u_\infty^2}{Re_x^{0.2}}$$

从而得到

$$C_\mathrm{f}=\frac{\tau_0}{\dfrac{1}{2}\rho u_\infty^2}=\frac{0.058\ 3}{Re_x^{0.2}}$$

长度为 $L$ 的板的平均剪切系数 $\overline{C}_\mathrm{f}$ 如下所示：

$$\overline{C}_\mathrm{f}=\frac{\int_0^L C_\mathrm{f}\mathrm{d}x}{L}=\frac{\int_0^L\dfrac{0.058\ 3}{Re_x^{0.2}}\mathrm{d}x}{L}=\frac{0.072\ 9}{Re_L^{0.2}}$$

为七分之一幂律速度剖面计算的各种边界层量总结如下：

$$\frac{\delta}{x}=\frac{0.373\ 7}{Re_x^{0.2}},\frac{\delta_1}{x}=\frac{0.046\ 7}{Re_x^{0.2}},\frac{\delta_2}{x}=\frac{0.036\ 3}{Re_x^{0.2}},C_\mathrm{f}=\frac{0.058\ 3}{Re_x^{0.2}},\overline{C}_\mathrm{f}=\frac{0.072\ 9}{Re_L^{0.2}}$$

## 问题 7.6：平板层流边界层中的横向速度

防水平板层流边界层中的 $u$ 速度剖面由下式给出：

$$\frac{u}{U}=2\frac{y}{\delta}-\left(\frac{y}{\delta}\right)^2$$

式中，$U$ 为自由流速度；$\delta$ 为局部边界层厚度，$\delta=K\sqrt{x}$。求出垂直于 $u$ 的速度分量 $v$ 的表达式。

# 问题 7.6 的解法

根据给定的 $u$ 速度剖面,得到

$$\frac{u}{U}=2\frac{y}{\delta}-\left(\frac{y}{\delta}\right)^2$$

$$\frac{\partial u}{\partial x}=U\left(-2\frac{y}{\delta^2}+2\frac{y^2}{\delta^3}\right)\frac{K}{2\sqrt{x}}$$

将其替换为二维连续性方程

$$\frac{\partial u}{\partial x}+\frac{\partial v}{\partial y}=0$$

得到

$$\frac{\partial v}{\partial y}=-\frac{\partial u}{\partial x}=U\left(2\frac{y}{\delta^2}-2\frac{y^2}{\delta^3}\right)\frac{K}{2\sqrt{x}}=\frac{KU}{\sqrt{x}}\left(\frac{y}{\delta^2}-\frac{y^2}{\delta^3}\right)$$

$$v=\frac{KU}{\sqrt{x}}\left(\frac{y}{2\delta^2}-\frac{y^2}{3\delta^3}\right)+C$$

其中 $C$ 是积分常数。当 $v=0$ 时,$y=0$(不透水平板),得到 $C=0$,给出

$$v=\frac{KU}{\sqrt{x}}\left(\frac{y}{2\delta^2}-\frac{y^2}{3\delta^3}\right)$$

# 术　　语

| 符号 | 含义 |
| --- | --- |
| $C_\mathrm{f}$ | 剪切系数 |
| $f(\eta)$ | 相似解中使用的无量纲流函数,相似变量 |
| $f'$ | $f$ 对 $\eta$ 的一阶求导 |
| $f''$ | $f$ 对 $\eta$ 的二阶求导 |
| $f'''$ | $f$ 对 $\eta$ 的三阶求导 |
| $H$ | 形状因子($H=\delta_1/\delta_2$) |
| $L$ | 特征长度尺度 |
| $L_\mathrm{e}$ | 管流入口长度 |
| $Re$ | 雷诺数 |
| $u$、$v$ | $x$、$y$ 方向速度分量 |
| $U$ | $x$ 方向尺度速度($U=u/u_\infty$) |
| $x$ | 笛卡儿坐标 $x$ 轴 |
| $y$ | 笛卡儿坐标 $y$ 轴 |

# 下标和上标

| 符号 | 含义 |
|---|---|
| $(\overline{\ })$ | 平均 |
| $\infty$ | 无限(自由流) |
| D | 阻力 |

# 希 腊 符 号

| 符号 | 含义 |
|---|---|
| $\delta$ | 边界层厚度 |
| $\delta_1$ | 位移厚度 |
| $\delta_2$ | 动量厚度 |
| $\eta$ | 无量纲相似变量($\eta=y/\delta$) |
| $\mu$ | 动力黏度 |
| $\nu$ | 运动黏度($\nu=\mu/\rho$) |
| $\pi$ | 圆周长与直径之比 |
| $\rho$ | 密度 |
| $\tau_0$ | 壁面剪应力 |

# 参 考 文 献

Schlichting, H. 1979. Boundary Layer Theory, 7th edition. New York: McGraw-Hill.

Sultanian, B. K. 2015. Fluid Mechanics: An Intermediate Approach. Boca Raton, FL: Taylor & Francis.

# 参 考 书 目

Anderson, J. D. 2005. Ludwig Prandtl's Boundary Layer. Physics Today. 58(12): 42-48.

Carnahan, B., Luther, H. A., and Wilkes, J. O. 1969. Applied Numerical Methods. New York: John Wiley & Sons.

Falkner, V. M. and Skan, S. W. 1931. Some Approximate Solutions of the Boundary Layer Equations. Philosophical Magazine. 12: 865-896.

Howarth, L. 1938. On the Solution of the Laminar Boundary Layer Equations. Proceedings of the Royal Society of London. 164: 547-579.

# 第 8 章　离心泵和风机

## 关 键 概 念

本章首先简单介绍一些离心泵和风机的关键概念，在 Sultanian(2019) 等文献中给出了每个概念的细节。

### 叶轮理想扬程

对于叶轮进口 $V_{t1}=0$，使用欧拉叶轮机械方程来计算由叶片产生的理想扬程(参见附录 A)：

$$H_i=\frac{U_2V_{t2}}{g} \tag{8.1}$$

请注意，叶轮理想扬程比实际的要高，水力效率往往是小于 100%的。

### 叶轮压升

由于 $U_2V_{t2}$ 是泵叶轮每单位质量传递给流体的机械能，可以将流过叶轮后流体总压的增加，即流体每单位体积的总机械能表示为

$$p_{02}-p_{01}=\rho U_2V_{t2}$$

将 $p_{01}=p_1+\rho V_1{}^2/2$ 和 $p_{02}=p_2+\rho V_2{}^2/2$ 代入上述方程可得

$$p_2-p_1=\rho U_2V_{t2}-\rho\frac{V_2^2-V_1^2}{2} \tag{8.2}$$

利用余弦法则计算叶轮出口处的速度三角形，得到

$$U_2V_{t2}=(U_2^2+V_2^2-W_2^2)/2$$

将上式和 $V_1^2=W_1^2-U_1^2$ 一起代入式(8.2)中，得到

$$p_2-p_1=\rho(U_2^2-U_1^2+W_1^2-W_2^2)/2 \tag{8.3}$$

### 滑移系数

实际的 $V_{t2'}$ 与理论的 $V_{t2}$ 的比值就是滑移系数 $\mu_s$，其从下面的方程可以得到：

$$\mu_s=\frac{V_{t2'}}{V_{t2}}=1-\pi\frac{U_2\sin\beta_2}{V_{t2}n_b} \tag{8.4}$$

式中，$n_b$ 为叶片数量；$\beta_2$ 为相对速度 $W_2$ 的出口气流角。

### 叶轮实际扬程

对于有限数量的叶片，必须考虑滑移的影响，并使用实际的切向速度分量 $V_{t2'}$ 取代 $V_{t2}$，

在这种情况下，实际液流角是 $\beta_{2'}$，计算单位质量的能量传递为 $U_2 V_{t2'}$，相应的输入扬程 $H_{in}$ 为

$$H_{in} = \frac{U_2 V_{t2'}}{g} \tag{8.5}$$

## 效率

叶轮机的所有摩擦和二次流损失都导致机械能转化为热能（内能）。由入口到出口的定常流动机械能方程为

$$gH = g(H_{in} - H_{loss}) = \frac{V_d^2 - V_s^2}{2} + (z_d - z_s)g + \frac{p_d - p_s}{\rho} \tag{8.6}$$

式中，下标 s、d 表示泵机匣的入口和出口法兰的参数；$H$ 表示出口扬程。通常，对于计算 $H$，只需要考虑方程右边的最后一项：

$$H = \frac{p_d - p_s}{\rho g} \tag{8.7}$$

把泵的整体效率 $\eta$ 定义为

$$\eta = \eta_m \eta_v \eta_h \tag{8.8}$$

机械效率 $\eta_m$ 定义为

$$\eta_m = \frac{(m + m_{leak}) g H_{in}}{P} = \frac{(Q + Q_{leak}) \rho g H_{in}}{P} \tag{8.9}$$

容积效率定义为

$$\eta_v = \frac{m}{m + m_{leak}} = \frac{Q}{Q + Q_{leak}} \tag{8.10}$$

水力效率定义为

$$\eta_h = \frac{H}{H_{in}} = \frac{H_{in} - H_{loss}}{H_{in}} \tag{8.11}$$

Karassik 等人（2007）提供了 $\eta_h$ 的经验公式：

$$\eta_h = 1 - \frac{0.8}{Q^{1/4}} \tag{8.12}$$

式中，$Q$ 是以加仑[1]为体积单位的体积流量。

在实际应用中，通过测功器试验来测量驱动泵的电机功率 $P$，以及通过计算泵进、出口侧的机械能来测得总扬程 $H$，此时将泵的总体效率表示为

$$\eta = \frac{mgH}{P} \tag{8.13}$$

Karassik 等人（2007）提供了容积效率数据，其经验公式为

$$\eta_v = 1 - \frac{C}{Q^n} \tag{8.14}$$

式中，$C$ 和 $n$ 为常数，它们取决于比转速 $n_s$。表 8.1 列出了这些常数的值。

---

① 加仑：一种容（体）积单位，1 gal（UK）= 4.546 09L，1 gal（US）= 3.785 41 L。

表 8.1 式(8.14)中的常数值

| $N/[(\mathrm{r}\cdot\mathrm{min}^{-1})(\mathrm{gal}\cdot\mathrm{min}^{-1})\cdot\mathrm{ft}^{-0.75}]$ | $C$ | $n$ |
| --- | --- | --- |
| 500 | 1.0 | 0.50 |
| 1 000 | 0.35 | 0.38 |
| 2 000 | 0.091 | 0.24 |
| 3 000 | 0.033 | 0.128 |

## 泵特性曲线

泵的特性曲线由试验确定,主要由扬程 $H$ 作为容积流量 $Q$ 的函数组成,利用 $Q$ 来表示式(8.1),得到

$$H_{\mathrm{i}} = U_2\,\frac{U_2 - Q\cot\beta_2/A_2}{g} \tag{8.15}$$

将上面的方程两边同除以 $ND_2$ 的 2 倍的平方,得到

$$\frac{gH_{\mathrm{i}}}{N^2D_2^2}=0.5\left(0.5-\frac{D_2Q\cot\beta_2}{\pi bND_2^3}\right) \tag{8.16}$$

这给出了扬程系数之间的关系,定义为

$$\Psi_2=\frac{gH}{N^2D_2^2} \tag{8.17}$$

流量系数定义为

$$\Phi_2=\frac{Q}{ND_2^3} \tag{8.18}$$

对于给定的泵,假设具有恒定 $\Psi$ 和 $\Phi$ 的相似流动,式(8.17)和式(8.18)分别为

$$\frac{H_1}{N_1^2}=\frac{H_2}{N_2^2} \tag{8.19}$$

$$\frac{Q_1}{N_1}=\frac{Q_2}{N_2} \tag{8.20}$$

用式(8.19)除以式(8.20)的平方,得到下式:

$$\frac{H_1}{Q_1^2}=\frac{H_2}{Q_2^2} \tag{8.21}$$

这证明 $H$ 和 $Q^2$ 成正比。

## 空化

当泵内流体压力低于汽化压力时,随着蒸汽泡的形成和坍塌,泵内产生空化现象。流体向叶轮通道外流动,伴随着压力的上升,发生气泡的破裂。空化开始时,扬程流量曲线快速下降。

净正吸入压头(NPSH)定义为标准气压水头加上液位高于泵中心线的距离,减去在进水管中的摩擦水头损失,再减去在工作温度下的液体蒸气压(以压头计)。为了避免空化,

净正吸入压头应该高于理想空化余量$(NPSH)_c$,由下式获得:

$$S_c = \frac{NQ^{1/2}}{[g(NPSH)_c]^{3/4}} \tag{8.22}$$

式中,$S_c$为临界比转速。Shepherd(1956)推荐单吸水泵使用$S_c=3$,双吸水泵使用$S_c=4$,这就形成防止空化的有用经验法则。

## 泵的初步设计

泵的设计规格通常包括扬程、流量和速度。在这里概述了一个逐步确定泵叶轮尺寸的初步设计过程。

第1步,计算比转速$N_s$,并由现有的试验数据绘制的$N_s$与$Q$的函数关系,确定总体泵效率。

第2步,根据式(8.13)计算制动功率并确定转轴扭矩:

$$\Gamma = \frac{P}{N} \tag{8.23}$$

采用如图8.1所示的双吸叶轮,在机匣直径较大时,保持叶轮入口流体低速,避免流体突然转向。机匣直径不应超过叶轮直径的一半。为了确定整体、水力或容积效率,处理双吸叶轮的每一侧使之相当于单吸叶轮。因此,用于确定效率的比转速是基于$Q/2$,而不是$Q$。另一方面,在确定泵功率或叶顶宽度时,使用全流量$Q$。

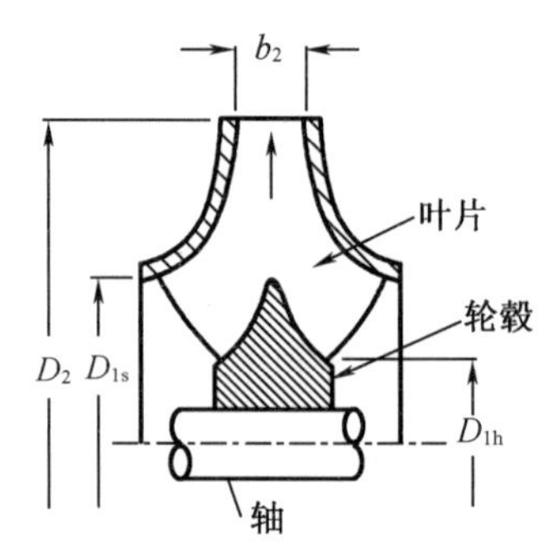


图8.1 双吸离心叶轮

第3步,由式(8.12)计算水力效率$\eta_h$,对$V_{t2'}U_2$在0.5~0.55范围内取值代入,根据下面的公式计算叶轮叶尖速度$U_2$:

$$U_2 = \sqrt{\frac{gH}{\eta_h(V_{t2'}U_2)}} \tag{8.24}$$

第4步,计算叶轮直径:$D_2=2U_2/N$。

第5步,参考Karassik(2007)的建议,在$N_s/21\,600<\varphi_2<N_s/15\,900+0.019$范围内选择流量系数,其中$\varphi_2=W_{m2}/U_2$,因此$W_{m2}=\varphi_2 U_2$。

第6步,用式(8.14)和表8.1计算$\eta_v$,由此可以利用式(8.10)计算$Q+Q_{leak}$,从下式计算叶尖宽度$b_2$:

$$b_2 = \frac{Q+Q_{leak}}{\pi D_2 W_{m2}} \tag{8.25}$$

第7步,采用Karassik(2007)的建议,通过下式计算机匣直径:

$$D_{1s} = 4.54\left(\frac{Q+Q_{leak}}{kN\tan\beta_{1s}}\right)^{1/3} \tag{8.26}$$

式中

$$k = 1 - \left(\frac{D_{1h}}{D_{1s}}\right)^2 \tag{8.27}$$

式中,轮毂直径 $D_{1h}$ 和轮缘直径 $D_{1s}$ 的单位是 in[①],$N$ 的单位是 r/min,$Q$ 的单位是 gal/min。式(8.26)适用于单吸式叶轮。在双吸泵中使用该方程,必须用 $(Q+Q_{leak})/2$ 代替 $Q+Q_{leak}$。式(8.27)中,$D_{1h}/D_{1s}$ 的取值范围为 0~0.5。在式(8.26)中,Karassik(2007)建议 $\beta_{1s}$ 的取值范围为10°~25°。

第 8 步,使用以下迭代过程确定叶片角 $\beta_2$:

(1)根据 Karassik(2007)的建议,叶片角取值范围为 17°~25°。

(2)根据 Pfleiderer(1949)和 Church(1972)的建议,通过下式计算最佳叶片数:

$$n_b = 6.5\frac{D_2 + D_{1s}}{D_2 - D_{1s}}\sin\frac{\beta_{1s} + \beta_2}{2} \tag{8.28}$$

泵的最佳叶片数为 5~12。

(3)通过下式计算已经在式(8.4)中获得的 $V_{t2}/U_2$:

$$\frac{V_{t2}}{U_2} = \frac{V_{t2'}}{U_2} + \frac{\pi\sin\beta_2}{n_b} \tag{8.29}$$

(4)通过下式计算 $\beta_2$:

$$\beta_2 = \arctan\left|\frac{W_{m2}/U_2}{1 - V_{t2}/U_2}\right| \tag{8.30}$$

(5)重复步骤(1)~(5),直到步骤(1)中 $\beta_2$ 的值与步骤(4)中计算的值在可接受的误差范围内保持一致。

### 离心风机

泵给液体做功,风扇给低马赫数流动的气体做功($Ma \leq 0.3$)。虽然气体是可压缩的,但它们在低马赫数时的流动可视为不可压缩的。因此,除了所使用的工质之外,风扇的设计与泵类似。然而,与泵相比,离心风机需要更小的半径比($R_2/R_1$)。虽然有蜗壳,但没有扩压器来强化压升。如图 8.2 所示,叶轮叶片之间的流道相当短。

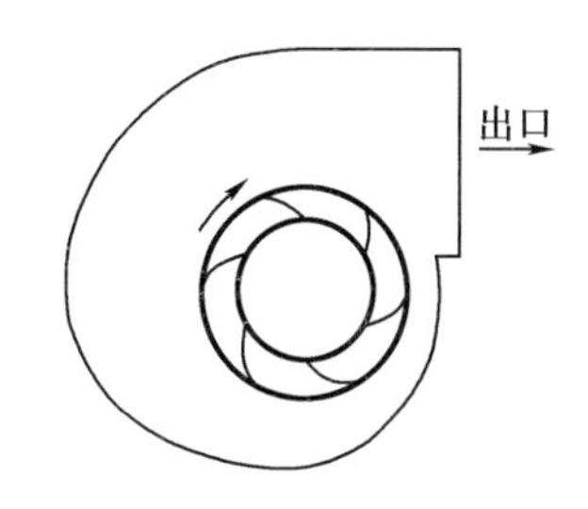


图 8.2 离心风机

叶轮的分析与设计像离心泵一样进行。气体密度的微小变化可以被忽略,与泵一样,不可压缩方程可应用于风机。性能曲线定性地看与水泵是相同的,只是扬程的单位通常是 cm,而容量的单位通常是 $m^3$/min。风机的相似方法与泵则是相同的。

## 问题 8.1:离心水泵的无量纲和有量纲比转速

计算一个设计点性能为 $Q = 545\ m^3/h$、$H = 21\ m$、$N = 870$ r/min 的离心水泵的无量纲和有量纲比转速。

① 1 in = 2.54 cm。

## 问题 8.1 的解法

为了计算离心水泵的无量纲比转速，首先将每个量转换为一致的单位，给出

$$Q=545\ \mathrm{m^3/h}=\frac{545}{3\ 600}\mathrm{m^3/s}=0.151\ 4\ \mathrm{m^3/s}$$

和

$$N=870=\frac{870\pi}{30}\mathrm{rad/s}=91.106\ \mathrm{rad/s}$$

计算有量纲比转速为

$$N_s=\frac{NQ^{1/2}}{H^{3/4}}=\frac{870\times545^{1/2}}{21^{3/4}}=2\ 070.394(\mathrm{r\cdot min^{-1}})(\mathrm{m^3\cdot h^{-1}})^{0.5}\cdot\mathrm{m^{-0.75}}$$

计算无量纲比转速为

$$\hat{N}_s=\frac{NQ^{1/2}}{(gH)^{3/4}}=\frac{91.106\times0.151\ 4^{1/2}}{(9.81\times21)^{3/4}}=0.652$$

## 问题 8.2：使用转焓计算离心叶轮的压升

利用附录 A 中转焓的概念，假设是等熵流动，推导出离心叶轮的压升计算公式：

$$p_2-p_1=\frac{\rho(U_2^2-U_1^2+W_1^2-W_2^2)}{2}$$

## 问题 8.2 的解法

对于叶轮内的等熵流动，任意两点间的转焓保持不变：

$$I_1=c_pT_{0R1}-\frac{U_1^2}{2}=I_2=c_pT_{0R2}-\frac{U_2^2}{2}$$

可以改写为

$$h_{0R2}-h_{0R1}=\frac{U_2^2}{2}-\frac{U_1^2}{2}$$

$$h_2-h_1+\frac{W_2^2}{2}-\frac{W_1^2}{2}=\frac{U_2^2}{2}-\frac{U_1^2}{2}$$

$$h_2-h_1=\frac{U_2^2}{2}-\frac{U_1^2}{2}+\frac{W_1^2}{2}-\frac{W_2^2}{2}$$

对于一个等熵流，当已知 $\mathrm{d}h=\mathrm{d}p/\rho$ 时，把这个方程写成

$$\frac{p_2-p_1}{\rho}=\frac{U_2^2}{2}-\frac{U_1^2}{2}+\frac{W_1^2}{2}-\frac{W_2^2}{2}$$

得到

$$p_2-p_1=\frac{\rho(U_2^2-U_1^2+W_1^2-W_2^2)}{2}$$

## 问题 8.3:离心泵的水力、容积和机械效率

离心水泵以 1 859$(r \cdot min^{-1})(m^3 \cdot h^{-1})^{0.5}/m^{0.75}$(约 1 600$(r \cdot min^{-1})(gal \cdot min^{-1})^{0.5} \cdot ft^{-0.75}$)的比转速,排水量 227 $m^3/h$(约 1 000 gal/min)时,整体效率为 0.83。

试确定其水力、容积和机械效率。

## 问题 8.3 的解法

利用式(8.12),计算水力效率为

$$\eta_h = 1 - \frac{0.8}{Q^{1/4}} = 1 - \frac{0.8}{1\ 000^{1/4}} = 0.858$$

对表 8.1 中的值进行插值,得到式(8.14)的 $C=0.195$, $n=0.296$,并计算出容积效率为

$$\eta_v = 1 - \frac{0.195}{Q^{0.296}} = 1 - \frac{0.195}{1\ 000^{0.296}} = 0.975$$

最后,由式(4.20)确定机械效率为

$$\eta_m = \frac{\eta}{\eta_h \eta_v} = \frac{0.83}{0.858 \times 0.975} = 0.99$$

## 问题 8.4:单吸离心泵的各种扬程

一台六叶片的单吸离心泵,转速为 885 r/min,排水流量为 2 270 $m^3/h$(约 10 000 gal/min)。如果叶轮直径为 0.965 2 m(约 38 in),叶顶叶片角为 21.6°,确定理想扬程、输入扬程和输出扬程。

## 问题 8.4 的解法

转速为

$$N = \frac{885\pi}{30} = 92.68\ \text{rad/s}$$

确定叶尖速度为

$$U_2 = \frac{ND_2}{2} = \frac{92.68 \times 0.965\ 2}{2} = 44.727\ \text{m/s}$$

### $W_{m2}$ 的计算

在这个问题上没有考虑到叶轮宽度,在 $N_s/21\ 600<\varphi_2<N_s/15\ 900+0.019$ 范围内选择流量系数 $\varphi_2$,其中, $N_s$ 为有量纲比转速,$\varphi_2 = W_{m2}/U_2$。

假设 $N_s = 1\ 000(r \cdot min^{-1})(gal \cdot min^{-1})^{0.5} \cdot ft^{-0.75}$,同时使用 $\varphi_2$ 的上限值,得到

$$\varphi_2 = 1\ 000/15\ 900+0.019 = 0.082$$

因此

$$W_{m2}=44.727\times0.082=3.668\ \text{m/s}$$

### $V_{t2}$ 的计算

由泵出口速度三角形，得到

$$V_{t2}=U_2-W_{m2}\cot\beta_2=44.727-3.668\times\cot 21.6°=35.463\ \text{m/s}$$

### $H_i$ 的计算

由式(8.1)得到

$$H_i=\frac{U_2V_{t2}}{g}=\frac{44.726\times35.463}{9.81}=161.757\ \text{m}$$

### $\mu_s$ 和 $V_{t2'}$ 的计算

当 $n_b=6$ 时，由式(8.4)得到

$$\mu_s=1-\frac{3.14159\times44.726\times\sin 21.6°}{35.479\times6}=0.757$$

因此

$$V_{t2'}=\mu_s V_{t2}=0.757\times35.479=26.858\ \text{m/s}$$

### $H_{in}$ 的计算

由式(8.5)可得

$$H_{in}=\frac{44.726\times26.858}{9.81}=122.452$$

### $\eta_h$ 和 $H$ 的计算

由式(8.12)可得

$$\eta_h=1-\frac{0.8}{10\,000^{1/4}}=0.92$$

由式(8.1)给出

$$H=122.452\times0.92=112.656\ \text{m}$$

为了检查假定的比转速，计算

$$N_s=\frac{NQ^{1/2}}{H^{3/4}}=\frac{885\times10\,000^{1/2}}{369.6^{3/4}}=1\,050(\text{r}\cdot\text{min}^{-1})(\text{gal}\cdot\text{min}^{-1})^{0.5}\cdot\text{ft}^{-0.75}$$

读者可以验证：将 $N_s=1\,063(\text{r}\cdot\text{min})(\text{gal}\cdot\text{min}^{-1})^{0.5}\cdot\text{ft}^{-0.75}$ 代替 $N_s=1\,000(\text{r}\cdot\text{min})(\text{gal}\cdot\text{min}^{-1})^{0.5}\cdot\text{ft}^{-0.75}$，最终将会得到 $H_i=159.697$ m，$H_{in}=120.392$ m，$H=110.760$ m。在这个解决方案中，也假设了上限 $\varphi_2=0.082$。使用下限 $\varphi_2=0.0434$，则得到以下收敛解：

$$N_s=938(\text{r}\cdot\text{min}^{-1})(\text{gal}\cdot\text{min}^{-1})^{0.5}\cdot\text{ft}^{-0.75}$$

$$H_i=181.548\ \text{m}$$

$$H_{in}=142.244\ \text{m}$$
$$H=130.863\ \text{m}$$

# 问题 8.5:运行离心泵所需的电力

计算流量为 704 $m^3/h$(约 3 100 gal/min)、转速为 1 160 r/min 的离心泵所需的电机功率。该二次多项式表示该泵在此转速下的 $H-Q$ 关系:

$$H=-4.015\times10^{-5}Q^2+0.0257Q+32.447$$

式中,$H$ 的单位为 m,$Q$ 的单位为 $m^3/h$。泵的机械效率为 95%。确定泵的无量纲比转速。

# 问题 8.5 的解法

## 转速

$$N=\frac{1\,160\pi}{30}=121.475\ \text{rad/s}$$

## 扬程

由给定的 $H-Q$ 特性曲线,得到

$$H=-4.015\times10^{-5}\times704^2+0.0257\times704+32.447=30.641\ \text{m}$$

## 水力效率

由式(8.12)可得

$$\eta_h=1-\frac{0.8}{3\,100^{1/4}}=0.893$$

## 容积效率

使用表 8.1,用下式计算有量纲比转速为

$$N_s=\frac{NQ^{1/2}}{H^{3/4}}=\frac{1\,160\times3\,100^{1/2}}{(30.641\times3.2808)^{3/4}}=2\,034.224(\text{r}\cdot\text{min}^{-1})(\text{gal}\cdot\text{min}^{-1})^{0.5}\cdot\text{ft}^{-0.75}$$

通过对表 8.1 中值进行插值,得到 $C=0.089$ 和 $n=0.236$。

由式(8.14)计算容积效率为

$$\eta_v=1-\frac{0.089}{Q^{0.296}}=1-\frac{0.089}{3\,100^{0.236}}=0.987$$

## 整体效率

$$\eta=\eta_h\eta_v\eta_m=0.893\times0.987\times0.95=0.837$$

泵电机的电功率

由式(8.13)得到

$$P=\frac{Q(\rho gH)}{\eta}=\frac{704\times 1\ 000\times 9.81\times 30.641}{3\ 600\times 0.837\times 1\ 000}=70.229\ \text{kW}$$

无量纲比转速

$$\hat{N}_s=\frac{NQ^{1/2}}{(gH)^{3/4}}=\frac{121.475\times(704/3\ 600)^{1/2}}{(9.81\times 30.641)^{3/4}}=0.744$$

## 问题 8.6:离心泵的吸入比转速

单吸离心泵在环境温度为 27 ℃、1 atm 下工作,在 $N=1\ 160$ r/min 时,其 $Q=704\ \text{m}^3/\text{h}$(约 3 100 gal/min)和 $H=30.48$m(约 100 ft)。连接泵进水口和供水箱的管道直径 $D_{su}$ 为 0.203 2 m(约 8 in),长度 $L_{su}$ 为 3.048 m(约 10 ft),壁面的绝对粗糙度为 50 μm。该管道将水从水泵中心线以下 3.048 m(约 10 ft)的供水箱中提出来,其自由表面暴露在周围环境中。在 27 ℃时,水的蒸汽压 $p=3\ 560$ Pa,其运动黏度为 $0.852\times 10^{-6}\ \text{m}^2/\text{s}$。试确定比转速。在给定的操作条件下泵会发生空化吗?

## 问题 8.6 的解法

转速

$$N=\frac{1\ 160\pi}{30}=121.475\ \text{rad/s}$$

流量

$$Q=704\ \text{m}^3/\text{h}=\frac{704}{3\ 600}=0.195\ 6\ \text{m}^3/\text{s}$$

吸水管截面积

$$A_{su}=\frac{\pi D_{su}^2}{4}=\frac{\pi\times 0.203\ 2^2}{4}=0.032\ 43\ \text{m}^2$$

吸水管中的平均流速

$$V_{su}=\frac{Q}{A}=\frac{0.195\ 6}{0.032\ 43}=6.030\ \text{m/s}$$

**吸水管中的流动雷诺数**

$$Re=\frac{V_{su}D_{su}}{v}=\frac{6.030\times0.2032}{0.852\times10^{-6}}=1.438\times10^{6}$$

**摩擦系数**

利用 Swamee 和 Jain(1976)提出的近似方程,得到

$$\frac{1}{\sqrt{f}}=-2.0\lg\left(\frac{e/D_{su}}{3.7}+\frac{5.74}{Re^{0.9}}\right)=-2.0\lg\left[\frac{50\times10^{-6}/0.2032}{3.7}+\frac{5.74}{(1.438\times10^{6})^{0.9}}\right]$$

$$f=0.0150$$

**吸水管中的摩擦水头损失**

$$h_f=\frac{fL_{su}V_{su}^2}{2gD_{su}}=\frac{0.0150\times3.048\times6.030^2}{2\times9.81\times0.2032}=0.417\ \text{m}$$

**净正吸入扬程**

根据下式计算给定离心泵的空化余量:

$$\text{NPSH}=\frac{p_{atm}}{\rho g}+z_{su}-h_f-\frac{p_{vap}}{\rho g}=\frac{1.0135\times10^{5}}{9.81\times1000}-3.048-0.417-\frac{3560}{9.81\times1000}=6.50\ \text{m}$$

**吸入比转速**

$$S=\frac{NQ^{1/2}}{[g(\text{NPSH})]^{3/4}}=\frac{121.475\times0.1956^{0.5}}{(9.81\times6.50)^{0.75}}=2.38$$

由于计算得到的吸入比转速小于其推荐的临界值 $S_c=3$,因此泵不会发生空化。

## 问题 8.7:双吸泵叶轮的初步设计

双吸离心水泵参数如下:$Q=545\ \text{m}^3/\text{h}$(约 2 400 gal/min),$H=21$ m(约 68.9 ft),$N=870$ r/min。

试求出叶轮的 $D_2$、$b_2$、$D_{1s}$、$D_{1h}$、$\beta_2$、$\beta_{1s}$、$n_b$。

## 问题 8.7 的解法

**转速**

$$N=\frac{870\pi}{30}=91.106\ \text{rad/s}$$

## 流量

$$Q=545\ \mathrm{m^3/h}=\frac{545}{3\ 600}\mathrm{m^3/s}=0.151\ 4\ \mathrm{m^3/s}$$

## 有量纲比转速

对于双吸泵,采用 $Q/2$ 作为计算有量纲比转速的参数:

$$N_s=\frac{N(Q/2)^{1/2}}{H^{3/4}}=\frac{870\times1\ 200^{1/2}}{68.9^{3/4}}=1\ 260.137(\mathrm{r\cdot min^{-1}})(\mathrm{gal\cdot min^{-1}})^{0.5}\cdot\mathrm{ft^{-0.75}}$$

## 水力效率

对于双吸泵,用式(8.12)中的 $Q/2$ 代替 $Q$ 计算水力效率

$$\eta_h=1-\frac{0.8}{(Q/2)^{1/4}}=1-\frac{0.8}{1\ 200^{1/4}}=0.864$$

## 容积效率

对于双吸泵,用 $Q/2$ 代替式(8.14)中的 $Q$ 计算容积效率,由表 8.1 通过插值得到$C=0.283$, $n=0.344$,从而得到

$$\eta_v=1-\frac{0.283}{1\ 200^{0.344}}=0.975$$

目前设计中,叶轮取 $D_{1h}/D_{1s}=0.5$,$\beta_{1s}=17°$。在这些值确定后,使用以下设计流程。

第 1 步,假设 $V_{t2}/U_2=0.5$,根据式(8.24)计算叶轮叶尖速度 $U_2$:

$$U_2=\sqrt{\frac{gH}{\eta_h(V_{t2}/U_2)}}=\sqrt{\frac{9.81\times21}{0.864\times0.5}}=21.837\ \mathrm{m/s}$$

同时计算叶轮直径

$$D_2=\frac{2U_2}{N}=\frac{2\times21.837}{91.106}=0.479\ \mathrm{m}$$

第 2 步,根据 Karassik(2007)的建议,从 $N_s/21\ 600<\varphi_2<N_s/15\ 900+0.019$ 中选取流量系数,其中 $N_s$ 的单位是$(\mathrm{r\cdot min^{-1}})(\mathrm{gal\cdot min^{-1}})^{0.5}\cdot\mathrm{ft^{-0.75}}$,$\varphi_2=W_{m2}/U_2$。

在本设计中,$\varphi_2$ 的上限值为

$$\varphi_2=\frac{N_s}{15\ 900}+0.019=\frac{1\ 260.137}{15\ 900}+0.019=0.098\ 3$$

$$W_{m2}=\varphi_2U_2=0.098\ 3\times21.837=2.146\ \mathrm{m/s}$$

第 3 步,利用计算得到的 $\eta_v=0.975$,进行了计算

$$Q+Q_{leak}=\frac{Q}{\eta_v}=\frac{0.151\ 4}{0.975}=0.155\ \mathrm{m^3/s}$$

叶片尖端宽度 $b_2$ 为

$$b_2=\frac{Q+Q_{leak}}{\pi D_2W_{m2}}=\frac{0.155}{3.141\ 6\times0.479\times2.146}=0.048\ \mathrm{m}$$

第 4 步,根据 Karassik(2007)的建议,将 $Q+Q_{\text{leak}}$ 替换为$(Q+Q_{\text{leak}})/2$,并使用 $k=1-(D_{1h}/D_{1s})^2=1-0.5^2=0.75$ 作为计算式(8.24)的机匣直径

$$D_{1s}=4.54\left(\frac{Q+Q_{\text{leak}}}{kN\tan\beta_{1s}}\right)^{1/3}=4.54\left(\frac{1\,200/0.975}{0.75\times870\times\tan17°}\right)^{1/3}=8.325\ \text{in}=0.211\ \text{m}$$

同时给出

$$D_{1h}=0.211\times0.5=0.106\ \text{m}$$

第 5 步,使用以下迭代过程确定叶片角。

(1)选择 $\beta_2=17°(\beta_2=17.57°)$。

(2)根据 Pfleiderer(1949)和 Church(1972)的建议,通过式(8.28)计算最佳叶片数

$$n_b=6.5\frac{D_2+D_{1s}}{D_2-D_{1s}}\sin\frac{\beta_{1s}+\beta_2}{2}=6.5\times\frac{0.479+0.211}{0.479-0.211}\sin\frac{17°+17°}{2}=4.9\quad(n_b=4.98)$$

得到

$$n_b=5$$

(3)根据式(8.29)计算 $V_{t2}/U_2$

$$\frac{V_{t2}}{U_2}=\frac{V_{t2'}}{U_2}+\frac{\pi\sin\beta_2}{n_b}=0.5+\frac{3.141\,5\times\sin17°}{5}=0.683\,7\quad\left(\frac{V_{t2}}{U_2}=0.689\,6\right)$$

(4)根据式(8.30)计算 $\beta_2$

$$\beta_2=\arctan\left|\frac{W_{m2}/U_2}{1-V_{t2}/U_2}\right|=\arctan\left|\frac{0.098\,3}{1-0.683\,7}\right|=17.26°\quad(\beta_2=17.57°)$$

(5)重复步骤(1)~(4),直到步骤(1)中假定的 $\beta_2$ 的值与步骤(4)中计算的值在可接受的误差范围内保持一致。步骤(1)~(4)中的收敛值在括号内给定。

因此,泵的初步设计包括:$D_2=0.479$ m, $b_2=0.048$ m,$D_{1s}=0.211$ m, $D_{1h}=0.106$ m, $\beta_2=17.57°$,$\beta_{1s}=17°$, $n_b=5$。注意,这些结果对 $V_{t2'}U_2$ 的选择是敏感的,已经假设为 0.5。作为练习,读者可以验证:$V_{t2}/U_2=0.51$ 时,得到 $D_2=0.475$ m,$n_b=0.049$ m,$D_{1s}=0.211$ m,$D_{1h}=0.106$ m,$\beta_2=19°$,$\beta_{1s}=17°$,$n_b=5$;$V_{t2'}U_2=0.52$ 时,得到 $D_2=0.470$ m,$b_2=0.050$ m,$D_{1s}=0.211$ m, $D_{1h}=0.106$ m,$\beta_2=21.4°$,$\beta_{1s}=17°$,$n_b=5$。

# 术　语

| 符号 | 含义 |
|---|---|
| $A_2$ | 叶轮出口面积 |
| $b_2$ | 泵叶轮 $r=r_2$ 时叶片宽度 |
| $c_p$ | 定压比热容 |
| $C$ | 式(8.14)中的常数 |
| $D_{1s}$ | 轮缘直径 |
| $D_{1h}$ | 轮毂直径 |
| $D_2$ | 叶轮叶尖直径 |
| $D_s$ | 当量直径 |

| 符号 | 含义 |
|---|---|
| $D_{su}$ | 进水管直径 |
| $e$ | 绝对粗糙度 |
| $f$ | 摩擦因数 |
| $g$ | 重力加速度 |
| $h_f$ | 进水管摩擦水头损失 |
| $h_0$ | 总焓 |
| $h_{0R}$ | 转子参照系下总焓 |
| $H$ | 扬程 |
| $H_i$ | 理想扬程 |
| $H_{in}$ | 进口水头 |
| $k$ | 轮毂比 |
| $L_{su}$ | 进水管长度 |
| $m$ | 出口法兰质量流量 |
| $m_{leak}$ | 叶轮外周由高压区向低压区流动泄漏的流体质量流量 |
| $n$ | 式(8.14)中的常数 |
| $n_b$ | 叶轮叶片数 |
| $N$ | 转速 |
| $N_s$ | 比转速 |
| $\hat{N}_s$ | 无量纲比转速 |
| NPSH | 净正吸入压头,空化余量 |
| $p$ | 静压 |
| $p_{atm}$ | 大气压力 |
| $p_d$ | 出水法兰处的静压 |
| $p_0$ | 总压 |
| $p_{su}$ | 进口法兰处的静压 |
| $p_{vap}$ | 流体汽化压力 |
| $P$ | 轴功 |
| $Q$ | 泵出口法兰处的体积流量 |
| $Q_{leak}$ | 泄漏的体积流量 |
| $r$ | 半径 |
| $Re$ | 雷诺数 |
| $S$ | 入口比转速 |
| $S_c$ | 入口临界比转速 |
| $T$ | 静温 |
| $T_0$ | 总温 |

| 符号 | 含义 |
| --- | --- |
| $T_{0R}$ | 在旋转坐标系下的总温 |
| $U_1$ | 叶轮在叶片前缘处的速度 |
| $U_2$ | 叶尖速度 |
| $V_d$ | 泵出口平均速度 |
| $V_s$ | 泵入口平均速度 |
| $V_{su}$ | 进水管平均速度 |
| $V_1$ | 叶片前缘的绝对速度 |
| $V_{t1}$ | $V_1$ 的切向分速度 |
| $V_{m1}$ | $V_1$ 的法向分量 |
| $V_2$ | 叶片数无限时的绝对速度 |
| $V_{m2}$ | $V_2$ 的法向分量 |
| $W_1$ | 叶片前缘的相对速度 |
| $W_2$ | 叶片数无限时的绝对速度 |
| $W_{2'}$ | 叶片数有限时叶轮的相对速度 |
| $W_{1s}$ | 轮缘处的相对速度 |
| $z_d$ | 出口法兰高于或低于泵轴中心线的高度 |
| $z_r$ | 水池自由面高于或低于泵轴中心线的高度 |
| $z_s$ | 入口法兰高于或低于泵轴中心线的高度 |

# 希腊符号

| 符号 | 含义 |
| --- | --- |
| $\beta_1$ | $W_1$ 和 $U_1$ 的夹角 |
| $\beta_{1s}$ | $W_{1s}$ 与 $U_{1s}$ 的夹角 |
| $\beta_2$ | $W_2$ 与 $U_2$ 的夹角;在叶片后缘处的叶片角度 |
| $\beta_{2'}$ | $W_{2'}$与 $U_2$ 的夹角;实际液流角 |
| $\Gamma$ | 扭矩 |
| $\eta$ | 泵整体效率 |
| $\eta_h$ | 水力效率 |
| $\eta_m$ | 机械效率 |
| $\eta_v$ | 容积效率 |
| $\mu_s$ | 滑移系数 |
| $\rho$ | 流体密度 |
| $\varphi$ | 流量系数 |
| $\varphi_2$ | 叶轮出口流量系数 |

# 参考文献

Church, A. H. 1972. Centrifugal Pumps and Blowers. Huntington, NY: Krieger.

Karassik, I. J., et al. 2007. Pump Handbook, 4th edition. New York: McGraw-Hill Education.

Pfleiderer, C. 1949. Die Kreiselpumpen. Berlin: Springer-Verlag.

Shepherd, D. G. 1956. Principles of Turbomachinery. New York: MacMillan.

Sultanian, B. K. 2019. Logan's Turbomachinery: Flowpath Design and Performance Fundamentals, 3rd edition. Boca Raton, FL: Taylor & Francis.

Swamee, P. and Jain, A. 1976. Explicit Equations for Pipe-Flow Problems. Journal of the Hydraulics Division(ASCE). 102(5): 657-664.

# 参考书目

Bleier, F. P. 1997. Fan Handbook: Selection, Application, and Design, 1st edition. New York: McGraw-Hill Education.

Gülich, J. F. 2014. Centrifugal Pumps. New York: Springer.

Sultanian, B. K. 2015. Fluid Mechanics: An Intermediate Approach. Boca Raton, FL: Taylor& Francis.

# 第 9 章　离心压气机

## 关键概念

离心压气机广泛应用于地面车辆动力装置、辅机动力装置等小型机组。虽然效率略低于轴流压气机，但单级离心压气机的压比可以比单级轴流压气机高 5 倍。本章简要介绍了离心压气机的几个关键概念。在 Sultanian(2019) 等文献中给出了每个概念的细节。

### 能量转换和机械效率

与离心泵和风扇不同，离心压气机的气体流动具有较高的马赫数($Ma>0.3$)，必须使用可压缩流动方程建模。离心压气机空气总焓的变化是由叶轮内的气动能量传递以及与轴承、密封和盘面摩擦有关的摩擦损失带来的一些额外的旋转功传递造成的。假定通过摩擦过程损失的机械能在流出的气体中再现为焓，则离心压气机的气动比能转换可记为

$$E = \eta_m(h_{03} - h_{01}) = U_2 V_{t2'} \tag{9.1}$$

式中，$\eta_m$ 为机械效率。

对于压气机分析和设计中涉及的各种热力学计算，了解图 9.1 所示的压气机焓熵图($h$-$S$ 图)是非常必要的。图中点 1 和点 2 分别表示叶轮进口和出口的气体状态。扩散过程发生在点 2 和点 3 之间。由于流体动能通常相当大，相应的滞止参数在图中以下标 01、02 和 03 表示。压气机的效率表示理想的流体能量增量(等熵压缩功)除以获得实际最终压力所需的流体实际输入能量的比值。从状态 01 到状态 $i$ 的等熵过程的功为

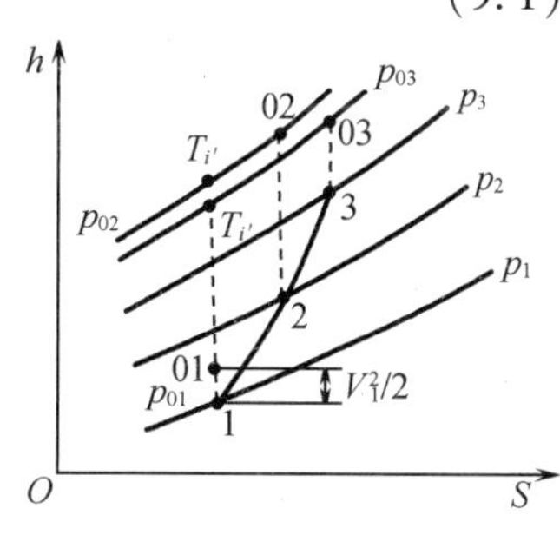

图 9.1　焓熵图

$$E_i = c_p(T_i - T_{01}) = c_p T_{01}\left[\left(\frac{p_{03}}{p_{01}}\right)^{(\gamma-1)/\gamma} - 1\right] \tag{9.2}$$

### 压气机效率

将压气机气动效率定义为理想能量传递与实际能量传递的比值，这可由实验确定。

$$\eta_c = \frac{\eta_m E_i}{E} = \frac{T_i - T_{01}}{T_{03} - T_{01}} \tag{9.3}$$

在式(9.1)和式(9.3)中，假定位于叶轮出口的扩散管内的流动保持绝热，即 $h_{02}=h_{03}$ 和 $T_{02}=T_{03}$。

### 叶轮效率

叶轮效率定义为

$$\eta_{im}=\frac{T_{i'}-T_{01}}{T_{02}-T_{01}} \tag{9.4}$$

$T_{i'}$如图 9.1 所示。

### 压气机总压比

由式(9.1)至式(9.3)可得压气机总压比为

$$\frac{p_{03}}{p_{01}}=\left(1+\frac{\eta_c E}{c_p T_{01}\eta_m}\right)^{\gamma/(\gamma-1)}=\left(1+\frac{\eta_c U_2 V_{t2'}}{c_p T_{01}\eta_m}\right)^{\gamma/(\gamma-1)} \tag{9.5}$$

由于叶片之间存在相对的涡流，与离心泵的情况相同，压气机叶轮存在滑移。因此，使用滑移系数计算实际切向速度分量

$$V_{t2'}=\mu_s V_{t2} \tag{9.6}$$

从斯坦尼茨方程中计算 $\mu_s$

$$\mu_s=1-\frac{0.63\pi}{n_b}\cdot\frac{1}{1-\varphi_2\cot\beta_2} \tag{9.7}$$

在式(9.5)中使用式(9.6)和式(9.7)得到

$$\frac{p_{03}}{p_{01}}=\left(1+\frac{\eta_c\mu_s U_2 V_{t2'}}{c_p T_{01}\eta_m}\right)^{\gamma/(\gamma-1)} \tag{9.8}$$

因此，根据图 9.2 所示叶轮出口的理想速度三角形、叶片数量、进口总温、压气机级效率和机械效率，可以确定一个压气机级的总压比。

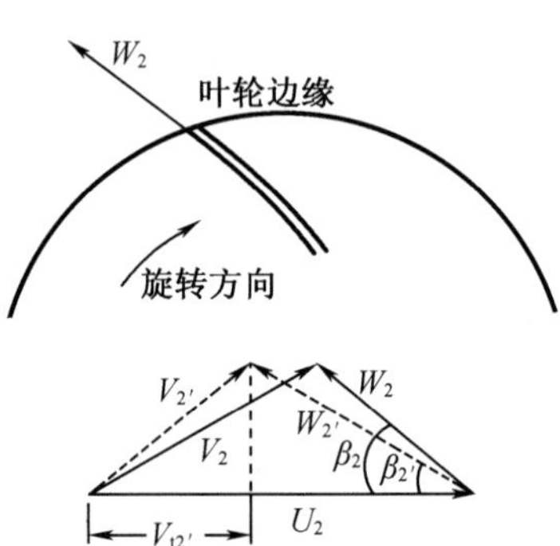


图 9.2　叶轮出口速度三角形

### 叶轮设计

叶轮设计有以下特点：有进口环道轴向流动（$V_1=V_{m1}$）的多个不带冠叶片；出口切向速度分量 $V_{t2'}$较大，虽然小于叶轮叶尖速度 $U_2$，但方向相同。

叶片通常在叶轮边缘附近弯曲，使 $\beta_2<90°$，一般在叶轮前缘附近弯曲，以符合进口相对速度 $W_1$ 的方向。

叶轮进口速度三角形如图 9.3 所示，得到 $W_1=(V_1^2+U_1^2)^{1/2}$，其随半径增大。因此，进口轮缘直径 $D_{1s}$、相对速度 $W_{1s}$ 和对应的相对马赫数 $Ma_{R1s}$ 是最高的。当 $U_1$ 随着半径增大而 $V_1$ 保持不变时，角度 $\beta_1$ 从叶片前缘的根部到顶部逐渐减小。

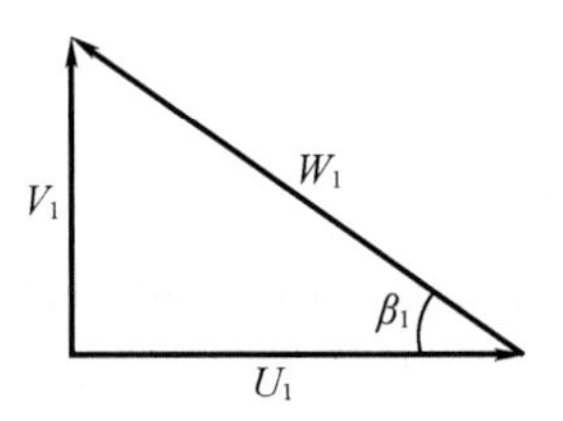


图 9.3　叶轮进口速度三角形

### 叶轮进口设计

根据图 9.3，选择 $Ma_{R1s}$ 进行叶轮进口设计如下：

第 1 步，由于声速在绝对参考系和相对参考系中都是相同的，所以用相对马赫数 $Ma_{R1s}$ 来计算绝对马赫数 $Ma_1$：

$$Ma_1=Ma_{R1s}\sin 32° \tag{9.9}$$

给出

$$T_1 = \frac{T_{01}}{1 + 0.5(\gamma - 1)Ma_1^2} \tag{9.10}$$

$$p_1 = \frac{p_{01}}{[1 + 0.5(\gamma - 1)Ma_1^2]^{\gamma/(\gamma-1)}} \tag{9.11}$$

$$C_1 = \sqrt{\gamma R T_1}, V_1 = Ma_1 C_1, W_{1s} = Ma_{R1s} C_1$$

第2步，根据 $U_{1s}=W_{1s}\cos 32°$ 计算 $U_{1s}$，计算机匣直径 $D_{1s}=2U_{1s}/N$。

第3步，根据完全气体的状态方程计算密度($\rho_1=P_1RT$)，然后根据叶轮进口处的质量流动方程计算轮毂直径：

$$D_{1h} = \left(D_{1s}^2 - \frac{4m}{\pi\rho_1 V_1}\right)^{1/2} \tag{9.12}$$

第4步，参照图9.3，计算轮毂处的进气角：

$$\beta_{1h} = \arctan\left(\frac{V_1}{U_{1h}}\right) \tag{9.13}$$

式中，轮毂处的叶片速度由 $U_{1h}=ND_{1h}/2$ 给出。

## 叶轮出口设计

对于叶轮出口的设计，按如下步骤进行：

第1步，以下式计算比转速：

$$N_s = \frac{NQ^{1/2}}{H^{3/4}} \tag{9.14}$$

式中，$N$ 的单位是 r/min，$Q$ 的单位是 $ft^3/s$，$H$ 的单位是 ft。

第2步，根据表9.1，确定可能的最高压气机效率和相应的等效直径：

$$D_s = D_2 H^{1/4}/Q^{1/2}$$

式中，$D_2$ 和 $H$ 的单位是 ft，$Q$ 的单位是 $ft^3/s$。

第3步，由第2步得到的等效直径计算叶轮直径：

$$D_2 = \frac{D_s Q^{1/2}}{H^{1/4}} \tag{9.15}$$

第4步，计算叶轮叶尖速度 $U_2=ND_2/2$，$E=\eta_m E_i/\eta_c$，$V_{t2'}=E/U_2$。

第5步，使用 $0.85<\mu_s<0.90$，计算 $V_{t2}=V_{t2'}/\mu_s$ 和 $W_{t2}=U_2-V_{t2}$。

**表9.1 压气机的等效直径是比转速 $N_s$ 和压气机效率 $\eta_c$ 的函数**

| $N_s$ | 压气机的等效直径 | | | | |
|---|---|---|---|---|---|
| | $\eta_c=0.4$ | $\eta_c=0.5$ | $\eta_c=0.6$ | $\eta_c=0.7$ | $\eta_c=0.8$ |
| 50 | 2.42 | 2.65 | 2.91 | — | — |
| 60 | 1.94 | 2.14 | 2.26 | — | — |
| 65 | 1.77 | 1.92 | 2.02 | 2.14 | — |
| 70 | 1.66 | 1.82 | 1.89 | 1.96 | — |
| 80 | 1.44 | 1.55 | 1.63 | 1.68 | — |

表 9.1(续)

| $N_s$ | 压气机的等效直径 | | | | |
|---|---|---|---|---|---|
| | $\eta_c=0.4$ | $\eta_c=0.5$ | $\eta_c=0.6$ | $\eta_c=0.7$ | $\eta_c=0.8$ |
| 85 | 1.36 | 1.48 | 1.53 | 1.57 | 1.70 |
| 90 | 1.30 | 1.39 | 1.43 | 1.46 | 1.59 |
| 100 | 1.16 | 1.25 | 1.29 | 1.32 | 1.41 |
| 110 | 1.07 | 1.14 | 1.17 | 1.21 | 1.29 |
| 120 | 1.00 | 1.06 | 1.10 | 1.15 | 1.22 |
| 130 | 0.91 | 1.00 | 1.03 | 1.08 | 1.18 |
| 140 | 0.87 | 0.96 | 1.00 | 1.06 | — |
| 150 | 0.83 | 0.94 | 1.00 | 1.07 | — |
| 160 | 0.80 | 0.91 | 1.00 | 1.04 | — |
| 170 | 0.80 | 0.91 | 1.00 | 1.11 | — |
| 180 | 0.80 | 0.91 | 1.00 | — | — |
| 190 | 0.79 | 0.91 | 1.01 | — | — |
| 200 | 0.79 | 0.91 | — | — | — |

第 6 步,使用 $0.23<\varphi_2<0.35$,计算 $W_{m2}=\varphi_2 U_2$(注意在图 9.2 中 $W_{m2}=W_{m2'}=V_{m2}=V_{m2'}$)。

第 7 步,计算叶片角 $\beta_2$:

$$\beta_2=\arctan\left(\frac{W_{m2}}{W_{t2}}\right) \tag{9.16}$$

第 8 步,计算叶片数 $n_b$:

$$n_b=\frac{0.63\pi}{(1-\mu_s)(1-0.3\cot\beta_2)} \tag{9.17}$$

第 9 步,计算叶轮出口总温 $T_{02}$:

$$T_{02}=T_{03}=T_{01}+\frac{E}{\eta_m c_p} \tag{9.18}$$

第 10 步,使用 $0.5<\chi<0.6$,其中 $\chi=(1-\eta_{im})/(1-\eta_c)$,即叶轮损失与压气机损失之比,计算叶轮效率 $\eta_{im}=1-\chi(1-\eta_c)$。

第 11 步,计算叶轮的等熵总温比为

$$\frac{T_{i'}}{T_{01}}=1+\frac{\eta_{im}(T_{02}-T_{01})}{T_{01}} \tag{9.19}$$

由式(9.4)得到,如图 9.1 所示,总温 $T_{i'}$ 对应着总压 $p_{02}$。

第 12 步,计算叶轮总压比:

$$\frac{p_{02}}{p_{01}}=\left(\frac{T_{i'}}{T_{01}}\right)^{\gamma/(\gamma-1)} \tag{9.20}$$

因此计算 $P_{02}=P_{01}(P_{02}/P_{01})$。

第 13 步,计算 $V_{2'}=\sqrt{V_{t2'}^2+V_{m2'}^2}$,$T_2=T_{02}-V_{2'}^2/(2c_p)$,$C_V=V_{m2'}/V_{2'}$,给出

$$Ma_2 = \sqrt{\frac{2}{\gamma - 1}\left(\frac{T_{02}}{T_2} - 1\right)} \tag{9.21}$$

和

$$\hat{F}_{f02} = \frac{Ma_2\sqrt{\gamma}}{\left(\frac{T_{02}}{T_2}\right)^{(\gamma+1)/[2(\gamma-1)]}} \tag{9.22}$$

第 14 步,计算叶轮出口面积

$$A_2 = \frac{m\sqrt{RT_{02}}}{p_{02}C_V\hat{F}_{f02}} \tag{9.23}$$

叶尖宽度

$$b_2 = \frac{A_2}{\pi D_2} \tag{9.24}$$

### 叶轮设计验证

对于各种叶轮设计参数,表 9.2 给出了 Ferguson(1963)和 Whitfield(1990)认为最优的范围。在上述设计过程中或之后,设计者应检查其计算结果的有效性,以确保这些设计参数在可接受的范围内。

## 问题 9.1:单级离心压气机的效率

单级离心压气机以 60 000 r/min 转速运行时的性能测试数据为 $m = 1.0$ kg/s, $p_{01} = 1.013\,5$ bar, $T_{01} = 289$ K, $p_{03} = 4.4$ bar。33 片叶轮几何尺寸为 $D_2 = 15.036\,8$ cm, $D_{1h} = 3.429$ cm, $D_{1s} = 9.754$ cm。叶片相对于叶轮切线的进口角为 90°。计算此压气机的效率。将计算出的效率与表 9.1 中的效率进行比较。对于完全气体,设 $\gamma = 1.4$ 和 $R = 287$ J/(kg·K)。

表 9.2 离心压气机的设计参数

| 参数 | 来源 | 推荐范围 |
|---|---|---|
| 流量系数 | Ferguson | $0.23<\varphi_2<0.35$ |
| 轮毂比 | Whitfield | $0.5<D_{1s}/D_2<0.7$ |
| 绝对气流角 | Whitfield | $60°<a_{2'}<70°$ |
| 扩散比 | Whitfield | $W_{1s}/W_{2'}<1.9$ |

# 问题 9.1 的解法

## 叶尖速度

$$U_2=\frac{ND_2}{2}=\frac{60\ 000\times\pi\times 15.036\ 8}{30\times 2\times 100}=472.4\ \text{m/s}$$

当 $\beta_2=90°$时，得到 $V_{t2}=U_2=472.4\ \text{m/s}$。

## 滑移系数

根据式(9.7)计算滑移系数

$$\mu_s=1-\frac{0.63\pi}{n_b}\cdot\frac{1}{1-\varphi\cot\beta_2}=1-\frac{0.63\times 3.141\ 5}{33}=0.94$$

给出

$$V_{t2'}=\mu_s V_{t2}=0.94\times 472.4=440.063\ \text{m/s}$$

利用式(5.1)，确定了压气机能量传递公式

$$E=U_2V_{t2'}=209\ 773\ \text{J/kg}$$

假设 $\eta_m=0.96$，同时使用 $c_p=R\gamma/(\gamma-1)=287\times 1.4/0.4=1\ 004.5\ \text{J/(kg}\cdot\text{K)}$。通过下式计算压气机实际总温升：

$$T_{03}-T_{01}=\frac{E}{c_p\eta_m}=\frac{209\ 773}{1\ 004.5\times 0.96}=217.535\ \text{K}$$

由式(9.2)确定等熵比功传递为

$$E_i=c_pT_{01}\left[\left(\frac{p_{03}}{p_{01}}\right)^{(\gamma-1)/\gamma}-1\right]$$

$$E_i=1\ 004.5\times 289\left[\left(\frac{4.4}{1.013\ 5}\right)^{(1.4-1)/1.4}-1\right]=151\ 061.514\ \text{J/kg}$$

得到等熵压缩下的总温升为

$$T_i-T_{01}=\frac{E_i}{c_p}=\frac{151\ 061.514}{1\ 004.5}=150.4\ \text{K}$$

最后，压气机效率计算为

$$\eta_c=\frac{T_i-T_{01}}{T_{03}-T_{01}}=\frac{150.4}{217.5}=0.691$$

## 叶轮进口流动面积

$$A_1=\frac{\pi}{4}(D_{1s}^2-D_{1h}^2)=\frac{3.141\ 6}{4\times 10\ 000}(9.754^2-3.429^2)=6.548\times 10^{-3}\ \text{m}^2$$

## 进口密度和速度

使用以下迭代方法来确定进口的密度和速度：

第 1 步,假设

$$\rho_1=1.0\ \mathrm{kg/m^3}\quad(\rho_1=1.13\ \mathrm{kg/m^3})$$

第 2 步,计算 $V_1$

$$V_1=\frac{m}{A_1\rho_1}=\frac{1.0}{6.548\times10^{-3}\times1.0}=152.393\ \mathrm{m/s}\quad(V_1=134.861\ \mathrm{m/s})$$

第 3 步,计算 $T_1$

$$T_1=T_{01}-\frac{V_1^2}{2c_p}=289-\frac{152.393^2}{2\times1\,004.5}=277\ \mathrm{K}\quad(T_1=279.5\ \mathrm{K})$$

第 4 步,计算进口静压

$$p_1=p_{01}\left(\frac{T_1}{T_{01}}\right)^{\gamma/(\gamma-1)}=1.013\,5\times\left(\frac{277}{289}\right)^{3.5}=0.878\ \mathrm{bar}\quad(p_1=0.907\ \mathrm{bar})$$

第 5 步,根据状态方程计算进口密度

$$\rho_1=\frac{p_1}{RT_1}=\frac{0.878\times10^5}{287\times277}=1.105\ \mathrm{kg/m^3}\quad(\rho_1=1.130\ \mathrm{kg/m^3})$$

第 6 步,重复第 1 步到第 5 步,直到第 5 步计算的 $\rho_1$ 几乎等于第 1 步的假设。

## 体积流量

$$Q_1=V_1A_1=134.861\times6.548\times10^{-3}=0.883\ \mathrm{m^3/s}=31.028\ \mathrm{ft^3/s}$$

## 输出扬程

$$H=\frac{E_i}{g}=\frac{151\,061.514}{9.81}=15\,398.727\ \mathrm{m}=50\,520.760\ \mathrm{ft}$$

## 比转速

$$N_s=\frac{NQ_1^{1/2}}{H^{3/4}}=\frac{60\,000\times31.028^{1/2}}{50\,520.760^{3/4}}=99.180(\mathrm{r\cdot min^{-1}})(\mathrm{ft^3\cdot s^{-1}})^{0.5}\cdot\mathrm{ft^{-0.75}}$$

## 等效直径

$$D_s=\frac{D_2H^{1/4}}{Q^{1/2}}=\frac{15.036\,8\times0.032\,8\times50\,520.760^{1/4}}{31.028^{1/2}}=1.328\ \mathrm{ft^{1.25}}/(\mathrm{ft^3\cdot s^{-1}})^{0.5}$$

## 表 9.1 中的压气机效率

根据 $N_s=99.180(\mathrm{r\cdot min^{-1}})(\mathrm{ft^3\cdot s^{-1}})^{0.5}/\mathrm{ft^{0.75}}$ 和 $D_s=1.328\ \mathrm{ft^{1.25}}/(\mathrm{ft^3\cdot s^{-1}})^{0.5}$,从表 9.1 得到 $\eta_c=0.688$,略低于前文计算的 $\eta_c=0.691$。

# 问题 9.2:离心压气机叶轮进口处的无量纲功率函数

对于叶轮进口为轴向流动的离心压气机

$$\varphi_{P1}=\frac{Ma_{\mathrm{R1s}}^3\cos^2\beta_{1s}\sin\beta_{1s}}{\left(1+\frac{\gamma-1}{2}Ma_{\mathrm{R1s}}^2\sin^2\beta_{1s}\right)^{\frac{3\gamma-1}{2(\gamma-1)}}}=\frac{C_1\dot{m}N^2}{(1-k^2)P_{01}\sqrt{T_{01}}}=\frac{\hat{C}_1\dot{m}_{\mathrm{corr}}N_{\mathrm{corr}}^2}{1-k^2}$$

式中,$N_{\mathrm{corr}}=N/\sqrt{\theta}$是折合转速,$\dot{m}_{\mathrm{coor}}=\dot{m}\sqrt{\theta}/\delta$ 是折合流量,其中 $\theta=T_{01}/T_{0\mathrm{ref}}$ 是无量纲进口总温,$\delta=P_{01}/P_{0\mathrm{ref}}$ 是无量纲进口总压,$T_{0\mathrm{ref}}=288\ \mathrm{K}$,$P_{0\mathrm{ref}}=101\ \mathrm{kPa}$;$k=D_{1\mathrm{h}}/D_{1\mathrm{s}}$ 是轮毂和轮缘的比值。确定这个方程中的常数 $C_1$ 和 $\hat{C}_1$。

# 问题 9.2 的解法

首先写出

$$\begin{aligned}\varphi_{P1}&=\frac{Ma_{\mathrm{R1s}}^3\cos^2\beta_{1s}\sin\beta_{1s}}{\left(1+\frac{\gamma-1}{2}Ma_{\mathrm{R1s}}^2\sin^2\beta_{1s}\right)^{\frac{3\gamma-1}{2(\gamma-1)}}}\\&=\frac{V_1U_1^2}{C^3\left(\frac{T_{01}}{T_1}\right)^{\frac{\gamma}{\gamma-1}}\left(\frac{T_{01}}{T_1}\right)^{\frac{1}{2}}}\\&=\frac{(\rho_1A_1V_1)N^2D_{1s}^2}{4\rho_1\mathrm{A}_1(\gamma RT_1)^{\frac{3}{2}}\frac{p_{01}}{p_1}\left(\frac{T_0}{T_1}\right)^{\frac{1}{2}}}\\&=\frac{\dot{m}N^2D_{1s}^2}{\pi\frac{p_1}{RT_1}(D_{1s}^2-D_{1h}^2)(\gamma RT_1)^{\frac{3}{2}}\frac{p_{01}}{p_1}\left(\frac{T_0}{T_1}\right)^{\frac{1}{2}}}\\&=\frac{\dot{m}N^2}{(\pi\gamma^{\frac{3}{2}}\sqrt{R})(1-k^2)p_{01}\sqrt{T_{01}}}\end{aligned}$$

$$\varphi_{P1}=\frac{Ma_{\mathrm{R1s}}^3\cos^2\beta_{1s}\sin\beta_{1s}}{\left(1+\frac{\gamma-1}{2}Ma_{\mathrm{R1s}}^2\sin^2\beta_{1s}\right)^{\frac{3\gamma-1}{2(\gamma-1)}}}=\frac{C_1\dot{m}N^2}{(1-k^2)p_{01}\sqrt{T_{01}}}$$

式中

$$C_1=\frac{1}{\pi\gamma^{\frac{3}{2}}\sqrt{R}}$$

现在把 $\varphi_{P1}$ 的方程转化成关于 $m_{\mathrm{coor}}$ 和 $N_{\mathrm{coor}}$ 的形式:

$$\varphi_{P1} = \frac{\dfrac{\dot{m}\sqrt{T_{01}}}{p_{01}}\left(\dfrac{N}{\sqrt{T_{01}}}\right)^2}{(\pi\gamma^{\frac{3}{2}}\sqrt{R})(1-k^2)}$$

$$\varphi_{P1} = \left(\frac{1}{\pi\gamma^{\frac{3}{2}}p_{\text{oref}}\sqrt{RT_{\text{0nef}}}}\right)\frac{\dot{m}_{\text{con}}N_{\text{corr}}^2}{1-k^2} = \frac{\hat{C}_1\dot{m}_{\text{corr}}N_{\text{cor}}^2}{1-k^2}$$

式中

$$\hat{C}_1 = \frac{1}{\pi\gamma^{\frac{3}{2}}p_{\text{0ref}}\sqrt{RT_{\text{0ref}}}}$$

# 问题 9.3:离心压气机的最佳转速

将 $\varphi_{P1}$ 的无量纲幂函数绘制为 $\beta_{1s}$ 和 $Ma_{\text{R1s}}$ 的函数,取值范围为 0.5~1.0。说明 $\varphi_{P1}$ 的最大值在 $Ma_{\text{R1s}}=0.5$ 下 $\beta_{1s}=30°$和 $Ma_{\text{R1s}}=1.0$ 下的 $\beta_{1s}=32°$之间变化。对于轴向进气的离心压气机,$Ma_{\text{R1s}}=0.9$, $p_{01}=101.325$ kPa,$T_{01}=288$ K,$\dot{m}=1.2$ kg/s,轮毂比 $k=0.4$。用问题 9.2 中的 $\varphi_{P1}$ 方程,找出 $\beta_{1s}$ 最优值对应的最大转速。对于完全气体,设 $\gamma=1.4$, $R=287$ J/(kg · K)。

# 问题 9.3 的解法

$\varphi_{P1}$ 方程如图 9.4 所示,当 $\varphi_{P1}$ 处于 $\beta_{1s}=30°$、$Ma_{\text{R1s}}=0.5$ 和 $\beta_{1s}=32°$、$Ma_{\text{R1s}}=1.0$ 时,$\varphi_{P1}$ 有一个最大值。当 $Ma_{\text{R1s}}=0.9$ 时,得到 $\beta_{1s}=30°$。

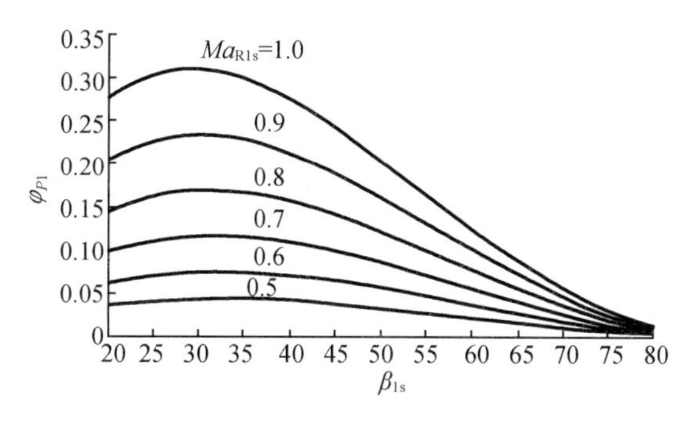


**图 9.4 $\varphi_{P1}$ 与 $Ma_{\text{R1s}}$ 和 $\beta_{1s}$ 的关系图**

$$\varphi_{P1} = \frac{Ma_{\text{R1s}}^3\cos^2\beta_{1s}\sin\beta_{1s}}{\left(1+\dfrac{\gamma-1}{2}Ma_{\text{R1s}}^2\sin^2\beta_{1s}\right)^{\frac{3\gamma-1}{2(\gamma-1)}}} = \frac{\hat{C}_1\dot{m}_{\text{corr}}N_{\text{corr}}^2}{1-k^2}$$

计算

$$\varphi_{P1} = \frac{Ma_{\text{R1s}}^3\cos^2\beta_{1s}\sin\beta_{1s}}{\left(1+\dfrac{\gamma-1}{2}Ma_{\text{R1s}}^2\sin^2\beta_{1s}\right)^{\frac{3\gamma-1}{2(\gamma-1)}}} = \frac{0.9^3\times\cos^2 30°\times\sin 30°}{1+0.2\times(0.9\times\sin 30°)^2}$$

$$\varphi_{P1}=\frac{0.2742}{1.1754}=0.2333$$

$$\theta=\frac{T_{01}}{T_{0ref}}=\frac{288}{288}=1$$

$$\delta=\frac{p_{01}}{p_{0ref}}=\frac{101.325}{101}=1.003$$

$$\dot{m}_{corr}=\frac{\dot{m}\sqrt{\theta}}{\delta}=\frac{1.2\times\sqrt{1.0}}{1.003}=1.196$$

再按照下式计算转速：

$$N_{corr}^{2}=\frac{\varphi_{P1}(1-k^{2})}{\hat{C}_{1}\dot{m}_{corr}}=\frac{0.2333\times(1-0.4\times0.4)}{6.618\times10^{-4}\times1.196}=247.592$$

$$N_{corr}=\sqrt{247.592}=15.735\ \mathrm{rad/s}$$

$$N=N_{corr}\sqrt{\theta}=15.735\times\sqrt{1}=15.735\ \mathrm{rad/s}$$

$$\hat{N}=\frac{15.735\times30}{\pi}=150.26\ \mathrm{r/min}$$

## 问题 9.4：离心压气机叶轮的基本尺寸

单吸离心压气机的一些设计和运行数据见表 9.3。

表 9.3　单吸离心压气机设计和运行数据

| 变量 | 设计和运行数据 |
|---|---|
| 机械效率 $\eta_m$ | 0.96 |
| 滑移系数 $\mu_s$ | 0.90 |
| 转速 $N$ | 17 400 r/min |
| 进口轮毂直径 $D_{1h}$ | 0.15 m |
| 进口轮缘直径 $D_{1s}$ | 0.30 m |
| 叶片直径 $D_2$ | 0.50 m |
| 空气质量流量 $\dot{m}$ | 9.0 kg/s |
| 进口总温 $T_{01}$ | 295 K |
| 进口总压 $P_{01}$ | 1.1 bar |
| 等熵效率 $\eta_c$ | 0.78 |

(1)找出压气机的压比和驱动它所需的功率。假设进口风速为轴向，叶轮出口相对风速为径向。(提示：$V_{t2}=U_2$)

(2)假设进口风速均匀，求出叶轮叶片在轮毂和轮缘处的叶片角。

(3)假设 $V_{r2}=V_1$，叶轮损失与压气机损失之比 $\chi=0.5$，求叶轮流道在其周边的轴向宽度。将空气视为完全气体，设 $\gamma=1.4$，$R=287\ \mathrm{J/(kg\cdot K)}$。

# 问题 9.4 的解法

## (1) 压气机压比和所需功率

### 转速

$$N=\frac{17\ 400\pi}{30}=1\ 822.124\ \mathrm{rad/s}$$

$$U_2=\frac{D_2N}{2}=\frac{0.5\times 1\ 822.124}{2}=455.531\ \mathrm{m/s}$$

### 压气机总压

$$T_{03}-T_{01}=\frac{U_2V_{t2}}{c_p\eta_m}=\frac{\mu_s U_2^2}{c_p\eta_m}=\frac{0.9\times 455.531^2}{1\ 004.5\times 0.96}=193.7\ \mathrm{K}$$

$$T_{03}=295+193.7=488.7\ \mathrm{K}$$

$$\frac{p_{03}}{p_{01}}=\left[1+\frac{\eta_c(T_{03}-T_{01})}{T_{01}}\right]^{\gamma/(\gamma-1)}=\left(1+\frac{0.78\times 193.7}{295}\right)^{3.5}=4.251$$

### 所需功率

$$P=mc_p(T_{03}-T_{01})=9.0\times 1\ 004.5\times 193.7=1\ 750.852\ \mathrm{kW}$$

## (2) 叶轮进口叶片角

### 叶轮进口面积

$$A_1=\frac{\pi}{4}(D_{1s}^2-D_{1h}^2)=\frac{3.141\ 5}{4}\times(0.3^2-0.15^2)=0.053\ \mathrm{m}^2$$

### 进口绝对马赫数和速度

通过叶片进口质量流量方程

$$\dot{m}=\frac{A_1\hat{F}_{f01}p_{01}}{\sqrt{RT_{01}}}$$

得到

$$\hat{F}_{01}=\frac{\dot{m}\sqrt{RT_{01}}}{A_1p_{01}}=\frac{9.0\times\sqrt{287\times 295}}{0.053\times 110\ 000}=0.442\ 1$$

式中

$$\hat{F}_{01}=Ma_1\sqrt{\frac{\gamma}{\left(1+\frac{\gamma-1}{2}Ma_1^2\right)^{\frac{\gamma+1}{\gamma-1}}}}$$

令 $Ma_1=0.421\ 1$，使用迭代解决方案，例如 MS Excel 中的“目标寻求”。已知 $Ma_1=0.421\ 1$，得到

$$\frac{T_{01}}{T_1}=1+\frac{\gamma-1}{2}Ma_1^2=1+0.2\times 0.421\ 1^2=1.035\ 5$$

式中

$$T_1=\frac{295}{1.035\ 5}=284.9\ \text{K}$$

速度

$$C_1=\sqrt{\gamma RT_1}=\sqrt{1.4\times287\times284.9}=338.335\ \text{m/s}$$

$$V_1=Ma_1C_1=0.421\ 1\sqrt{\gamma RT_1}=0.421\ 1\sqrt{1.4\times287\times284.9}=142.482\ \text{m/s}$$

**叶轮进口轮毂处的相对角度**

$$U_{1h}=\frac{ND_{1h}}{2}=\frac{1\ 822.124\times0.15}{2}=136.659\ \text{m/s}$$

$$\beta_{1h}=\arctan(V_1/U_{1h})=\arctan(142.482/136.659)=46.2°$$

**叶轮进口机匣处的相对角度**

$$U_{1s}=\frac{ND_{1s}}{2}=\frac{1\ 822.124\times0.30}{2}=273.319\ \text{m/s}$$

$$\beta_{1h}=\arctan(V_1/U_{1t})=\arctan(142.482/273.319)=27.5°$$

### (3)叶轮通道外缘的轴向宽度

由 $V_{r2}=V_1=142.482\ \text{m/s}$，$V_{t2}=U_2=455.53\ \text{m/s}$，$T_{02}=T_{03}=488.7\ \text{K}$，得到

$$V_{t2'}=\mu_s V_{t2}=0.9\times455.531=409.978\ \text{m/s}$$

因此

$$V_{2'}=\sqrt{V_{r2}^2+V_{t'}^2}=\sqrt{142.482^2+409.978^2}=434.031\ \text{m/s}$$

由$\chi$的定义得

$$\chi=\frac{1-\eta_{im}}{1-\eta_c}$$

当$\chi=0.5$时，得到

$$\eta_{im}=1-\chi(1-\eta_c)=1-0.5\times(1-0.78)=0.89$$

同时得到

$$\frac{p_{02}}{p_{01}}=\left[1+\frac{\eta_{im}(T_{02}-T_{01})}{T_{01}}\right]^{\gamma/(\gamma-1)}=\left(1+\frac{0.89\times193.7}{295}\right)^{3.5}=5.00$$

$$p_{02}=p_{01}\frac{p_{02}}{p_{01}}=110\ 000\times5.005=550\ 565\ \text{Pa}$$

$$T_2=T_{02}-\frac{V_2^2}{2c_p}=488.668-\frac{434.031^2}{2\times1\ 004.5}=394.9\ \text{K}$$

$$\frac{T_{02}}{T_2}=\frac{488.7}{394.9}=1.238$$

$$\frac{p_{02}}{p_2}=\left(\frac{T_{02}}{T_1}\right)^{\gamma(\gamma-1)}=1.238^{3.5}=2.108$$

$$p_2=\frac{p_{02}}{p_{02}/p_2}=\frac{550\ 565}{2.108}=261\ 192\ \text{Pa}$$

$$\rho_2 = \frac{p_2}{RT_2} = \frac{261\ 192}{287 \times 394.9} = 2.305\ \mathrm{kg/m^3}$$

$$A_2 = \frac{\dot{m}}{\rho_2 V_r} = \frac{9.0}{2.305 \times 142.482} = 0.027\ 4\ \mathrm{m^2}$$

因此,计算叶轮流道的宽度为

$$b_2 = \frac{A_2}{\pi D_2} = \frac{0.027\ 4}{3.141\ 5 \times 0.5} = 0.017\ 4\ \mathrm{m} = 1.74\ \mathrm{cm}$$

# 问题 9.5:求离心压气机的转速

离心压气机进口轮缘轮毂比为 0.5。在进口处是均匀的轴向进气,在进口叶顶相对流动马赫数为 0.9、总压力为 1.02 bar、总温为 290 K 的条件下,压气机的最大质量流量为 5.0 kg/s。试确定压气机的转速、进口轴向速度、进口轮毂和轮缘直径,将空气视为完全气体,假设 $\gamma = 1.4$,$R = 287\ \mathrm{J/(kg \cdot K)}$。

# 问题 9.5 的解法

## 最佳转速

使用解决问题 9.2 的方程进行求解:

$$\varphi_{P1} = \frac{Ma_{\mathrm{R1s}}^3 \cos^2 \beta_{1s} \sin \beta_{1s}}{\left(1 + \frac{\gamma - 1}{2} M_{\mathrm{R1s}}^2 \sin^2 \beta_{1s}\right)^{\frac{3\gamma - 1}{2(\gamma - 1)}}} = \frac{C_1 \dot{m} N^2}{(1 - k^2) p_{01} \sqrt{T_{01}}}$$

改写为

$$\frac{C_1 \dot{m} N^2}{(1 - k^2) p_{01} \sqrt{T_{01}}} = \frac{Ma_{\mathrm{R1s}}^3 \cos^2 \beta_{1s} \sin \beta_{1s}}{\left(1 + \frac{\gamma - 1}{2} Ma_{\mathrm{R1s}}^2 \sin^2 \beta_{1s}\right)^{\frac{3\gamma - 1}{2(\gamma - 1)}}}$$

式中,$\gamma = 1.4$,$R = 287\ \mathrm{J/(kg \cdot K)}$,得到

$$C_1 = \frac{1}{\pi \gamma^{\frac{3}{2}} \sqrt{R}} = 11.343 \times 10^{-3}\ \mathrm{s \cdot K^{0.5}/m}$$

当 $Ma_{\mathrm{R1s}} = 0.9$ 时,方程右边的最大值对应 $\beta_{1s} = 30°$,可得

$$N^2 = \left[\frac{(1 - k^2) p_{01} \sqrt{T_{01}}}{C_1 \dot{m}}\right] \frac{Ma_{\mathrm{R1s}}^3 \cos^2 \beta_{1s} \sin \beta_{1s}}{\left(1 + \frac{\gamma - 1}{2} Ma_{\mathrm{R1s}}^2 \sin^2 \beta_{1s}\right)^{\frac{3\gamma - 1}{2(\gamma - 1)}}}$$

$$N^2 = \frac{(1 - 0.5^2) \times 1.01 \times 10^5 \sqrt{290}}{11.343 \times 10^{-3} \times 5.0} \cdot \frac{0.9^3 \times \cos^2 30° \times \sin 30°}{(1 + 0.2 \times 0.9^2 \sin^2 30°)^4} = 5\ 304\ 995$$

$$N = \sqrt{5\ 304\ 995} = 2\ 303.257\ \mathrm{rad/s} = 21\ 994\ \mathrm{r/min}$$

### 均匀进口轴向速度

$$Ma_1 = Ma_{\mathrm{R1s}} \sin\beta_{1s} = 0.9 \times \sin 30° = 0.45$$

$$\frac{T_{01}}{T_1} = 1 + \frac{\gamma - 1}{2} Ma_1^2 = 1 + 0.2 \times 0.45^2 = 1.041$$

$$T_1 = \frac{T_{01}}{1.041} = \frac{290}{1.041} = 278.7\ \mathrm{K}$$

$$C_1 = \sqrt{\gamma R T_1} = \sqrt{1.4 \times 287 \times 278.7} = 334.644\ \mathrm{m/s}$$

$$V_1 = Ma_1 C_1 = 0.45 \times 334.644 = 150.59\ \mathrm{m/s}$$

### 进口轮毂和机匣直径

$$\hat{F}_{f01} = Ma_1 \sqrt{\frac{\gamma}{\left(1 + \frac{\gamma - 1}{2} Ma_1^2\right)^{\frac{\gamma+1}{\gamma-1}}}} = 0.45 \times \sqrt{\frac{1.4}{(1 + 0.2 \times 0.45^2)^6}} = 0.4727$$

$$A_1 = \frac{m\sqrt{RT_{01}}}{p_{01}\hat{F}_{f01}} = \frac{5 \times \sqrt{287 \times 290}}{101\,000 \times 0.4727} = 0.03022\ \mathrm{m}^2$$

$$D_{1s} = \left[\frac{4A_1}{\pi(1 - k^2)}\right]^{1/2} = \left(\frac{4 \times 0.03022}{3.1416 \times 0.75}\right)^{1/2} = 0.2265\ \mathrm{m} = 22.65\ \mathrm{cm}$$

$$D_{1h} = 0.5 \times 22.65 = 11.325\ \mathrm{cm}$$

## 问题 9.6：通过离心压气机的质量流量

叶轮叶尖转速为 350 m/s 的离心压气机，出口流动面积为 0.1 m$^2$。流体在总压 1.013 bar、总温 292 K 的条件下进入压气机，以 30 m/s 的径向速度分量和带有滑移系数 0.9 的切向速度分量流出叶轮。叶轮效率为 0.89。试确定压气机质量流量。将空气视为完全气体，设 $\gamma = 1.4$，$R = 287\ \mathrm{J/(kg \cdot K)}$。

## 问题 9.6 的解法

### 绝对出口马赫数

计算出口绝对速度的实际切向速度分量：

$$V_{t2'} = \mu_s V_{t2} = \mu_s U_2 = 0.9 \times 350 = 315\ \mathrm{m/s}$$

出口绝对速度

$$V_{2'} = \sqrt{V_{r2}^2 + V_{t2}^2} = \sqrt{30^2 + 315^2} = 316.425\ \mathrm{m/s}$$

速度系数

$$C_V = \frac{V_{r2}}{V_{2'}} = \frac{30}{316.425} = 0.0948$$

由叶轮做功，得到出口空气总温

$$T_{02}=T_{01}+\frac{\mu_s U_2^2}{c_p}=292+\frac{0.9\times 350^2}{1\ 004.5}=401.8\ \text{K}$$

同时得到相应的静温

$$T_{02}=T_{01}+\frac{\mu_s U_2^2}{c_p}=292+\frac{0.9\times 350^2}{1\ 004.5}=401.8\ \text{K}$$

从而得到

$$\frac{T_{02}}{T_2}=\frac{401.8}{351.9}=1.142$$

叶轮出口绝对马赫数为

$$Ma_2=\left[\frac{2}{\gamma-1}\cdot\left(\frac{T_{02}}{T_2}-1\right)\right]^{1/2}=\left[\frac{2}{1.4-1}\times(1.142-1)\right]^{1/2}=0.841$$

## 质量流量

计算叶轮出口的总压质量流量函数：

$$\hat{F}_{f02}=Ma_2\sqrt{\frac{\gamma}{\left(1+\frac{\gamma-1}{2}Ma_2^2\right)^{\frac{\gamma+1}{\gamma-1}}}}=0.841\times\sqrt{\frac{1.4}{(1+0.2\times 0.841^2)^6}}=0.669$$

总压比为

$$\frac{p_{02}}{p_{01}}=\left[1+\frac{\eta_{im}(T_{02}-T_{01})}{T_{01}}\right]^{\frac{\gamma}{\gamma-1}}=\left[1+\frac{0.89\times(401.8-292)}{292}\right]^3=2.746$$

得到

$$p_{02}=p_{01}\times 2.746=101\ 300\times 2.746=278\ 137\ \text{Pa}$$

最后，质量流量为

$$\dot{m}=\frac{A_1 C_V \hat{F}_{f02} p_{02}}{\sqrt{RT_{02}}}=\frac{0.1\times 0.095\times 0.669\times 278\ 137}{\sqrt{287\times 401.8}}=5.2\ \text{kg/s}$$

# 问题9.7：带有径向叶片的离心压气机的运行参数

离心压气机带有径向叶片，转速为2 500 r/min，功率为1.1 MW，流量为10 kg/s。流体以总压1.013 bar、总温290 K轴向进入压气机，并径向流出叶轮。假定在叶轮出口的滑移系数为0.9，比转速$N_s=\varphi^{0.5}/\Psi^{0.75}=0.8$，其中$\varphi=V_{x1}/U_2^2$，$\Psi=E/U_2^2$。求：(1)叶轮叶尖速度；(2)进口绝对速度；(3)进口绝对马赫数；(4)进口面积。将空气视为完全气体，设$\gamma=1.4$，$R=287\ \text{J/(kg·K)}$。

# 问题 9.7 的解法

## (1) 叶轮叶尖速度

利用驱动压气机所需功率 $P=\dot{m}E=1.1\times10^6$ W 和机械效率 100%，得到气动比能传递为

$$E=\frac{P}{\dot{m}}=\frac{1.1\times10^6}{10}=1.1\times10^5\ \mathrm{m^2/s^2}$$

从而得到

$$U_2=\sqrt{\frac{E}{\mu_s}}=\sqrt{\frac{1.1\times10^5}{0.9}}=349.603\ \mathrm{m/s}$$

## (2) 进口绝对速度

得到

$$\psi=\frac{E}{U_2^2}=\mu_s=0.9$$

从给出的比转速 $N_s=\phi^{0.5}/\Psi^{0.75}=0.8$，计算

$$\phi=(N_s\Psi^{0.75})^2=(0.8\times0.9^{0.75})^2=0.5464$$

得到

$$V_1=\phi U_2=0.5464\times349.603=191.038\ \mathrm{m/s}$$

## (3) 进口绝对马赫数

计算进口静温

$$T_1=T_{01}-\frac{V_1^2}{2c_p}=290-\frac{191.038^2}{2\times1004.5}=271.8\ \mathrm{K}$$

得出压气机进口的绝对马赫数为

$$Ma_1=\frac{V_1}{\sqrt{\gamma RT_1}}=\frac{191.038}{\sqrt{1.4\times1004.5\times271.8}}=0.309$$

## (4) 进口面积

$$\frac{T_{01}}{T_1}=1+\frac{\gamma-1}{2}Ma_1^2=1+0.2\times0.309^2=1.0191$$

$$\hat{F}_{\mathrm{fo1}}=Ma_1\sqrt{\frac{\gamma}{\left(1+\frac{\gamma-1}{2}Ma_1^2\right)^{\frac{\gamma+1}{\gamma-1}}}}=\frac{Ma_1\sqrt{\gamma}}{\left(\frac{T_{01}}{T_1}\right)^{\frac{\gamma+1}{2(\gamma-1)}}}=\frac{0.578\sqrt{1.4}}{1.0668^3}=0.301$$

因此，最终计算出压气机进口面积为

$$A_1=\frac{\dot{m}\sqrt{RT_{01}}}{C_V p_{01}\hat{F}_{\mathrm{t01}}}=\frac{10\times\sqrt{287\times290}}{1.0\times101300\times0.301}=0.494\ \mathrm{m^2}$$

# 问题 9.8:带有径向叶片的离心压气机叶轮的排气

单级离心压气机设计转速为 17 000 r/min,其叶尖叶轮直径为 0.42 m,通道宽度为 2.0 cm。叶轮有 18 片叶片,工作时叶轮效率为 0.93。总压为 1.013 bar、总温为 291 K 的气流轴向进入压气机,以 25 m/s 的速度径向流出叶轮。求:(1)叶尖的绝对马赫数;(2)叶轮出口空气总压;(3)压气机质量流量。对于完全气体,设 $\gamma=1.4$, $R=287$ J/(kg·K)。

# 问题 9.8 的解法

## (1)叶轮出口处的绝对马赫数

从给定转速 $N=17\ 000$ r/min,得到

$$N=\frac{17\ 000\pi}{30}=1\ 780.236\ \text{rad/s}$$

因此

$$U_2=\frac{1\ 780.236\times0.42}{2}=373.850\ \text{m/s}$$

为求滑移系数,使用 $\beta_2=90°$ 时的斯坦尼茨方程

$$\mu_s=1-\frac{0.63\pi}{n_b}\cdot\frac{1}{1-\varphi_2\cot\beta_2}=1-\frac{0.63\pi}{18}=0.890$$

得到

$$V_{t2'}=\mu_s V_{t2}=\mu_s U_2=0.890\times373.850=332.743\ \text{m/s}$$

$$V_{2'}=\sqrt{V_{r2}^2+V_{t2'}^2}=\sqrt{25^2+332.743^2}=330.680\ \text{m/s}$$

根据叶轮中功的传递,在叶轮出口,总温为

$$T_{02}=T_{01}+\frac{\mu_s U_2^2}{c_p}=292+\frac{0.9\times373.850^2}{1\ 004.5}=414.8\ \text{K}$$

静温为

$$T_2=T_{02}-\frac{V_{2'}^2}{2c_p}=414.8-\frac{316.425^2}{2\times1\ 004.5}=359.4\ \text{K}$$

绝对马赫数为

$$Ma_2=\frac{V_{2'}}{\sqrt{\gamma RT_2}}=\frac{330.680}{\sqrt{1.4\times287\times359.4}}=0.878$$

## (2)叶轮出口处的空气总压

计算叶轮出口总压与进口总压之比:

$$\frac{p_{02}}{p_{01}}=\left[1+\frac{\eta_{im}(T_{02}-T_{01})}{T_{01}}\right]^{\frac{\gamma}{\gamma-1}}=\left[1+\frac{0.93\times(414.8-291)}{291}\right]^{3.5}=3.213$$

得到

$$p_{02}=p_{01}\frac{p_{02}}{p_{01}}=101\ 300\times3.213=325\ 477\ \text{Pa}$$

### (3)压气机质量流量

首先计算叶轮出口流动面积为

$$A_2=\pi D_2 b=3.141\ 6\times0.42\times0.02=0.026\ 4\ \text{m}^2$$

总静温之比为

$$\frac{T_{02}}{T_2}=\frac{414.8}{359.4}=1.154$$

叶轮出口的总压质量流量函数为

$$\hat{F}_{f02}=\frac{Ma_2\sqrt{\gamma}}{\left(\frac{T_{02}}{T_2}\right)^{\gamma+1}/[2(\gamma-1)]}=0.878\times\frac{0.878\sqrt{1.4}}{1.154^3}=0.594$$

速度系数为

$$C_V=\frac{V_{r2}}{V_{2'}}=\frac{25}{330.680}=0.074\ 9$$

由此,由下式得到质量流量

$$\dot{m}=\frac{A_2C_V\hat{F}_{f02}p_{02}}{\sqrt{RT_{02}}}=\frac{0.026\ 4\times0.074\ 5\times0.676\times325\ 432}{\sqrt{287\times414.8}}=1.260\ \text{kg/s}$$

## 问题9.9:压气机叶轮的基本尺寸和出口流动特性

单级离心压气机进口滞止压力为1.013 bar,滞止温度为288 K。转子叶尖速度为500 m/s,叶轮中径处速度为100 m/s,$V_{2'}=456$ m/s,叶轮内能量传递为220 kJ/kg,滑移系数为0.9,叶轮效率为0.9,压气机效率为0.8,机械效率为0.98。求:(1)压气机总压比;(2)叶轮叶尖处叶片角$\beta_2$;(3)$T_{02}$;(4)$T_2$;(5)$p_{02}$;(6)$p_2$。

## 问题9.9的解法

### (1)压气机总压比

$$\frac{p_{03}}{p_{01}}=\left(1+\frac{\eta_c E}{\eta_m c_p T_{01}}\right)^{\gamma/(\gamma-1)}=\left(1+\frac{0.8\times220\times1\ 000}{0.98\times1\ 004.5\times288}\right)^{3.5}=5.421$$

### (2)叶轮叶尖处的叶片角

$$V_{t2'}=\frac{E}{U}=\frac{220\times1\ 000}{500}=440\ \text{m/s}$$

$$V'_{m2}=\sqrt{V_{2^2}^2-V_{t2'}^2}=\sqrt{456^2-440^2}=119.733\ \text{m/s}$$

$$W_{m2}=V_{m2}=119.733\ \text{m/s}$$

$$V_{t2}=\frac{V_{t2'}}{\mu_s}=\frac{440}{0.90}=488.889\ \text{m/s}$$

$$W_{t2}=U_2-V_{t2}=500-488.889=11.111\ \text{m/s}$$

$$\beta_2=\arctan\left(\frac{W_{m2}}{W_{t2}}\right)=\arctan\left(\frac{119.733}{11.111}\right)=84.7^\circ$$

**(3)叶轮出口处的总温**

$$T_{03}-T_{01}=\frac{E}{\eta_m c_p}$$

$$T_{03}=T_{01}+\frac{E}{\eta_m c_p}=288+\frac{220\times 1\ 000}{0.98\times 1\ 004.5}=511.5\ \text{K}$$

**(4)叶轮出口处的静温**

$$T_2=T_{02}-\frac{V_{2'}^2}{2c_p}=511.5-\frac{456^2}{2\times 1\ 004.5}=408\ \text{K}$$

**(5)叶轮出口处的总压**

$$\begin{aligned}p_{02}&=p_{01}\left[1+\frac{\eta_{im}(T_{02}-T_{01})}{T_{01}}\right]^{\gamma/(\gamma-1)}\\&=1.013\times 10^5\left[1+\frac{0.91\times(511.8-288)}{288}\right]^{3.5}\\&=657\ 155\ \text{Pa}\end{aligned}$$

**(6)叶轮出口静压**

$$\frac{p_{02}}{p_2}=\left(\frac{T_{02}}{T_2}\right)^{\gamma/(\gamma-1)}=\left(\frac{511.5}{408}\right)^{3.5}=2.206$$

$$p_2=\frac{657\ 155}{2.206}=297\ 850\ \text{Pa}$$

## 问题 9.10:离心压气机的初步叶轮设计

单级离心压气机在总压为 100 000 Pa、总温为 306 K 的情况下,每秒吸入 3.3 kg 空气。它排出空气的总压为 400 000 Pa。压气机转速为 40 000 r/min。求当叶尖速度为 547 m/s 时,叶轮的基本尺寸。假设机械效率为 0.96。根据需要做出合理的假设。

# 问题 9.10 的解法

## 叶轮进口

### 转速

$$N=\frac{40\ 000\times 3.141\ 6}{30}=4\ 188.8\ \text{rad/s}$$

这对于叶轮来说是常数。

### 进口体积流量

假设 $Ma_{\text{R1s}}=1.1$，$\beta_{1s}=30°$，计算进口体积流量如下：

$$Ma_1=Ma_{\text{R1s}}\sin\beta_{1s}=1.1\sin 30°=0.550$$

$$\frac{T_{01}}{T_1}=1+\frac{\gamma-1}{2}Ma_1^2=1+0.2\times 0.550^2=1.060\ 5$$

$$T_1=\frac{306}{1.060\ 5}=288.5\ \text{K}$$

$$C_1=\sqrt{\gamma RT_1}=\sqrt{1.4\times 287\times 288.5}=340.495\ \text{m/s}$$

$$V_1=Ma_1C_1=0.550\times 340.495=187.272\ \text{m/s}$$

$$W_{1s}=Ma_{\text{R1s}}C_1=1.1\times 340.495=374.544\ \text{m/s}$$

$$U_{1s}=W_{1s}\cos\beta_{1s}=374.544\cos 30°=324.365\ \text{m/s}$$

$$p_1=\frac{p_{01}}{(T_{01}/T_1)^{\gamma/(\gamma-1)}}=\frac{100\ 000}{1.060\ 5^{3.5}}=81\ 417\ \text{Pa}$$

$$\rho_1=\frac{p_1}{RT_1}=\frac{81\ 417}{287\times 288.5}=0.983\ \text{kg/m}^3$$

$$Q_1=\frac{\dot m}{\rho_1}=\frac{3.3}{0.983}=3.357\ \text{m}^3/\text{s}=117.933\ \text{cfs}$$

### 叶轮轮毂和机匣直径

$$D_{1s}=\frac{2U_{1s}}{N}=\frac{2\times 324.365}{4\ 188.790}=0.155\ \text{m}=155\ \text{mm}$$

$$D_{1h}=\left(D_{1s}^2-\frac{4\dot m}{\pi\rho_1V_1}\right)^{1/2}=\left(0.155^2-\frac{4\times 3.3}{3.141\ 6\times 0.983\times 187.272}\right)^{1/2}=0.034\ 1\ \text{m}\approx 34\ \text{mm}$$

### 理想输出能量头

$$E_i=c_pT_{01}\left[\left(\frac{p_{03}}{p_{01}}\right)^{(\gamma-1)/\gamma}-1\right]$$

$$=1\ 004.5\times306\times\left[\left(\frac{400\ 000}{100\ 000}\right)^{1/3.5}-1\right]=149\ 383\ \mathrm{m^2/s^2}$$

$$H=\frac{E_i}{g}=\frac{149\ 383}{9.81}=15\ 228\ \mathrm{m}=49\ 959\ \mathrm{ft}$$

## 比转速

$$N_s=\frac{NQ_1^{1/2}}{H^{1/4}}=\frac{40\ 000\times117.933^{1/2}}{49\ 959^{3/4}}=130.0$$

## 叶轮外径和等效直径

$$D_2=\frac{2U_2}{N}=\frac{2\times547}{4\ 188.790}=0.261\ \mathrm{m}=0.857\ \mathrm{ft}$$

$$D_s=\frac{D_2H^{1/4}}{Q^{1/2}}=\frac{0.857\times49\ 959^{1/4}}{117.933^{1/2}}=1.180$$

## 压气机效率

由表9.1可知，当 $N_s=130$，$D_s=1.180$ 时，$\eta_c=0.8$。

## 实际空气动力学比能转换

假设 $\eta_m=0.96$，计算出实际叶轮内的气动动能传递为

$$E=\frac{\eta_m E_i}{\eta_c}=\frac{0.96\times149\ 383}{0.8}=179\ 260\ \mathrm{m^2/s^2}$$

## 叶轮出口

## 叶轮处的实际绝对切向速度

$$V_{t2'}=\frac{E}{U_2}=\frac{179\ 260}{547}=327.715\ \mathrm{m/s}$$

## 叶轮处的理想绝对切向速度

设 $\mu_s=0.9$，得到

$$V_{t2}=\frac{V_{t2'}}{\mu_s}=\frac{327.715}{0.9}=364.128\ \mathrm{m/s}$$

给出

$$W_{t2}=U_2-V_{t2}=547-364.128=182.872\ \mathrm{m/s}$$

假设 $\varphi_2=0.3$，则得到

$$W_{m2}=\varphi_2U_2=0.3\times547=164.1\ \mathrm{m/s}$$

### 叶轮出口叶片角

$$\beta_2=\arctan\left(\frac{W_{m2}}{W_{t2}}\right)=\arctan\frac{164.1}{182.872}=41.9°$$

### 绝对气流角

$$\beta_{2'}=\arctan\left(\frac{V_{t2'}}{V_{m2'}}\right)=\arctan\frac{327.715}{182.872}=63.4°$$

### 叶片数

由式(9.17)得到叶片数量 $n_b$ 为

$$n_b=\frac{0.63\pi}{(1-\mu_s)(1-0.3\cot\beta_2)}=\frac{0.63\pi}{(1-0.9)(1-0.3\cot 41.9°)}=29.7$$

得到 $n_b=30$。

### 叶轮效率

由$\chi=0.55$,得到

$$\eta_{im}=1-\chi(1-\eta_c)=1-0.55\times(1-0.8)=0.890$$

### 叶轮出口总温

注意到 $T_{02}=T_{03}$,从式(9.1)得到

$$T_{02}=T_{03}=T_{01}+\frac{E}{\eta_m c_p}=306+\frac{179\ 260}{1\ 004.5\times 0.96}=492\ \text{K}$$

### 叶轮叶尖宽度

计算叶轮上的总压比为

$$\frac{p_{02}}{p_{01}}=\left[1+\frac{\eta_{im}(T_{02}-T_{01})}{T_{01}}\right]^{\gamma/(\gamma-1)}=\left[1+\frac{0.8\times(492-306)}{306}\right]^{3.5}=4.003$$

给出

$$p_{02}=4.003p_{01}=4.003\times 100\ 000=400\ 300\ \text{Pa}$$

现在计算叶轮出口马赫数:

$$V_{2'}=\sqrt{V_{t2'}^2+V_{m2}^2}=\sqrt{327.715^2+164.1^2}=366.505\ \text{m/s}$$

$$T_2=T_{02}-\frac{V_{2'}^2}{2c_p}=492-\frac{366.505^2}{2\times 1\ 004.5}=425\ \text{K}$$

$$\frac{T_{02}}{T_2}=\frac{492}{425}=1.157$$

$$Ma_2=\sqrt{\frac{2}{\gamma-1}\left(\frac{T_{02}}{T_2}-1\right)}=\sqrt{\frac{2}{1.4-1}}\times(1.157-1)=0.887$$

给出

$$\hat{F}_{f02}=\frac{Ma_2\sqrt{\gamma}}{\left(\frac{T_{02}}{T_2}\right)^{\gamma+1/2(\gamma-1)}}=0.887\times\frac{0.887\sqrt{1.4}}{1.157^3}=0.677$$

流量系数

$$C_V=\frac{V_{m2'}}{V_{2'}}=\frac{164.1}{366.505}=0.448$$

现在,计算叶轮出口流动面积为

$$A_2=\frac{\dot{m}\sqrt{RT_{02}}}{p_{02}C_V\hat{F}_{f02}}=\frac{3.3\times\sqrt{287\times492}}{400\ 300\times0.448\times0.677}=0.009\ 01\ \text{m}^2$$

叶尖宽度

$$b_2=\frac{A_2}{\pi D_2}=\frac{0.010\ 2}{3.141\ 6\times0.261}=0.012\ \text{m}=12\ \text{mm}$$

扩压比

$$W_{Ls}=C_1Ma_{R1s}=340.495\times1.1=374.545\ \text{m/s}$$

$$W_{t2'}=U_2-V_{t2'}=547-327.715=219.285\ \text{m/s}$$

$$W_{2'}=(W_{t2'}^2+W_{m2}^2)^{1/2}=(219.285^2+164.1^2)^{1/2}=273.888\ \text{m/s}$$

$$\frac{W_{1s}}{W_2}=\frac{374.545}{273.888}=1.368$$

在表9.2所给出的建议范围内。

# 术　语

| 符号 | 含义 |
|---|---|
| $b_2$ | 压气机叶轮 $r=r_2$ 处的叶片宽度 |
| $c_p$ | 定压比热容 |
| $C$ | 当地声速 |
| $C_1$ | 叶轮进口声速 |
| $C_2$ | 叶轮出口声速 |
| $D_2$ | 叶尖直径 |
| $D_{1h}$ | 叶轮进口轮毂直径 |
| $D_{1s}$ | 叶轮进口轮缘直径 |
| $E$ | 叶轮对空气做功 |
| $E_i$ | 从 $p_{01}$ 到 $p_{03}$ 等熵压缩做功 |
| $g$ | 重力加速度 |

| 符号 | 含义 |
| --- | --- |
| $H$ | 出口扬程 |
| $h_{01}$ | 进入叶轮气体总焓 |
| $h_{02}$ | 离开叶轮气体总焓 |
| $h_{03}$ | 气体离开扩压器时总焓 |
| $k$ | 叶轮进口轮毂比 |
| $m$ | 压气机出口质量流量 |
| $Ma$ | 马赫数 |
| $Ma_1$ | 叶轮进口绝对马赫数 |
| $Ma_R$ | 相对马赫数 |
| $Ma_{R1s}$ | 叶轮进口轮缘处的相对马赫数 |
| $N$ | 转速 |
| $N_s$ | 比转速 |
| $n_b$ | 叶轮叶片数 |
| $P$ | 轴功 |
| $p_1$ | 叶轮进口静压 |
| $p_{01}$ | 进口总压 |
| $p_{02}$ | 叶轮出口总压 |
| $p_{03}$ | 扩压器出口总压 |
| $Q_1$ | 叶轮进口体积流量 |
| $r$ | 从旋转轴开始测量的径向位置 |
| $r_2$ | 叶轮尖端径向位置 |
| $r_3$ | 无叶扩压器出口径向位置 |
| $r_{sh}$ | 轴的半径 |
| $R$ | 气体常数 |
| $T$ | 气体静温 |
| $T_0$ | 气体总温 |
| $T_1$ | 叶轮进口静温 |
| $T_{01}$ | 叶轮进口总温 |
| $T_{02}$ | 叶轮出口总温 |
| $T_{03}$ | 气体离开扩压器的总温 |
| $T_i$ | 气体从 $p_{01}$ 到 $p_{03}$ 在等熵压缩结束时的总温 |
| $T_{i'}$ | 气体从 $p_{01}$ 到 $p_{02}$ 在等熵压缩结束时的总温 |
| $U$ | 任意 $r$ 处的叶片速度 |
| $U_1$ | 叶轮在叶片前缘处的转速 |
| $U_{1s}$ | 在轮缘处的 $U_1$ |

| 符号 | 含义 |
| --- | --- |
| $U_{1h}$ | 在轮毂处的 $U_1$ |
| $U_2$ | 在叶尖处的速度 |
| $V$ | 气体绝对速度 |
| $V_1$ | 叶片前缘的绝对速度 |
| $V_2$ | 当叶片数量无限时气体离开叶轮的绝对速度 |
| $V_m$ | $V$ 在任意 $r$ 处的法向分量 |
| $V_{2'}$ | 叶片数量有限时气体离开叶轮的绝对速度 |
| $V_t$ | $V$ 在任意 $r$ 处的切向分量 |
| $V_{t2}$ | $V_2$ 的切向分量 |
| $V_{t2'}$ | $V_{2'}$的切向分量 |
| $W$ | 叶片的相对速度 |
| $W_1$ | 叶片前缘的相对速度 |
| $W_2$ | 在叶片数量无限时离开叶轮气体的相对速度 |
| $W_{2'}$ | 在叶片数量有限时离开叶轮气体的相对速度 |
| $W_{m2}$ | $W_2$、$W_{2'}$、$V_{2'}$和 $V_2$ 的法向分量 |
| $W_{1s}$ | 气体进入叶轮时在轮缘的相对速度 |

# 希腊符号

| 符号 | 含义 |
| --- | --- |
| $\alpha$ | 绝对气流角 |
| $\alpha_{2'}$ | 在 $r=r_2$ 处的绝对气流角 |
| $\alpha_3$ | 在 $r=r_3$ 处的绝对气流角 |
| $\beta_1$ | $W_1$ 和 $U_1$ 之间的角 |
| $\beta_{1s}$ | $W_{1s}$ 和 $U_{1s}$ 的夹角 |
| $\beta_2$ | $U_2$ 和 $W_2$ 的夹角 |
| $\beta_{2'}$ | $W_{2'}$和 $U_2$ 的夹角 |
| $\chi$ | 叶轮损失和压气机损失之比 |
| $\gamma$ | 比热容比 |
| $\eta_c$ | 压缩效率 |
| $\eta_m$ | 机械效率 |
| $\eta_{im}$ | 叶轮效率 |
| $\mu_s$ | 滑移系数 |
| $\rho$ | 气体密度 |

| 符号 | 含义 |
| --- | --- |
| $\rho_1$ | 叶轮进口处气体密度 |
| $\rho_2$ | 叶轮出口处气体密度 |
| $\varphi_P$ | 功率函数 |
| $\varphi_2$ | 叶轮出口流量系数 |
| $\Omega$ | 转子角速度 |

# 参 考 文 献

Ferguson, T. B. 1963. The Centrifugal Compressor Stage. London: Butterworths.
Whitfield, A. 1990. Journal of Power and Energy. London, UK: Institution of Mechanical Engineers.
Sultanian, B. K. 2019. Logan's Turbomachinery: Flowpath Design and Performance Fundamentals, 3rd edition. Boca Raton, FL: Taylor & Francis.

# 参 考 书 目

Aungier, R. H. 2000. Centrifugal Compressors: A Strategy for Aerodynamic Design and Analysis. New York: ASME Press.
Boyce, M. P. 2002. Centrifugal Compressors: A Basic Guide. Tulsa: PennWell Corporation.
Braembussche, R. V. 2018. Design and Analysis of Centrifugal Compressors (Wiley-ASME Series), 1st edition. New York: Wiley.
Dixon, S. L. and Hall, C. A. 2013. Fluid Mechanics and Thermodynamics of Turbomachinery, 7th edition. London, UK: Elsevier.
Japiske, D. 1996. Centrifugal Compressor Design and Performance. White River Junction: Concepts Eti.
Shepherd, D. G. 1956. Principles of Turbomachinery. New York: MacMillan.
Sultanian, B. K. 2015. Fluid Mechanics: An Intermediate Approach. Boca Raton: Taylor & Francis.
Sultanian, B. K. 2018. Gas Turbines: Internal Flow Systems Modeling (Cambridge Aerospace Series). Cambridge: Cambridge University Press.

# 第 10 章　轴流泵、风扇和压气机

## 关 键 概 念

本章简要介绍了轴流压气机、风扇和泵的一些关键概念。有关每个主题的更多细节，详见 Sultanian(2019)。轴流压气机目前广泛应用于飞机推进动力，在发电用的高性能燃气轮机中无处不在。在这些机械中，压气机相比于涡轮具有更多的级数，以防止由于流动中不可避免的逆压力梯度而在叶片表面发生流动分离。

从图 10.1 可以看出，压气机叶片偏离气流仅需要涡轮叶片转折角的很少一部分。图中还显示出，压气机叶片凹侧先于凸侧运动，涡轮叶片的情况正好相反。

压气机级设计的方法与轴流泵和风扇所用的方法相同，只是在多级叶轮机械的整体过程中必须考虑气体的可压缩性(密度变化)。轴流泵和风扇以接近恒定的密度处理液体和气体。与螺旋桨一样，它们的叶片曲率较小，相对于转子造成的气流流速偏转很小。然而，与螺旋桨不同的是，它们被安装在机匣之中。

### 叶片叶型和空气动力学

在图 10.2 中，叶片向右运动。升力 $L$ 主要负责能量的传递，与 $W_m$ 平行的阻力 $D$ 主要与叶片损失有关。叶片力的切向分量 $F_{bt}$ 如下：

$$F_{bt}=L\cos\beta_m+D\sin\beta_m \tag{10.1}$$

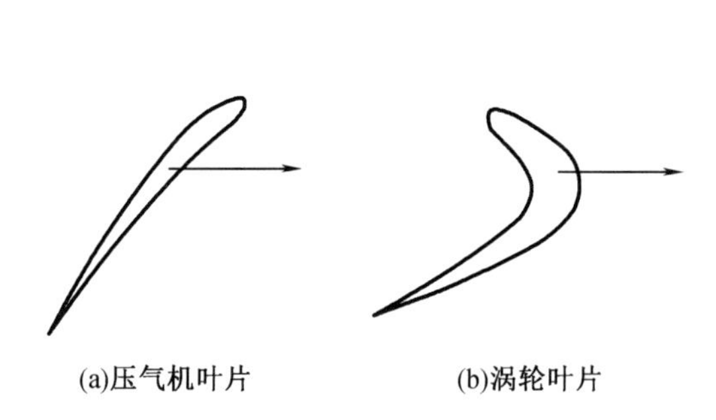


图 10.1　轴流压气机与涡轮叶片的对比

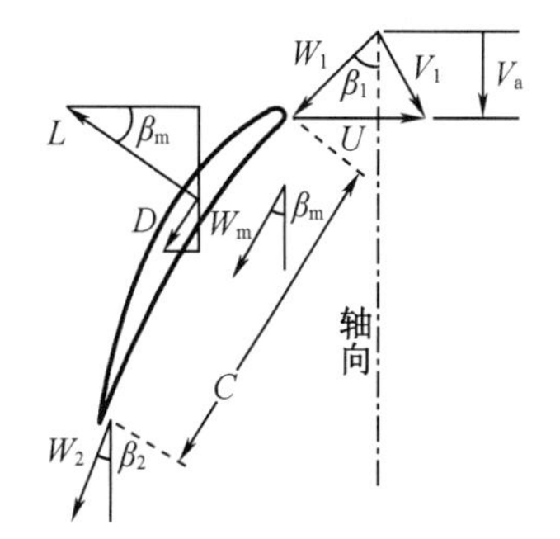


图 10.2　叶片运动和流体流动空气动力学

给出能量传递率 $\dot{E}$：

$$\dot{E}=U(L\cos\beta_m+D\sin\beta_m) \tag{10.2}$$

值得注意的是，式(10.1)中的 $F_{bt}$ 和式(10.2)中的 $\dot{E}$ 对应每个叶片的单位长度。

参考图 10.3，得到单位质量的能量传递：

$$E = U(V_{t2} - V_{t1}) \tag{10.3}$$

式中叶片速度 $U$ 在进出口平面相同,图 10.3 也指出

$$\Delta V_t = V_{t2} - V_{t1} = W_{t1} - W_{t2} = \Delta W_t \tag{10.4}$$

将式(10.3)乘以每个叶片单位长度下的质量流量($\dot{m}=\rho V_a S$),得到 $\dot{E}$ 的另一种表达式:

$$\dot{E} = U(V_{t2} - V_{t1})(\rho V_a S) \tag{10.5}$$

式中,$V_a$ 为绝对速度的轴向分量;$S$ 为相邻两叶片之间的距离。

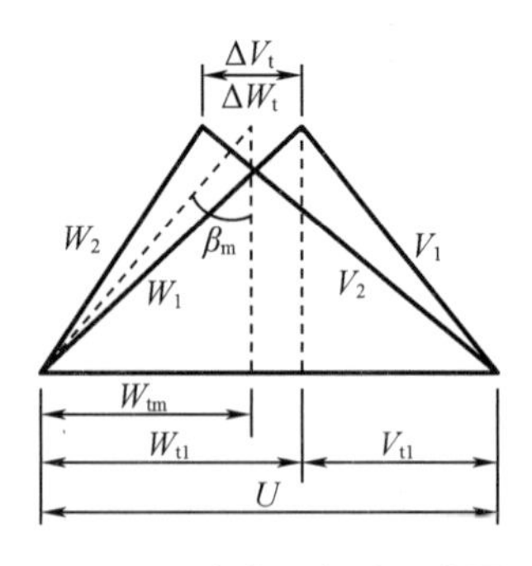


图 10.3 速度三角形示意图

将式(10.2)与式(10.5)相乘并无量纲化,得到

$$C_L = 2\frac{\cos^2\beta_1}{\cos\beta_m}\cdot\frac{S}{C}(\tan\beta_1 - \tan\beta_2) \tag{10.6}$$

此处忽略了 $D$,因为 $D \ll L$,同时得到升力系数 $C_L$:

$$C_L = \frac{L}{\frac{1}{2}\rho W_1^2 C} \tag{10.7}$$

式中,$C$ 为弦长,如图 10.2 所示。式(10.6)针对理想情况下的叶栅。在实际叶栅中存在边界层和非均匀流动偏转的情况下,通常采用经验关联式。

## 级压升

轴流压气机、风扇和泵的第一级可能包括进口导叶,使流体以 $\alpha_1$ 的角度沿轴向路径偏转,使其速度从 $V_a$ 增大到 $V_1$(图 10.2),使流体以适当的角度进入转子叶片。图 10.3 显示出 $V_2>V_1$,这意味转子叶片使流体动能增加。对于单级叶轮机械,出口导叶有可能使气流回到轴向;对于多级叶轮机械,叶片将流动重新定向到其原始方向,使流体以绝对速度 $V_3=V_1$ 和绝对流动角 $\alpha_3=\alpha_1$ 流出。在一个完整的压气机级中,转子中流体加速,静子内流体减速,两个过程都使压力得到提高。

现在建立一个控制体积,包围单个动叶片,具有宽度 $S$ 和单位高度,如图 10.4 所示。

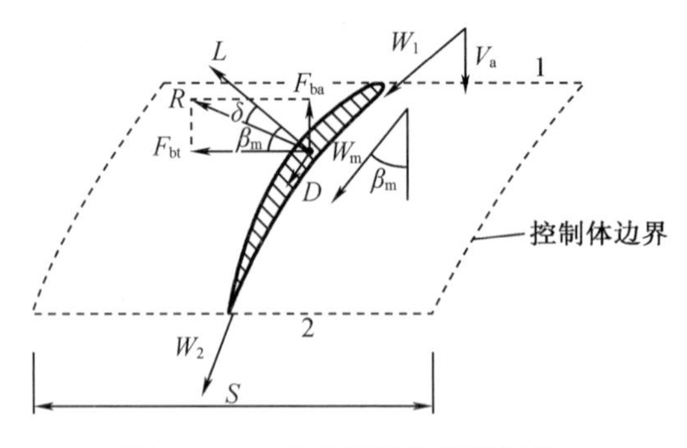


图 10.4 一个叶栅叶片的控制体

假设进口到出口的流动轴向速度不变,质量流量不变,可以将力平衡方程写成

$$(p_2-p_1)S-F_{ba}=0 \tag{10.8}$$

将式(10.8)的 $F_{ba}$ 用升力 $L$ 和阻力 $D$ 表示，得到了叶片列的压升：

$$(p_2 - p_1)_{rotor} = \frac{L}{S}\sin\beta_m - \frac{D}{L}\cos\beta_m \tag{10.9}$$

式(10.9)无量纲化，变为

$$\frac{(p_2 - p_1)_{rotor}}{\frac{1}{2}\rho W_1^2} = \frac{C}{S}(C_L\sin\beta_m - C_D\cos\beta_m) \tag{10.10}$$

根据 Sultanian( 2019 )的推导，给出了叶片压升的另一种表达式：

$$(p_2 - p_1)_{rotor} = \varphi U^2 \varphi \Lambda_b \frac{R - \varphi\delta}{\varphi + \delta R} \tag{10.11}$$

式中，$\Lambda_b$ 为叶片载荷系数 $\Delta V_t/U$，$\delta = C_D/C_L$，对于单级来说，

$$(\Delta p)_{st} = \rho U^2 \varphi \Lambda_b \left[\frac{R - \varphi\delta}{\varphi + \delta R} + \frac{1 - R - \varphi\delta}{\varphi + \delta(1 - R)}\right] \tag{10.12}$$

将级效率定义为有阻力时压力提升值与无阻力时压力提升值之比($\delta = 0$)，由式(10.12)得到

$$\eta_{st} = \frac{(\Delta p)_{st}}{(\Delta p)_{st\_ideal}} = \varphi\left[\frac{R - \varphi\delta}{\varphi + \delta R} + \frac{1 - R - \varphi\delta}{\varphi + \delta(1 - R)}\right] \tag{10.13}$$

必须修改这个式中使用的阻升比 $\delta$ 以计入几个额外的损失，写成

$$\delta = \frac{C_D + C_{D'} + C_{D''} + C_{D'''}}{C_L} \tag{10.14}$$

式中，如 Sultanian(2019)提出的，将叶型阻力系数 $C_D$ 表示为

$$C_D = \frac{\zeta_p \cos^3\beta_m}{\sigma} \tag{10.15}$$

式中，$\zeta_p$ 为叶型损失系数，$\sigma = C/S$ 为平均半径处的稠度；叶片表面的摩擦阻力系数 $C_{D'}$ 为

$$C_{D'} = 0.02\,\frac{S}{h} \tag{10.16}$$

二次流引起的阻力系数 $C_{D''}$ 为

$$C_{D''} = 0.018 C_L^2 \tag{10.17}$$

最后，将阻力系数 $C_{D'''}$ 与叶顶间隙和泄漏量关联为

$$C_{D'''} = 0.018\,\frac{c_{tip}}{h} C_L^{\frac{3}{2}} \tag{10.18}$$

注意，依据式(10.14)计算阻升比 $\delta$ 需要使用式(10.6)：

$$C_L = \frac{2\cos\beta_m(\tan\beta_1 - \tan\beta_2)}{\sigma} \tag{10.19}$$

有关轴流泵、风扇和压气机的初步设计的更多细节，请查阅 Sultanian(2019)。

## 做功因子

在多级轴流压气机中，环形壁面形成边界层，导致轴向速度 $V_a$ 在平均半径附近出现峰

值。这就需要将气动能量传递方程乘以一个因子 $\lambda$，称为减功系数，因此

$$E = \lambda U V_a (\tan\beta_1 - \tan\beta_2) \tag{10.20}$$

对于每级都可以使用 $\lambda$ 的一个常值，近似于

$$\lambda = 0.85 + 0.15\exp\left[\frac{-(n_{st}-1)}{2.73}\right] \tag{10.21}$$

式中，$n_{st}$ 为压气机的级数。

### 等熵效率

总的压气机压比可以由每一级压比的乘积来确定。类似地，总体温升是级总温升的总和。将压气机级的等熵效率表示为

$$\eta_{st} = \frac{T_{01}}{T_{03} - T_{01}}\left(\Pi_{st}^{\frac{\gamma-1}{\gamma}} - 1\right) \tag{10.22}$$

对于多级压气机，可将其当作一个整体，

$$\eta_c = \frac{T_{01}}{\Delta T_0}\left(\Pi_c^{\frac{\gamma-1}{\gamma}} - 1\right) \tag{10.23}$$

式中，$\Pi_c$ 为总压比；$\Delta T_0$ 为整机总温升。

### 多变效率

压气机的等熵效率取决于其工作条件。例如，如果两个相同的压气机以等压比串联运行，那么它们的等熵效率将相等。然而，等熵效率将高于同一个压气机以较高压比运行时的值。如果把压气机的压缩过程划分为大量非常小的、连续的压缩，那么跨越每个部分的等熵效率称为多变效率，或者说小的级效率，这对于机械来说可能被假定不变，反映了其设计工程的现状。

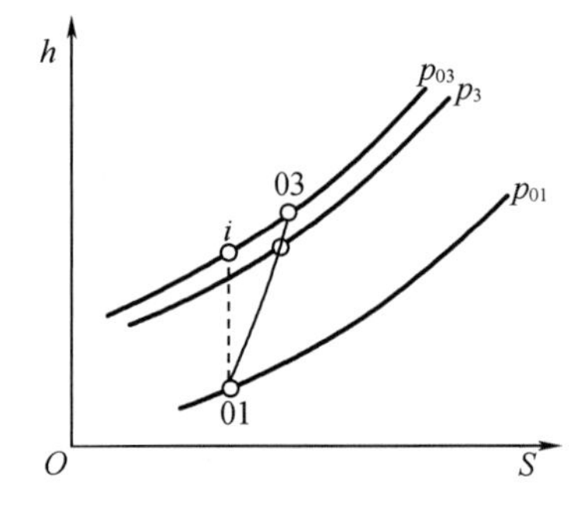


图 10.5　焓-熵图

参考图 10.5，假设沿 01—03 方向的多向压缩指数为 $n$，由此得到

$$\frac{T_{03}}{T_{01}} = \left(\frac{p_{03}}{p_{01}}\right)^{\frac{n-1}{n}} = \Pi_c^{\frac{n-1}{n}} \tag{10.24}$$

对于 $n=\gamma$，该式沿 01—$i$ 产生等熵压缩。

将压气机的多变效率定义为

$$\eta_p = \frac{(dT_0)_{isentropic}}{(dT_0)_{actual}} = \frac{(dT_0/T_0)_{isentropic}}{(dT_0/T_0)_{actual}} \tag{10.25}$$

在压气机进出口之间将此式积分得到

$$\eta_p \int_{01}^{03} (dT_0/T_0)_{actual} = \int_{01}^{i} (dT_0/T_0)_{isentropic}$$

$$\left(\frac{T_{03}}{T_{01}}\right)^{\eta_p} = \frac{T_{03}}{T_{01}}$$

$$\Pi_c^{\frac{(n-1)\eta_p}{n}} = \Pi_c^{\frac{\gamma-1}{\gamma}}$$

给出

$$\frac{n-1}{n}=\frac{\gamma-1}{\eta_p\gamma} \tag{10.26}$$

为了建立压气机等熵效率与多变效率之间的关系,写出其表达式:

$$\eta_c = \frac{T_i - T_{01}}{T_{03} - T_{01}} = \frac{T_i/T_{01} - 1}{T_{03}/T_{01} - 1}$$

$$\eta_c = \frac{\Pi_c^{\frac{\gamma-1}{\gamma}} - 1}{\Pi_c^{\frac{n-1}{n}} - 1}$$

将式(10.26)代入后得到

$$\eta_c = \frac{\Pi_c^{\frac{\gamma-1}{\gamma}} - 1}{\Pi_c^{\frac{\gamma-1}{\eta_p\gamma}} - 1} \tag{10.27}$$

它用压气机的多变效率和压比来表示压气机的等熵效率。或者,用压气机的等熵效率和压比来表示压气机的多变效率,可以将式(10.27)改写为

$$\eta_p = \frac{\ln \Pi_c^{\frac{\gamma-1}{\gamma}}}{\ln\left(1 + \frac{\Pi_c^{\frac{\gamma-1}{\gamma}} - 1}{\eta_c}\right)} \tag{10.28}$$

# 问题 10.1:高性能轴流压气机分析

一台轴流、高性能、单级的试验空气压缩机无进口导叶,在 12 000 r/min 转速下运行,级效率为 0.87。叶尖处叶片速度为 403 m/s,轮毂比为 0.70,稠度为 1.375。求:(1)叶片平均速度;(2)进口相对气流角为 60°、总温为 300 K 时空气进入转子的绝对马赫数和相对马赫数;(3)转子出口相对气流角为 35°时能量传递和级总压比。

# 问题 10.1 的解法

## (1)平均叶片速度

### 转子角速度

$$\Omega=\frac{\pi N}{30}=\frac{3.1416\times 12\,000}{30}=1\,256.637 \text{ rad/s}$$

### 机匣和轮毂半径

$$r_{tip}=\frac{U_{tip}}{\Omega}=\frac{403}{1\,256.637}=0.321 \text{ m}$$

$$r_{hub}=r_{tip}\frac{r_{hub}}{r_{tip}}=0.321\times0.7=0.225\ \text{m}$$

**平均半径和叶片速度**

平均半径处圆将压气机环形区域划分为两个相等的区域。因此,平均半径为

$$r_m=\left(\frac{r_{hub}^2+r_{tip}^2}{2}\right)^{1/2}=\left(\frac{0.225^2+0.321^2}{2}\right)^{1/2}=0.277\ \text{m}$$

得到

$$U_m=r_m\Omega=0.277\times1\ 256.637=347.843\ \text{m/s}$$

### (2)进口绝对马赫数和相对马赫数

由于 $V_1$ 是轴向的,得到

$$V_1=U_m\cot\beta_1=347.843\times\cot60°=200.827\ \text{m/s}$$

同时

$$W_1=\frac{U_m}{\sin\beta_1}=\frac{347.847}{\sin60°}=401.654\ \text{m/s}$$

**静温**

$$T_1=T_{01}-\frac{V_1^2}{2c_p}=300-\frac{200.827^2}{2\times1\ 004.5}=280\ \text{K}$$

**声速**

$$C_1=\sqrt{\gamma RT_1}=\sqrt{1.4\times287\times280}=335.371\ \text{m/s}$$

**绝对马赫数**

$$Ma_1=\frac{V_1}{C_1}=\frac{200.827}{335.371}=0.599$$

**相对马赫数**

$$Ma_{R1}=\frac{W_1}{C_1}=\frac{401.654}{335.371}=1.198$$

### (3)能量转换和级总压比

由于进口流动为轴向,得到

$$W_{t1}=U_m=347.843\ \text{m/s}$$

在级进出口之间保持恒定的轴向速度(流速),即 $V_1=200.827$ m/s,得到

$$W_{t2}=V_1\tan\beta_2=200.827\times\tan35°=140.621\ \text{m/s}$$

进一步得到

$$E=U_m(W_{t1}-W_{t2})=347.843\times(347.843-140.621)=72\ 081\ \text{m}^2/\text{s}^2$$

同时

$$\Pi_{st}=\frac{p_{03}}{p_{01}}=\left(1+\frac{\eta_{st}E}{c_pT_{01}}\right)^{\frac{\gamma}{\gamma-1}}=\left(1+\frac{0.87\times72\ 081}{1\ 004.5\times300}\right)^{3.5}=1.938$$

# 问题 10.2:四级压气机的整体效率

求当 $V_1=V_2=V_a=200$ m/s,$W_{t1}=U=350$ m/s,$\beta_2=35°$时,四级压气机的整体效率。其中每级的级效率相同,为 0.87。压气机进口空气总温为 300 K。

# 问题 10.2 的解法

## 做功因子

对于四级压气机($n_{st}=4$),计算得到减功系数

$$\lambda=0.85+0.15\exp[-(n_{st}-1)/2.73]=0.90$$

## 每一级叶片出口处的相对切向速度

$$W_{t2}=V_a\tan\beta_2=200\times\tan 35°=140.042\ \text{m/s}$$

## 每一级的比能转换

$$E=\lambda U(W_{t1}-W_{t2})=0.90\times350\times(350-140.042)=66\ 135.864\ \text{m}^2/\text{s}^2$$

## 每一级的空气总温升

$$\Delta T_{0st}=\frac{E}{c_p}=\frac{66\ 135.864}{1\ 004.5}=65.8\ \text{K}$$

**第 1 级:总压比**

$$\Pi_{st1}=\left(1+\frac{\eta_{st}\Delta T_{0st}}{T_{01}}\right)^{\frac{\gamma}{\gamma-1}}=\left(1+\frac{0.87\times65.8}{300}\right)^{3.5}=1.843$$

**第 2 级:总压比**

$$T_{02}=T_{01}+T_{0st}=300+65.8=365.8\ \text{K}$$

$$\Pi_{st2}=\left(1+\frac{\eta_{st}\Delta T_{0st}}{T_{02}}\right)^{\frac{\gamma}{\gamma-1}}=\left(1+\frac{0.87\times65.8}{365.8}\right)^{3.5}=1.664$$

**第 3 级:总压比**

$$T_{03}=T_{02}+T_{0st}=365.8+65.8=431.6\ \text{K}$$

$$\Pi_{st3}=\left(1+\frac{\eta_{st}\Delta T_{0st}}{T_{03}}\right)^{\frac{\gamma}{\gamma-1}}=\left(1+\frac{0.87\times65.8}{431.7}\right)^{3.5}=1.547$$

第 4 级:总压比

$$T_{04}=T_{03}+T_{0st}=431.6+65.8=497.4\ \mathrm{K}$$

$$\Pi_{st4}=\left(1+\frac{\eta_{st}\Delta T_{0st}}{T_{04}}\right)^{\frac{\gamma}{\gamma-1}}=\left(1+\frac{0.87\times 65.8}{497.4}\right)^{3.5}=1.464$$

压气机总压比

$$\Pi_c=\Pi_{st1}\Pi_{st2}\Pi_{st3}\Pi_{st4}=1.843\times 1.664\times 1.547\times 1.464=6.946$$

压气机总等熵效率

$$\eta_c=\frac{T_{01}}{4\Delta T_0}\left(\Pi_c^{\frac{\gamma-1}{\gamma}}-1\right)=\frac{300}{4\times 65.8}\times\left(6.946^{0.2857}-1\right)=0.843$$

压气机整体多变效率

首先计算压气机的总温比:

$$\frac{T_{0\_out}}{T_{01}}=\frac{T_{01}+4\Delta T_{0\_st}}{T_{01}}=\frac{300+4\times 65.8}{300}=1.878$$

然后计算压气机的整体多变效率:

$$\eta_p=\frac{(\gamma-1)\ln\Pi_c}{\gamma\ln(T_{0\_out}/T_{01})}=\frac{\ln 6.946}{3.5\ln 1.878}=0.879$$

注意压气机的多变效率和级总效率几乎相等。

## 问题 10.3:比较两个轴流压气机的效率

两台压气机正在进行招标竞争。压气机 A 的总压比为 4.5,等熵效率为 85%。压气机 B 是在 101 kPa 和 291 K 的环境条件下,测试的排气静压为 620 kPa,静温为 523 K,速度为 150 m/s,哪种压气机效率更高?假设空气为完全气体,$\gamma=1.4$,$c_p=1\ 004.5\ \mathrm{J/(kg\cdot K)}$。

## 问题 10.3 的解法

### 压气机 A

对于压气机 A,有以下已知条件:压比 $\Pi_{cA}=4.5$,等熵效率 $\eta_{cA}=85\%$。

### 压气机 A 的计算

多变效率 $\eta_{pA}$

$$\eta_{pA}=\frac{\ln \Pi_{cA}^{\frac{\gamma-1}{\gamma}}}{\ln\left(1+\frac{\Pi_{cA}^{\frac{\gamma-1}{\gamma}}-1}{\eta_{cA}}\right)}=\frac{\ln 4.5^{0.285\,7}}{\ln\left(1+\frac{4.5^{0.285\,7}-1}{0.85}\right)}=87.2\%$$

### 压气机 B

对于压气机 B,有以下已知条件:进口总压 $p_{01}=101\ \text{kPa}$,进口总温 $T_{01}=291\ \text{K}$,出口静压 $p_3=620\ \text{kPa}$,出口静温 $T_3=523\ \text{K}$,出口流速 $V_3=150\ \text{m/s}$。

### 压气机 B 的计算

出口总温

$$T_{03}=T_3+\frac{V_3^2}{2c_p}=523+\frac{150\times150}{2\times1\,004.5}=534.2\ \text{K}$$

出口总压

$$\frac{p_{03}}{p_2}=\left(\frac{T_{03}}{T_2}\right)^{\frac{\gamma}{\gamma-1}}=\left(\frac{534.2}{523}\right)^{3.5}=1.077$$

$$p_{03}=1.077\times620=667.75\ \text{kPa}$$

多变效率($\eta_{pB}$)

$$\frac{T_{03}}{T_{01}}=\left(\frac{p_{03}}{p_{01}}\right)^{\frac{n-1}{n}}$$

式中,$n$ 为多变压缩指数。得到

$$\frac{n-1}{n}=\frac{\ln\frac{T_{03}}{T_{01}}}{\ln\frac{p_{03}}{p_{01}}}=\frac{\ln\frac{534.2}{291}}{\ln\frac{667.75}{101}}=\frac{0.607\,5}{1.888\,8}=0.321\,6$$

对于压气机来说,多变压缩和等熵压缩的指数由下式关联:

$$\frac{n-1}{n}=\frac{\gamma-1}{\eta_{pB}}$$

最终得到

$$\eta_{pB}=\frac{\frac{\gamma-1}{\gamma}}{\frac{n-1}{n}}=\frac{0.285\,7}{0.321\,6}=88.8\%$$

由于压气机 B 的多变效率 $\eta_{pB}$ 高于压气机 A 的多向效率 $\eta_{pA}$,因此压气机 B 的效率高于压气机 A 的效率。

## 问题 10.4:两个轴流压气机串联运行

在总压比为 4 时,压气机 A 运行总体等熵效率为 84.2%。压气机 B 在压比为 8 的工况下,整体等熵效率为 82.7%。证明两种压气机均具有大约 87%的多变效率。如果将这两台压气机串联使用,试计算组合机组的整体等熵效率。假设空气为完全气体,$\gamma=1.4$,$c_p=1\ 004.5\ \mathrm{J/(kg\cdot K)}$。

## 问题 10.4 的解法

计算总压比为 4 的压气机 A 的多变效率:

$$\eta_{pA}=\frac{\ln \Pi_{cA}^{\frac{\gamma-1}{\gamma}}}{\ln\left(1+\dfrac{\Pi_{cA}^{\frac{\gamma-1}{\gamma}}-1}{\eta_{cA}}\right)}=\frac{\ln 4^{0.285\,7}}{\ln\left(1+\dfrac{4^{0.285\,7}-1}{0.842}\right)}=86.928\%\approx 87\%$$

同样,得到了总压缩比为 8 的压气机 B 的多变效率

$$\eta_{pB}=\frac{\ln \Pi_{cB}^{\frac{\gamma-1}{\gamma}}}{\ln\left(1+\dfrac{\Pi_{cB}^{\frac{\gamma-1}{\gamma}}-1}{\eta_{cB}}\right)}=\frac{\ln 8^{0.285\,7}}{\ln\left(1+\dfrac{8^{0.285\,7}-1}{0.827}\right)}=86.928\%\approx 87\%$$

由此,计算总压比为 32 的组合压气机组的整体等熵效率(取多变效率 $\eta_p=\eta_{pA}=\eta_{pB}=0.87$)

$$\eta_c=\frac{\Pi^{\frac{\gamma-1}{\gamma}}-1}{\Pi^{\frac{\gamma-1}{\eta_p\gamma}}-1}=\frac{32^{\frac{1.4-1}{1.4}}-1}{32^{\frac{1.4-1}{0.87\times1.4}}-1}=79.8\%$$

## 问题 10.5:燃气涡轮发动机中最大净功输出的压气机压比

理想的、基本的、标准空气的燃气涡轮发动机,其压气机进口温度为 288 K,涡轮进口温度为 1 400 K,如果空气以 1 kg/s 的速度进入压气机,计算:(1)给定最大净功输出的压比;(2)压气机功;(3)涡轮功;(4)加热量;(5)对(1)中所确定压比的热效率;(6)涡轮机产生的功率,以 kW 为单位。假设空气为完全气体,$\gamma=1.4$,$c_p=1\ 004.5\ \mathrm{J/(kg\cdot K)}$。

## 问题 10.5 的解法

### (1)最大净功输出的总压比

对于具有固定压气机进口温度($T_{01}$)和固定涡轮进口温度($T_{03}$)的布雷顿循环中的最大功输出,有

$$T_{02}=\sqrt{T_{01}T_{03}}=\sqrt{288\times1\ 400}=635\ \mathrm{K}$$

利用压比和温度比之间的等熵关系,得到

$$\frac{p_{02}}{p_{01}}=\left(\frac{T_{02}}{T_{01}}\right)^{\frac{\gamma}{\gamma-1}}=\left(\frac{635}{288}\right)^{\frac{1.4}{1.4-1}}=2.205^{3.5}=15.914$$

(2)压气机比功

$$w_{c}=c_{p}(T_{02}-T_{01})=1\ 005\times(635-288)=348\ 735\ \mathrm{kJ/kg}$$

(3)涡轮机比功

$$\frac{T_{03}}{T_{04}}=\frac{T_{02}}{T_{01}}=2.205$$

得到

$$T_{04}=\frac{T_{03}}{2.205}=\frac{1\ 400}{2.205}=635\ \mathrm{K}$$

$$w_{t}=c_{p}(T_{03}-T_{04})=1\ 005\times(1\ 400-635)=768\ 825\ \mathrm{kJ/kg}$$

(4)热量输入

$$q=c_{p}(T_{03}-T_{02})=1\ 005\times(1\ 400-635)=768\ 825\ \mathrm{kJ/kg}$$

(5)热效率

$$\eta_{th}=\frac{w_{t}-w_{c}}{q}=\frac{768\ 825-348\ 735}{768\ 825}=54.6\%$$

(6)涡轮功率

$$P_{t}=\dot{m}w_{t}=1\times768\ 825=768\ 825\ \mathrm{kW}$$

## 问题 10.6:再热燃气轮机中最大净功输出的压气机压比

在理想的再热燃气轮机循环中,空气($p_{01}$,$T_{01}$)被压缩为压力 $\Pi_{c}p_{01}$,并加热到 $T_{03}$。然后空气在涡轮中分两级膨胀,每个涡轮具有相同的压比,在各级之间再热到 $T_{03}$。假设工质是具有恒定比热容的完全气体,压缩和膨胀是等熵的,证明当 $\Pi_{c}$ 具有如下式给定的关系时,输出功率最大。

$$\Pi_{c}=\left(\frac{T_{03}}{T_{01}}\right)^{\frac{2\gamma}{3(\gamma-1)}}$$

## 问题 10.6 的解法

如图 10.6 所示,在每个涡轮的等压比下,可以写出

$$\frac{T_{03}}{T_{04}}=\frac{T_{05}}{T_{06}}$$

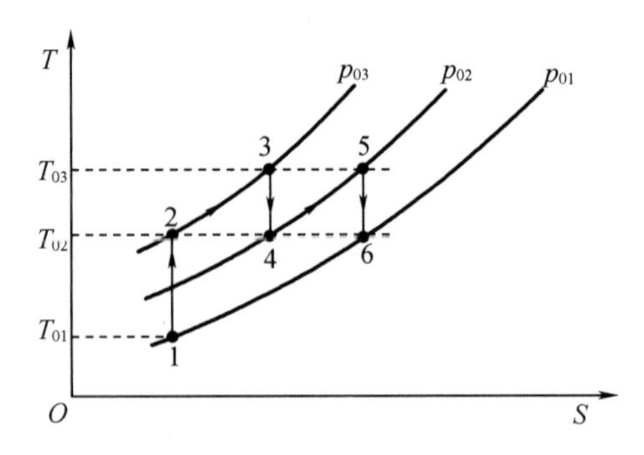


**图 10.6　燃气轮机再热循环**

进一步,当 $T_{03}=T_{05}$ 时,也得到 $T_{04}=T_{06}$。

因此,得到两个涡轮的比功输出:

$$w_t = c_p[(T_{03}-T_{04})+(T_{05}-T_{06})] = 2c_p(T_{03}-T_{04})$$

压气机比功输入:

$$w_c = c_p(T_{02}-T_{01})$$

循环的净比功输出:

$$w_{net} = w_t - w_c = 2c_p(T_{03}-T_{04}) - c_p(T_{02}-T_{01})$$

由于每个涡轮级的压比相等,而且两个涡轮的总压比等于整个压气机的压比,可以得到

$$\frac{T_{03}}{T_{04}}=\left(\frac{T_{02}}{T_{01}}\right)^{\frac{1}{2}}$$

进而得到

$$T_{04}=T_{03}\left(\frac{T_{01}}{T_{02}}\right)^{\frac{1}{2}}$$

替换 $T_{04}$,则 $w_{net}$ 的表达式变为

$$w_{net} = 2c_pT_{03} - 2c_pT_{03}\left(\frac{T_{01}}{T_{02}}\right)^{\frac{1}{2}} - c_pT_{02} + c_pT_{01}$$

式中,$T_{01}$、$T_{03}$ 和 $c_p$ 为常数。

对于最大的比功输出,可以写成

$$\frac{dw_{net}}{dT_{02}}=0$$

从而得到

$$\frac{d}{dT_{02}}\left[-2\frac{T_{03}}{T_{01}}\left(\frac{T_{01}}{T_{02}}\right)^{\frac{1}{2}}-\frac{T_{02}}{T_{01}}\right]=0$$

$$\frac{T_{03}}{T_{01}} = \left(\frac{T_{02}}{T_{01}}\right)^{\frac{3}{2}} = \Pi_c^{\frac{3(\gamma-1)}{2\gamma}}$$

$$\Pi_c = \left(\frac{T_{03}}{T_{01}}\right)^{\frac{2\gamma}{3(\gamma-1)}}$$

# 问题 10.7:轴流压气机的叶根、叶中和叶尖速度三角形

轴流压气机叶根、叶中和叶尖速度分别为 150 m/s、200 m/s 和 250 m/s。该级设计为滞止温升 20 K,轴向速度 150 m/s,二者从根部到顶部均为常数。减功系数为 0.93。对于平均半径处反动度为 0.5 的自由涡设计($rV_t$ 为常数),计算:(1)叶根和叶尖处的反动度;(2)叶根、平均和叶尖处的气流角($\alpha_1$、$\alpha_2$、$\beta_1$、$\beta_2$);(3)绘制叶根、叶中和叶尖处的无量纲速度三角形。假设 $c_p = 1\,004.5$ J/(kg·K)。

# 问题 10.7 的解法

## (1)根部和机匣的反动度

### 根部反动度

对于自由涡设计,基于下式计算叶根反动度

$$\frac{1 - R_{root}}{1 - R_m} = \left(\frac{r_m}{r_{root}}\right)^2 = \left(\frac{U_m}{U_{root}}\right)^2$$

得到

$$R_{root} = 1 - (1 - R_m)\left(\frac{U_m}{U_{root}}\right)^2 = 1 - (1 - 0.5) \times \left(\frac{200}{150}\right)^2 = 0.111$$

### 顶部反动度

对于自由涡设计,计算顶部反动度得到

$$R_{tip} = 1 - (1 - R_m)\left(\frac{U_m}{U_{tip}}\right)^2 = 1 - (1 - 0.5) \times \left(\frac{200}{250}\right)^2 = 0.680$$

## (2)叶根、叶中和叶尖处的级气流角

使用附录 B 中建立的下列公式来计算压气机气流角:

$$\tan\alpha_1 = \frac{0.5\psi + (1 - R)}{\varphi}$$

$$\tan\alpha_2 = -\frac{0.5\psi - (1 - R)}{\varphi}$$

$$\tan \beta_1 = \frac{0.5\psi - R}{\varphi}$$

$$\tan \beta_2 = -\frac{0.5\psi + R}{\varphi}$$

这些公式包含 3 个设计参数,即 $\varphi = V_a/U$,$\psi = \Delta T_0 c_p/(\lambda U^2)$ 和 $R$,这些参数可在(1)中叶根和叶尖半径处计算得到。所有计算值汇总于表 10.1。

**表 10.1　计算参数总结(问题 10.7)**

| 变量 | 叶根 | 平均 | 叶尖 |
| --- | --- | --- | --- |
| $R$ | 0.111 | 0.50 | 0.68 |
| $\varphi$ | 1.000 | 0.75 | 0.60 |
| $\psi$ | -0.961 | -0.54 | -0.346 |
| $\alpha_1$ | 22.2° | 17.0° | 13.8° |
| $\alpha_2$ | 53.9° | 45.8° | 39.4° |
| $\beta_1$ | -30.6° | -45.8° | -54.9° |
| $\beta_2$ | 20.3° | -17.0° | -40.2° |

### (3)叶根、叶中和叶尖处的无量纲速度三角形

图 10.7 显示了叶根、叶中和叶尖半径处的无量纲速度三角形。在每个半径处,流动速度均由当地叶片速度归一化。对于每个速度三角形,无量纲叶片速度等于 1。

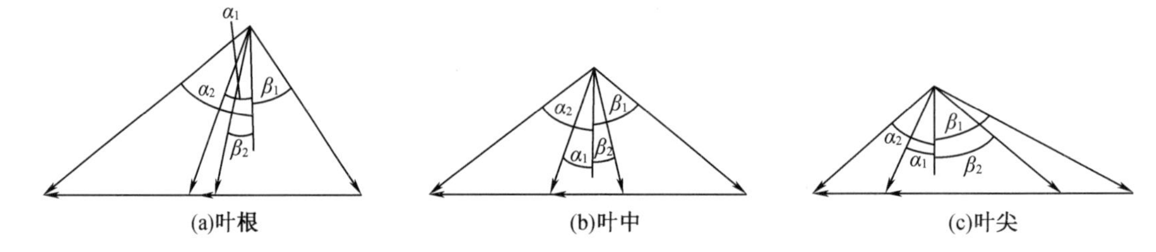


**图 10.7　叶根、叶中和叶尖半径处的无量纲速度三角形(问题 10.7)**

## 问题 10.8:轴流压气机的一维分析

101.3 kPa、288 K 的空气进入,随后轴向离开轴流压气机,速度为 150 m/s。叶尖半径为 56.0 cm,轮毂(根)半径为 35.0 cm,转速为 8 000 r/min。当空气以可忽略不计的入射角通过转子时,空气相对叶片偏转了 12°。假设 $\gamma = 1.4$,$c_p = 1\,004.5$ J/(kg·K)。

(1)确定平均半径处动叶片前缘和后缘的叶片角度($\beta_1$,$\beta_2$)和绝对气流角($\alpha_1$,$\alpha_2$)。

(2)计算通过压气机的质量流量。

(3)计算载荷系数、流量系数和反动度。

(4)构建一个无量纲速度三角形,按比例显示具有共同顶点的转子进口和出口处的速度。

(5)假设多变效率为0.9,减功系数为0.95,计算该级的总压比和相应级的等熵效率。

# 问题10.8的解法

## 初步计算

对于$\gamma=1.4$,得到

$$\frac{\gamma-1}{\gamma}=\frac{1.4-1}{1.4}=0.2857$$

$$\frac{\gamma}{\gamma-1}=\frac{1.4}{1.4-1}=3.5000$$

且

$$c_p=\frac{R\gamma}{\gamma-1}=287\times3.5=1\,004.5\ \mathrm{J/(kg\cdot K)}$$

叶片角速度

$$\Omega=\frac{\pi N}{30}=837.758\ \mathrm{rad/s}$$

## (1)叶片角和绝对气流角的计算

利用平均半径

$$r_\mathrm{m}=0.5\times(0.35+0.56)=0.455\ \mathrm{m}$$

计算得到平均半径处的叶片速度

$$U_\mathrm{m}=r_\mathrm{m}\Omega=0.455\times837.758=381.180\ \mathrm{m/s}$$

### 叶片前缘

在叶片进口处没有预旋的情况下,有$\alpha_1=0$和$V_{\mathrm{t}1}=0$,这会产生

$$W_{\mathrm{t}1}=-U_\mathrm{m}=-381.180\ \mathrm{m/s}$$

且

$$\beta_1=\arctan\left(\frac{W_{\mathrm{t}1}}{V_{x1}}\right)=\arctan\left(\frac{-381.180}{150}\right)=-68.52^\circ$$

### 叶片尾缘

由于$\beta_2=\beta_1+12^\circ=-68.52^\circ+12^\circ=-56.52^\circ$,得到

$$W_{\mathrm{t}2}=V_{\mathrm{a}2}\tan\beta_2=150\times\tan(-56.52^\circ)=-226.794\ \mathrm{m/s}$$

$$V_{\mathrm{t}2}=W_{\mathrm{t}2}+U_\mathrm{m}=-226.794+381.180=154.386\ \mathrm{m/s}$$

进而有

$$\alpha_2=\arctan\left(\frac{V_{\mathrm{t}2}}{V_{\mathrm{a}2}}\right)=\arctan\left(\frac{154.386}{150}\right)=45.826^\circ$$

## (2)压气机质量流量

环形面积

$$A=\pi(r_{\text{tip}}^2-r_{\text{hub}}^2)=\int\pi(0.56\times0.56-0.35\times0.35)=0.600\ \text{m}^2$$

进口密度

$$\rho_1=\frac{p_1}{RT_1}=\frac{101.3\times1\ 000}{287\times288}=1.226\ \text{kg/m}^3$$

质量流量

$$\dot{m}=\rho_1AV_{\text{a1}}=1.226\times0.600\times150=110.340\ \text{kg/s}$$

## (3)载荷系数、流量系数和反动度

载荷系数

$$\psi=\frac{V_{\text{t1}}-V_{\text{t2}}}{U_{\text{m}}}=\frac{0-154.386}{381.180}=-0.405$$

流量系数

$$\varphi=\frac{V_{\text{a1}}}{U_{\text{m}}}=\frac{150}{381.180}=0.394$$

反动度

$$R=-\frac{W_{\text{t1}}+W_{\text{t2}}}{2U_{\text{m}}}=-\frac{-381.180-226.794}{2\times381.180}=0.797$$

## (4)无量纲速度三角形

$$V_1=V_{\text{a1}}=V_{\text{a2}}=150\ \text{m/s}$$

$$W_1=\frac{V_{\text{a1}}}{\cos\beta_1}=\frac{150}{\cos(-68.52^\circ)}=409.632\ \text{m/s}$$

$$V_2=\frac{V_{\text{a2}}}{\cos\alpha_2}=\frac{150}{\cos45.826^\circ}=215.256\ \text{m/s}$$

同时

$$W_2=\frac{V_{\text{a2}}}{\cos\beta_2}=\frac{150}{\cos(-56.52^\circ)}=271.911\ \text{m/s}$$

图10.8所示为由此得到的无量纲速度三角形。

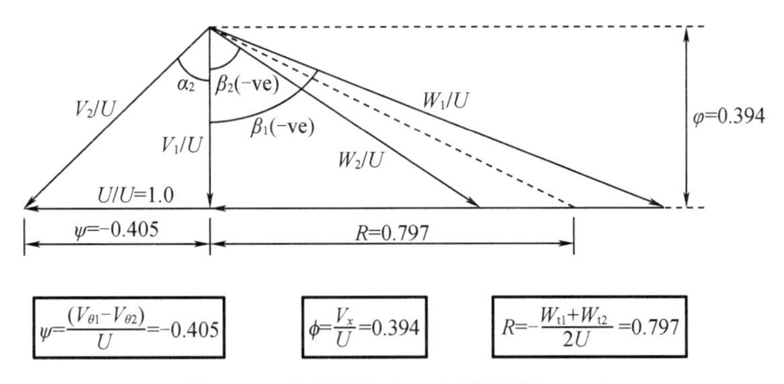


图 10.8 无量纲速度三角形(问题 10.8)

## (5)压比和等熵效率

在减功系数 $\lambda=0.95$ 的情况下,得到压气机中的比功输入为

$$w_c=-\lambda\psi U_m^2=0.405\times0.95\times381.18\times381.18=55\ 906.4\ \mathrm{m^2/s^2}$$

**压气机出口总温**

$$T_{01}=T_1+\frac{0.5V_1^2}{c_p}=288+\frac{0.5\times150\times150}{1\ 004.5}=299.2\ \mathrm{K}$$

由 $c_p(T_{02}-T_{01})=w_c$,得到

$$T_{02}=\frac{w_c}{c_p}+T_{01}=\frac{55\ 906.4}{1\ 004.5}+299.2=354.9\ \mathrm{K}$$

**压气机总温比**

$$\frac{T_{02}}{T_{01}}=\frac{354.9}{299.2}=1.186$$

**压气机压比**

$$\frac{p_{02}}{p_{01}}=\left(\frac{T_{02}}{T_{01}}\right)^{\frac{n}{n-1}}=\left(\frac{T_{02}}{T_{01}}\right)^{\frac{\eta_p\gamma}{\gamma-1}}$$

$$\frac{n}{n-1}=\frac{\eta_p\gamma}{\gamma-1}=\frac{0.9\times1.4}{1.4-1}=3.15$$

$$\frac{p_{02}}{p_{01}}=1.186^{3.15}=1.712$$

$$\frac{T_{02i}}{T_{01}}=\left(\frac{p_{02}}{p_{01}}\right)^{\frac{\gamma}{\gamma-1}}=1.712^{3.5}=1.166$$

给出压气机等熵效率为

$$\eta_c=\frac{\frac{T_{02i}}{T_{01}}-1}{\frac{T_{02}}{T_{01}}-1}=\frac{1.166-1}{1.186-1}=\frac{0.166}{0.186}=0.892=89.2\%$$

# 问题 10.9:轴流压气机所需的级数

目前正在设计一台轴流压气机,工作转速为 8 500 r/min,总压为 500 kPa,流量为 40 kg/s。压气机进口总温为 300 K,总压为 100 kPa,轮毂直径为 0.4 m,机匣直径为 0.7 m。在平均半径处,用于所有级的中弧线设计,反动度为 0.50,每个静子出口处的绝对气流角为 30°。假设多变效率为 0.88,试确定压气机所需的重复级数。

# 问题 10.9 的解法

### 转子角速度

$$\Omega=\frac{N\pi}{30}=\frac{8\ 500\times 3.141\ 6}{30}=890.120\ \text{rad/s}$$

### 一维叶片速度

$$U=0.25\times(D_{\text{hub}}+D_{\text{tip}})\Omega=0.25\times(0.4+0.7)\times 890.120=244.783\ \text{m/s}$$

### 进口处的绝对流速

$$A_1=\frac{\pi}{4}(D_{\text{tip}}^2-D_{\text{hub}}^2)=\frac{3.141\ 6}{4}\times(0.7^2-0.4^2)=0.259\ \text{m}^2$$

$$C_{V1}=\frac{V_{a1}}{V_1}=\frac{V_1\cos\alpha_1}{V_1}=\cos\alpha_1=\cos 30^\circ=0.866$$

$$F_{f01}=\frac{\dot{m}\sqrt{RT_{01}}}{C_V A_1 p_{01}}=\frac{40\times\sqrt{287\times 300}}{0.866\times 0.259\times 100\ 000}=0.523$$

对于 $F_{f01}=0.523$,从以下等式获得进口马赫数 $Ma_1=0.516$。

$$F_{f01}=Ma_1\sqrt{\frac{\gamma}{\left(1+\frac{\gamma-1}{2}Ma_1^2\right)^{\frac{\gamma+1}{\gamma-1}}}}=0.523$$

使用迭代方法,例如 MS Excel 中的 Goal Seek,计算压气机进口的空气绝对速度:

$$\frac{T_{01}}{T_1}=1+\frac{\gamma-1}{2}Ma_1^2=1+0.2\times 0.516^2=1.053\ 3$$

$$T_1=\frac{T_{01}}{T_{01}/T_1}=\frac{300}{1.053\ 3}=284.8\ \text{K}$$

$$V_1=Ma_1\sqrt{\gamma RT_1}=0.516\times\sqrt{1.4\times 287\times 284.8}=174.562\ \text{m/s}$$

$$V_a=V_1\cos\alpha_1=174.562\times\cos 30^\circ=174.562\times 0.866=151.176\ \text{m/s}$$

### 每一级的总温升

$$\varphi=\frac{V_a}{U}=\frac{151.176}{244.782}=0.618$$

计算级载荷系数(见附录 B):

$$\psi=2[\varphi\tan\alpha-(1-R)]=2\times[0.618\times\tan 30°-(1-0.5)]=-0.287$$

由于使用了符号设定,这对于轴流压气机是负的。现在得到

$$E=-\psi U^2=0.287\times 244.782^2=17\ 196.5\ \mathrm{m^2/s^2}$$

进而

$$\Delta T_{0\_st}=\frac{E}{c_p}=\frac{17\ 196.5}{1\ 004.5}=17.1\ \mathrm{K}$$

### 级数

压气机整体总压比为

$$\frac{p_{0\_out}}{p_{01}}=\frac{500\ 000}{100\ 000}=5$$

整体总温比为

$$T_{01}=\left(\frac{p_{0\_out}}{p_{01}}\right)^{\frac{\gamma-1}{\gamma\eta_p}}=5^{\frac{1.4-1}{1.4\times 0.88}}=1.686$$

得到

$$T_{0\_out}=T_{01}\frac{T_{0\_out}}{T_{01}}=300\times 1.686=505.9$$

以及总温的整体变化情况

$$\Delta T_{0\_total}=T_{0\_out}-T_{01}=505.9-300=205.9\ \mathrm{K}$$

因此,将压气机级数确定为

$$n_{st}=\frac{\Delta T_{0\_total}}{\Delta T_{0\_st}}=\frac{205.9}{17.1}=12$$

## 问题 10.10:轴流压气机对质量流量降低的响应

轴流压气机以 $\psi=-0.4$ 的载荷系数(按附录 B 中约定,为负)、$\varphi=0.6$ 的流量系数和 $R=0.6$ 的反动度运行。假设叶片进口处的绝对气流角 $\alpha_1$ 和叶片出口处的相对气流角 $\beta_2$ 保持不变。(1)计算在恒定叶片速度下将流量系数降低 12%时的级的反动度和载荷系数;(2)画出这两种工况的速度三角形。

# 问题 10.10 的解法

## (1) 级反动度和载荷系数

### 绝对气流角

使用附录 B 中推导的公式来计算进口绝对气流角：

$$\alpha_1 = \arctan\left(\frac{1 + 0.5\psi - R}{\varphi}\right) = \arctan\left[\frac{1 + 0.5 \times (-0.4) - 0.6}{0.6}\right] = 18.4°$$

### 相对气流角

使用附录 B 中推导的公式来计算出口相对气流角：

$$\beta_2 = \arctan\left(-\frac{0.5\psi + R}{\varphi}\right) = \arctan\left[-\frac{0.5 \times (-0.4) + 0.6}{0.6}\right] = -33.7°$$

### 级反动度和载荷系数

对于常数 $\alpha_1$ 和 $\beta_2$，求解公式

$$\alpha_1 = \arctan\left(\frac{1+0.5\psi - R}{\varphi}\right)$$

以及

$$\beta_2 = \arctan\left(-\frac{0.5\psi + R}{\varphi}\right)$$

同时得到的降低后的流量系数

$$\varphi = 0.88 \times 0.6 = 0.528$$

$$R = \frac{1 - \varphi(\tan\alpha_1 + \tan\beta_2)}{2} = \frac{1 - 0.528(\tan 18.4° + \tan 33.7°)}{2} = 0.236$$

以及

$$\psi = \varphi(\tan\alpha_1 - \tan\beta_2) - 1 = 0.236(\tan 18.4° - \tan 33.7°) - 1 = -0.161$$

## (2) 速度三角形

从图 10.9 所示速度三角形可以看出，质量流量的减小（虚线）会增加级载荷系数。级负荷的增加可能会导致压气机失速。

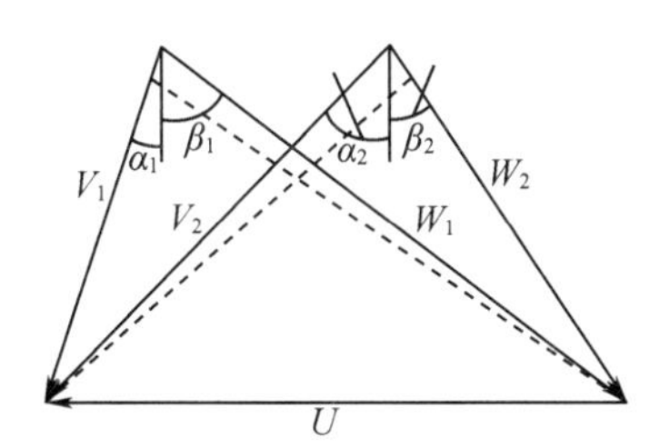


图 10.9　有无折合质量流量的速度三角形对比(问题 10.10)

# 问题 10.11：轴流水泵的水力效率

轴流水泵有如下数据：$\varphi=0.333$，$\beta_1=72°$，$\beta_2=55°$，$\sigma=1.47$，$h/C=1.0$。估算泵的水力效率。

# 问题 10.11 的解法

## 平均相对气流角

$$\beta_{\mathrm{m}}=\arctan[0.5(\tan\beta_1+\tan\beta_2)]=\arctan[0.5\times(\tan 72°+\tan 55°)]=66.1°$$

## 泵叶片升力系数

$$C_L=2\cos\beta_{\mathrm{m}}\frac{\tan\beta_1-\tan\beta_2}{\sigma}=\frac{2\times\cos 66.1°\times(\tan 72°-\tan 55°)}{1.47}=0.910$$

## 级反动度

$$R=\varphi\tan\beta_{\mathrm{m}}=0.333\times\tan 66.1°=0.75$$

## 泵叶片阻力系数和阻力-升力比

从附录 B 中，得到了与 $\psi$、$\varphi$、$R$、$\beta_1$、$\beta_2$ 有关的两个公式：

$$\tan\beta_1=\frac{0.5\psi-R}{\varphi}=\frac{0.5\psi}{\varphi}-\frac{R}{\varphi}$$

以及

$$\tan\beta_2=-\frac{0.5\psi+R}{\varphi}=-\frac{0.5\psi}{\varphi}-\frac{R}{\varphi}$$

将以上两个公式联立得到

$$\frac{\psi}{\varphi}=\tan\beta_1-\tan\beta_2=\tan 72°-\tan 55°=1.650$$

对于 Sultanian(2019)图 6.15 中的图表横坐标，计算

$$-\cot(180° - \beta_m) = -\cot(180° - 66.1°) = 0.440$$

给出了叶型损失系数 $\zeta_p = 0.18$，以及

$$C_D = \frac{\zeta_p \cos^3 \beta_m}{\sigma} = \frac{0.18 \times \cos^3 66.1°}{1.47} = 0.008\ 18$$

现在确定额外的阻力系数：

$$C_{D'} = 0.02 \frac{S}{h} = \frac{0.02}{\sigma(h/C)} = \frac{0.02}{1.47 \times 1} = 0.013\ 6$$

$$C_{D''} = 0.018 C_L^2 = 0.018 \times 0.91^2 = 0.014\ 9$$

$$C_{D'''} = 0.29 \frac{c_{tip}}{h} C_L^{\frac{3}{2}} = 0.29 \times 0.02 \times 0.91^{1.5} = 0.005\ 04$$

式中，假设 $c_{tip/h} = 0.02$。

$$\delta = \frac{C_D + C_{D'} + C_{D''} + C_{D'''}}{C_L} = \frac{0.008\ 18 + 0.013\ 6 + 0.014\ 9 + 0.005\ 04}{0.910} = 0.045\ 8$$

**泵水力效率**

$$\begin{aligned}\eta_{pump} &= \varphi\left[\frac{R - \varphi\delta}{\varphi + \delta R} + \frac{1 - R - \varphi\delta}{\varphi + \delta(1 - R)}\right] \\ &= 0.333 \times \left[\frac{0.75 - 0.333 \times 0.045\ 8}{0.333 + 0.045\ 8 \times 0.75} + \frac{1 - 0.75 - 0.333 \times 0.045\ 8}{0.333 + 0.045\ 8 \times (1 - 0.75)}\right] \\ &= 0.893\end{aligned}$$

## 问题 10.12：四叶轴流风机分析

一台四叶轴流风机转速为 2 900 r/min。在平均半径 0.165 m 处，风机叶片运行时升力系数 $C_L$ 为 0.8，阻力系数 $C_D$ 为 0.045。进口导叶产生相对于轴向的 20°气流角。通过级的轴向速度恒定在 20 m/s。对于平均半径，确定：(1)转子相对气流角；(2)级效率；(3)风机叶片上的级静压升；(4)所需的叶片弦长。假设空气密度恒定为 1.2 kg/m$^3$。

## 问题 10.12 的解法

### (1)转子相对气流角

**转子角速度**

$$\Omega = \frac{\pi N}{30} = \frac{3.141\ 6 \times 2\ 900}{30} = 303.687\ \text{rad/s}$$

**平均半径处的叶片速度**

$$U_m = r_m \Omega = 0.165 \times 303.687 = 50.108\ \text{m/s}$$

**流量系数**

$$\varphi=\frac{V_a}{U_m}=\frac{20}{50.108}=0.399$$

**叶片进口处的相对气流角**

从附录 B 中可得到以下两个公式：

$$\tan\alpha_1=\frac{0.5\psi+1-R}{\varphi}$$

以及

$$\tan\beta_1=\frac{0.5\psi-R}{\varphi}$$

联立得到

$$\tan\beta_1=\tan\alpha_1+\frac{1}{\varphi}=\tan 20°+\frac{1}{0.399}=2.869$$

$$\beta_1=\arctan 2.869=70.8°$$

**叶片出口处的相对气流角**

根据出口轴向 $\alpha_2=0$ 绝对流速，得到

$$\tan\beta_2=\frac{U_m}{V_a}$$

进而得到

$$\beta_2=\arctan\left(\frac{U_m}{V_a}\right)=\arctan\left(\frac{50.108}{20}\right)=68.2°$$

## (2) 级效率

**平均相对气流角**

$$\beta_m=\arctan[0.5(\tan\beta_1+\tan\beta_2)]=\arctan[0.5\times(\tan 70.8°+\tan 68.2°)]=69.6°$$

**级反动度**

$$R=\varphi\tan\beta_m=0.399\times\tan 69.6°=1.073$$

**阻力–升力系数比**

$$\delta=\frac{C_D}{C_L}=\frac{0.045}{0.8}=0.0563$$

**级效率**

$$\begin{aligned}\eta_{st}&=\varphi\left[\frac{R-\varphi\delta}{\varphi+\delta R}+\frac{1-R-\varphi\delta}{\varphi+\delta(1-R)}\right]\\&=0.399\times\left[\frac{1.073-0.399\times0.0563}{0.399+0.0563\times1.073}+\frac{1-1.073-0.399\times0.0563}{0.399+0.0563\times(1-1.073)}\right]\\&=0.816\end{aligned}$$

### (3)级静压升

叶片进口处的绝对流动切向速度

$$V_{t1}=V_a\tan\alpha_1=20\times\tan 20°=7.279\ \mathrm{m/s}$$

比功

由于转子出口处的绝对流速是轴向的,切向分量为零,得到比功为

$$E=UV_{t1}=50.108\times 7.279=364.759\ \mathrm{m^2/s^2}$$

级静压升

$$p_3-p_1=\eta_{st}\rho E=0.816\times 1.2\times 364.759=357.3\ \mathrm{Pa}$$

### (4)叶片弦长

对于四叶片风扇,其平均半径为

$$S=\frac{2\pi r_m}{n_b}=\frac{2\times 3.141\,6\times 0.165}{4}=0.259\ \mathrm{m}$$

对于弦长的计算,使用了升力系数公式,其结果如下:

$$\sigma=\frac{C}{S}=2\cos\beta_m\cdot\frac{\tan\beta_1-\tan\beta_2}{C_L}$$

$$\begin{aligned}C&=2S\cos\beta_m\cdot\frac{\tan\beta_1-\tan\beta_2}{C_L}\\&=2\times 0.259\times\cos 69.6°\times\frac{\tan 70.8°-\tan 68.2°}{0.8}\\&=0.082\,2\ \mathrm{m}\end{aligned}$$

## 问题 10.13:给定流量系数、载荷系数和反动度的速度三角形

根据(1)算例1:$\varphi=0.3$,$\psi=-0.78$,$R=0.5$;(2)算例2:$\varphi=0.845$,$\psi=-0.5$,$R=0.75$;(3)算例3:$\varphi=0.545$,$\psi=-0.5$,$R=1.25$,计算轴流压气机转子叶片在中弧线处进出口的绝对和相对气流角以及绝对和相对气流速度。同样,利用附录B中给出的快速图解法,绘制出每种算例的速度三角形。

## 问题 10.13 的解法

### (1)算例1

利用附录B中的相应公式,计算得到的叶片进出口绝对和相对气流角、绝对和相对气流速度(表10.2)。图10.10给出了无量纲速度三角形。

表 10.2　所有三个案例的计算值汇总(问题 10.13)

| 变量 | 算例 1 | 算例 2 | 算例 3 |
|---|---|---|---|
| $\varphi$ | 0.3 | 0.845 | 0.545 |
| $\psi$ | -0.78 | -0.5 | -0.5 |
| $R$ | 0.5 | 0.75 | 0.125 |
| $\alpha_1$ | 20° | 0° | -42.5° |
| $\beta_1$ | -71.4° | -49.8° | -70° |
| $V_1/U$ | 0.32 | 0.845 | 0.74 |
| $W_1/U$ | 0.94 | 1.31 | 1.6 |
| $\alpha_2$ | 71.4° | 30.6° | 0° |
| $\beta_2$ | -20° | -30.6° | -61.4° |
| $V_2/U$ | 0.94 | 0.982 | 0.545 |
| $W_2/U$ | 0.32 | 0.982 | 1.14 |

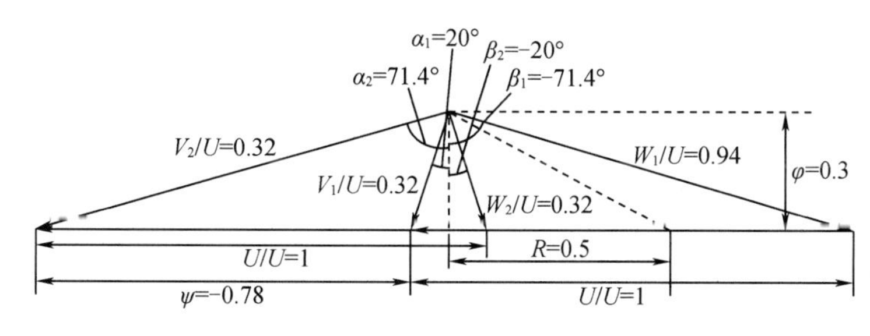


图 10.10　算例 1 的速度三角形(问题 10.13)

## (2)算例 2

利用附录 B 中的相应公式,计算得到的叶片进出口绝对和相对气流角、绝对和相对气流速度(表 10.2)。图 10.11 给出了无量纲速度三角形。

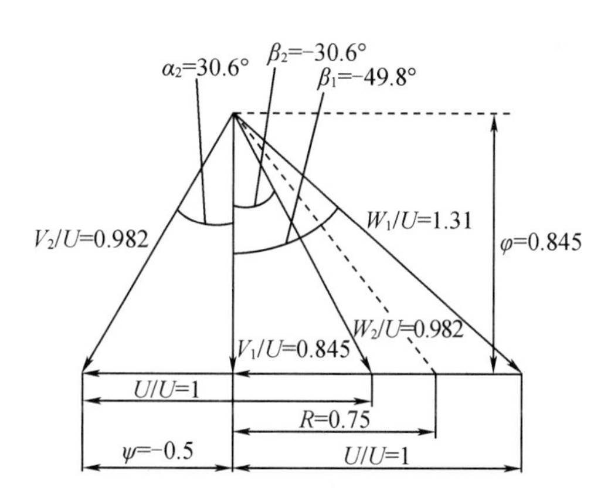


图 10.11　算例 2 的速度三角形(问题 10.13)

### (3)算例 3

利用附录 B 中的相应公式,计算得到的叶片进出口绝对和相对气流角、绝对和相对气流速度(表 10.2)。图 10.12 给出了无量纲速度三角形。

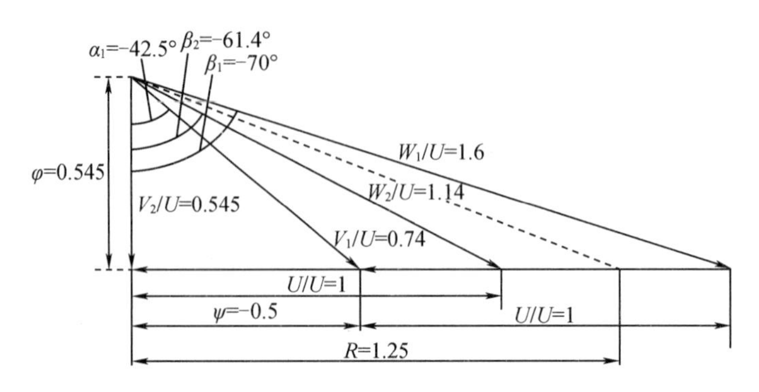


图 10.12　算例 3 的速度三角形(问题 10.13)

## 术　　语

| 符号 | 含义 |
| --- | --- |
| $A$ | 流道面积 |
| $c_p$ | 定压比热容 |
| $c_{\text{tip}}$ | 间隙 |
| $c_v$ | 定容比热容 |
| $C$ | 弦长(=叶片型线前缘到后缘的距离) |
| $C_1$ | 进口声速 |
| $C_D$ | 叶型阻力系数 |
| $C_{D'}$ | 环向阻力系数 |
| $C_{D''}$ | 二次流阻力系数 |
| $C_{D'''}$ | 间隙阻力系数 |
| $C_L$ | 升力系数 |
| $C_{V1}$ | 进口速度系数 |
| $D$ | 阻力 |
| $D_{\text{h}}$ | 轮毂直径 |
| $D_{\text{m}}$ | 轮毂与叶尖之间的平均位置的直径 |
| $D_{\text{r}}$ | 根径(=$D_{\text{h}}$) |
| $D_{\text{s}}$ | 等效直径 |

| 符号 | 含义 |
| --- | --- |
| $D_t$ | 顶部直径 |
| $E$ | 比能量转移( $=U\Delta V_t=U\Delta W_t$ ) |
| $\dot{E}$ | 能量传递速率 |
| $F_b$ | 单位叶片长度的叶片力 |
| $F_{ba}$ | $F_b$ 的轴向分量 |
| $F_{bt}$ | $F_b$ 的切向分量 |
| $h$ | 叶高( $=r_t-r_h$ ) |
| $h_0$ | 流体的比总(滞止)焓 |
| $h/C$ | 展弦比 |
| $L$ | 叶片上的升力 |
| $\dot{m}$ | 单位叶片长度相邻叶片间流体的质量流量 |
| $Ma_1$ | 进口绝对马赫数 |
| $Ma_{R1}$ | 进口相对马赫数 |
| $n$ | 多变指数(等熵过程 $n=\gamma$ ) |
| $n_{st}$ | 压气机级数 |
| $N$ | 转速 |
| $N_s$ | 比转速 |
| $p$ | 流体静压力 |
| $p_{01}$ | 转子进口总压 |
| $p_{02}$ | 转子出口或静子进口总压 |
| $p_{03}$ | 静子出口总压 |
| $P_t$ | 涡轮输出功率 |
| $q$ | 单位质量加热量 |
| $r_h$ | 轮毂半径或叶片根部半径 |
| $r_m$ | 平均叶片半径 $=D_m/2=(r_h+r_t)/2$ |
| $r_t$ | 叶尖半径 |
| $R$ | 反动度;气体常数;叶片升力和阻力的合力 |
| $s$ | 熵 |
| $S$ | 相邻叶片之间的距离( =节距) |
| $T_1$ | 进口静温 |
| $T_i$ | 从 $p_{01}$ 到 $p_{03}$ 等熵压缩结束时的总温 |
| $T_{01}$ | 转子进口总温 |
| $T_{02}$ | 转子出口或静子进口总温 |
| $T_{03}$ | 静子出口总温 |

| 符号 | 含义 |
| --- | --- |
| $T_{in}$ | 多级压气机第一级进口处的总温 |
| $T_{out}$ | 多级压气机末级出口总温 |
| $\Delta T_0$ | 多级压气机总温总体上升 |
| $\Delta T_{0\_st}$ | 压气机单级总温升 |
| $U$ | 平均半径处的叶片速度 |
| $U_h$ | 轮毂半径处的叶片速度 |
| $U_t$ | 叶尖半径处的叶片速度 |
| $V$ | 流体的绝对速度 |
| $V_1$ | 流体进入转子的绝对速度 |
| $V_2$ | 流体离开转子或进入静子的绝对速度 |
| $V_3$ | 流体离开静子的绝对速度 |
| $V_a$ | $V$ 的轴向分量 |
| $V_m$ | 平均绝对速度( $=(V_{tm}^2+V_a^2)^{\frac{1}{2}}$ ) |
| $V_r$ | $V$ 的径向分量 |
| $V_t$ | $V$ 的切向分量 |
| $V_{t1}$ | $V_1$ 的切向分量 |
| $V_{t2}$ | $V_2$ 的切向分量 |
| $V_{tm}$ | $V_m$ 的切向分量( $=(V_{t1}+V_{t2})/2$ ) |
| $\Delta V_t$ | 扭速,$V_1$ 与 $V_2$ 的切向分量之差( $=V_{t1}-V_{t2}$ ) |
| $w_c$ | 压气机比功 |
| $w_t$ | 涡轮比功 |
| $w_{net}$ | 比净输出功( $=w_t-w_c$ ) |
| $W$ | 流体相对于叶片的速度 |
| $W_1$ | 进入转子的相对速度 |
| $W_2$ | 离开转子的相对速度 |
| $W_m$ | 平均相对速度( $=(W_{tm}^2+W_a^2)^{\frac{1}{2}}$ ) |
| $W_t$ | $W$ 的切向分量 |
| $W_{t1}$ | $W_1$ 的切向分量 |
| $W_{t2}$ | $W_2$ 的切向分量 |
| $W_{tm}$ | $W_m$ 的切向分量( $=(W_{t1}+W_{t2})/2$ ) |
| $\Delta W_t$ | 扭速,$W_1$ 与 $W_2$ 的切向分量之差( $=W_{t1}-W_{t2}=\Delta V_t$ ) |
| $\alpha$ | 攻角( =叶片中弦线与 $W_1$ 的夹角) |
| $\alpha_1$ | $V_1$ 与 $V_a$ 的夹角 |

| 符号 | 含义 |
| --- | --- |
| $\alpha_2$ | $V_2$ 与 $V_a$ 的夹角 |
| $\alpha_3$ | $V_3$ 与 $V_a$ 的夹角 |
| $\alpha_m$ | $V_m$ 与 $V_a$ 的夹角 |
| $\beta_1$ | $W_1$ 与 $V_a$ 的夹角 |
| $\beta_2$ | $W_2$ 与 $V_a$ 的夹角 |
| $\beta_m$ | $W_m$ 与 $V_a$ 的夹角 |
| $\varphi$ | 流量系数$=V_a/U$ |
| $\gamma$ | 比热容比($\gamma=c_p/c_v$) |
| $\delta$ | 阻升比 |
| $\eta_c$ | 压气机效率 |
| $\eta_{th}$ | 热效率 |
| $\eta_p$ | 多变效率 |
| $\eta_{st}$ | 级效率 |
| $\lambda$ | 减功系数 |
| $\rho$ | 流体密度 |
| $\sigma$ | 叶片平均半径处的稠度$=C/S$ |
| $\psi$ | 载荷系数(由附录 B 设定,压气机取负数) |
| $\zeta_p$ | 叶型损失系数 |
| $\Pi_p$ | 压气机整体总压比 |
| $\Pi_{st}$ | 压气机总压比 |
| $\Lambda_b$ | 叶片载荷系数 |
| $\Omega$ | 转子角速度 |

# 参考文献

Sultanian, B. K. 2019. Logan's Turbomachinery: Flowpath Design and Performance Fundamentals, 3rd edition. Boca Raton, FL: Taylor & Francis.

# 参考书目

Aungier, R. H. 2003. Axial-Flow Compressors: A Strategy for Aerodynamic Design and Analysis. New York: ASME Press.

Balje, O. E. 1981. Turbomachines. New York: John Wiley & Sons.

Cohen, H., Rogers, G. F. C., and Saravanamuttoo, H. I. H. 1987. Gas Turbine Theory. London: Longman.

Cumpsty, N. A. 2004. Compressor Aerodynamics, 2nd edition. Malabar: Krieger Pub Co.
Eck, B. 1973. Fans. Oxford: Pergamon.
Gresh, M. T. 2018. Compressor Performance: Aerodynamics for the User, 3rd edition. Oxford: Butterworth-Heinemann.
Horlock, J. H. 1958. Axial Flow Compressors: Fluid Mechanics and Thermodynamics. London: Butterworth.
Mattingly, J. D. 1987. Aircraft Engine Design. New York: AIAA.
Shepherd, D. G. 1956. Principles of Turbomachinery. New York: Macmillan.
Sultanian, B. K. 2015. Fluid Mechanics: An Intermediate Approach. Boca Raton: Taylor & Francis.
Wilson, D. G. 1984. The Design of High-Efficiency Turbomachinery and Gas Turbines. Cambridge: MIT Press.

# 第 11 章　径流燃气涡轮

## 关键概念

径流燃气涡轮广泛应用于辅助动力装置、气体处理装置、涡轮增压器、涡轮螺旋桨飞机发动机以及余热和地热能回收装置等。

在此简要介绍涡轮的一些关键概念。有关每个主题的更多细节详见 Sultanian(2019)。

图 11.1 显示了简单燃气轮机的布雷顿循环。过程 1—2′为等熵压缩,2′—3 为等压加热,3—4′为等熵膨胀。压气机中的实际压缩过程沿虚线 1—2 为非等熵过程,涡轮中的膨胀过程沿虚线 3—4 为非等熵过程。后一个过程反映了压气机效率 $\eta_c$ 和涡轮效率 $\eta_t$。将循环热效率 $\eta_{th}$ 定义为

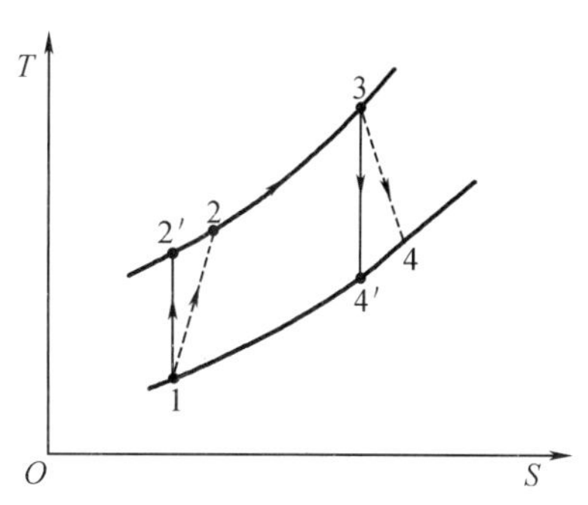

图 11.1　燃气轮机的热力循环

$$\eta_{th}=\frac{w_t-w_c}{q} \tag{11.1}$$

式中,$w_t$ 为涡轮比功;$w_c$ 为压气机比功;$q_A$ 为过程 2—3 中每单位质量气体释放的热量。

### 径流涡轮的几何形状和流动过程

如图 11.2 和图 11.3 所示,位于蜗壳和转子轮缘之间机匣周围的静子(喷管)叶片将以气流角 $\alpha_2$ 进入的热气流膨胀至出口速度 $V_2$。相对速度 $W_2$ 在径向位置 $r_2$ 处进入转子,然后径向流动,并轴向流过叶片间通道。图 11.3 表明,叶片的尾部是弯曲的,因此相对速度 $W_3$ 使转子具有切向和轴向分量,并与轴向成 $\beta_3$ 角。图 11.4 显示了转子进口和出口的速度三角形。来自转子的气体以压力 $p_3$ 进入排气扩散器,并在大气压力 $p_a$ 下从排气扩压器截面 4(图 11.2)处排出。

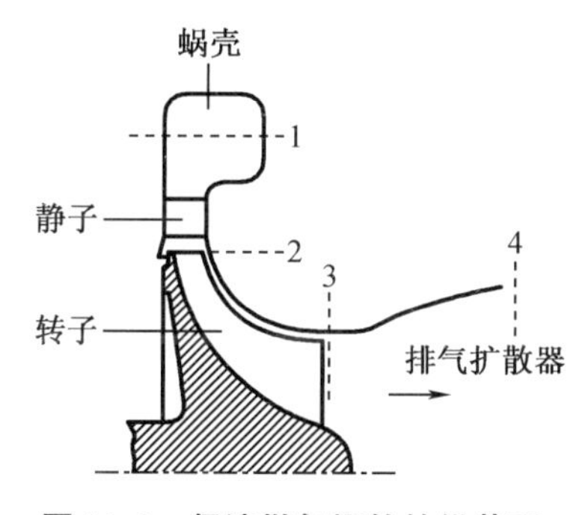

图 11.2　径流燃气涡轮的纵截面

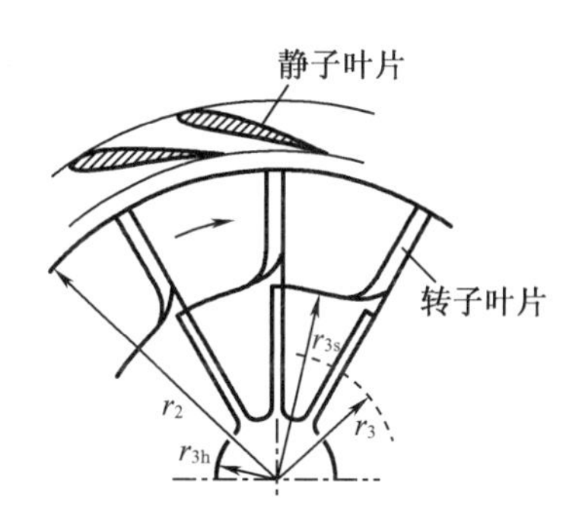

图 11.3　径流水轮机的横截面

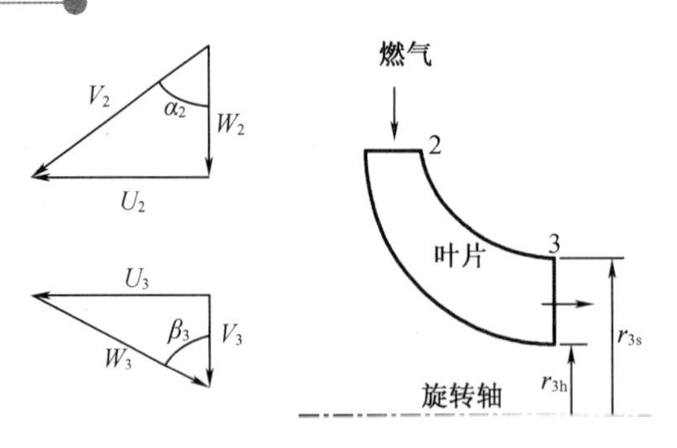


图 11.4　径流燃气涡轮的速度三角形

## 基本气动热力学

对于绝热流动，进口喷管和排气扩压器中的总焓保持不变，即 $h_{01}=h_{02}$ 和 $h_{03}=h_{04}$。根据欧拉方程，将转子中的比功传递表示为

$$E = V_{t2}U_2 - V_{t3}U_3 = h_{02} - h_{03} \tag{11.2}$$

对于 $V_{t2}=U_2$ 和 $V_{t3}=0$ 的 90°IFR① 燃气涡轮，该方程简化为

$$E = U_2^2 = h_{02} - h_{03} \tag{11.3}$$

此外，当 $W_2=V_{r2}$ 时，从图 11.4 所示的速度三角形中获得以下关系：

$$W_2^2=U_2^2\cot^2\alpha_2 \tag{11.4}$$

$$V_3^2=U_3^2\cot^2\beta_3 \tag{11.5}$$

$$W_3^2=V_3^2+U_3^2 \tag{11.6}$$

利用转焓在转子中保持不变的事实和式(11.4)～式(11.6)，得出了截面 2 和截面 3 之间的转子静态温度比：

$$\frac{T_3}{T_2} = 1 - \frac{(\gamma - 1)U_2^2}{2C_2^2}\left(1 - \cot^2\alpha_2 + \frac{r_3^2}{r_2^2}\cot^2\beta_3\right) \tag{11.7}$$

图 11.5 描述了径流燃气涡轮中发生的热力学过程，等熵膨胀过程将排气的停滞状态 01 ($p_{01}$, $T_{01}$) 和状态 3′($p_{3'}$, $T_{3'}$) 连接起来。这种从 01 到 3′的理想膨胀可以在理想涡轮或理想喷管中进行。可以通过想象废气以零动能离开涡轮来进一步理想化涡轮过程 $V_{3'}\to 0$；给出 $h_{03'}\to h_{3'}$，式(11.2)适用于理想(等熵)涡轮时，变为

$$h_2+\frac{V_2^2}{2}=h_{3'}+\frac{V_{3'}^2}{2}+E_i \tag{11.8}$$

进一步使用 $h_{02}=h_{01}$ 和 $V_{3'}\to 0$，式

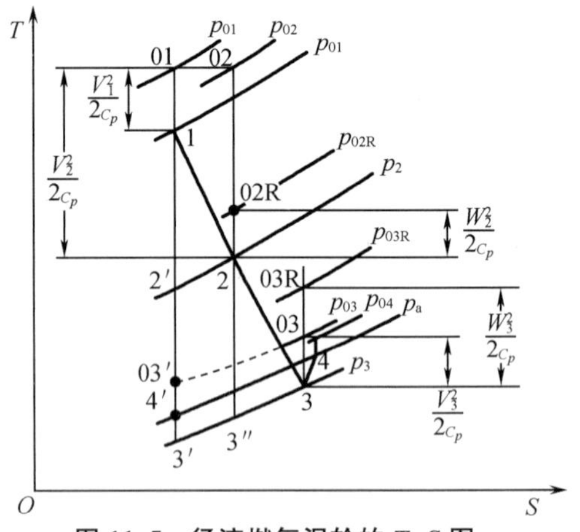


图 11.5　径流燃气涡轮的 $T$–$S$ 图

① IFR 表示径向向内流动。

(11.8)变为

$$E_i = h_{01} - h_{3'} \tag{11.9}$$

如果理想喷管中出现从状态01到状态3′的理想膨胀过程，可以得到最大可能的喷管出口速度 $c_0$，这称为喷射速度，由下式得出。

$$\frac{c_0^2}{2} = h_{01} - h_{3'} = E_i \tag{11.10}$$

其在式(11.3)中替换产生

$$U_{2i} = 0.707c_0 \tag{11.11}$$

这为理想的90°IFR燃气涡轮提供了转子叶尖速度。

对于一组给定的进口和出口条件，可以根据方程估计转子叶尖速度的上限。

$$c_0 = \left\{\frac{2\gamma RT_{01}}{\gamma - 1}\left[1 - \left(\frac{p_3}{p_{01}}\right)^{(\gamma-1)/\gamma}\right]\right\}^{1/2} \tag{11.12}$$

这可以很容易地从式(11.10)中得出。

对于燃气涡轮，将总静效率定义为

$$\eta_{ts} = \frac{E}{E_i} = \frac{h_{01} - h_{03}}{h_{01} - h_{3'}} = \frac{2E}{c_0^2} \tag{11.13}$$

也可以表示为

$$\eta_{ts} = \frac{E}{E + c_p(T_3 - T_{3'}) + V_{3'}^2/2} \tag{11.14}$$

总总效率定义为

$$\eta_{tt} = \frac{h_{01} - h_{03}}{h_{01} - h_{03'}} \tag{11.15}$$

式中，$h_{03'} = h_{3'} + \frac{V_{3'}^2}{2}$。根据 Sultanian(2019)中提供的详细信息，可以通过以下等式关联 $\eta_{ts}$ 和 $\eta_{tt}$：

$$\eta_{tt} = \frac{1}{1/\eta_{ts} - V_{3'}^2/(2E)} \tag{11.16}$$

## 喷管损失系数

喷管损失系数定义为

$$\lambda_n = \frac{2c_p(T_2 - T_{2'})}{V_2^2} \tag{11.17}$$

这使得可以根据以下方程通过喷管中的等熵膨胀计算 $T_{2'}$ 和 $p_{2'}$：

$$p_{2'} = p_{01}\left(\frac{T_{2'}}{T_{01}}\right)^{\gamma/(\gamma-1)} \tag{11.18}$$

因此得到 $p_2 = p_{2'}$。

## 转子损失系数

转子损失系数定义为

$$\lambda_{rot}=\frac{2c_p(T_3-T_{3''})}{W_3^2} \tag{11.19}$$

式中，根据方程计算 $T_{3''}$：

$$T_{3''}=T_2\left(\frac{p_{3''}}{p_2}\right)^{(\gamma-1)/\gamma}=T_2\left(\frac{p_3}{p_2}\right)^{(\gamma-1)/\gamma} \tag{11.20}$$

根据式(11.19)，得到

$$T_3=T_{3''}+\lambda_{rot}\frac{W_3^2}{2c_p}=T_{3''}+\lambda_{rot}\frac{U_3^2}{2c_p\sin^2\beta_3} \tag{11.21}$$

使用绝对速度 $V_3$，还可以获得

$$T_3=T_{03}-\frac{V_3^2}{2c_p}=T_{03}-\frac{U_3^2\cot^2\beta_3}{2c_p} \tag{11.22}$$

同时求解式(11.21)和式(11.22)即可得到 $T_3$ 和 $\beta_3$。

## 巴列图

可以使用图11.6所示的90°IFR燃气涡轮的巴列图，选择对应于给定效率的比转速 $N_s$ 和等效直径 $D_s$ 的组合，并定义为

$$N_s=\frac{NQ_3^{1/2}}{(c_0^2/2)^{3/4}} \tag{11.23}$$

和

$$D_s=\frac{D_2(c_0^2/2)^{1/4}}{Q_3^{1/2}} \tag{11.24}$$

式中，根据式(11.12)确定喷射速度 $c_0$，$Q_3$ 是排气条件下的气体体积流量，根据

$$Q_3=\frac{\dot{m}}{\rho_3} \tag{11.25}$$

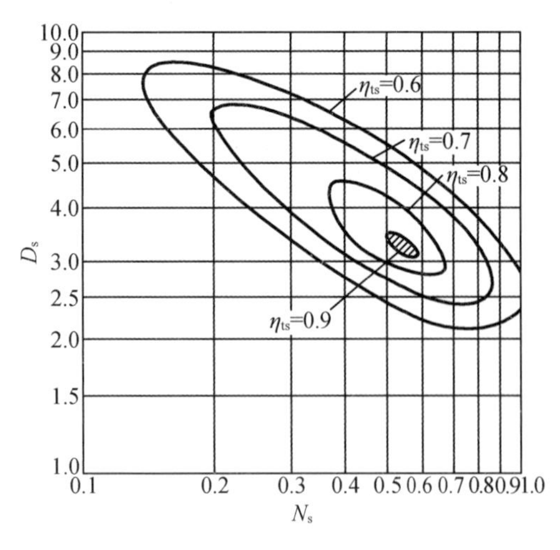


**图11.6　90°IFR燃气涡轮的巴列图(Scheel，1972年，Whitfield和Baines，1990年)**

将式(11.23)和式(11.24)相乘得出

$$N_s D_s = \frac{2^{1/2} N D_2}{c_0} = \frac{2.828 U_2}{c_0} \tag{11.26}$$

因此,巴列图对于 $\eta_{ts}$、$D_s$、$N_s$ 和 $U_2/c_0$ 的初始选择是一种有用的设计工具。

## 初步设计过程

巴列图为初步设计过程提供了起点。使用图 11.6,可以首先选择 $N_s$、$D_s$ 和 $\eta_{ts}$。可以使用式(11.26)确定 $U_2/c_0$ 的相应值,并对照表 11.1 中建议的参数取值范围进行检查。如果 $p_{01}$、$T_{01}$ 和 $p_3$ 为已知,可以使用式(11.12)确定 $c_0$,最后从 $U_2/c_0$ 确定 $U_2$,并对照应力分析师设定的 $U_2$ 结构极限进行检查,例如,480~520 m/s 是叶尖速度可接受值的可能范围。

**表 11.1 90°IFR 燃气涡轮的设计参数**

| 参数 | 推荐范围 | 来源 |
| --- | --- | --- |
| $\alpha_2$ | 68°~75° | Dixon and Hall(2014), Rohlik(1968) |
| $\beta_3$ | 50°~70° | Whitfield and Baines(1990) |
| $D_{3h}/D_{3s}$ | <0.4 | Dixon and Hall(2014), Rohlik(1968) |
| $D_{3s}/D_2$ | <0.7 | Dixon and Hall(2014),Rohlik(1968) |
| $D_3/D_2$ | 0.53~0.66 | Whitfield and Baines(1990) |
| $b_2/D_2$ | 0.05~0.15 | Whitfield and Baines(1990), Dixon and Hall(2014), Rohlik(1968) |
| $U_2/c_0$ | 0.55~0.80 | Figure 11.6 |
| $W_3/W_2$ | 2~2.5 | Ribaud & Mischell(1986) |
| $V_3/U_2$ | 0.15~0.5 | Whitfield and Baines(1990) |
| $\lambda_{rot}$ | 0.4~0.8 | Dixon and Hall(2014) |
| $\lambda_n$ | 0.06~0.24 | — |

图 11.7 描绘了 90°IFR 燃气涡轮叶片通道中的反向旋转相对涡流。Whitfield 和 Baines(1990)表明,负冲角加强了相对涡流,导致叶片压差、能量传递和效率增加。

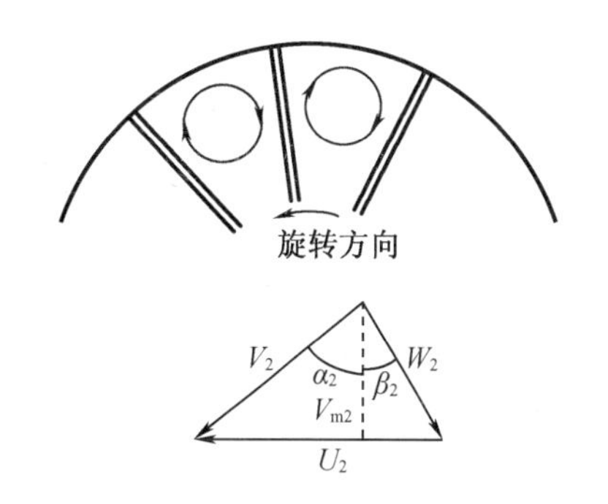

图 11.7 IFR 涡轮中的相对涡流和速度三角形

从中获得了 $\beta_2$ 的最佳值:

$$\cos\beta_2 = 1 - \frac{0.63\pi}{n_b} \tag{11.27}$$

式中,$n_b$ 为叶片数。Glassman(1976)给出了防止逆流的最小叶片数:

$$n_b = 0.1047(110 - \alpha_2)\tan\alpha_2 \tag{11.28}$$

式中,$\alpha_2$ 单位为(°)。对于 $\eta_2 = 0$,有 $E = U_2^2$。对于负入射,根据 $E = V_{t2}U_2$ 和 $V_{t3} = 0$,可得

$$V_{t2} = U_2 - V_{m2}\tan\beta_2 \tag{11.29}$$

$$V_{m2} = \frac{U_2}{\tan \beta_2 + \tan \alpha_2} \tag{11.30}$$

对于规定的涡轮功率 $P$,可得

$$\dot{m} = \frac{P}{E} \tag{11.31}$$

从表 11.1 给出的范围中选择直径比,以及 $D_{3s}$ 和 $D_{3h}$ 的初始值,然后对其进行修改,以符合表 11.1 中 $\beta_3$ 和 $V_3/U_2$ 的建议范围。

根据式(11.32)确定转子顶部的轴向宽度 $b_2$

$$b_2 = \frac{\dot{m}}{W_2 \rho_2 \pi D_2} \tag{11.32}$$

转子出口速度 $V_3$

$$V_3 = \frac{\dot{m}}{\rho_3 A_3} \tag{11.33}$$

$$A_3 = \frac{\pi(D_{3s}^2 - D_{3h}^2)}{4} \tag{11.34}$$

$$\beta_3 = \arctan\left(\frac{U_3}{V_3}\right) \tag{11.35}$$

式中,出口叶片速度 $U_3$ 基于从以下公式获得的均方根平均直径 $D_3$

$$D_3 = \left(\frac{D_{3s}^2 + D_{3h}^2}{2}\right)^{1/2} \tag{11.36}$$

最后,检查比值 $b_2/D_2$ 和 $W_3/W_2$ 是否符合表 11.1 中的建议范围。

## 问题 11.1:90°IFR 燃气涡轮的初步设计

设计一台 90°IFR 燃气涡轮,在 41 000 r/min 下运行时产生 522 kW 功率输出,进口总温 $T_{01}$ 为 945 K,排气压力 $p_3$ 为 98 595 Pa。假设排气预旋为零,进气冲角为零。取 $\gamma = 1.35$ 和 $R = 287$ J/(kg·K)。

## 问题 11.1 的解法

### 巴列图

在图 11.6 中选择一个点,其中 $N_s = 0.67$, $D_s = 2.7$, $\eta_{ts} = 0.77$。

### 转子叶尖速度和喷射速度

选择 $U_2 = 488$ m/s,使用式(11.20)获得

$$c_0 = \frac{2.828U_2}{N_s D_s} = \frac{2.828 \times 488}{0.67 \times 2.7} = 762.888 \text{ m/s}$$

$$\frac{U_2}{c_0}=\frac{488}{762.888}=0.64$$

这是一个可接受的值(见表 11.1)。

## 蜗壳总压

对于 $\gamma=1.35$ 和 $R=287\ \text{J/(kg}\cdot\text{K)}$,得到

$$c_p=R\left(\frac{\gamma}{\gamma-1}\right)=\frac{287\times1.35}{1.35-1}=1\ 107\ \text{J/(kg}\cdot\text{K)}$$

根据式(11.12),得到

$$p_{01}=\frac{p_3}{\left(1-\dfrac{c_0^2}{2c_pT_{01}}\right)^{\gamma/(\gamma-1)}}=\frac{98\ 595}{\left(1-\dfrac{762.888^2}{2\times1\ 107\times945}\right)^{1.35/(1.35-1)}}=346\ 652\ \text{Pa}$$

## 能量转换

$$E=U_2^2=488^2=238\ 144\ \text{m}^2/\text{s}^2$$

## 质量流量

$$\dot{m}=\frac{P}{E}=\frac{521\ 990}{238\ 144}=2.192\ \text{kg/s}$$

## 转子进口

### 叶尖直径

$$D_2=\frac{2U_2}{N}=\frac{2\times488}{41\ 000\times(\pi/30)}=0.227\ \text{m}$$

### 绝对和相对流速

为转子选择至少 12 个叶片,从方程中获得 $\alpha_2=71°$,

$$n_b=12=0.104\ 7(110-\alpha_2)\tan\alpha_2$$

使用迭代求解方法,如 MS Excel 中的目标搜索。

因此,从图 11.4 所示的进口速度三角形中获得

$$W_2=U_2\cot\alpha_2=488\times\cot71°=168.032\ \text{m/s}$$

$$V_2=\frac{U_2}{\sin\alpha_2}=\frac{488}{\sin71°}=516.119\ \text{m/s}$$

当 $T_{02}=T_{01}$ 时,得到

$$T_2=T_{01}-\frac{V_2^2}{2c_p}=945-\frac{516.119^2}{2\times1\ 107}=824.7\ \text{K}$$

$$Ma_2=\frac{V_2}{\sqrt{\gamma RT_2}}=\frac{516.119}{\sqrt{1.35\times287\times824.7}}=0.913$$

**静温和叶片宽度**

选择喷管损失系数 $\lambda_{noz}=0.1$,得到

$$T_{2'}=T_2-\frac{\lambda_{noz}V_2^2}{2c_p}=824.7-\frac{0.1\times 516.119^2}{2\times 1\,107}=813\ \text{K}$$

进而

$$p_2=p_{01}\left(\frac{T_{2'}}{T_{01}}\right)^{\gamma/(\gamma-1)}=346\,652\times\left(\frac{813}{945}\right)^{1.35/(1.35-1)}=194\,027\ \text{Pa}$$

$$\rho_2=\frac{p_2}{RT_2}=\frac{194\,027}{287\times 824.7}=0.821\ \text{kg/m}^3$$

$$b_2=\frac{\dot{m}}{W_2\rho_2\pi D_2}=\frac{2.192}{168.032\times 0.821\times 3.141\,6\times 0.227}=0.022\,3\ \text{m}$$

$$\frac{b_2}{D_2}=\frac{0.022\,3}{0.227}=0.098$$

这是一个可接受的值(见表 11.1)。

## 转子出口

**轮毂和叶尖直径**

根据表 11.1 中各种参数的建议范围,选择 $D_{3s}/D_2=0.75$,这略高于表 7.1 的规则,但似乎有必要降低排气速度 $V_3$,并且 $D_{3h}/D_{3s}=0.35$,给出

$$D_{3s}=0.75D_2=0.75\times 0.227=0.170\ \text{m}$$

$$D_{3h}=0.35D_{3s}=0.35\times 0.170=0.060\ \text{m}$$

**平均直径**

根据方程计算中径

$$D_3=[(D_{3h}^2+D_{3s}^2)/2]^{1/2}=[(0.060^2+0.170^2)/2]^{1/2}=0.128\ \text{m}$$

和转子出口进口直径比

$$\frac{D_3}{D_2}=\frac{0.128}{0.227}=0.562$$

这是一个可接受的值(见表 11.1)。

## 流动面积

$$A_3=\frac{\pi}{4}(D_{3s}^2-D_{3h}^2)=\frac{3.141\,6}{4}\times(0.170^2-0.060^2)=0.02\ \text{m}^2$$

## 中径处叶片速度

$$U_3=U_2\frac{D_3}{D_2}=488\times\frac{0.128}{0.227}=274.195\ \text{m/s}$$

### 绝对和相对流速

首先,根据方程计算总温 $T_{03}$

$$T_{03}=T_{01}-\frac{E}{c_p}=945-\frac{238\ 144}{1\ 107}=730\ \mathrm{K}$$

结合以下三个方程式:

$$\rho_3=\frac{p_3}{RT_3}$$

$$V_3=\frac{\dot{m}}{\rho_3 A_3}$$

$$T_3=T_{03}-\frac{V_3^2}{2c_p}$$

得出 $V_3$ 的以下二次方程:

$$V_3^2+bV_3+c=0$$

$$b=\frac{2A_3c_pp_3}{\dot{m}R}=\frac{2\times 0.02\times 1\ 107\times 98\ 595}{2.192\times 287}=6\ 951.240$$

$$c=-2c_pT_{03}=-2\times 1\ 107\times 730=-1\ 615\ 942$$

使用解决方案

$$V_3=\frac{-b+\sqrt{b^2-4c}}{2}=\frac{-6\ 951.240+\sqrt{6\ 951.240^2+4\times 1\ 615\ 942}}{2}=225.174\ \mathrm{m/s}$$

从图 11.4 中的转子出口速度三角形中得到

$$\beta_3=\arctan\left(\frac{274.195}{225.174}\right)=50.6°$$

其在可接受的范围内。

$$W_3=(U_3^2+V_3^2)^{1/2}=(274.195^2+225.174^2)^{1/2}=354.804\ \mathrm{m/s}$$

$$\frac{W_3}{W_2}=\frac{354.804}{168.032}=2.112$$

根据表 11.1,这也是可以接受的。

## 问题 11.2:由压缩空气驱动的径向进气涡轮

径向进气涡轮转子的直径为 0.25 m,喷管出口的直径为 0.255 m。喷管叶片出口高度为 0.025 m。喷管出口流速与径向夹角为 72.5°。喷管内的恒定总压和总温分别为 $2.05\times 10^5$ Pa 和 425 K。转子叶尖速度为喷管出口速度切向分量的 95%。通过涡轮的空气质量流量为 1.65 kg/s。求:(1)喷管出口马赫数、静温和静压;(2)转子转速。假设空气是完全气体,其中 $\gamma=1.4$ 和 $R=287$ J/(kg · K)。

# 问题 11.2 的解法

## (1)喷管出口马赫数、静温和静压

**喷管出口流动面积**

$$A_{2noz}=\pi D_{2noz}b_2=3.141\ 6\times 0.255\times 0.025=0.02\ \text{m}^2$$

**喷管出口流速系数**

$$C_V=\frac{V_{2r}}{V_2}=\cos\ \alpha_2=\cos\ 72.5°=0.301$$

**总压质量流量函数**

$$F_{f02}=\frac{\dot{m}\sqrt{RT_{02}}}{C_V A_{2noz}p_{02}}=\frac{1.65\times\sqrt{287\times 425}}{0.301\times 0.02\times 2.05\times 10^5}=0.467$$

**马赫数**

对于 $F_{f02}=0.467$ 和 $\gamma=1.4$,迭代求解以下方程(例如,MS Excel 中的目标搜索)

$$F_{f02}=Ma_2\sqrt{\frac{\gamma}{\left(1+\frac{\gamma-1}{2}Ma_2^2\right)^{\frac{\gamma+1}{\gamma-1}}}}$$

得到 $Ma_2=0.443$。

**静温和静压**

$$\frac{T_{02}}{T_2}=1+0.5(\gamma-1)Ma_2^2=1+0.5\times(1.4-1)\times 0.443^2=1.039\ 2$$

$$T_2=\frac{T_{02}}{T_{02}/T_2}=\frac{425}{1.039\ 2}=409\ \text{K}$$

$$\frac{p_{02}}{p_2}=\left(\frac{T_{02}}{p_2}\right)^{\gamma/(\gamma-1)}=1.039\ 2^{3.5}=1.144$$

$$p_2=\frac{p_{02}}{p_{02}/p_2}=\frac{2.05\times 10^5}{1.144}=1.792\times 10^5\ \text{Pa}$$

## (2)转子转速

喷管出口速度($V_2$):

$$V_2=Ma_2\sqrt{\gamma RT_2}=0.443\times\sqrt{1.4\times 287\times 409}=179.464\ \text{m/s}$$

$$V_{t2}=V_2\sin\ \alpha_2=179.464\times\sin\ 72.5°=171.158\ \text{m/s}$$

$$U_2=0.95V_{t2}=0.95\times 171.158=162.6\ \text{m/s}$$

$$N=\frac{60U_2}{\pi D_2}=\frac{60\times 162.6}{3.1416\times 0.250}=12\ 422\ \text{r/min}$$

# 问题 11.3:IFR 涡轮转子的最优效率设计

具有 13 个叶片的 IFR 涡轮转子需要在 1.2 kg/s 的质量流量下,在 $\eta_{ts}=0.85$ 的最佳总静效率下,将气体加热至 1 100 K 的总温,从而产生 400 kW 的功率。使用 Whitfield 和 Baines(1990)的方法,求:(1)总静压比;(2)转子叶尖速度和进口马赫数。假设 $\gamma=1.33$ 和 $c_p=1\ 187$ J/(kg · K)。

# 问题 11.3 的解法

## (1)总静压比

### 比功

$$E=\frac{P}{\dot{m}}=\frac{400\times 1\ 000}{1.2}=333\ 333.333\ \text{m}^2/\text{s}^2$$

### 总静压比

$$\frac{p_{01}}{p_3}=\left(1-\frac{E}{\eta_{ts}c_pT_{01}}\right)^{-\frac{\gamma}{\gamma-1}}=\left(1-\frac{333\ 333.333}{0.85\times 1\ 187\times 1\ 100}\right)^{-\frac{1.33}{1.33-1}}=4.218$$

## (2)转子叶尖速度和进口马赫数

### 绝对气流角

迭代求解以下方程:

$$n_b=0.1047\times(110-\alpha_2)\tan\alpha_2=13$$

$$\frac{\partial(\rho V_y)}{\partial y}=-\frac{\partial(\rho V_x)}{\partial x}=-\frac{\partial(\rho_0 xyV_0x^2)}{\partial x}=-3\rho_0V_0x^2y$$

得到 $\alpha_2=73.7°$。

### 相对气流角

$$\beta_2=\arccos\left(1-\frac{0.63\pi}{n_b}\right)=\arccos\left(1-\frac{0.63\times 3.1416}{13}\right)=32°$$

### 转子叶尖速度

$$U_2=\left(\frac{E}{\cos\beta_2}\right)^{1/2}=\left(\frac{333\ 333.333}{\cos 32°}\right)^{1/2}=627.053\ \text{m/s}$$

### 转子进口马赫数

$$V_{t2}=U_2\cos\beta_2=627.053\times\cos 32°=531.587\ \text{m/s}$$

$$V_2 = \frac{V_{t2}}{\sin \alpha_2} = \frac{531.587}{\sin 73.7°} = 553.849 \text{ m/s}$$

$$T_2 = T_{02} - \frac{V_2^2}{2c_p} = 1\,100 - \frac{553.849^2}{2 \times 1\,187} = 970.8 \text{ K}$$

$$Ma_2 = \frac{V_2}{\sqrt{\gamma R T_2}} = \frac{V_2}{\sqrt{(\gamma - 1)c_p T_2}} = \frac{V_2}{\sqrt{(1.33 - 1) \times 1\,187 \times 970.8}} = 0.89$$

# 问题 11.4:径流燃气涡轮的性能

径向进气燃气涡轮以 61 000 r/min 的转速运行,总静压比为 2。其进口直径为 0.125 m。总温为 1 100 K 的热气以 0.35 kg/s 的质量流量径向进入转子,然后轴向排出。求:(1)转子叶尖速度与喷射速度之比;(2)总压与静压之比;(3)涡轮功率。假设 $\gamma=1.35$ 和 $R=287$ J/(kg · K)。

# 问题 11.4 的解法

## (1)转子叶尖速度与喷射速度之比

### 转子叶尖速度

$$U_2 = \frac{ND_2}{2} = \frac{61\,000 \times 3.141\,6 \times 0.125}{2 \times 30} = 399.244 \text{ m/s}$$

### 喷射速度

$$\frac{T_{01}}{T_{3'}} = \left(\frac{p_{01}}{p_3}\right)^{(\gamma-1)/\gamma} = 2^{(1.35-1)/1.35} = 1.197$$

$$T_{3'} = \frac{1\,000}{1.197} = 835.5 \text{ K}$$

$$E_i = c_p(T_{01} - T_{3'}) = \frac{R\gamma}{\gamma - 1}(T_{01} - T_{3'}) = \frac{287 \times 1.35}{1.35 - 1} \times (1\,000 - 835.5) = 182\,083 \text{ m}^2/\text{s}^2$$

$$c_0 = \sqrt{2E_i} = \sqrt{2 \times 182\,083} = 603.462 \text{ m/s}$$

$$\frac{U_2}{c_0} = \frac{399.244}{603.462} = 0.662$$

## (2) 总静效率

$$E = U^2 = 399.244^2 = 159\,396 \text{ m}^2/\text{s}^2$$

$$\eta_{ts} = \frac{E}{E_i} = \frac{159\,396}{182\,083} = 0.875$$

**(3) 涡轮功率**

$$P_t=\frac{\dot{m}E}{1\ 000}=\frac{0.35\times159\ 396}{1\ 000}=55.8\ \mathrm{kW}$$

## 问题 11.5:带有阻塞喷管的标准 90°IFR 燃气涡轮

标准 90°IFR 燃气涡轮以 410 000 r/min 的转速运行。转子叶尖直径为 0.218 m,叶片高度为 0.022 2 m。气体以 68°的角度离开喷管,马赫数为 1.0(阻塞)。总静效率为 0.80,喷管速度系数($\varphi=V_2/V_{2'}$)为 0.95。排气压力为 1 bar。假设 $\gamma=1.35$ 和 $R=287$ J/(kg·K),则对于气体,求:(1)进入转子的相对速度;(2)转子进口的静温;(3)喷管进口的总压;(4)转子进口的静压;(5)涡轮功率(kW)。

## 问题 11.5 的解法

**(1)进入转子的相对速度**

**转子叶尖速度**

$$U_2=\frac{\pi D_2N}{60}=\frac{3.141\ 6\times0.218\times41\ 000}{60}=468\ \mathrm{m/s}$$

**转子进口处的相对速度**

$$W_2=U_2\cot\alpha_2=468\times\cot 68°=189.081\ \mathrm{m/s}$$

**(2)转子进口的静温**

**转子进口处的绝对速度**

$$V_2=\frac{U_2}{\sin\alpha_2}=\frac{468}{\sin 68°}=504.746\ \mathrm{m/s}$$

**转子进口的静温**

对于 $Ma_2=1$,得到

$$T_2=\frac{V_2^2}{\gamma R}=\frac{504.746^2}{1.35\times287}=657.6\ \mathrm{K}$$

**(3)喷管进口处的总压**

**喷管进口处的总温**

$$T_{01}=T_{02}=\frac{\gamma+1}{2}\cdot T_2=\frac{1.35+1}{2}\times657.6=772.6\ \mathrm{K}$$

比功

$$E=U_2^2=468^2=219\ 017\ \mathrm{m^2/s^2}$$

总静压比

$$\frac{p_{01}}{p_3}=\left(1-\frac{E}{\eta_{ts}c_pT_{01}}\right)^{-\frac{\gamma}{\gamma-1}}=\left(1-\frac{219\ 017}{0.80\times1\ 107\times772.6}\right)^{-\frac{1.35}{1.35-1}}=4.429$$

喷管进口处的总压

$$p_{01}=p_3\frac{p_{01}}{P_3}=1.0\times10^5\times4.429=442\ 852\ \mathrm{Pa}$$

## (4) 转子进口处的静压

转子进口处的理想绝对速度

$$V_{2'}=\frac{V_2}{\varphi}=\frac{504.746}{0.95}=531.312\ \mathrm{m/s}$$

等熵膨胀引起的喷管出口静温

$$T_{2'}=T_{01}-\frac{V_{2'}^2}{2c_p}=772.6-\frac{531.312^2}{2\times1\ 107}=645.1\ \mathrm{K}$$

喷管总静压比

$$\frac{p_{01}}{p_{2'}}=\left(\frac{T_{01}}{T_{2'}}\right)^{\gamma/(\gamma-1)}=\left(\frac{772.6}{645.1}\right)^{1.35/(1.35-1)}=2.005$$

转子进口静压

$$p_2=p_{2'}=\frac{p_{01}}{p_{01}/p_{2'}}=\frac{442\ 852}{2.005}=220\ 871\ \mathrm{Pa}$$

## (5) 涡轮功率

转子进口处的密度

$$\rho_2=\frac{p_2}{RT_2}=\frac{220\ 871}{287\times657.6}=1.170\ \mathrm{kg/m^3}$$

质量流量

$$\dot m=\rho_2W_2\pi D_2b_2=1.170\times189.081\times3.141\ 6\times0.218\times0.022\ 2=3.365\ \mathrm{kg/s}$$

涡轮功率

$$P_t=\dot mE=\frac{3.365\times219\ 017}{1\ 000}=737\ \mathrm{kW}$$

# 问题 11.6:带有扁平径向叶片的径流燃气涡轮

带有平面径向叶片的径流燃气涡轮以 24 200 r/min 的转速运行。气体以 0.152 m 的半径进入转子,在 0.076 m 的平均半径处排出。排气在 1 bar 的静压和 645 K 的静温下以 0.75 的相对马赫数轴向排出。假设 $\gamma=1.35$ 和 $R=287$ J/(kg·K),$c_p=1\,107$ J/(kg·K)。计算:(1)产生 75 kW 的质量流量;(2)出口处的叶片高度。

# 问题 11.6 的解法

## (1)涡轮质量流量

**转子叶尖速度**

$$U_2=\frac{\pi r_2 N}{30}=\frac{3.141\,6\times0.152\times24\,200}{30}=385.201\ \text{m/s}$$

**比功**

$$E=U_2^2=385.201^2=148\,380\ \text{m}^2/\text{s}^2$$

**涡轮质量流量**

$$\dot{m}=\frac{P_\text{t}}{E}=\frac{74\,931.9}{148\,380}=0.505\ \text{kg/s}$$

## (2)转子出口处的叶片高度

**出口流速**

$$V_{\text{a3}}=Ma_{\text{R3}}\sqrt{\gamma RT_3}=0.75\times\sqrt{1.35\times287\times645}=374.929\ \text{m/s}$$

**出口密度**

$$\rho_3=\frac{p_3}{RT_3}=\frac{10^5}{287\times645}=0.540\ \text{kg/m}^3$$

**转子出口流动面积**

$$A_3=\frac{\dot{m}}{\rho_3 V_{\text{a3}}}=\frac{0.505}{0.540\times374.929}=0.002\,5\ \text{m}^2$$

**转子出口处的叶片高度**

$$b_3=\frac{A_3}{2\pi r_{3\text{m}}}=\frac{0.002\,5}{2\times3.141\,6\times0.076}=5.23\times10^{-3}\,\text{m}=5.23\ \text{mm}$$

# 问题 11.7:90°IFR 燃气涡轮的比功

总压为 395 kPa、总温为 1 120 K 的燃气进入 90°IFR 燃气涡轮,并在静压为 101.3 kPa 时轴向排出。涡轮的总静效率为 0.814。喷管流量在出口处阻塞。假设 $\gamma=1.35$ 和 $R=287$ J/(kg·K),$c_p=1\,107$ J/(kg·K)。求:(1)涡轮比功;(2)转子进口处的绝对气流角。

# 问题 11.7 的解法

## (1)涡轮比功

### 涡轮总压比

$$\frac{p_{01}}{p_3}=\frac{395\times10^3}{101.3\times10^3}=3.899$$

### 涡轮比功

$$\begin{aligned}E&=\eta_{ts}c_pT_{01}\left[1-\left(\frac{p_3}{p_{01}}\right)^{(\gamma-1)/\gamma}\right]\\&=0.814\times1\,107\times1\,120\times\left[1-\left(\frac{1}{3.899}\right)^{(1.35-1)/1.35}\right]\\&=300\,026\ \mathrm{J/kg}\end{aligned}$$

## (2)转子进口处的绝对气流角

### 转子叶尖速度

$$U_2=\sqrt{E}=\sqrt{300\,026}=547.746\ \mathrm{m/s}$$

### 转子进口静温

根据方程计算静温:

$$T_2=\frac{T_{02}}{1+\dfrac{\gamma-1}{2}Ma_2^2}$$

对于 $T_{02}=T_{01}$ 和 $Ma_2=1$,有

$$T_2=\frac{2T_{01}}{\gamma+1}=\frac{2\times1\,120}{1.35+1}=953.2\ \mathrm{K}$$

### 转子进口处的绝对流速

$$V_2=Ma_2\sqrt{\gamma RT_2}=\sqrt{\gamma RT_2}=\sqrt{1.35\times287\times953.2}=607.712\ \mathrm{m/s}$$

转子进口处的绝对气流角

$$\alpha_2 = \arcsin\left(\frac{U_2}{V_2}\right) = \arcsin\left(\frac{547.746}{607.712}\right) = 64.3^\circ$$

# 术 语

| 符号 | 含义 |
| --- | --- |
| $A_3$ | 转子出口通流面积 |
| $b_2$ | $r=r_2$ 处的叶片宽度 |
| $c_0$ | 喷射速度 |
| $c_p$ | 定压比热容 |
| $C_V$ | 速度系数 |
| $D_2$ | 转子叶尖直径 |
| $D_s$ | 等效直径 |
| $D_{3h}$ | 转子出口轮毂直径 |
| $D_{3s}$ | 转子出口机匣直径 |
| $E$ | 从流体到转子的能量传递 |
| $E_i$ | 等熵涡轮的能量传递 |
| $F_{f0}$ | 总压质量流量函数 |
| $h_1$ | 蜗壳内气体比焓 |
| $h_2$ | 进入转子的气体比焓 |
| $h_3$ | 离开转子的气体比焓 |
| $h_4$ | 气体离开扩压器的比焓 |
| $h_{3'}$ | 离开理想转子的气体比焓 |
| $h_{01}$ | 进入静子的气体比总焓 |
| $h_{02}$ | 离开静子的气体比总焓 |
| $h_{03}$ | 离开转子的气体比总焓 |
| $h_{03'}$ | 离开理想转子的气体比总焓 |
| $h_{0R}$ | 相对比总焓 |
| $Ma_2$ | 转子进口绝对马赫数 |
| $\dot{m}$ | 气体质量流量 |
| $N$ | 转子转速 |
| $N_s$ | 比转速 |
| $n_b$ | 叶片数 |
| $P_t$ | 涡轮功率 |
| $p_1$ | 蜗壳内气体静压 |

| 符号 | 含义 |
| --- | --- |
| $p_2$ | 离开静子的气体静压 |
| $p_{2'}$ | 离开理想静子的气体静压 |
| $p_3$ | 离开转子的气体静压 |
| $p_{3'}$ | 离开理想转子的气体静压 |
| $p_{01}$ | 蜗壳内气体总压力 |
| $p_{02}$ | 静子出口气体总压力 |
| $p_{03}$ | 转子出口气体总压力 |
| $p_{03'}$ | 离开理想转子的气体总压力 |
| $p_{02R}$ | 进入转子的相对总压力 |
| $p_{03R}$ | 离开转子的相对总压力 |
| $q$ | 燃气轮机循环中每单位质量的吸收热量 |
| $Q_3$ | 基于转子出口气体密度的体积流量 |
| $r$ | 从旋转轴测量的径向位置 |
| $r_2$ | 转子尖端半径 $=D_2/2$ |
| $r_3$ | 转子出口均方根(RMS)半径( $=D_3/2$) |
| $R$ | 气体常数 |
| $T$ | 气体温度 |
| $T_0$ | 气体总温 |
| $T_1$ | 蜗壳内气体静温 |
| $T_2$ | 气体离开静子的静温 |
| $T_{2'}$ | 离开理想静子的气体静温 |
| $T_3$ | 气体离开转子的静温 |
| $T_{3'}$ | 气体离开理想涡轮的静温 |
| $T_{3''}$ | 气体离开理想转子的静温与进口温度 $T_2$ |
| $T_{01}$ | 蜗壳内气体总温 |
| $T_{02}$ | 气体离开静子的总温 |
| $T_{03}$ | 气体离开转子的总温 |
| $T_{02R}$ | 气体进入转子的相对总温 |
| $T_{03R}$ | 气体离开转子的相对总温 |
| $U_2$ | 转子叶尖速度 |
| $U_{2i}$ | 理想转子的叶尖速度 |
| $U_{2h}$ | 出口轮毂直径处的转子速度 |
| $U_{2s}$ | 出口机匣直径处的转子速度 |
| $U_3$ | 出口均方根平均直径处的转子速度 |
| $V_1$ | 蜗壳内气体的绝对速度 |

| 符号 | 含义 |
| --- | --- |
| $V_2$ | 静子出口处气体的绝对速度 |
| $V_3$ | 气体离开转子的绝对速度 |
| $V_4$ | 扩压器出口处气体的绝对速度 |
| $V_{3'}$ | 理想涡轮出口处气体的绝对速度 |
| $V_{m2}$ | $V_2$ 的径向分量 |
| $V_{r2}$ | $r=r_2$ 处 $V_{r2}$ 的径向分量 |
| $V_{t2}$ | $V_2$ 的切向分量 |
| $V_{a3}$ | $V_3$ 的轴向分量 |
| $V_{m3}$ | $V_3$ 径向分量($V_{m2}=V_{a3}$) |
| $V_{t3}$ | $V_3$ 的切向分量 |
| $w_c$ | 比压缩功 |
| $w_t$ | 比涡轮功 |
| $w$ | 相对于叶片的气体速度 |
| $W_2$ | 转子叶尖气体的相对速度 |
| $W_3$ | 气体离开转子的相对速度 |
| $W_{m2}$ | $W_2$ 的径向分量 |
| $W_{t2}$ | $W_2$ 的切向分量 |
| $W_{t3}$ | $W_3$ 的切向分量 |

# 希腊符号

| 符号 | 含义 |
| --- | --- |
| $\alpha_2$ | $r_2$ 处的绝对气体角($=\arctan(V_{t2}/V_{m2})$) |
| $\alpha_3$ | $r_3$ 处的绝对气体角 |
| $\beta_2$ | $W_2$ 和 $V_{m2}$ 之间的角度 |
| $\beta_3$ | $W_3$ 和 $V_{m3}$ 之间的角度 |
| $\gamma$ | 比热容比 |
| $\eta_{ts}$ | 总静涡轮效率 |
| $\eta_{tt}$ | 涡轮总效率 |
| $\eta_{th}$ | 燃气轮机循环热效率 |
| $\lambda_n$ | 喷管损失系数 |
| $\lambda_{rot}$ | 转子损失系数 |
| $\gamma$ | 喷管速度系数($=V_2/V_{2'}$) |
| $\rho$ | 气体密度 |

| 符号 | 含义 |
| --- | --- |
| $\rho_2$ | 离开静子的气体密度 |
| $\rho_3$ | 离开转子的气体密度 |

# 参考文献

Dixon, S. L. and Hall, C. A. 2014. Fluid Mechanics and Thermodynamics of Turbomachinery, 7th edition. Kidlington: Elsevier.

Ribaud, Y., and Mischell, C. 1986. Study and Experiments of a Small Radial Turbine for Auxiliary Power Units. TP No. 1986-55. ONERA, Chatillon.

Rohlik, H. E. 1968. Analytical Determination of Radial Inflow Turbine Design Geometry for Maximum Efficiency. NASA TN D-4384.

Scheel, L. F. 1972. Gas Machinery. Houston: Gulf Publishing Co.

Sultanian, B. K. 2019. Logan's Turbomachinery: Flowpath Design and Performance Fundamentals, 3rd edition. Boca Raton, FL: Taylor & Francis.

Whitfield, A., and Baines, N. C. 1990. Design of Radial Turbomachines. Essex: Longman.

# 参考书目

Aungier, R. H. 2006. Turbine Aerodynamics: Axial-Flow and Radial-Flow Turbine Design and Analysis. New York: ASME Press.

Glassman, A. J. 1976. Computer Program for Design and Analysis of Radial Inflow Turbines. NASA TN 8164.

Saravanamutto, H. I. H., Rogers, G. F. C., Cohen, H., Straznicky, P. V., and Nix, A. C. 2017. Gas Turbine Theory, 7th edition. Harlow: Pearson.

Shepherd, D. G. 1956. Principles of Turbomachinery. New York: Macmillan.

Sultanian, B. K. 2015. Fluid Mechanics: An Intermediate Approach. Boca Raton, FL: Taylor & Francis.

# 第 12 章　轴流燃气涡轮

## 关 键 概 念

本章简要介绍了轴流燃气涡轮的一些关键概念。在 Sultanian(2019 年)等文献中提供了关于每个主题的更多细节。本章提出的问题和解决方案主要集中在轴流反动式燃气涡轮级的性能和初步设计上,该燃气涡轮级普遍用于固定电站的多级燃气轮机之中,以及用于驱动船舶、火车和飞机的燃气轮机之中。

### 气动热力学

图 12.1 为轴流涡轮级的剖面图及相应的速度三角形。附录 A 中给出的欧拉叶轮机械方程是这些涡轮气动热力学分析的基础。附录 B 给出了一种直接根据流量系数、载荷系数和反动度的知识来绘制复合无量纲速度三角形的快速方法。

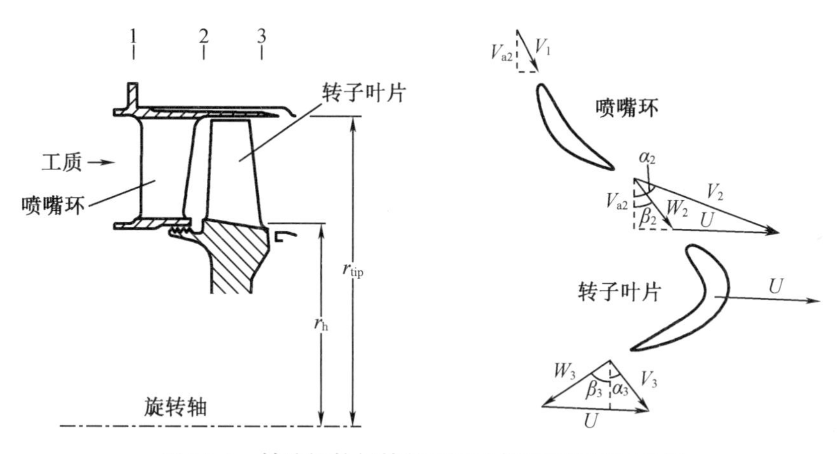


图 12.1　轴流涡轮级的剖面图及相应的速度三角形

### 焓熵图

图 12.2 为涡轮级内部的关键热力学状态。就静态特性而言,实际的最终状态在静子中是 1 和 2,在转子中是 2 和 3。通过在实际状态和相应的总压线(等压线)之间构造等熵过程,可以找到相应的总特性状态,即 01、02 和 03。状态 2′、03′和 3′对应于从该级的入口到出口压力的理想(等熵)膨胀。

### 等熵效率

总总效率定义为

$$\eta_{tt} = \frac{h_{01} - h_{03}}{h_{01} - h_{03'}} \tag{12.1}$$

$c_p$ 为常数时,式(12.1) 变为

$$\eta_{tt} = \frac{T_{01} - T_{03}}{T_{01} - T_{03'}} \tag{12.2}$$

该级的总静效率定义为

$$\eta_{ts} = \frac{h_{01} - h_{03}}{h_{01} - h_{3'}} \tag{12.3}$$

$c_p$ 为常数时,式(12.3) 变为

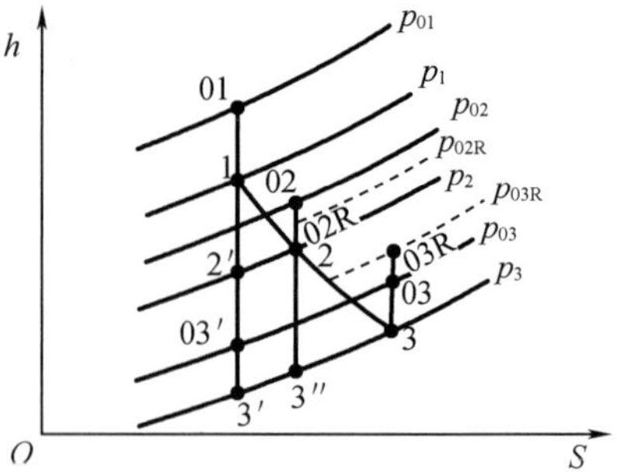

图 12.2　焓熵图

$$\eta_{ts} = \frac{T_{01} - T_{03}}{T_{01} - T_{3'}} \tag{12.4}$$

## 平均半径

参考图 12.1,平均半径定义为

$$r_m = \left(\frac{r_h^2 + r_{tip}^2}{2}\right)^{\frac{1}{2}} \tag{12.5}$$

该半径将环形区域一分为二,可用于级一维分析和初步设计。

## 多变效率

如果将涡轮的膨胀过程划分为大量非常小的连续膨胀,那么每个膨胀过程中的等熵效率称为多变效率。对于给定的燃气涡轮,这个效率可以假定为常数,反映其最先进的设计工程。前面第 10 章还讨论了压气机的多变效率。

参考图 12.2,假设涡轮沿 1—3 的多变膨胀指数为 $n$,即

$$\frac{T_{01}}{T_{03}} = \left(\frac{p_{01}}{p_{03}}\right)^{\frac{n-1}{n}} = \Pi_1^{\frac{n-1}{n}} \tag{12.6}$$

注意,对于 $n=\gamma$,式(12.6)为沿 1—3′的等熵膨胀。

涡轮的多变效率定义为

$$\eta_{pt} = \frac{(\mathrm{d}T_0)_{actual}}{(\mathrm{d}T_0)_{isemiropic}} = \frac{(\mathrm{d}T_0/T_0)_{actual}}{(\mathrm{d}T_0/T_0)_{isentropic}} \tag{12.7}$$

沿整个涡轮级将式(12.7)积分得到

$$\eta_{pt}\int_1^{3'}(\mathrm{d}T_0/T_0)_{isentropic} = \int_1^{3}(\mathrm{d}T_0/T_0)_{actual}$$

$$\left(\frac{T_{01}}{T_{03}}\right) = \left(\frac{T_{01}}{T_{03'}}\right)^{\eta_{pt}} \tag{12.8}$$

$$\Pi^{\frac{n-1}{n}} = \Pi_t^{\frac{\eta_{pt}(\gamma-1)}{\gamma}}$$

$$\frac{n-1}{n} = \frac{\eta_{pt}(\gamma-1)}{\gamma}$$

为了将涡轮总总等熵效率与其多变效率联系起来，写成

$$\eta_t = \eta_{tt} = \frac{T_{01} - T_{03}}{T_{01} - T_{03'}} = \frac{1 - T_{03}/T_{01}}{1 - T_{03'}/T_{01}} = \frac{1 - (1/\Pi_t)^{\frac{n-1}{n}}}{1 - (1/\Pi_t)^{\frac{\gamma-1}{\gamma}}}$$

使用式(12.8)得出

$$\eta_t = \frac{1 - (1/\Pi_t)^{\frac{\eta_{pt}(\gamma-1)}{\gamma}}}{1 - (1/\Pi_t)^{\frac{\gamma-1}{\gamma}}} \tag{12.9}$$

其为用多变效率和压比表示的涡轮等熵效率。或者，用等熵效率和压力比来表示涡轮的多变效率，将式(12.9)改写为

$$\eta_{pt} = \frac{\ln\{1 - \eta_t[1 - (1/\Pi_t)^{\frac{\gamma-1}{\gamma}}]\}}{\frac{\gamma-1}{\gamma}\ln(1/\Pi_t)} \tag{12.10}$$

压气机的公式(12.9)和(10.27)如图12.3所示，其中$\eta_{pt} = \eta_{pc} = 0.9$。在该图中，假设压气机为$\gamma = 1.4$，涡轮为$\gamma = 1.33$。当压比接近1时，压气机和涡轮的等熵效率和多变效率相等。该图进一步指出，对于压气机，等熵效率随压比的增加而降低；而对于涡轮，等熵效率随压比的增加而升高。然而，压气机$\eta_c$的下降速率高于涡轮$\eta_t$的相应增加速率。

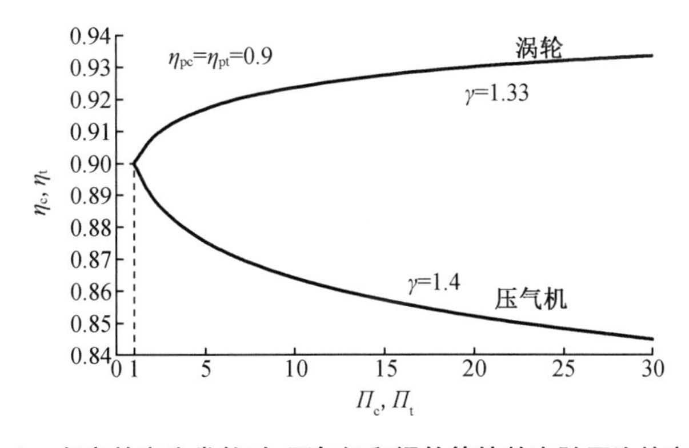


图12.3 多变效率为常数时，压气机和涡轮等熵效率随压比的变化

# 问题12.1：轴流燃气涡轮级的分析

进入和离开某特定的轴流燃气涡轮级的绝对速度在轴向上为常数$V_a$，流量系数$\varphi = 0.5$，转子进口绝对气流角为67.3°。求：(1)载荷系数$\Psi$；(2)反动度；(3)转子叶片的相对入口气流角和相对出口气流角。

# 问题 12.1 的解法

## (1) 载荷系数

如附录 B 所示，截面 1 代表叶片进口，截面 2 代表叶片出口。当气流轴向离开涡轮级时，得到 $\alpha_2=0$。

式(B.17)变为

$$\tan 68.2^\circ = \frac{0.5\psi + (1-R)}{0.5}$$

$$0.5\psi - R = 0.5\times\tan 68.2^\circ - 1 = 0.195$$

同样，式(B.21)变为

$$0.5\psi + R = 1$$

把这个公式加到 $0.5\psi-R=0.195$ 后变为

$$\psi = 1.195$$

## (2) 反动度

用 $0.5\psi+R=1$ 减去 $0.5\psi-R=0.195$ 得到

$$2R = 1 - 0.195 = 0.805$$

$$R=\frac{0.805}{2}=0.403$$

## (3) 相对于转子叶片的气流角

### 转子进口处的相对气流角

根据式(B.25)，得到

$$\beta_1 = \arctan\left(\frac{0.5\psi - R}{\varphi}\right) = \arctan\left(\frac{0.5\times 1.195 - 0.403}{0.5}\right) = 21.3^\circ$$

### 转子出口处的相对气流角

根据式(B.29)，得到

$$\beta_2 = \arctan\left(-\frac{0.5\psi + R}{\varphi}\right) = \arctan\left(-\frac{0.5\times 1.195 + 0.403}{0.5}\right) = -63.4^\circ$$

# 问题 12.2：轴流燃气涡轮级的自由涡设计

在 7 500 r/min 转速下运行的轴流涡轮级，静叶片排(喷管)出口采用自由涡流设计，动叶片排(转子)出口采用零预旋设计。进入该涡轮级的燃气滞止温度为 1 100 K，质量流量为 25 kg/s，根部和顶部直径分别为 0.6 m 和 0.8 m。在转子顶部，反动度为 0.55，轴向速度保持恒定，为 150 m/s。进入涡轮级的燃气速度等于离开涡轮级的燃气速度。求：(1) 涡轮级的功率输出；(2) 涡轮级出口处的滞止温度和静温；(3) 根部的反动度。假定 $c_p = 1\,147$ J/(kg · K)。

# 问题 12.2 的解法

## (1) 涡轮级的功率输出

$$\Omega = \frac{\pi N}{30} = \frac{3.141\,6 \times 7\,500}{30} = 785.398 \text{ rad/s}$$

$$r_{\text{tip}} = \frac{D_{\text{tip}}}{2} = \frac{0.8}{2} = 0.4 \text{ m}$$

$$U_{\text{tip}} = r_{\text{tip}}\Omega = 0.40 \times 785.398 = 314.159 \text{ m/s}$$

对于 $V_2 = V_a$，有 $\alpha_2 = 0$，式(B.21)简化为

$$0.5\psi_{\text{tip}} + R_{\text{tip}} = 1$$

当 $R_{\text{tip}} = 0.55$ 时可得到

$$\psi_{tip} = 2(1 - R_{\text{tip}}) = 2 \times (1 - 0.55) = 0.9$$

对于自由涡流设计，从叶根到叶尖的比功输出是均匀的，因此得到涡轮级功率输出为

$$P_{\text{t}} = \dot{m}E = \dot{m}\psi_{\text{tip}}U_{\text{tip}}^2 = 25 \times 0.9 \times 314.159^2 = 2\,220\,661 \text{ W} = 2\,220.661 \text{ kW}$$

## (2) 级出口处的总温和静温

### 级出口处的总温

$$T_{02} = T_{01} - \frac{P_{\text{t}}}{\dot{m}c_p} = 1\,100 - \frac{2\,220\,661}{25 \times 1\,147} = 1\,022.6 \text{ K}$$

### 级出口处的静温

$$T_2 = T_{02} - \frac{V_2^2}{2c_p} = T_{02} - \frac{V_{\text{a}}^2}{2c_p} = 1\,022.6 - \frac{150 \times 150}{2 \times 1\,147} = 1\,012.7 \text{ K}$$

## (3) 根部截面反动度

对于自由涡流设计，叶顶和叶根截面的反动度由以下公式关联：

$$\frac{1 - R_{\text{root}}}{1 - R_{\text{lip}}} = \left(\frac{r_{\text{tip}}}{r_{\text{rot}}}\right)^2$$

求得

$$R_{\text{root}} = 1 - (1 - R_{\text{tip}})\left(\frac{r_{\text{tip}}}{r_{\text{root}}}\right)^2 = 1 - (1 - 0.55) \times \left(\frac{0.40}{0.30}\right)^2 = 0.2$$

# 问题 12.3:轴流燃气涡轮级的性能分析

轴流燃气涡轮级在 25 kg/s 的质量流量下产生 3.5 MW。在喷管进口,总温为 1 100 K,总压为 800 kPa。喷管出口(转子进口)处的静压为 500 kPa。在转子进口,测得的绝对气流角偏离轴向 50°。整个级的轴向速度是恒定的,燃气进出级时没有任何绝对预旋速度。对于喷管中的等熵流,求:(1)喷管出口速度;(2)叶片速度;(3)级反动度;(4)转子进口和出口处的相对气流角。假设 $R=287\ \mathrm{J/(kg\cdot K)}$ 和 $c_p=1\,148\ \mathrm{J/(kg\cdot K)}$。

# 问题 12.3 的解法

在这一求解过程中,用下标 1 表示喷管出口和转子进口,用下标 2 表示转子出口。

## (1)喷管出口速度

### 转子进口处的总静温比

由于喷管中的流动是等熵的,所以 $p_{01}=800\,000$ Pa,可以得到

$$\frac{T_{01}}{T_1}=\left(\frac{p_{01}}{p_1}\right)^{R/c_p}=\left(\frac{800\,000}{500\,000}\right)^{287/1\,148}=1.125$$

### 转子进口的静温

$$T_1=\frac{T_{01}}{(T_{01}/T_1)}=\frac{1\,100}{1.125}=978.1\ \mathrm{K}$$

### 喷管出口速度(转子进口处的绝对速度)

$$V_1=\sqrt{2c_p(T_{01}-T_1)}=\sqrt{2\times1\,148\times(1\,100-978.1)}=529.140\ \mathrm{m/s}$$

## (2)叶片速度

### 比功

$$E=\frac{P_{\mathrm{t}}}{\dot{m}}=\frac{3.5\times10^6}{25}=140\,000\ \mathrm{J/kg}$$

### $V_1$ 的切向分量

$$V_{\mathrm{t1}}=V_1\sin\alpha_1=529.140\times\sin 50^\circ=405.344\ \mathrm{m/s}$$

### 叶片速度

对于 $\alpha_2=0$,可以得到

$$U=\frac{E}{V_{\mathrm{t1}}}=\frac{140\,000}{405.344}=345.385\ \mathrm{m/s}$$

### (3)反动度

**载荷系数**

$$\psi=\frac{E}{U^2}=\frac{140\ 000}{345.385^2}=1.174$$

**反动度**

对于 $\alpha_2=0$,从式(B.21)得到

$$R=1-0.5\psi=1-0.5\times1.174=0.413$$

### (4)转子进口和出口处的相对气流角

**流量系数**

$$\varphi=\frac{V_1\cos\ \alpha_1}{U}=\frac{529.140\times\cos\ 50^\circ}{345.385}=0.985$$

**转子进口处的相对气流角**

根据式(B.25),得到

$$\beta_1=\arctan\left(\frac{0.5\psi-R}{\varphi}\right)=\arctan\left(\frac{0.5\times1.174-0.413}{0.985}\right)=10^\circ$$

**转子出口处的相对气流角**

根据式(B.29),得到

$$\beta_2=\arctan\left(-\frac{0.5\psi+R}{\varphi}\right)=\arctan\left(-\frac{0.5\times1.174+0.413}{0.985}\right)=-45.4^\circ$$

## 问题 12.4:多级轴流燃气涡轮所需的冲动级级数

热燃气以4.5 bar总压和1 150 K总温进入多级轴流燃气涡轮。末级涡轮出口总压为1.0 bar。涡轮以9 000 r/min的转速运行。对应于半环面积的平均半径处的叶片速度为275 m/s。叶片长度为0.10 m。假设级间预旋为零,且总总效率为100%。求:(1)叶尖和轮毂处的叶片半径;(2)如果选择的所有级均为冲动式,则所需的级数为多少?假设所有级的 $\gamma=1.33$ J/(kg·K),$R=287$ J/(kg·K)。

## 问题 12.4 的解法

### (1)叶片叶尖和轮毂半径

**转子角速度**

$$\Omega=\frac{\pi N}{30}=\frac{3.141\ 6\times9\ 000}{30}=942.478\ \text{rad/s}$$

**平均半径**

$$r_{\mathrm{m}}=\frac{U_{\mathrm{m}}}{\Omega}=\frac{275}{942.478}=0.292\ \mathrm{m}$$

**机匣半径**

根据下面两个公式得到

$$r_{\mathrm{m}}^{2}=\frac{r_{\mathrm{hub}}^{2}+r_{\mathrm{tip}}^{2}}{2}$$

$$r_{\mathrm{tip}}-r_{\mathrm{hub}}=b$$

对于叶片几何,可得

$$r_{\mathrm{tip}}=\frac{b+\sqrt{4r_{\mathrm{m}}^{2}-b^{2}}}{2}=\frac{0.1+\sqrt{4\times0.292\times0.292-0.1\times0.1}}{2}=0.337\ \mathrm{m}$$

**轮毂半径**

$$r_{\mathrm{hub}}=r_{\mathrm{tip}}-b=0.337-0.10=0.237\ \mathrm{m}$$

## (2)涡轮级数

**每一级的最大比功输出**

对于零级间预旋,从式(B.21)中得出

$$\psi_{\mathrm{m}}=2(1-R_{\mathrm{m}})$$

对于 $R=0$ 的冲动级,它减小到 $\psi=2$,因此

$$w_{\mathrm{stage}}=\psi_{\mathrm{m}}U_{\mathrm{m}}^{2}=2\times275\times275=151\ 250\ \mathrm{J/kg}$$

**涡轮出口总温**

$$\frac{\gamma-1}{\gamma}=\frac{1.33-1}{1.33}=0.248$$

$$c_{p}=\frac{R\gamma}{\gamma-1}=\frac{287}{0.248}=1\ 156.7\ \mathrm{J/(kg\cdot K)}$$

对于等熵涡轮,得到

$$T_{0\mathrm{e}}=T_{01}\left(\frac{p_{0\mathrm{e}}}{p_{01}}\right)^{\frac{\gamma-1}{\gamma}}=1\ 150\left(\frac{1}{4.5}\right)^{\frac{1.33-1}{1.33}}=792\ \mathrm{K}$$

**涡轮比功输出**

$$w_{\mathrm{t}}=c_{p}(T_{01}-T_{0\mathrm{e}})=1\ 156.7\times(1\ 150-792)=414\ 314\ \mathrm{J/kg}$$

**级数**

$$N_{\mathrm{stage}}=\frac{w_{\mathrm{t}}}{w_{\mathrm{stage}}}=\frac{414\ 314}{151\ 250}=2.7\approx3$$

# 问题 12.5:燃气轮机中的涡轮多变效率

在某燃气轮机中,压气机中的理想(等熵)和实际比功输入分别为 350 kJ/kg 和 405 kJ/kg (理想值低于实际值)。涡轮中相应的比功输出分别为 760 kJ/kg 和 710 kJ/kg(理想值高于实际值)。如果压气机的多变效率为 90%,试计算涡轮的多变效率。假设压气机的 $\gamma=1.4$,涡轮的 $\gamma=1.333$。

# 问题 12.5 的解法

## 压气机分析

### 等熵效率

$$\eta_c=\frac{350}{405}=0.864$$

### 压气机压比

对于 $\eta_c=0.864$ 和给定的多变效率 $\eta_{pc}=0.90$,可以根据公式计算压气机压比 $\Pi_c$

$$\eta_c=\frac{\Pi_c^{\frac{\gamma_c-1}{\gamma_c}}-1}{\Pi_c^{\frac{\gamma_c-1}{\eta_{pc}\gamma_c}}-1}$$

上式变为

$$0.864=\frac{\Pi_c^{\frac{1.4-1}{1.4}}-1}{\Pi_c^{\frac{1.4-1}{0.9\times1.4}}-1}$$

为了求解上式,使用了一种迭代解法,例如,在 MS Excel 中进行目标搜索,得到 $\Pi_c=10.0$。

## 涡轮分析

### 等熵效率

$$\eta_t=\frac{710}{760}=0.934$$

### 多变效率

在这里假设涡轮的压比等于压气机的压比,即 $\Pi_t=\Pi_c=10.0$。

$$\eta_{pt}=\frac{\ln\left\{\eta_t\left[\left(\frac{1}{\Pi_t}\right)^{\frac{\gamma_t-1}{\gamma_t}}-1\right]+1\right\}}{\ln\left(\frac{1}{\Pi_t}\right)^{\frac{\gamma_t-1}{\gamma_t}}}=\frac{\ln\left\{0.934\times\left[\left(\frac{1}{10}\right)^{\frac{1.333-1}{1.333}}-1\right]+1\right\}}{\ln\left(\frac{1}{10}\right)^{\frac{1.333-1}{1.333}}}=0.913$$

注意,对于相同的压比,有 $\eta_{pc}>\eta_c$,$\eta_{pt}<\eta_t$。

# 问题 12.6:轴流燃气涡轮的总静效率

轴流燃气涡轮以总压比 8 运行,其多变效率为 0.85。对于该涡轮:(1)求总总效率;(2)如果级出口马赫数为 0.3,则求总静效率;(3)如果出口速度为 160 m/s,则求进口总温。假设 $R=287$ J/(kg·K),$c_p=1\,175$ J/(kg·K)。

# 问题 12.6 的解法

在这一求解过程中,用下标 1 表示涡轮级入口,用下标 3 表示涡轮级出口。对于 $R=287$ J/(kg·K)和 $c_p=1\,175$ J/(kg·K),得到

$$\gamma=\frac{c_p}{c_p-R}=\frac{1\,175}{1\,175-287}=1.323$$

## (1)总总效率

当涡轮级总压比为 $\Pi_t=8$ 且多变效率为 $\eta_{pt}=0.85$ 时,总总效率为

$$\eta_{tt}=\frac{1-\left(\frac{1}{\Pi_t}\right)^{\frac{\eta_{pt}(\gamma-1)}{\gamma}}}{1-\left(\frac{1}{\Pi_t}\right)^{\frac{\gamma-1}{\gamma}}}=\frac{1-\left(\frac{1}{\Pi_t}\right)^{\frac{\eta_{pt}R}{c_p}}}{1-\left(\frac{1}{\Pi_t}\right)^{\frac{R}{c_p}}}=\frac{1-\left(\frac{1}{8}\right)^{\frac{0.85\times287}{1\,175}}}{1-(8)^{\frac{287}{1\,175}}}=0.880$$

## (2)总静效率

用以下等式表示 $\eta_{tt}$ 和 $\eta_{ts}$ 之间的关系:

$$\frac{\eta_{ts}}{\eta_{tt}}=\frac{1-\left(\frac{p_{03}}{p_{01}}\right)^{\frac{\gamma-1}{\gamma}}}{1-\left(\frac{p_3}{p_{01}}\right)^{\frac{\gamma-1}{\gamma}}}$$

上式可变为

$$\eta_{ts}=\eta_{tt}\left[\frac{1-\left(\frac{p_{03}}{p_{01}}\right)^{\frac{R}{c_p}}}{1-\left(\frac{p_3}{p_{01}}\right)^{\frac{R}{c_p}}}\right]=\eta_{tt}\left[\frac{1-\left(\frac{p_{03}}{p_{01}}\right)^{\frac{R}{c_p}}}{1-\left(\frac{p_{03}}{p_{01}}\right)^{\frac{R}{c_p}}\left(\frac{p_3}{p_{03}}\right)^{\frac{R}{c_p}}}\right]=\eta_{tt}\left[\frac{\Pi_t^{\frac{R}{c_p}}-1}{\Pi_t^{\frac{R}{c_p}}-\dfrac{1}{1+\dfrac{\gamma-1}{2}Ma_3^2}}\right]$$

进一步化为

$$\eta_{ts}=\eta_{tt}\left[\frac{\Pi_t^{\frac{R}{c_p}}-1}{\Pi_t^{\frac{R}{c_p}}-\dfrac{1}{1+\dfrac{\gamma-1}{2}Ma_3^2}}\right]=0.880\times\left[\frac{8^{\frac{287}{1\,175}}-1}{8^{\frac{287}{1\,175}}-\dfrac{1}{1+\dfrac{(1.323-1)\times0.3^2}{2}}}\right]=0.862$$

**(3)进口总温**

**出口静温**

$$T_3=\frac{V_3^2}{\gamma RMa_3^2}=\frac{160^2}{1.323\times287\times0.3^2}=749\ \text{K}$$

**出口总温**

$$T_{03}=T_3+\frac{V_3^2}{2c_p}=749+\frac{160^2}{2\times1\,175}=760\ \text{K}$$

**进口总温**

$$T_{01}=\frac{T_{03}}{1-\eta_{tt}\left[1-\left(\frac{1}{\Pi_t}\right)^{\frac{R}{c_p}}\right]}=\frac{760}{1-0.880\times\left[1-\left(\frac{1}{8}\right)^{\frac{287}{1\,175}}\right]}=1\,170\ \text{K}$$

## 问题 12.7:轴流燃气涡轮的比功输出

在轴流燃气涡轮中,恒定轴向速度 $V_a=300$ m/s,以偏离轴向计,从转子入口测量的绝对气流角为 $\alpha_1=52.5°$,出口为 $\alpha_2=-11.5°$,转子平均半径为 $r_m=0.15$ m,转速为 21 000 r/min。求:(1)转子的比功输出和燃气总温降;(2)反动度;(3)转子入口和出口处的相对气流角。假设 $c_p=1\,148$ J/(kg·K)。

# 问题 12.7 的解法

## (1) 比功输出和燃气总温降

**平均半径处的叶片速度**

$$U=\frac{\pi r_{\mathrm{m}}N}{30}=\frac{3.1416\times0.15\times21000}{30}=329.867\ \mathrm{m/s}$$

**流量系数**

$$\varphi=\frac{V_{\mathrm{a}}}{U}=\frac{300}{329.867}=0.909$$

**载荷系数**

根据式(B.17)和式(B.21),得到

$$\psi=\varphi(\tan\alpha_1-\tan\alpha_2)$$

上式变为

$$\psi=0.909\times[\tan 50.5°-\tan(-11.5°)]=1.37$$

**比功输出**

$$E=\psi U^2=1.37\times329.867^2=149\ 101\ \mathrm{J/kg}=149.101\ \mathrm{kJ/kg}$$

**燃气总温降**

$$T_{01}-T_{02}=\frac{E}{c_p}=\frac{149\ 101}{1\ 148}=130\ \mathrm{K}$$

## (2) 反动度

根据式(B.17)和式(B.21),得到

$$R=1-\frac{\varphi(\tan\alpha_1+\tan\alpha_2)}{2}=1-\frac{0.909\times[\tan 50.5°+\tan(-11.5°)]}{2}=0.5$$

## (3) 转子进口和出口处的相对气流角

**转子进口**

根据式(B.25),得到

$$\beta_1=\arctan\left(\frac{0.5\psi-R}{\varphi}\right)=\arctan\left(\frac{0.5\times1.37-0.5}{0.909}\right)=11.5°$$

**转子出口**

根据式(B.29),得到

$$\beta_2 = \arctan\left(-\frac{0.5\psi + R}{\varphi}\right) = \arctan\left(-\frac{0.5 \times 1.37 + 0.5}{0.909}\right) = -52.5°$$

注意,对于此处计算的50%反动度($R=0.5$),得到的$\alpha_1 = |\beta_2| = 52.5°$和$|\alpha_2| = \beta_1 = 11.5°$,给出了平均半径处转子入口和出口的对称速度三角形。

# 问题12.8:气冷燃气轮机的简单循环性能

图12.4显示了用于发电的200 MW现代燃气轮机。初步设计的简单循环参数如下:

$p_{01} = p_{04} = 101.325$ kPa

$T_{01} = 288$ K

压气机压比($p_{02}/p_{01}$)= 20

涡轮冷却气流抽出点处的压气机压力比($p_{02''}/p_{01}$)= 10

涡轮冷却流量($\dot{m}_{cool}$)等于压气机入口流量($\dot{m}_{engine}$)的20%

燃烧室总压损失为压气机出口总压的1%

涡轮进口温度($T_{03}$)= 2 000 K

压气机多变效率($\eta_{pc}$)= 92%

涡轮多变效率($\eta_{pt}$)= 92%

压气机的比热容比($\gamma_c$)= 1.4

涡轮的比热容比($\gamma_t$)= 1.33

假设$R=287$ J/(kg·K),求解以下四种算例的压气机入口流量($\dot{m}_{engine}$)和循环热效率($\eta_{th}$):(1)初步设计;(2)详细设计,其中$\eta_{pc} = \eta_{pt} = 93\%$;(3)详细设计,其中$p_{02''}/p_{01} = 9$;(4)详细设计,其中$\dot{m}_{cool} = 0.18\dot{m}_{engine}$。假设涡轮冷却气流对涡轮不做功。仅显示初步基线设计的所有计算细节。将这四种算例的计算结果制成表格。

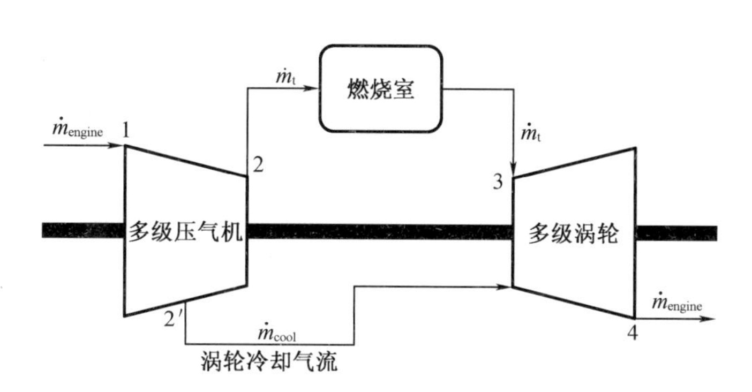


图12.4 发电用简单循环气冷燃气轮机(问题12.8)

# 问题 12.8 的解法

## (1)初步设计

对于 $\gamma_c=1.4$ 和 $R=287$ J/(kg·K),得到

$$c_{pc}=R\frac{\gamma_c}{\gamma_c-1}=287\times\frac{1.4}{1.4-1}=1\ 004.5\ \text{J/(kg·K)}$$

对于 $\gamma_t=1.33$ 和 $R=287$ J/(kg·K),得到

$$c_{pt}=R\frac{\gamma_t}{\gamma_t-1}=287\times\frac{1.33}{1.33-1}=1\ 156.7\ \text{J/(kg·K)}$$

压气机内压缩的多变指数

$$\frac{n_c-1}{n_c}=\frac{\gamma_c-1}{\gamma_c\eta_{pc}}=\frac{1.4-1}{1.4\times0.92}=\frac{0.4}{1.288}=0.311$$

抽气点冷却空气总温(2′)

$$\frac{T_{02'}}{T_{01}}=\left(\frac{p_{02'}}{p_{01}}\right)^{\frac{n_c-1}{n_c}}=10^{0.311}=2.044$$

$$T_{02''}=2.044T_{01}=2.044\times288=588.8\ \text{K}$$

从 1 到 2′的压气机比功

$$w_{c1-2''}=1\ 004.5\times(588.8-288)=302\ 131\ \text{W}$$

压气机出口或燃烧室进口处的空气总温(2)

$$\frac{p_{02}}{p_{02'}}=\frac{20}{10}=2$$

$$\frac{T_{02}}{T_{02'}}=\left(\frac{p_{02}}{p_{02'}}\right)^{\frac{n_c-1}{n_c}}=2^{0.311}=1.240$$

$$T_{02}=1.240T_{02'}=1.240\times588.8=730.2\ \text{K}$$

从 2′到 2 的压气机比功

$$w_{c2'-2}=1\ 004.5\times(730.2-588.8)=142\ 054\ \text{W}$$

燃烧室出口或涡轮进口(3)

$$p_{03}=p_{02}-0.1p_{t2}=0.99\times20\times101.325=2\ 006.235\ \text{kPa}$$

从 2 到 3 的每千克空气在燃烧室中的热量输入

$$q_{in}=c_{pt}T_{03}-c_{pc}T_{02'}=1\ 156.7\times2\ 000-1\ 004.5\times730.2=1\ 579\ 913\ \text{W}$$

**涡轮出口(4)**

$$\frac{n_t-1}{n_t}=\eta_{pt}\frac{\gamma_t-1}{\gamma_t}=0.92\times\frac{1.33-1}{1.33}=0.248\times0.92=0.228$$

$$\frac{T_{03}}{T_{04}}=\left(\frac{p_{03}}{p_{04}}\right)^{\frac{n_t-1}{n_t}}=\left(\frac{2\ 006.235}{101.325}\right)^{0.228}=1.977$$

$$T_{04}=\frac{T_{03}}{1.977}=\frac{2\ 000}{1.977}=1\ 011.7\ \text{K}$$

**从 3 到 4 的涡轮比功**

$$w_{t3-4}=1\ 156.7\times(2\ 000-1\ 011.7)=1\ 143\ 197\ \text{W}$$

**发动机流量**

对于 $\dot{m}_{cool}=0.20\dot{m}_{engine}$ 和 $\dot{m}_t=0.80\dot{m}_{engine}$，有

$$\dot{m}w_{t3-4}-(\dot{m}_{engine}w_{c1-2'}+0.80\dot{m}_{engine}w_{c2'-2})=200\times10^6$$

$$\dot{m}_{engine}(0.80w_{t3-4}-w_{c1-2'}-0.80w_{c2'-2})=200\times10^6$$

得到

$$\dot{m}_{engine}=\frac{200\times10^6}{0.80w_{t3-4}-w_{c1-2'}-0.80w_{c2'-2}}=\frac{200\times10^6}{498\ 783.14}=401\ \text{kg/s}$$

**热力学循环效率**

$$\eta_{th}=\frac{200\times10^6}{0.80\times401q_{in}}=\frac{200\times10^6}{0.80\times401\times1\ 579\ 913}=39.46\%$$

表 12.1 总结了四种算例的结果。

**表 12.1 四种算例的结果汇总(问题 12.8)**

| 变量 | 算例(1) | 算例(2) | 算例(3) | 算例(4) |
|---|---|---|---|---|
| $\eta_{pc},\eta_{pt}$ | 92% | 93% | 92% | 92% |
| $p_{02'}/p_{01}$ | 10 | 10 | 9 | 10 |
| $\dot{m}_{cool}$ | $0.2\dot{m}_{engine}$ | $0.2\dot{m}_{engine}$ | $0.2\dot{m}_{engine}$ | $0.18\dot{m}_{engine}$ |
| $\dot{m}_{engine}/(\text{kg}\cdot\text{s}^{-1})$ | 401 | 390 | 398 | 386 |
| $\eta_{th}$ | 39.46% | 40.36% | 39.76% | 40.05% |

# 问题 12.9：给定流量系数、载荷系数和反动度的速度三角形

(1) $\varphi=0.73$，$\psi=2.0$，$R=0$；(2) $\varphi=0.577$，$\psi=1.0$，$R=0.5$；(3) $\varphi=0.546$，$\psi=1.0$，$R=0.5$。计算轴流涡轮叶片在中径处的绝对和相对气流角，以及入口和出口处的绝对和相对

流速。此外,使用附录 B 中给出的快速图解法,绘制每种情况下的速度三角形。

# 问题 12.9 的解法

## (1) $\varphi=0.73,\psi=2.0,R=0$

使用附录 B 中对应的公式,表 12.2 总结了叶片进口和出口处计算的绝对和相对气流角以及绝对和相对流速。图 12.5 为无量纲速度三角形。

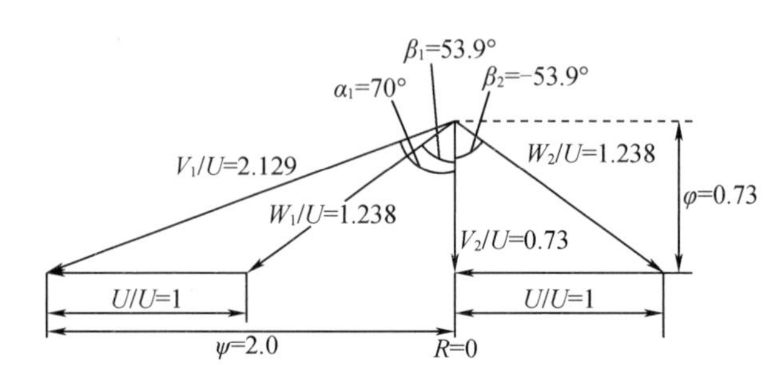


图 12.5 算例(1)的无量纲速度三角形(问题 12.9)

## (2) $\varphi=0.577,\psi=1.0,R=0.5$

使用附录 B 中对应的公式,表 12.2 总结了叶片进口和出口处计算的绝对和相对气流角以及绝对和相对流速。图 12.6 为无量纲速度三角形。

表 12.2 三种情况下的计算值汇总(问题 12.9)

| 变量 | 算例(1) | 算例(2) | 算例(3) |
|---|---|---|---|
| $\varphi$ | 0.73 | 0.577 | 0.546 |
| $\psi$ | 2.0 | 1.0 | 2.0 |
| $R$ | 0 | 0.5 | 0.5 |
| $\alpha_1$ | 70° | 60° | 70° |
| $\beta_1$ | 53.9° | 0° | 42.5° |
| $V_1/U$ | 2.129 | 1.155 | 1.6 |
| $W_1/U$ | 1.238 | 0.577 | 0.74 |
| $\alpha_2$ | 0° | 0° | −42.5° |
| $\beta_2$ | −53.9° | −60° | −70° |
| $V_2/U$ | 0.73 | 0.577 | 0.74 |
| $W_2/U$ | 1.238 | 1.155 | 1.6 |

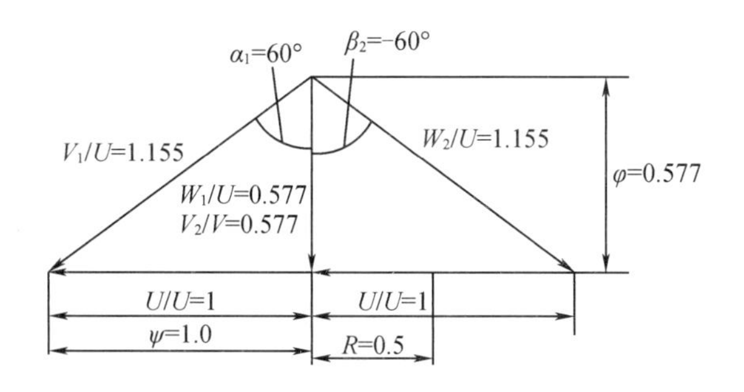


图 12.6 算例(2)的无量纲速度三角形(问题 12.9)

**(3) $\varphi=0.546,\psi=1.0,R=0.5$**

使用附录 B 中对应的公式,表 12.2 总结了叶片进口和出口处计算的绝对和相对气流角以及绝对和相对流速。图 12.7 为无量纲速度三角形。

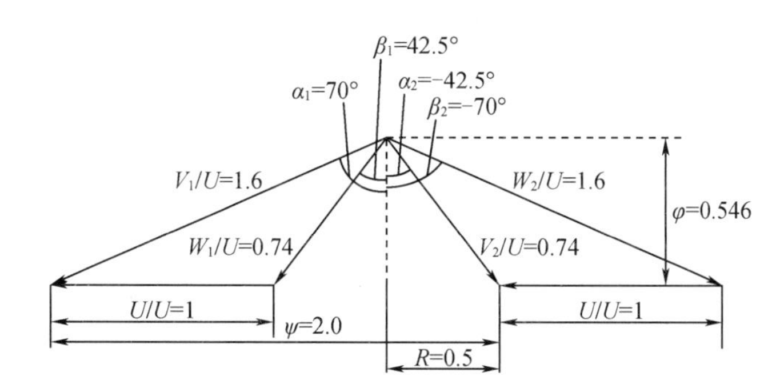


图 12.7 算例(3)的无量纲速度三角形(问题 12.9)

# 术 语

| 符号 | 含义 |
| --- | --- |
| $c_p$ | 定压比热容 |
| $D_{\mathrm{h}}$ | 轮毂直径 |
| $D_{\mathrm{m}}$ | 叶片轮毂和叶尖之间平均位置处的直径 |
| $D_{\mathrm{tip}}$ | 叶尖直径 |
| $E$ | 比功传递($=U\Delta V_{\mathrm{t}}=U\Delta W_{\mathrm{t}}$) |
| $\dot{E}$ | 能量传递率($=P$) |
| $h$ | 叶片高度($=r_{\mathrm{tip}}-r_{\mathrm{h}}$) |
| $h_{01}$ | 静叶入口处的燃气总焓 |
| $h_{02}$ | 动叶入口处的燃气总焓 |
| $h_{03}$ | 动叶出口处的燃气总焓 |

| 符号 | 含义 |
|---|---|
| $h_{2'}$ | 等熵膨胀至 $p_2$ 后的静焓 |
| $h_{3'}$ | 等熵膨胀至 $p_3$ 后的静焓 |
| $\dot{m}$ | 燃气通过喷管环的质量流量 |
| $n_{st}$ | 多级涡轮中的级数 |
| $N$ | 转子转速 |
| $p_2$ | 静叶出口静压 |
| $p_3$ | 动叶出口静压 |
| $p_{01}$ | 静叶入口总压 |
| $p_{02}$ | 静叶出口或动叶入口总压 |
| $p_{03}$ | 动叶出口总压 |
| $p_{02R}$ | 动叶入口相对总压 |
| $p_{03R}$ | 动叶出口相对总压 |
| $P$ | 涡轮级产生的功率 |
| $r_h$ | 轮毂半径或叶片根部半径 |
| $r_m$ | 平均叶片半径 $=r_m=D_m/2$ |
| $r_{tip}$ | 叶尖半径 |
| $R$ | 反动度 |
| $T_2$ | 动叶入口静温 |
| $T_3$ | 动叶出口静温 |
| $T_{2'}$ | 状态 2′处的静温 |
| $T_{3'}$ | 状态 3′处的静温 |
| $T_{01}$ | 静叶入口总温 |
| $T_{02}$ | 静叶出口或动叶入口总温 |
| $T_{03}$ | 动叶出口总温 |
| $T_{in}$ | 多级涡轮的涡轮入口温度 |
| $U$ | 叶片平均半径 $r_m$ 处的叶片速度 |
| $U_h$ | 叶片轮毂半径 $r_h$ 处的叶片速度 |
| $U_{tip}$ | 叶尖半径 $r_{tip}$ 处的叶片速度 |
| $V$ | 流体绝对速度 |
| $V_1$ | 流体进入动叶的绝对速度 |
| $V_2$ | 流体离开静叶或进入动叶的绝对速度 |
| $V_3$ | 燃气离开动叶的绝对速度 |
| $V_{3'}$ | 燃气膨胀到状态 3′后的绝对速度 |
| $V_a$ | $V$ 的轴向分量 |
| $V_r$ | $V$ 的径向分量 |

| 符号 | 含义 |
|---|---|
| $V_t$ | $V$ 的切向分量 |
| $V_{t2}$ | $V_2$ 的切向分量 |
| $V_{t3}$ | $V_3$ 的切向分量 |
| $\Delta V_t$ | 扭速，$V_2$ 与 $V_3$ 的切向分量之差（$=V_{t2}-V_{t3}$） |
| $w_t$ | 涡轮比功 |
| $W$ | 流体相对于叶片的速度 |
| $W_2$ | 进入动叶的相对速度 |
| $W_3$ | 离开动叶的相对速度 |
| $W_t$ | $W$ 的切向分量 |
| $\Delta W_t$ | 扭速，$W_1$ 与 $W_2$ 的切向分量之差（$=W_{t2}-W_{t3}=\Delta V_t$） |
| $W_{t2}$ | $W_2$ 的切向分量 |
| $W_{t3}$ | $W_3$ 的切向分量 |
| $\alpha_1$ | $V_1$ 与 $V_a$ 的夹角 |
| $\alpha_2$ | $V_2$ 与 $V_a$ 的夹角 |
| $\alpha_3$ | $V_3$ 与 $V_a$ 的夹角 |
| $\alpha_m$ | 平均绝对气流角 |
| $\beta_2$ | $W_2$ 与 $V_a$ 的夹角 |
| $\beta_3$ | $W_3$ 与 $V_a$ 的夹角 |
| $\beta_m$ | 平均相对气流角 |
| $\varphi$ | 流量系数（$=V_a/U$） |
| $\gamma$ | 比热容比 |
| $\eta_{st}$ | 级效率（$=\eta_{tt}$ 或 $\eta_{ts}$） |
| $\eta_t$ | 多级涡轮的总效率 |
| $\eta_{tt}$ | 总总效率 |
| $\eta_{ts}$ | 总静效率 |
| $\rho$ | 密度 |
| $\psi$ | 载荷系数 |

# 参 考 文 献

Sultanian, B. K. 2019. Logan's Turbomachinery: Flowpath Design and Performance Fundamentals, 3rd edition. Boca Raton, FL: Taylor & Francis.

# 参考书目

Aungier, R. H. 2006. Turbine Aerodynamics: Axial-Flow and Radial-Flow Turbine Design and Analysis. New York: ASME Press.

Horlock, J. H. 1973. Axial Flow Turbines. Huntington: Krieger.

Kacker, S. C., and Okapuu, U. 1982. A Mean Line Prediction Method for Axial Flow Turbine Efficiency. ASME Journal of Engineering for Power. 104: 111-119.

Saravanamutto, H. I. H., Rogers, G. F. C., Cohen, H., Straznicky, P. V., Nix, A. C. 2017. Gas Turbine Theory, 7th edition. Harlow: Pearson.

Shepherd, D. G. 1956. Principles of Turbomachinery. New York: Macmillan.

Sultanian, B. K. 2015. Fluid Mechanics: An Intermediate Approach. Boca Raton, FL: Taylor & Francis.

Vavra, M. H. 1960. Aerothermodynamics and Flow in Turbomachines. New York: John Wiley & Sons.

Vincent, E. T. 1950. The Theory and Design of Gas Turbines and Jet Engines. New York: McGraw-Hill.

Wilson, D. G. 1987. New Guidelines for the Preliminary Design and Performance Prediction of Axial-Flow Turbines. Proceedings of the Institution of Mechanical Engineers. 201: 279-290.

# 第13章 扩 压 器

## 关键概念

本章简要介绍了扩压器流动和性能的一些关键概念。例如，在 Sultanian(2015,2019)中，给出了每个主题的更多细节。利用计算流体力学结果，设计师可以生成一张熵图，以描绘产生过多熵的扩压器流动区，从而支撑改进设计。

扩压是将动压转换为流体静压。对于不可压缩(液体)流和亚音速气体流动，通常通过增加下游流动面积来实现扩压。这符合伯努利方程的主要原则，即“低速、高压”。Sultanian(2015)讨论了管道突然膨胀时有无预旋流动的有趣特征。在用于发电的燃气轮机中，排气扩压器通过使涡轮出口静压低于环境压力来增加末级涡轮的压比，从而在涡轮功率输出中发挥重要作用。

理想扩压器的特点是轴向速度均匀，进口和出口均无预旋，并且没有总压损失。然而，实际扩压器通常在进口和出口的所有三个速度分量、压力和温度的分布都不均匀。在此讨论如何在计算实际扩压器性能时处理这些不均匀性。

### 等熵效率

图 13.1 显示了扩压器从进口到出口的流动特性的等熵和非等熵变化。对于沿 1—2′方向运行的等熵扩压器，没有总压损失。对于沿 1—2 的非等熵过程，有 $p_{02}<p_{01}$。然而，绝热扩压器中的总焓或恒定 $c_p$ 的总温沿 1—2 和 1—2′保持不变($h_{02}=h_{01}$ 或 $T_{02}=T_{01}$)。该图进一步表明，与非等熵扩压器相比，在这两种情况下，压力恢复 $p_2-p_1$ 是相等的。对于相同的出口动压，等熵扩压器的压力恢复高于非等熵扩压器。

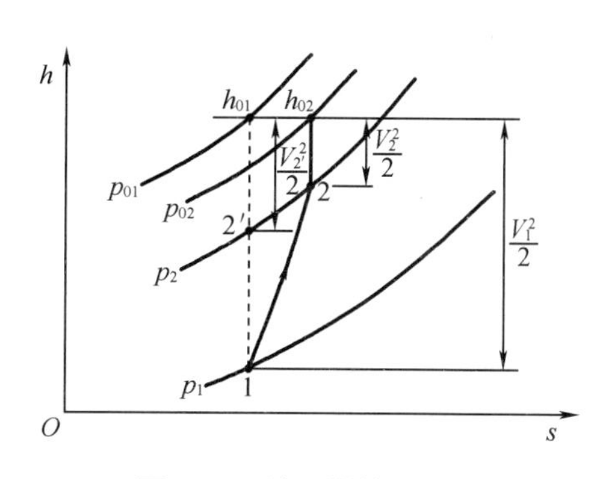


图 13.1 扩压器的 $h$–$s$ 图

对于相等的静压恢复，将扩压器等熵效率定义为等熵(理想)焓变与实际焓变的比率。因此，可以得到

$$\eta_D = \frac{h_{2'} - h_1}{h_2 - h_1} \tag{13.1}$$

由于绝热扩压器中的总焓保持不变，即 $h_{01}=h_1+V_1^2/2=h_{2'}+V_{2'}^2/2=h_{02}=h_2+V_2^2/2$，可以将此方程写成

$$\eta_D = \frac{V_1^2 - V_{2'}^2}{V_1^2 - V_2^2} \tag{13.2}$$

对于等熵过程，有 $dh = dp/\rho$，这会产生

$$h_{2'} - h_1 = (p_2 - p_1)/\rho \tag{13.3}$$

对于不可压缩或低马赫数扩压器流动，将其代入式(13.1)，并使用 $h_{01} = h_1 + V_1^2/2 = h_{02} = h_2 + V_2^2/2$，得到

$$\eta_D = \frac{p_2 - p_1}{\rho V_1^2/2 - \rho V_2^2/2} \tag{13.4}$$

说明 $\eta_D$ 等于扩压器中静压变化和动压变化的比率。也可以仅用压力表示该方程给出的 $\eta_D$，如下所示：

$$\eta_D = \frac{p_2 - p_1}{(p_2 - p_1) + (p_{01} - p_{02})} \tag{13.5}$$

该方程的分子表示静压恢复，而其分母表示静压恢复和总压损失之和。

## 压升系数

扩压器的压力上升系数定义为静压恢复(增益)和进口动态压力之比

$$C_p = \frac{p_2 - p_1}{p_{01} - p_1} \tag{13.6}$$

对于通过扩压器的不可压缩或低马赫数流($p_{01} - p_1 = \rho V_1^2/2$)，扩展的伯努利方程或机械能方程如下：

$$p_1 + \frac{\rho V_1^2}{2} = p_2 + \frac{\rho V_2^2}{2} + \Delta p_{0\_loss} \tag{13.7}$$

式中，$\Delta p_{0\_loss}$ 是从扩压器进口到出口的总压损失。由式(13.7)得到

$$p_2 - p_1 = \frac{\rho V_1^2}{2} - \frac{\rho V_2^2}{2} - \Delta p_{0\_loss} \tag{13.8}$$

代入式(13.6)，得到

$$C_p = \frac{p_2 - p_1}{p_{01} - p_1} = \frac{\dfrac{\rho V_1^2}{2} - \dfrac{\rho V_2^2}{2} - \Delta p_{0\_loss}}{\dfrac{\rho V_1^2}{2}} = 1 - \left(\frac{V_2}{V_1}\right)^2 - \frac{2\Delta p_{0\_loss}}{\rho V_1^2} \tag{13.9}$$

由截面 1 和截面 2 之间的连续性方程得出

$$\rho A_1 V_1 = \rho A_2 V_2 \tag{13.10}$$

给出扩压器面积比 $A_r = A_2/A_1 = V_1/V_2$。

对于具有等熵流的理想扩压器，其总压无损失($\Delta p_{0\_loss} = 0$)，用式(13.9)给出的压力上升系数替换扩压器面积比中的速度比，变为

$$C_{pi} = 1 - \left(\frac{V_2}{V_1}\right)^2 = 1 - \frac{1}{A_r^2} \tag{13.11}$$

因此，可以将式(13.9)表示为

$$C_p = C_{pi} - \frac{2\Delta p_{0\_loss}}{\rho V_1^2} \tag{13.12}$$

为了找到 $\eta_D$、$C_p$ 和 $C_{pi}$ 之间的关系，将式(13.5)的分子和分母除以进口动压力 $\rho V_1^2/2$，得出

$$\eta_D = \frac{(p_2 - p_1)/(\rho V_1^2/2)}{(p_2 - p_1)/(\rho V_1^2/2) + (p_{01} - p_{02})/(\rho V_1^2/2)} = \frac{C_p}{C_p + \Delta p_{0\_loss}/(\rho V_1^2/2)} \quad (13.13)$$

代入式(13.12)后，其减少为

$$\eta_D = \frac{C_p}{C_{pi}} \quad (13.14)$$

## 扩压器中的压力恢复

考虑图 13.2 所示的扩压器中的压力恢复，该扩压器通常用于空间有限的设计应用中。如图所示，直径 $D_1$ 和区域 $A_1$ 的较小管道中的均匀不可压缩流以均匀速度 $V_1$ 进入截面 1 处直径 $D_2$ 和区域 $V_2$ 的较大管道，以均匀速度 $V_2$ 离开截面 2。

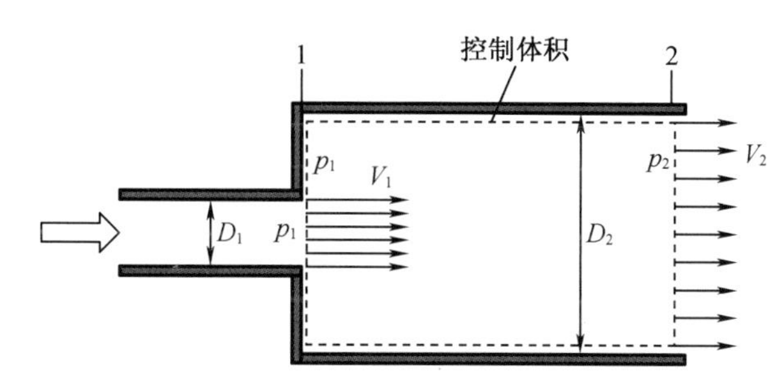


图 13.2 突然膨胀的管流：扩压器

## 连续性方程

根据截面 1 和截面 2 的连续性方程，可以得到

$$\rho A_1 V_1 = \rho A_2 V_2$$

从而得到

$$\frac{A_1}{A_2} = \frac{V_2}{V_1} = \beta^2 \quad (13.15)$$

式中

$$\beta = \frac{D_1}{D_2} \quad (13.16)$$

## 轴向动量方程：压升系数

假设在较小管道流入流的第 1 段以及内径 $D_1$ 和外径 $D_2$ 形成的环形区域上存在均匀的静压，则控制体积上的轴向力和线性动量平衡满足以下方程：

$$p_1 A_1 + p_1(A_2 - A_1) - p_2 A_2 = \dot{m}(V_2 - V_1)$$

$$A_2(p_2 - p_1) = \rho V_2 A_2 (V_1 - V_2) \quad (13.17)$$

$$p_2 - p_1 = \rho V_2(V_1 - V_2)$$

可以表示为

$$C_p = \frac{p_2 - p_1}{\frac{1}{2}\rho V_1^2} = 2\beta^2(1 - \beta^2) \tag{13.18}$$

式中，$C_p$ 为扩压器的压力上升系数。

### 总压损失

截面 1 处的总压为

$$p_{01} = p_1 + \frac{\rho V_1^2}{2} \tag{13.19}$$

截面 2 处的总压为

$$p_{02} = p_2 + \frac{\rho V_2^2}{2} \tag{13.20}$$

根据式(13.19)和式(13.20)，可以得到

$$p_{01} - p_{02} = (p_1 - p_2) + \frac{\rho V_1^2}{2} - \frac{\rho V_2^2}{2}$$

用等式(13.17)中的 $p_{01}-p_{02}$ 替代该等式，得到

$$p_{01} - p_{02} = \rho V_2^2 - \rho V_1 V_2 + \frac{\rho V_1^2}{2} - \frac{\rho V_2^2}{2} = \Delta p_{0\_\text{loss}} = \frac{\rho(V_1 - V_2)^2}{2} \tag{13.21}$$

这表明，扩压器中的理论总压损失等于两个管道中均匀速度差的动压。

### 扩压器进口和出口处的非均匀特性

对于轴向速度均匀、无预旋和径向速度分量的扩压器，由式(13.6)定义的压力上升系数 $C_p$ 可以很好地表征扩压器的性能。然而，对于真正的扩压器，其进口和出口部分的流动特性通常不是均匀的。这对用式(13.6)计算不可压缩流和可压缩流的 $C_p$ 提出了新的挑战。在一些工业实践中，计算 $C_p$ 的总压质量平均值不是基于物理的。此外，$C_p$ 定义中使用的动压(总压和静压之差)包括所有速度(轴向和非轴向)的贡献，而排气扩压器仅扩散轴向速度。在没有计算扩压管进口和出口处的速度、静压、总压和总温剖面所需的详细测量的情况下，无法从发动机试验数据中准确评估 $C_p$。对于进口和出口处具有非均匀流动特性的扩压器的基于物理的 $C_p$ 计算，针对不可压缩和可压缩流动提出以下方法。这些方法非常适合计算流体力学(CFD)结果的后处理，以计算 $C_p$。

### 不可压缩流动

在没有任何通用损失的情况下，假设扩压器进口和出口部分垂直于轴向。

第 1 步，计算进口(截面 1)的质量流量，其等于出口(截面 2)的质量流量：

$$\dot{m} = \iint_{A_1} \rho V_{x1} \mathrm{d}A_1 \tag{13.22}$$

第 2 步,通过面积平均计算静压的截面平均值,首先在进口处为

$$\bar{p}_1 = \frac{\iint_{A_1} p_1 \mathrm{d}A_1}{A_1} \tag{13.23}$$

然后出口处为

$$\bar{p}_2 = \frac{\iint_{A_2} p_2 \mathrm{d}A_2}{A_2} \tag{13.24}$$

第 3 步,计算进口处的动能流率

$$\dot{E}_{\mathrm{ke}} = \iint_{A_1} (V_1^2/2)\rho V_{x1} \mathrm{d}A_1 \tag{13.25}$$

第 4 步,计算压力上升系数

$$C_p = \frac{\dot{m}(\bar{p}_2 - \bar{p}_1)}{\rho \dot{E}_{\mathrm{ke}}} \tag{13.26}$$

### 可压缩流动

同样,在没有任何一般性损失的情况下,假设扩压器进口和出口部分垂直于轴向。之前也假设气体的 $C_p$ 保持不变。

第 1 步,使用式(13.22)计算进口(截面 1)的质量流量,其等于出口(截面 2)的质量流量。

第 2 步,使用式(13.23)计算进口静压的截面平均值,使用式(13.24)计算出口静压的截面平均值。

第 3 步,计算进口段平均静温

$$\bar{T}_1 = \frac{\iint_{A_1} T_1 \rho V_{x1} \mathrm{d}A_1}{\dot{m}} \tag{13.27}$$

第 4 步,首先,使用式(13.25)计算进口处的动能流率,然后计算截面平均比动能,如下所示:

$$\frac{\overline{V_1^2}}{2} = \frac{\dot{E}_{\mathrm{ke}}}{\dot{m}} \tag{13.28}$$

第 5 步,计算进口段平均总温

$$\bar{T}_{01} = \bar{T}_1 + \frac{\overline{V_1^2}}{2} \tag{13.29}$$

第 6 步,计算进口段平均总压

$$\bar{p}_{01} = \bar{p}_1 (\bar{T}_{01}/\bar{T}_1)^{\frac{\gamma}{\gamma-1}} \tag{13.30}$$

第 7 步,计算压力上升系数

$$C_p = \frac{\bar{p}_2 - \bar{p}_1}{\bar{p}_{01} - \bar{p}_1} \tag{13.31}$$

上述计算扩压器中可压缩流 $C_p$ 的方法避免了有争议的设计实践，即对其进口总压进行质量平均。

## 六条简单的设计规则

在此提出了燃气轮机排气扩压器高效气动设计的六条简单规则，其设计特征如图 13.3 所示。

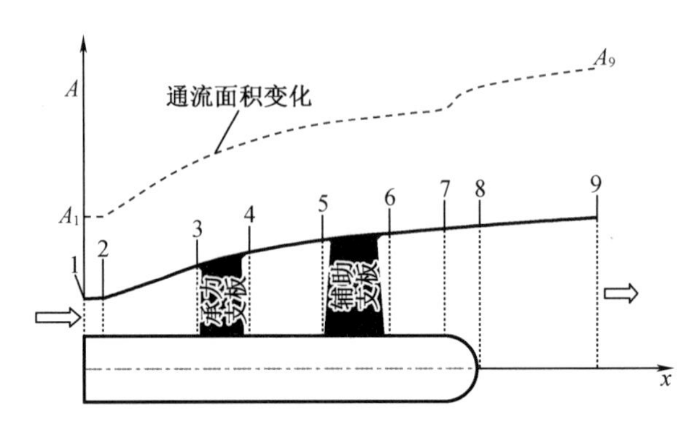


**图 13.3　轴流燃气涡轮排气扩压器的设计特点**

**规则 1**　在涡轮出口（扩压器进口）争取均匀的轴向速度和零预旋。

与切向和径向速度相关的动压不会恢复为静压，它只会增加扩压器中的总压损失。注意，由于固定扩压器壁和其他中间部件的摩擦力矩，使与进入扩压器的切向速度相关的角动量在下游衰减。

**规则 2**　由于理想的扩压器在恒定的总压下运行，扩压器的设计必须以从进口到出口的总压损失最小为目标。

也可以通过最小化熵的产生或最大化扩压器流中轴向流体推力的增益来说明这一规则。

**规则 3**　在开始锥形扩散之前，通过直（圆柱形）截面使轴向速度分布尽可能均匀。

当在恒定面积的管道中扩散非均匀轴向速度分布时，静压增加，总压降低。需要图 13.3 所示的直扩压器截面 1—2，以确保轴向速度分布在通过面积增加开始进一步扩散之前变得几乎均匀。这样可以防止边界壁面处的边界层分离。

**规则 4**　设计扩压器流动区域的平滑变化，而不发生突然变化。

这可能是排气扩压器设计中最明显但经常被忽视的规则。参考图 13.3，必须增加截面 3—4 和截面 5—6 的外壁直径，分别考虑轴承和维修支柱的堵塞，以确保扩压器流动面积的平稳变化。流量的突然膨胀和收缩是有损失的。

**规则 5**　将产生总压损失的元件（例如支柱、隔板和台阶）移动到低动压的扩压器下游区域。

用下式表示总压损失：

$$\Delta p_{0\_\text{loss}} = K\frac{\rho V^2}{2} \tag{13.32}$$

式中 $K$ 是经验确定的损失系数。根据该式，为了减少总压损失，扩压器的有耗元件应放置在低动压区域,并尽可能位于进口下游,以满足其他(结构)设计要求。

还可以根据扩压器流道中各种介入元件的阻力来解释这一规则。用方程来表示阻力

$$F_D = C_D \frac{\rho V^2}{2} \tag{13.33}$$

式中,$C_D$ 为阻力系数。如果阻力产生元件处于低动压区域,则其对轴向流体推力的影响将低于处于高动压区域时的影响。

**规则 6** 将每个支柱的阻力系数和扩压器横流中的其他障碍物降至最低。

扩压器中的所有阻力产生元件应为气动元件,以产生最小阻力。它们不应仅仅被视为阻碍扩压器流动区域的元件。

# 问题 13.1:燃气涡轮环形排气扩压器的出口与进口面积比

三级轴流涡轮进口的总温和总压分别为 1 600 K 和 10 bar。环形排气扩压器进口处的气流马赫数为 0.6,静压为 0.85 bar,总温为 673 K。扩压器进口处的预旋速度(切向速度)和径向速度分别为总速度的 20% 和 5%。气流完全轴向离开扩压器。从进口到出口,由于传热,扩压器中的总温降低 15 K。由于壁面摩擦和二次流,总压降低 5 500 Pa。扩压器设计要求扩压器出口处的静压为 1.013 bar,以允许废气排放到环境空气中。计算环形扩压器出口与进口的流动面积比。假设排气的 $R=287$ J/(kg·K) 和 $\gamma=1.4$。

# 问题 13.1 的解法

在解决该问题时,涡轮进口的给定总温和压力条件是不相关的。只需要使用环形扩压器进口和出口截面给出的数据。

## 环形扩压器进口(截面 1)

### 流速系数

$$V_1^2 = V_{a1}^2 + V_{r1}^2 + V_{t1}^2$$

$$C_{V1} = \frac{V_{a1}}{V_1} = \sqrt{1 - 0.05^2 - 0.2^2} = 0.978\ 5$$

### 静压质量流量函数

$$\hat{F}_{f1} = Ma_1\sqrt{\gamma\left(1+\frac{\gamma-1}{2}Ma_1^2\right)} = 0.6\sqrt{1.4\times\left(1+\frac{1.4-1}{2}\times 0.6^2\right)} = 0.735$$

### 每单位面积的质量流量

$$\frac{\dot{m}_1}{A_1} = \frac{C_{V1}\hat{F}_{f1}p_1}{\sqrt{RT_{01}}} = \frac{0.978\ 5\times 0.735\times 0.85\times 10^5}{\sqrt{287\times 673}} = 139.108\ \text{kg/(s·m}^2\text{)}$$

### 环形扩压器出口(截面 2)

**总压**

$$p_{01}=p_1\left(1+\frac{\gamma-1}{2}Ma_1^2\right)^{\frac{\gamma}{\gamma-1}}=0.85\times10^5\times\left(1+\frac{1.4-1}{2}\times0.6^2\right)^{\frac{1.4}{1.4-1}}=108\ 418\ \text{Pa}$$

$$p_{02}=108\ 418-5\ 500=102\ 918\ \text{Pa}$$

**总温**

$$T_{02}=673-15=658\ \text{K}$$

**马赫数**

$$Ma_2=\sqrt{\frac{2}{\gamma-1}\left[\left(\frac{p_{02}}{p_2}\right)^{\frac{\gamma-1}{\gamma}}-1\right]}=\sqrt{\frac{2}{1.4-1}\left[\left(\frac{102\ 918}{1.013\times10^5}\right)^{\frac{1.4-1}{1.4}}-1\right]}=0.150\ 6$$

**静压质量流量函数**

$$\hat{F}_{f2}=Ma_2\sqrt{\gamma\left(1+\frac{\gamma-1}{2}Ma_2^2\right)}=0.150\ 6\sqrt{1.4\times\left(1+\frac{1.4-1}{2}\times0.150\ 6^2\right)}=0.178\ 6$$

**单位面积质量流量**

$$\frac{\dot{m}_2}{A_2}=\frac{C_{V2}\hat{F}_{f2}p_2}{\sqrt{RT_{02}}}=\frac{1.0\times0.178\ 6\times1.013\times1}{\sqrt{287\times658}}=41.637\ \text{kg/(s}\cdot\text{m}^2)$$

当环形扩压器进口和出口的质量流量相等时,可以得到

$$\frac{A_2}{A_1}=\frac{139.108}{41.637}=3.341$$

因此,计算得出的环形排气扩压器的出口-进口流动面积比为 3.341。

## 问题 13.2:用于发电的陆基燃气轮机的排气扩压器

在用于发电的陆上燃气轮机中,涡轮机排气进入环形扩压器,如图 13.4 所示,总的速度马赫数为 0.60,总温为 723 K。扩压器进口处的预旋速度(切向速度)等于总速度的 15%。气流以马赫数 0.15 完全轴向离开扩压器,总温不变。该设计要求扩压器出口处的静压为 1.018 bar,以使得废气通过下游管道系统排放到环境空气中(图中未显示)。环形扩压器的出口与进口流量面积比为 3.45。求环形扩压器的压力系数($\widetilde{C}_p$)。如果末级涡轮在其出口处重新设计为零预旋速度,环形扩压器的压力上升系数($C_p$)将如何变化?假设废气为 $\gamma=1.4$ 和 $R=287$ J/(kg·K)。

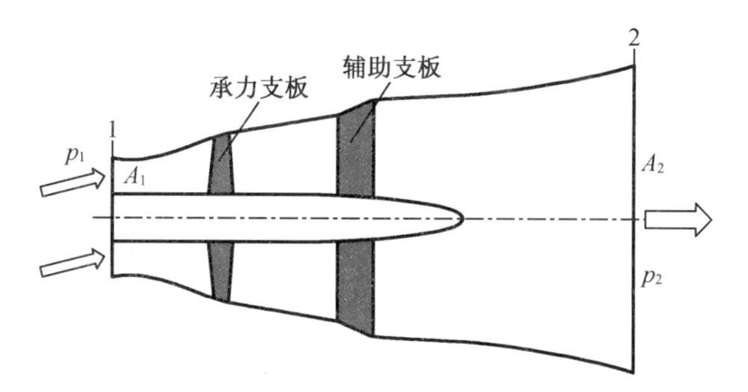


图 13.4 用于发电的陆基燃气轮机的排气扩压器(问题 13.2)

# 问题 13.2 的解法

## 环形扩压器进口(截面 1)

流速系数

$$C_{V1} = \frac{V_{a1}}{V_1} = \sqrt{1 - 0.15^2} = 0.989$$

静压质量流量函数

$$\hat{F}_1 = Ma_1\sqrt{\gamma\left(1 + \frac{\gamma - 1}{2}Ma_1^2\right)} = 0.6 \times \sqrt{1.4 \times \left(1 + \frac{1.4 - 1}{2} \times 0.6 \times 0.6\right)} = 0.735\ 0$$

质量流量

$$\dot{m}_1 = \frac{C_{V1}\hat{F}_{f1}A_1p_1}{\sqrt{RT_{01}}}$$

总静压比

$$\frac{p_{01}}{p_1} = \left(1 + \frac{\gamma - 1}{2}Ma_1^2\right)^{\frac{\gamma}{\gamma-1}} = \left(1 + \frac{1.4 - 1}{2} \times 0.6 \times 0.6\right)^{\frac{1.4}{1.4-1}} = 1.276$$

## 环形扩压器出口(截面 2)

静压质量流量函数

$$\hat{F}_{12} = Ma_2\sqrt{\gamma\left(1 + \frac{\gamma - 1}{2}Ma_2^2\right)} = 0.15 \times \sqrt{1.4 \times \left(1 + \frac{1.4 - 1}{2} \times 0.15 \times 0.15\right)} = 0.177\ 9$$

质量流量

$$\dot{m}_2 = \frac{C_{V2}\hat{F}_{f2}A_2p_2}{\sqrt{RT_{02}}}$$

**带有进口预旋的 $\widetilde{C}_p$ 计算**

令扩散压进口和出口处的质量流量相等，并注意到 $T_{01}=T_{02}$，可以得到

$$C_V\hat{F}_{f1}A_1p_1=\hat{F}_{f2}A_2p_2$$

得到

$$\frac{p_2}{p_1}=\frac{C_V\hat{F}_{f1}A_1}{\hat{F}_{f2}A_2}=\frac{0.989\times0.7350}{0.1779\times3.45}=1.184$$

使用前面计算的值，得到 $\widetilde{C}_p$

$$\widetilde{C}_p=\frac{p_2-p_1}{p_{01}-p_1}$$

$$\widetilde{C}_p=\frac{\dfrac{p_2}{p_1}-1}{\dfrac{p_{01}}{p_1}-1}=\frac{1.184-1}{1.276-1}=\frac{0.184}{0.276}=0.667$$

**无进口预旋的 $C_p$ 计算**

在这种情况下，$C_{V1}=1$。其他量的计算如下：

$$\frac{p_2}{p_1}=\frac{\hat{F}_{f1}A_1}{\hat{F}_{f2}A_2}=\frac{0.7350}{0.1779\times3.45}=1.198$$

$$\frac{p_{01}}{p_1}=\left(1+\frac{\gamma-1}{2}Ma_1^2\right)^{\frac{\gamma}{\gamma-1}}=\left(1+\frac{1.4-1}{2}\times0.6\times0.6\right)^{\frac{1.4}{1.4-1}}=1.276$$

$$C_p=\frac{p_2-p_1}{p_{01}-p_1}$$

$$C_p=\frac{\dfrac{p_2}{p_1}-1}{\dfrac{p_{01}}{p_1}-1}=\frac{1.198-1}{1.276-1}=\frac{0.198}{0.276}=0.717$$

因此，压力上升系数从总进口速度 15%的进口预旋速度时的 0.667 增加到零进口预旋速度时的 0.717。

## 问题 13.3：超音速气流扩压器设计

设计师正在考虑图 13.5 所示超音速气流扩压器的两种备选设计。第一种设计，如图 13.5(a)所示，使用一个收缩-扩张型扩压器，其中流入气流通过阻塞喉部，以便在出口处从超音速流过渡到亚音速流。在第二种设计中，如图 13.5(b)所示，扩压器前方的正激波将超音速流转化为亚音速流，并在扩压管道中进一步扩压。对于这两种设计，在 0.476 bar 的静压下，进气马赫数为 1.1，扩压器在 1.0 bar 的环境静压下排放。对这两种设计进行必要的计算，并评估其优缺点。除了第二种设计中正激波引起的总压损失之外，忽略两种设计中

的所有其他损失。假设空气为 $\gamma=1.4$ 和 $R=287\ \mathrm{J/(kg\cdot K)}$。

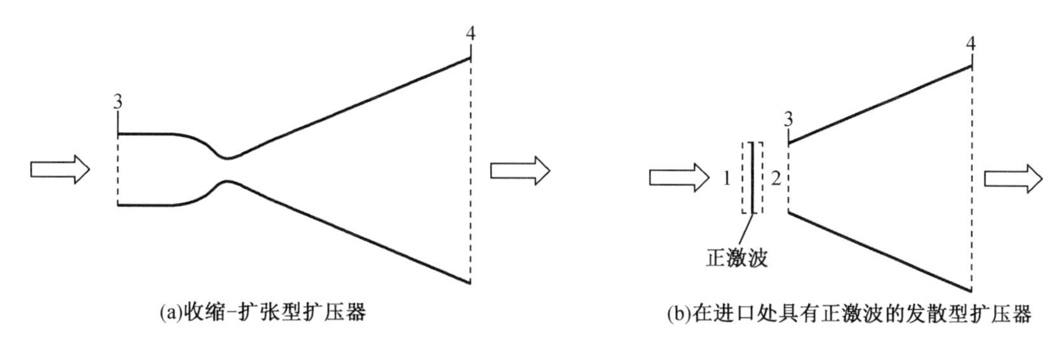


(a)收缩-扩张型扩压器　　(b)在进口处具有正激波的发散型扩压器

**图 13.5　超音速扩压器设计(问题 13.3)**

# 问题 13.3 的解法

如图 13.5 所示,在两种设计中,截面 3 表示扩压器进口,截面 4 表示扩压器出口。假设每个扩压器为等熵气流。

## (1)收缩-扩张型扩压器

**扩压器进口处的总压**

$$\frac{p_{03a}}{p_{3a}}=\left(1+\frac{\gamma-1}{2}Ma_{3a}^{2}\right)^{\frac{\gamma}{\gamma-1}}=\left(1+\frac{1.4-1}{2}\times1.1^{2}\right)^{\frac{1.4}{1.4-1}}=2.135$$

$$p_{03a}=p_{04a}=2.135\times0.476=1.016\ \mathrm{bar}$$

**扩压器进口处的临界面积比**

$$\frac{A_{3a}}{A_{a}^{*}}=\frac{1}{Ma_{3a}}\sqrt{\left[\frac{2+(\gamma-1)Ma_{3a}^{2}}{\gamma+1}\right]^{\frac{\gamma+1}{\gamma-1}}}=\frac{1}{1.1}\sqrt{\left[\frac{2+(1.4-1)\times1.1^{2}}{1.4+1}\right]^{\frac{1.4+1}{1.4-1}}}=1.008$$

**扩压器出口马赫数**

可以得到截面 4 的总压与静压比为

$$\frac{p_{04a}}{p_{4a}}=\frac{1.016}{1}=1.016$$

得到

$$Ma_{4a}=\sqrt{\frac{2}{\gamma-1}\left[\left(\frac{p_{04a}}{p_{4a}}\right)^{\frac{\gamma-1}{\gamma}}-1\right]}=\sqrt{\frac{2}{1.4-1}\left(1.016^{\frac{1.4-1}{1.4}}-1\right)}=0.152$$

**扩压器出口临界面积比**

$$\frac{A_{4a}}{A_{a}^{*}}=\frac{1}{Ma_{4a}}\sqrt{\left[\frac{2+(\gamma-1)Ma_{4a}^{2}}{\gamma+1}\right]^{\frac{\gamma+1}{\gamma-1}}}=\frac{1}{0.152}\sqrt{\left[\frac{2+(1.4-1)\times0.152^{2}}{1.4+1}\right]^{\frac{1.4+1}{1.4-1}}}=3.854$$

**扩压器面积比**

$$\frac{A_{4a}}{A_{3a}}=\frac{A_{4a}}{A_a^*}\cdot\frac{A_a^*}{A_{3a}}=\frac{3.854}{1.008}=3.823$$

## (2)在其进口处具有正激波的发散型扩压器

**正激波下游条件**

在 $Ma_{1b}=1.1$ 和 $p_{1b}=0.476$ bar 的情况下，得到正激波下游的马赫数：

$$Ma_{2b}^2=\frac{2+(\gamma-1)Ma_{1b}^2}{2\gamma Ma_{1b}^2-(\gamma-1)}=\frac{2+(1.4-1)\times 1.1^2}{2\times 1.4\times 1.1^2-(1.4-1)}=0.831$$

$$Ma_{2b}=\sqrt{0.831}=0.912$$

由此得到

$$\frac{p_{02b}}{p_{1b}}=\left[\frac{2\gamma Ma_{1b}^2-(\gamma-1)}{\gamma+1}\right]^{\frac{-1}{\gamma-1}}\left(\frac{\gamma+1}{2}Ma_{1b}^2\right)^{\frac{\gamma}{\gamma-1}}$$

$$\frac{p_{02b}}{p_{1b}}=\left[\frac{2\times 1.4\times 1.1^2-(1.4-1)}{1.4+1}\right]^{\frac{-1}{1.4-1}}\left[\frac{1.4+1}{2}\times 1.1^2\right]^{\frac{1.4}{1.4-1}}=2.133$$

进一步得到

$$p_{03b}=p_{02b}=2.133\times 0.476=1.015\text{ bar}$$

**扩压器进口处的临界面积比**

正激波下游的条件在扩压器进口(截面3)占主导地位。因此，可以获得

$$\frac{dx}{5xe^{-2z}}=\frac{dy}{-3ye^{-2z}}=\frac{3}{2}\cdot\frac{dz}{e^{-2z}}$$

**扩压器出口马赫数**

根据截面4计算总压与静压比，得到

$$\frac{A_{3b}}{A_b^*}=\frac{1}{Ma_{3b}}\sqrt{\left[\frac{2+(\gamma-1)Ma_{3b}^2}{\gamma+1}\right]^{\frac{\gamma+1}{\gamma-1}}}=\frac{1}{0.912}\sqrt{\left[\frac{2+(1.4-1)\times 0.912^2}{1.4+1}\right]^{\frac{1.4+1}{1.4-1}}}=1.007$$

得到马赫数为

$$Ma_{4b}=\sqrt{\frac{2}{\gamma-1}\left[\left(\frac{p_{04}}{p_{4b}}\right)^{\frac{\gamma-1}{\gamma}}-1\right]}=\sqrt{\frac{2}{1.4-1}(1.015^{\frac{1.4-1}{1.4}}-1)}=0.147$$

**扩压器出口临界面积比**

$$\frac{A_{4b}}{A_b^*}=\frac{1}{Ma_{4b}}\sqrt{\left[\frac{2+(\gamma-1)Ma_{4b}^2}{\gamma+1}\right]^{\frac{\gamma+1}{\gamma-1}}}=\frac{1}{0.147}\sqrt{\left[\frac{2+(1.4-1)\times 0.147^2}{1.4+1}\right]^{\frac{1.4+1}{1.4-1}}}=3.985$$

**扩压器面积比**

$$\frac{A_{4b}}{A_{3b}}=\frac{A_{4b}}{A_b^*}\cdot\frac{A_b^*}{A_{3b}}=\frac{3.985}{1.007}=3.957$$

上述计算表明,图 13.5(a)所示收缩-扩张型扩压器设计要求总面积比为 3.823,气流以马赫数 0.152 离开扩压器。图 13.5(b)中所示发散型扩压器设计要求总面积比为 3.985,出口马赫数为 0.147。因此,在总面积比仅增加 3.5%的情况下,发散型扩压设计提供了一种更简单、更短、成本更低的扩压设计,而不需要收缩-扩张型扩压设计中所需的阻塞喉部的额外特征。在第二种设计方案中,扩压进口处的弱正激波几乎是等熵的,是将动压转换为激波下游静压在可忽略厚度上相应升高的有效手段。

## 问题 13.4:正激波排放到扩压器中的收缩-扩张喷管

一个收缩-扩张喷管,排气进入扩压器内部具有正激波,表明激波的总压比 $p_{02}/p_{01}$ 等于第一喉道面积 $A_1^*$ 与第二喉道面积 $A_2^*$ 之比。

## 问题 13.4 的解法

收缩-扩张喷管和扩压器系统中的正激波将气流分为两个等熵流动,其中质量流量为 $\dot{m}$,总温为 $T_0$。如果正激波上游等熵流 $Ma=1$ 的临界面积为 $A_1^*$,下游等熵流为 $A_2^*$,对于相应的总压 $p_{01}$ 和 $p_{02}$,由连续性方程得出

$$\dot{m}=\frac{F_{f0}^* A_1^* p_{01}}{\sqrt{T_0}}=\frac{F_{f0}^* A_2^* p_{02}}{\sqrt{T_0}}$$

从中可以得到

$$\frac{p_{02}}{p_{01}}=\frac{A_1^*}{A_2^*}$$

## 问题 13.5:具有可变喉部面积的收缩-扩张型扩压器以吸收起始激波

当 $Ma_1=2.3$ 时,使用收缩-扩张型扩压器。扩压器使用可变喉部区域来调控起始激波。喉部区域需要增加多少百分比?

## 问题 13.5 的解法

对于 $Ma_1=2.3$,从正激波表中获得 $A_1^*/A_2^*=p_{02}/p_{01}=0.5833$(Sultanian, 2015)。因此,对于正激波下游的等熵流,计算喉道面积的增加百分比为

$$\frac{A_2^*-A_1^*}{A_1^*}=\frac{A_2^*}{A_1^*}-1=\frac{1}{0.5833}-1=71.438\%$$

# 问题 13.6:将实际压力上升系数与理论(不可压缩)扩压值进行比较

如图 13.6 所示,轴流压气机叶片进口处的气流有 $Ma_1=0.55$,$p_{01}=300$ kPa 和 $T_{01}=500$ K。进口(截面 1)和出口(截面 2)之间的总压损失为进口动压头($p_{01}-p_1$)的 15%。垂直于出口绝对速度 $V_2$ 的出口流动面积 $A_2$ 是垂直于进口绝对速度 $V_1$ 的进口流动面积 $A_1$ 的两倍。根据以下方程计算截面 1 和 2 之间的压力系数 $C_p$

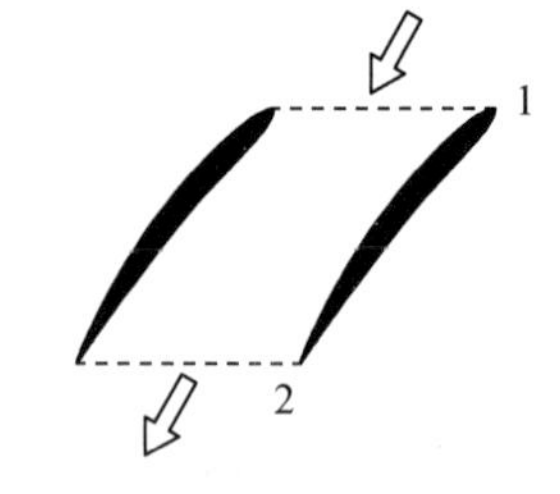

图 13.6　轴流压气机叶片的扩压(问题 13.6)

$$C_p=\frac{p_2-p_1}{p_{01}-p_1}$$

并将其与根据方程计算的所谓理论(不可压缩)压力上升系数 $C_{pi}$ 进行比较

$$C_{pi}=1-\frac{V_2^2}{V_1^2}$$

式中,$V_1$ 和 $V_2$ 为进口和出口处的平均绝对速度。假设 $\gamma=1.4$,$R=287$ J/(kg·K)。

# 问题 13.6 的解法

## 进口(截面 1)

### 静温

$$T_1=\frac{T_{01}}{1+0.5(\gamma-1)Ma_1^2}=\frac{500}{1+0.5\times0.4\times0.55^2}=471.5\ \text{K}$$

### 静压

$$\frac{p_1}{p_{01}}=\left(\frac{T_1}{T_{01}}\right)^{\frac{\gamma}{\gamma-1}}=\left(\frac{471.5}{500}\right)^{\frac{1.4}{1.4-1}}=0.814$$

$$p_1=0.814\times300=244.25\ \text{kPa}$$

### 绝对速度

$$V_1=Ma_1\sqrt{\gamma RT_1}=0.55\sqrt{1.4\times287\times471.5}=239.385\ \text{m/s}$$

### 总压质量流量函数

$$\hat{F}_{f01}=Ma_1\sqrt{\frac{\gamma}{\left(1+\frac{\gamma-1}{2}Ma_1^2\right)^{\frac{\gamma+1}{\gamma-1}}}}=0.55\sqrt{\frac{1.4}{\left(1+\frac{1.4-1}{2}\times0.55^2\right)^{\frac{1.4+1}{1.4-1}}}}=0.546$$

每单位流动面积的质量流量

$$\frac{\dot{m}_1}{A_1}=\frac{\hat{F}_{f01}p_{01}}{\sqrt{RT_{01}}}=\frac{0.546\times300\times10^3}{\sqrt{287\times500}}=432.106\ \mathrm{kg/(s\cdot m^2)}$$

## 出口(截面2)

总压

$$p_{02}=p_{01}-0.15(p_{01}-p_1)=300-0.15\times(300-244.25)=291.637\ \mathrm{kPa}$$

总压质量流量函数

$$\hat{F}_{f02}=\frac{\dot{m}_2\sqrt{RT_{02}}}{A_2p_{02}}=\frac{\dot{m}_1\sqrt{RT_{02}}}{A_2p_{0_2}}$$

$$=\frac{432.106A_1\sqrt{287\times500}}{A_2\cdot291.637\times10^3}=\frac{331.45\sqrt{287\times500}}{2\times200.1\times10^3}=0.281$$

马赫数

对于 $\hat{F}_{f02}=0.281$,使用迭代求解方法获得 $Ma_2=0.246$,例如,在 MS Excel 中进行目标搜索。

静温

$$T_2=\frac{T_{02}}{1+0.5(\gamma-1)Ma_2^2}=\frac{500}{1+0.5\times0.4\times0.246^2}=494.0\ \mathrm{K}$$

静压

$$\frac{p_2}{p_{02}}=\left(\frac{T_2}{T_{02}}\right)^{\frac{\gamma}{\gamma-1}}=\left(\frac{494}{500}\right)^{\frac{1.4}{1.4-1}}=0.959$$

$$p_2=0.959\times291.637=279.623\ \mathrm{kPa}$$

绝对速度

$$V_2=Ma_2\sqrt{\gamma RT_2}=0.262\times\sqrt{1.4\times287\times494}=109.552\ \mathrm{m/s}$$

实际压升系数

$$C_p=\frac{p_2-p_1}{p_{01}-p_1}=\frac{279.623-244.25}{300-244.25}=0.634$$

不可压缩压升系数

$$C_{pi}=1-\left(\frac{V_2}{V_1}\right)^2=1-\left(\frac{109.552}{239.385}\right)^2=0.791$$

由于扩压器中的压力损失,实际压升系数小于理论(不可压缩)压升系数。

# 问题 13.7:涡轮功率输出对排气扩压器压力上升系数的依赖性

对于带有排气扩压器系统的燃气涡轮,如图 13.7 所示,计算排气扩压器的压升系数($C_p$)从 0.6 增加到 0.85(步长为 0.05)时涡轮功率输出的增加值,并绘制涡轮功率输出关于排气扩压器 $C_p$ 的结果图。

燃气涡轮运行期间,以下数据保持不变:

截面 3(排气扩压器进口)的流动面积 $A_3 = 1.0\ \text{m}^2$;

截面 4(排气扩压器出口)的流动面积 $A_4 = 5.0\ \text{m}^2$;

截面 1(涡轮级进口)的总压 $p_{01} = 5\ \text{bar}$;

截面 1(涡轮进口)的总温 $T_{01} = 1\ 000\ \text{K}$;

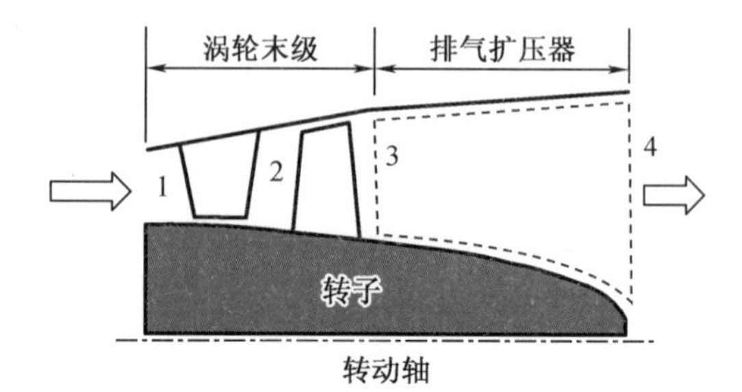


图 13.7　带排气扩压器的末级涡轮(问题 13.7)

质量流量 $\dot{m} = 150\ \text{kg/s}$;

截面 3(涡轮出口或排气扩压器进口)的气流预旋角 = 11°;

截面 4(排气扩压器出口)的静压 $p_0 = 1.013\ \text{bar}$;

截面 4(排气扩压器出口)的零气流预旋;

涡轮级的多变效率 $\eta_{\text{pt}} = 0.9$;

假设 $\gamma = 1.4, R = 287\ \text{J/(kg·K)}$。

## 问题 13.7 的解法

根据给定的末级涡轮的多变效率,可以得到

$$\frac{n-1}{n} = \frac{\eta_{\text{pt}}(\gamma - 1)}{\gamma} = \frac{0.9 \times (1.4 - 1)}{1.4} = 0.257$$

式中,$n$ 为多变膨胀指数。

根据排气扩压器压升系数的定义

$$C_p = \frac{p_4 - p_3}{p_{03} - p_3}$$

可以得到

$$p_{03} = \frac{p_4 - p_3(1 - C_p)}{C_p}$$

对于 $C_p = 0.6$,在此概述了一种计算涡轮机功率输出的迭代解法。

第 1 步,假设 $p_3 = 84\ 767\ \text{Pa}$。

第 2 步,计算 $p_{03}$:

$$p_{03} = \frac{p_4 - p_3(1 - C_p)}{C_p} = \frac{1.013 \times 10^5 - 84\ 767 \times (1 - 0.6)}{0.6} = 112\ 322\ \text{Pa}$$

第 3 步,计算整个涡轮级的总压比和总温比,从而计算 $T_{03}$:

$$\frac{T_{01}}{T_{03}}=\left(\frac{p_{01}}{p_{03}}\right)^{\frac{n-1}{n}}=\left(\frac{5\times10^5}{112\ 322}\right)^{\frac{n-1}{n}}=4.451^{0.257}=1.468$$

$$T_{03}=\frac{1\ 000}{1.468}=681.15\ \text{K}$$

第 4 步,根据截面 3 的总压与静压比计算 $Ma_3$:

$$Ma_3=\sqrt{\frac{2}{\gamma-1}\left[\left(\frac{p_{03}}{p_3}\right)^{\frac{\gamma-1}{\gamma}}-1\right]}=\sqrt{\frac{2}{1.4-1}\times\left[\left(\frac{112\ 322}{1.013\times10^5}\right)^{\frac{1.4-1}{1.4}}-1\right]}=0.647$$

第 5 步,计算截面 3 的 $\hat{F}_{f03}$ 和质量流量:

$$\hat{F}_{f03}=Ma_3\sqrt{\frac{\gamma}{\left(1+\frac{\gamma-1}{2}Ma_3^2\right)^{\frac{\gamma+1}{\gamma-1}}}}=0.647\sqrt{\frac{1.4}{\left(1+\frac{1.4-1}{2}\times0.647^2\right)^{\frac{1.4+1}{1.4-1}}}}=0.602$$

$$\dot{m}=\frac{\hat{F}_{f03}A_3\cos 11^\circ p_{03}}{\sqrt{RT_{03}}}=\frac{0.602\times1.0\times\cos11^\circ\times112\ 322}{\sqrt{287\times681.15}}=150\ \text{kg/s}$$

第 6 步,重复步骤 1~5,直到计算的质量流量等于 150 kg/s 的规定值。

第 7 步,计算涡轮输出功率

$$C_p=\frac{R\gamma}{\gamma-1}=\frac{287\times1.4}{1.4-1}=1\ 004.5\ \text{J/(kg}\cdot\text{K)}$$

$$P_t=\dot{m}C_p(T_{01}-T_{03})=150\times1\ 004.5\times(1\ 000-681.15)=48.043\ \text{MW}$$

图 13.8 显示了随着排气扩压器 $C_p$ 的增加,涡轮功率输出值单调(几乎呈线性)增加,这是燃气涡轮发电设计中一个重要的成果!

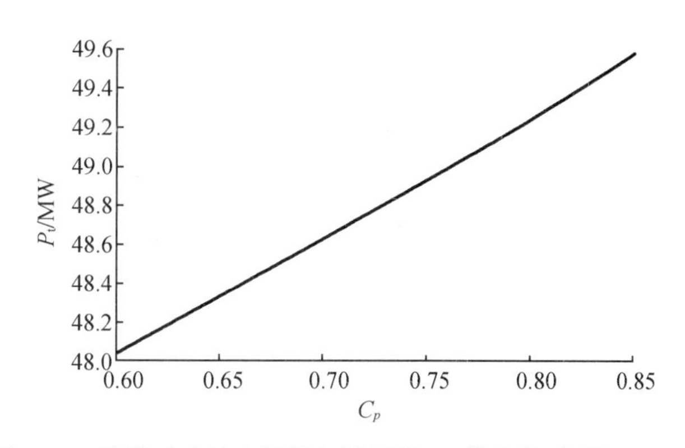


图 13.8 涡轮功率输出随排气扩压器 $C_p$ 的变化(问题 13.7)

## 问题 13.8:通过带有和不带有扩压器的无摩擦绝热管道的不可压缩流动

图 13.9 显示了通过两个管道的不可压缩流:(1)等面积圆形管道;(2)在(1)管道中附加了一个短锥形扩压器。两种具有可忽略摩擦和传热的流体具有相同的进口总压 $p_0$ 和出

口静压 $p$。每个管道中的质量流量是否相等？如果预计质量流量不同，那么哪个管道的流量会更大，为什么？

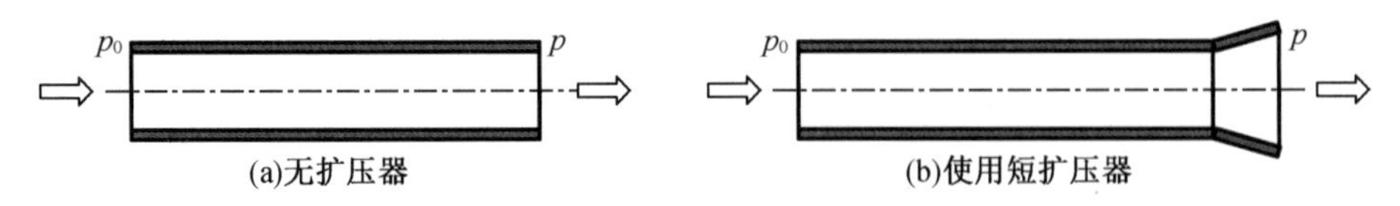


图 13.9　通过无摩擦绝热管道的不可压缩流(问题 13.8)

## 问题 13.8 的解法

图 13.9(b)所示管道中的质量流量将高于图 13.9(a)所示的质量流量。由于这些管道中的摩擦和传热可以忽略不计，因此整个管道中的总压将保持不变。由于出口流速(仅取决于总压和静态之间的差值)在两个管道中是相同的，因此图 13.9(b)中管道出口面积较大的质量流量将高于图 13.9(a)中管道的质量流量。

## 问题 13.9：带有旁通管道的绝热扩压器中的不可压缩流动

图 13.10 显示了通过绝热扩压器的不可压缩流，该扩压器带有连接扩压器截面 $A$ 和 $B$ 的旁通管。根据扩压器中静压和总压的变化，确定旁通管中的流动方向——无论是从 $A$ 到 $B$ 还是从 $B$ 到 $A$。

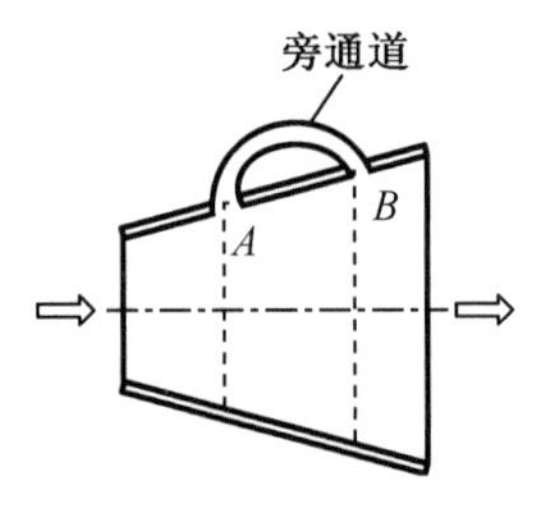


图 13.10　带旁通管的绝热扩压器中的不可压缩流动(问题 13.9)

## 问题 13.9 的解法

绝热扩压器下游，静压增加(由于动压转换为静压)，总压降低(由于摩擦和其他损失)。如果旁通管道的端部与扩压器壁垂直连接，则其进口的总压和出口的静压等于相应的扩压器壁静压。由于 $B$ 处的静压高于 $A$ 处的静压，旁通管道必须从 $B$ 流向 $A$。

# 术 语

| 符号 | 含义 |
| --- | --- |
| $A$ | 通流面积 |
| $A^*$ | $Ma=1$ 时的面积 |
| $c_p$ | 定压比热容 |
| $c_v$ | 定容比热容 |
| $C_D$ | 阻力系数 |
| $C_p$ | 压力上升系数 |
| $C_v$ | 速度系数 |
| $\widetilde{C}_p$ | 进气预旋的压力上升系数 |
| $C_{pi}$ | 理想扩压器的静压恢复系数 |
| CV | 控制体积 |
| $d$ | 直径 |
| $E_{ke}$ | 动能流量 |
| $F_D$ | 阻力 |
| $\hat{F}_f$ | 静压质量流量函数 |
| $\hat{F}_{f0}$ | 总压质量流量函数 |
| $F_{f0}^*$ | $Ma=1$ 时的总压质量流量函数 |
| $h$ | 流体比焓 |
| $h_0$ | 流体的总焓(滞止焓) |
| $K$ | 总压损失系数 |
| $\dot{m}$ | 质量流量 |
| $Ma$ | 马赫数 |
| $p$ | 静压 |
| $\bar{p}$ | 截面平均静压 |
| $p_0$ | 总压(滞止压力) |
| $\bar{p}_0$ | 截面平均总压 |
| $P_t$ | 涡轮输出功率 |
| $\Delta p_{0\_loss}$ | 总压损失 |
| $R$ | 气体常数 |
| $s$ | 比熵 |
| $T$ | 静温 |
| $\bar{T}$ | 截面平均静温 |
| $T_0$ | 总温(滞止温度) |

| 符号 | 含义 |
| --- | --- |
| $\overline{T}_0$ | 截面的平均总温 |
| $V$ | 绝对流速 |
| $\overline{V}$ | 截面平均流速 |
| $V_r$ | 径向绝对流速分量 |
| $V_t$ | 切向绝对流速分量 |
| $x$ | 笛卡儿坐标系 $x$ 轴 |
| $y$ | 笛卡儿坐标系 $y$ 轴 |
| $\alpha$ | 相对轴向的绝对气流角 |
| $\beta$ | 管道快速膨胀时由小变大的直径比 |
| $\eta_D$ | 扩压器的等熵效率 |
| $\eta_{pt}$ | 涡轮的多变效率 |
| $\gamma$ | 比热容比($\gamma=c_p/c_v$) |
| $\rho$ | 流体密度 |

# 参考文献


Sultanian, B. K. 2015. Fluid Mechanics: An Intermediate Approach. Boca Raton, FL: Taylor & Francis.

Sultanian, B. K. 2019. Logan's Turbomachinery: Flowpath Design and Performance Fundamentals, 3rd edition. Boca Raton: Taylor & Francis.


# 参考书目


Japikse, D. and Baines, N. C. 2000. Turbomachinery Diffuser Design Technology, 2nd edition. White River Junction: Concepts Eti.

Sultanian, B. K., Nagao, S. and Sakamoto, T. 1999. Experimental and Three-dimensional CFD Investigation in a Gas Turbine Exhaust System. ASME Journal of Engineering for Gas Turbines and Power. 121:364-374.

Wilson, D. G. and Korakianitis, T. 2014. The Design of High-Efficiency Turbomachinery and Gas Turbines, 2nd edition. Cambridge: MIT Press.

# 第14章　转子和静子的内部流动

## 引　言

本章中提出的问题和解决方案涉及与叶轮机械的转子和静子相关的流动和传热,特别是用于冷却和密封承受高温的各种关键部件的燃气轮机内部流动。为了更好地理解这里提出的代表性问题及其解决方案,鼓励读者回顾各种主题。这些主题对于不熟悉燃气轮机二次空气系统的人来说可能是新的,在 Sultanian(2018)中有详细讨论。它们包括自由盘泵吸、受迫涡流下的转盘泵吸、封闭盘腔中的转子盘、具有径向出流的转子-静子腔、具有径向流入的转子-静子盘腔、具有径向流入或流出的旋转盘腔、一般盘腔中的风阻和旋流建模、任意空腔表面定位(锥形面和水平面)、静子和转子表面上的螺栓、压气机转子腔(流动和传热物理、带孔流动的传热建模和封闭腔的传热建模)、预旋进气系统中的流动和传热、热燃气入侵(热燃气入侵机制、一维单孔建模、多孔辐条建模)以及轴向转子推力的计算。

## 问题14.1:等熵可压缩自由涡流中的压力和温度变化

对于可压缩自由涡流,在 $r=r_1$ 的点1处给出了 $T_1$、$p_1$ 和 $V_{t1}$ 等参数。计算 $r=r_2$ 的点2处的 $T_2$、$p_2$ 和 $V_{t2}$。

## 问题14.1的解法

用以下方程计算流体流动中熵的变化:

$$\mathrm{d}s = c_p \frac{\mathrm{d}T}{T} - R\frac{\mathrm{d}p}{p}$$

对于等熵流动($\mathrm{d}s = 0$)

$$\frac{\mathrm{d}p}{p} = \frac{c_p}{R} \cdot \frac{\mathrm{d}T}{T}$$

它与径向平衡方程($\mathrm{d}p/\mathrm{d}r=\rho V_t^2/r$)和完全气体的状态方程($p/\rho=RT$)一起产生:

$$\frac{\mathrm{d}p}{\mathrm{d}r}=\frac{pV_t^2}{RTr}$$

$$\frac{\mathrm{d}p}{p}=\frac{V_t^2}{RT} \cdot \frac{\mathrm{d}r}{r}$$

将上式中的 $\mathrm{d}p/p$ 代入

$$\frac{dp}{p}=\frac{c_p}{R}\cdot\frac{dT}{T}$$

可以得到

$$dT=\frac{V_t^2}{c_p}\cdot\frac{dr}{r}$$

对于自由涡,当 $V_t=C/r=(r_1V_{t1})/r$ 时,该方程变为

$$dT=\frac{(r_1V_{t1})^2}{c_p}\cdot\frac{dr}{r^3}$$

在点 1 和点 2 之间进行积分后得到

$$\int_{T_1}^{T_2}dT=\frac{(r_1V_{t1})^2}{c_p}\int_{r_1}^{r_2}\frac{dr}{r^3}$$

$$T_2=T_1+\frac{(r_1V_{t1})^2}{2c_p}\left(\frac{1}{r_1^2}-\frac{1}{r_2^2}\right)$$

利用压比和温比之间的等熵可压缩流关系,得到

$$\frac{p_2}{p_1}=\left(\frac{T_2}{T_1}\right)^{\frac{\gamma}{\gamma-1}}=\left[1+\frac{(r_1V_{t1})^2}{2c_pT_1}\left(\frac{1}{r_1^2}-\frac{1}{r_2^2}\right)\right]^{\frac{\gamma}{\gamma-1}}=\left[1+\frac{V_{t1}^2}{2c_pT_1}\left(1-\frac{r_1^2}{r_2^2}\right)\right]^{\frac{\gamma}{\gamma-1}}$$

$$p_2=p_1\left[1+\frac{V_{01}^2}{2c_pT_1}\left(1-\frac{r_1^2}{r_2^2}\right)\right]^{\frac{\gamma}{\gamma-1}}$$

最后,对于自由涡,得到

$$V_{t2}=\frac{r_1V_{t1}}{r_2}$$

注意:等熵自由涡中静温的变化与其动温的变化相等且相反。因此,其总温和总压保持不变。利用这些事实,可以轻松计算自由涡流中的温度和压力变化,详见 Sultanian (2019)。

## 问题 14.2:等熵受迫涡流中的压力和温度变化

对于可压缩受迫涡流,在 $r=r_1$ 的点 1 处给出了 $T_1$、$p_1$ 和 $V_{t1}$ 等参数。计算 $r=r_2$ 的点 2 处的 $T_2$、$p_2$ 和 $V_{t2}$。

## 问题 14.2 的解法

对于具有恒定角速度 $\Omega$ 的受迫涡,有 $V_t=r\Omega$。由 $r=r_1$ 处给定的 $V_{t1}$,得到 $V_t=rV_{t1}/r_1$。在问题 1.15 的解中,得到

$$dT=\frac{V_t^2}{c_p}\cdot\frac{dr}{r}$$

将 $V_t=rV_{t1}/r_1$ 代入上式,得到

$$\mathrm{d}T=\frac{V_{\mathrm{t1}}^{2}}{r_{1}^{2}c_{p}}r\mathrm{d}r$$

将该方程在点 1 和点 2 之间进行积分后得到

$$\int_{T_1}^{T_2}\mathrm{d}T=\frac{V_{\mathrm{t1}}^{2}}{r_{1}^{2}c_{p}}\int_{r_1}^{r_2}r\mathrm{d}r$$

$$T_2-T_1=\frac{V_{\mathrm{t1}}^{2}}{2r_{1}^{2}c_{p}}(r_2^2-r_1^2)$$

$$T_2=T_1+\frac{V_{\mathrm{t1}}^{2}}{2r_{1}^{2}c_{p}}(r_2^2-r_1^2)$$

利用压比和温比之间的等熵可压缩流关系，得到

$$\frac{p_2}{p_1}=\left(\frac{T_2}{T_1}\right)^{\frac{\gamma}{\gamma-1}}=\left[1+\frac{V_{\mathrm{t1}}^{2}}{2r_{1}^{2}c_{p}}(r_2^2-r_1^2)\right]^{\frac{\gamma}{\gamma-1}}=\left[1+\frac{V_{\mathrm{t1}}^{2}}{2c_pT_1}\left(\frac{r_2^2}{r_1^2}-1\right)\right]^{\frac{\gamma}{\gamma-1}}$$

$$p_2=p_1\left[1+\frac{V_{\mathrm{t1}}^{2}}{2c_pT_1}\left(\frac{r_2^2}{r_1^2}-1\right)\right]^{\frac{\gamma}{\gamma-1}}$$

最后，得到

$$V_{\mathrm{t2}}=\frac{r_2V_{\mathrm{t1}}}{r_1}$$

注意，等熵受迫涡中静温的变化等于其动温的变化。利用这一事实，可以轻松计算出受迫涡流中的温度和压力变化，见 Sultanian(2019)。

## 问题 14.3：非等熵广义涡旋中的压力和温度变化

在非等熵广义旋涡中，旋涡因子和总温的变化由函数 $S_{\mathrm{f}}=f(r)$ 和 $T_0=g(r)$ 给出，这是半径 $r_1$ 和 $r_2$ 之间的分段多项式函数。根据已知的 $r=r_1$，计算 $r=r_2$ 时涡流中的静温和压力。

## 问题 14.3 的解法

该旋涡中的静压变化由径向平衡方程控制，可以用旋转马赫数表示为

$$\frac{\mathrm{d}p}{p}=\frac{V_{\mathrm{t}}^{2}}{RT}\cdot\frac{\mathrm{d}r}{r}=\gamma\frac{Ma_{\mathrm{t}}^{2}}{r}\mathrm{d}r$$

式中，$Ma_{\mathrm{t}}=V_{\mathrm{t}}/\sqrt{\gamma RT}$；$V_{\mathrm{t}}=S_{\mathrm{f}}\Omega r=f\Omega r$；$T=T_0-V_{\mathrm{t}}^2/(2c_p)=g-f^2\Omega^2r^2/(2c_p)$。

将该方程在半径 $r_1$ 和 $r_2$ 之间进行积分得到

$$\int_{p_1}^{p_2}\frac{\mathrm{d}p}{p}=\gamma\int_{r_1}^{r_2}\frac{Ma_{\mathrm{t}}^{2}}{r}\mathrm{d}r$$

$$\ln\frac{p_2}{p_1}=\gamma G$$

其中,通过数值积分获得 $\int_{r_1}^{r_2}(Ma_t^2/r)\,\mathrm{d}r$,例如,使用辛普森三分之一法则。因此,最终获得

$$p_2=p_1 e^{\gamma G}$$

# 问题 14.4:通过旋转等面积管道的径向向外流动

如图 14.1 所示,不可压缩流在 1 处进入旋转管道,在 2 处流出。使用图中所显示的量,确定密度为 $\rho$ 的流体从管道进口到出口的静压增加。

# 问题 14.4 的解法

由于管道横截面均匀,径向流速保持不变。因此,在图中所示的小控制体积上,压力必须能够平衡离心力,从而有

$$\left(p+\frac{\mathrm{d}p}{\mathrm{d}r}\Delta r\right)A-pA=A\Delta r\rho r\Omega^2$$

$$\frac{\mathrm{d}p}{\mathrm{d}r}=\rho r\Omega^2$$

将该方程在 $r=0$ 和 $r=r_2$ 区域内积分,得到

$$\int_{p_1}^{p_2}\mathrm{d}p=\int_0^{r_2}\rho r\Omega^2\,\mathrm{d}r$$

以及

$$p_2-p_1=\frac{\rho r_2^2\Omega^2}{2}$$

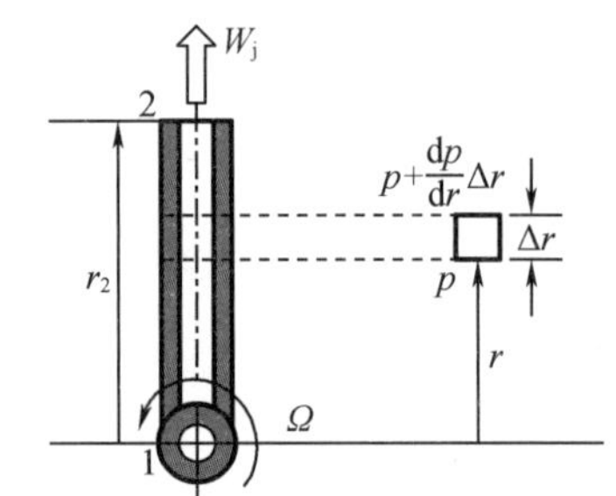


图 14.1 等面积旋转管道的不可压缩流(问题 14.4)

以上式子可以直接从不可压缩受迫涡的径向平衡方程得到。

# 问题 14.5:通过旋转变面积管道的径向向外流动

图 14.2 显示了可变区域旋转管道中径向向外的等熵不可压缩流。对于图中所示的给定质量流量和其他参数,找出截面 1(进口)和截面 2(出口)之间静压和总压的变化(在旋转参考坐标系中)。忽略管壁上的任何剪切应力,并假设每个管道横截面上的所有特性都是均匀的。流体密度为 $\rho$。

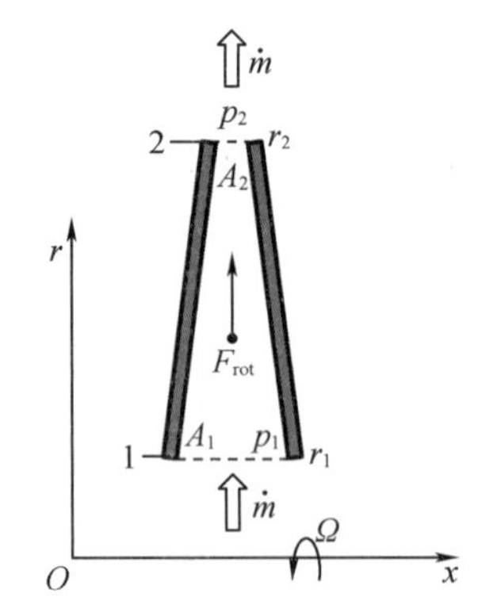


图 14.2 通过可变面积旋转管道的径向向外流动(问题 14.5)

# 问题 14.5 的解法

在这种情况下,旋转管道的不可压缩流为等熵流(零传热,无摩擦损失)。因此,不旋转的总压在管道上保持不变。旋转时,转子参考坐标系中的离心力产生相反的压力,使静压和总压径向向外增加。

## 连续性方程

得到截面 1 处的质量流量 $\dot{m}=\rho A_1 V_1$ 和截面 2 处的质量流量 $\dot{m}=\rho A_2 V_2$。

由质量守恒(连续方程)得出

$$\frac{A_2}{A_1}=\frac{V_1}{V_2}$$

## 动量方程

非旋转管道控制体积的线性动量平衡

$$p_1+\frac{1}{2}\rho V_1^2=p_2+\frac{1}{2}\rho V_2^2$$

给出

$$(p_2-p_1)_{\text{non-rotating}}=\frac{1}{2}\rho V_1^2-\frac{1}{2}\rho V_2^2$$

对于旋转管道,通过积分径向平衡方程,计算了截面 1 和截面 2 之间的静压变化,如下所示:

$$(p_2-p_1)_{\text{rotation}}=\int_{r_1}^{r_2}\rho\Omega^2 r\mathrm{d}r=\frac{1}{2}\rho\Omega^2(r_2^2-r_1^2)$$

这表明,相应压力平衡了旋转产生的离心力。因此可得

$$p_2-p_1=(p_2-p_1)_{\text{non-rotating}}+(p_2-p_1)_{\text{rotation}}$$

代替前面部分得到

$$p_2-p_1=\frac{1}{2}\rho V_1^2-\frac{1}{2}\rho V_2^2+\frac{1}{2}\rho\Omega^2(r_2^2-r_1^2)$$

重新排列方程中的项,得到

$$\left(p_2+\frac{1}{2}\rho V_2^2\right)-\left(p_1+\frac{1}{2}\rho V_1^2\right)=\frac{1}{2}\rho\Omega^2(r_2^2-r_1^2)$$

$$p_{02}-p_{01}=\frac{1}{2}\rho\Omega^2(r_2^2-r_1^2)$$

这表明,在无摩擦、变面积旋转管道的任意两段之间,相对于转子的总压变化等于仅因旋转引起的静压变化。

# 问题 14.6：带有三个喷管的旋转臂的圆柱表面的冲击空气冷却

如图 14.3 所示，高压旋转臂用于圆柱表面的空气冲击冷却。旋转臂内的总压和总温分别为 3.0 bar 和 407.5 K。旋转臂外部的静压为 1.0 bar。在最大转速下，旋转臂需要克服 12.5 N · m 的摩擦扭矩。对于几何数据：喷射直径($d_j$) = 7 mm，$R_1$ = 50 cm，$R_2$ = 100 cm，$R_3$ = 140 cm，计算旋转臂的最大转速。假设空气的 $\gamma=1.4$ 和 $R=287$ J/(kg · K)。提示：每个空气喷管在阻塞流条件下工作时，相对于旋转臂具有相同的喷射速度。

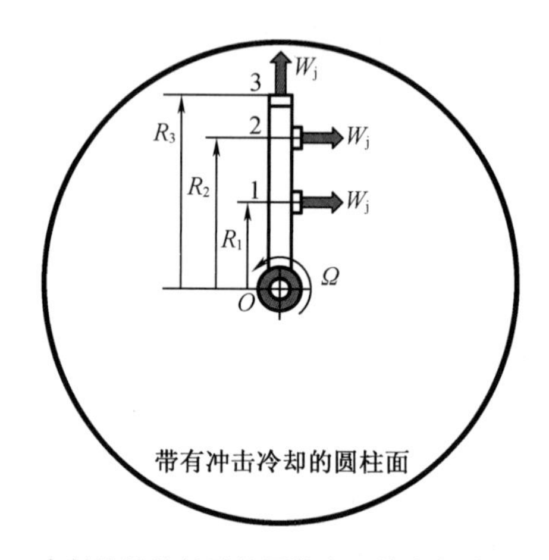


图 14.3　带有三个射流的旋转臂的圆柱表面的空气冲击冷却(问题 14.6)

## 问题 14.6 的解法

喷管流动面积

$$A_j=\frac{\pi d_j^2}{4}=\frac{\pi\cdot 0.007^2}{4}=3.848\ 5\times10^{-5}\ \text{m}^2$$

总压质量流量函数 $\hat{F}^*_{f_0}=0.684\ 7$ 在 $Ma=1$ 时，通过每个空气喷管的质量流量为

$$\dot{m}=\frac{A_j\hat{F}^*_{f_0}p_0}{\sqrt{RT_0}}=\frac{3.848\ 5\times10^{-5}\times0.684\ 7\times300\ 000}{\sqrt{287\times407.5}}=0.023\ 1\ \text{kg/s}$$

喷管喉部的静温为

$$T^*=\frac{2T_0}{\gamma+1}=\frac{2\times407.5}{1+1.4}=339.6\ \text{K}$$

相对于旋转臂的空气喷射速度为

$$W_j=\sqrt{\gamma RT^*}=\sqrt{1.4\times287\times339.6}=369.384\ \text{m/s}$$

旋转臂控制容积上的扭矩和角动量平衡，可以得到逆时针方向角动量的净流出量：

$$\dot{H}=\dot{m}R_1(R_1\Omega-W_j)+\dot{m}R_2(R_2\Omega-W_j)+\dot{m}R_3(R_3\Omega-0)$$

可以计算出逆时针方向作用在流体控制体积上的压力产生的扭矩：

$$\Gamma_p = A_j R_1 (p^* - p_{amb}) + A_j R_2 (p^* - p_{amb})$$

式中

$$p^* = \frac{p_0}{\left(\frac{\gamma+1}{2}\right)^{\frac{\gamma-1}{\gamma-1}}} = \frac{300\ 000}{1.893} = 158\ 485\ \text{Pa}$$

如果 $\Gamma_{\text{arm-to-fluid}}$ 是旋转臂在流体控制体积上逆时针方向作用的扭矩，则扭矩角动量平衡产生

$$\Gamma_{\text{arm-to-fluid}} + A_j R_1 (p^* - p_{amb}) + A_j R_2 (p^* - p_{amb})$$
$$= \dot{m} R_1 (R_1 \Omega - W_j) + \dot{m} R_2 (R_2 \Omega - W_j) + \dot{m} R_3 (R_3 \Omega - 0)$$

在最大转速下，作用在旋转臂上的净扭矩必为零，即

$$\Gamma_{\text{fluid-to-arm}} - \Gamma_{\text{friction}} = 0$$
$$\Gamma_{\text{fluid-to-arm}} = -\Gamma_{\text{arm-to-fluid}} = \Gamma_{\text{friction}}$$

可以写为

$$-\Gamma_{\text{friction}} + A_j R_1 (p^* - p_{amb}) + A_j R_2 (p^* - p_{amb}) = \dot{m} R_1 (R_1 \Omega_{max} - W_j) + \dot{m} R_2 (R_2 \Omega_{max} - W_j) + \dot{m} R_3^2 \Omega_{max}$$

给定

$$\Omega_{max} = \frac{\dot{m} W_j (R_1 + R_2) - \Gamma_{\text{friction}} + A_j (R_1 + R_2)(p^* - p_{amb})}{\dot{m}(R_1^2 + R_2^2 + R_3^2)}$$
$$= \frac{[\dot{m} W_j + A_j (p^* - p_{amb})](R_1 + R_2) - \Gamma_{\text{friction}}}{\dot{m}(R_1^2 + R_2^2 + R_3^2)}$$
$$= \frac{(0.023\ 1 \times 369.384 + 2.251) \times (0.5 + 1.0) - 12.5}{0.023\ 1 \times (0.5^2 + 1.0^2 + 1.4^2)}$$
$$= 49.597\ \text{rad/s}$$

因此，旋转臂最大转速为 473.6 r/min。

## 问题 14.7：离心空气压气机的轴向推力

对于小型单级离心空气压气机，如图 14.4 所示，关键的叶轮尺寸为 $r_{sh} = 20$ mm，$r_1 = 50$ mm 和 $r_2 = 75$ mm。当 $p_{01} = 1$ bar 和 $T_{01} = 290$ K 时，试验速度为 $\Omega = 60\ 000$ r/min，进气质量流量为 $\dot{m} = 1.0$ kg/s，压气机排气发生在 $p_{02} = 4.5$ bar 和 $T_{02} = 524.5$ K 下。排气位置的滑移系数为 0.94。假设静止机匣和叶轮间隙中的空气，在前后两侧都表现为一个受迫涡流，其预旋因子 $S_f = 0.50$，密度恒定，对应于压气机排气条件。现在计算叶轮上的净轴向推力。忽略由于叶轮流动的流体推力变化而产生的轴向推力的贡献。

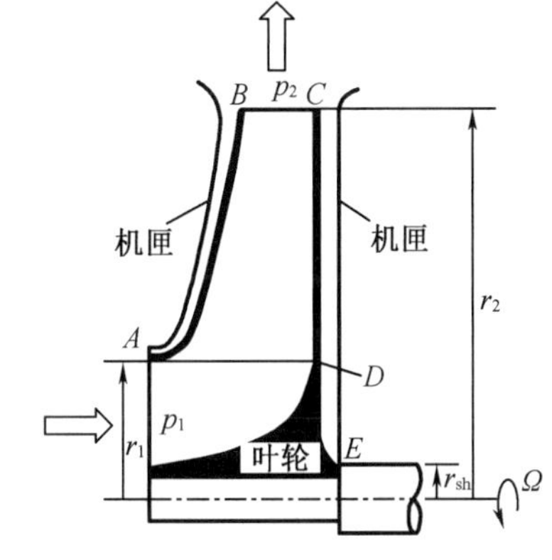


图 14.4 用于轴向推力计算的离心压气机示意图(问题 14.7)

# 问题 14.7 的解法

预旋因子为 $S_f$ 的受迫涡的径向平衡方程变为

$$\frac{dp}{dr}=\rho r S_f^2 \Omega^2$$

对于恒定密度,叶轮和机匣间隙中的静压会产生以下径向变化

$$p = p_2 - \frac{\rho S_f^2 \Omega^2}{2}(r_2^2 - r^2)$$

图 14.4 显示,流体在 $AB$ 表面施加的轴向推力与在 $CD$ 表面施加的相等且相反的推力相平衡。因此,对转子轴向推力的净贡献来自施加在 $DE$ 表面的流体压力。该转子推力指向左侧且等于

$$F_{rotor} = 2\pi\int_{r_{sh}}^{n} pr\mathrm{d}r$$

$$F_{rotor} = 2\pi\int_{r_{sh}}^{n}\left[p_2 - \frac{\rho S_f^2 \Omega^2}{2}(r_2^2 - r^2)\right]r\mathrm{d}r$$

$$F_{rotor} = \pi(r_1^2 - r_{sh}^2)\left[p_2 - \frac{\rho S_f^2 \Omega^2}{2}\left(r_2^2 - \frac{r_1^2 + r_{sh}^2}{2}\right)\right]$$

为了使用该方程计算转子轴向推力,需要首先计算 $p_2$ 和 $\rho$ 的值,如下所示:

$$\Omega=\frac{\pi N}{30}=\frac{3.141\ 6\times 600\ 000}{30}=6\ 283.185\ \text{rad/s}$$

$$V_{t2}=0.94 r_2 \Omega=0.94\times\frac{75}{1\ 000}\times 6\ 283.185=442.965\ \text{m/s}$$

忽略压气机出口处与气流径向速度相关的动温的贡献,得到

$$T_2 = T_{02} - \frac{V_{t2}^2}{2c_p} = 524.5 - \frac{442.965^2}{2\times 1\ 004.5} = 427\ \text{K}$$

根据等熵关系,可以得到

$$\frac{p_{02}}{p_2}=\left(\frac{T_{02}}{T_2}\right)^{\frac{\gamma}{\gamma-1}}=\left(\frac{524.5}{427}\right)^{3.5}=2.058$$

$$p_2=\frac{450\ 000}{2.058}=218\ 688\ \text{N}$$

同时有

$$\rho=\frac{p_2}{RT_2}=\frac{218\ 688}{287\times 427}=1.785\ \text{kg/m}^3$$

现在,计算转子轴向推力:

$$F_{rotor} = \pi(0.05^2 - 0.02^2)\times$$
$$\left[218\ 688 - \frac{1.785\times 0.5^2\times 6\ 283.185^2}{2}\times\left(0.75^2 - \frac{0.05^2 + 0.02^2}{2}\right)\right]$$
$$= 1\ 200\ \text{N}$$

# 问题 14.8:任意截面的旋转管道中的传热

图 14.5 所示为四边径向管道,代表着转速为 $\Omega$ 时蒸汽冷却燃气涡轮叶片内部冷却通道的一部分。每个管道壁面具有不同的表面积 $A_w$、壁温 $T_w$ 和传热系数 $h_w$。对于给定的冷气(蒸汽)质量流量 $\dot{m}$ 和恒定比热容(恒压下)$c_p$,找到表达式,以计算由传热和叶片旋转导致的冷气总温的升高。由于冷气流动马赫数小于 0.3,可假定其不可压缩。忽略旋转引起的冷气总温变化对管道壁和冷气之间对流换热的影响。

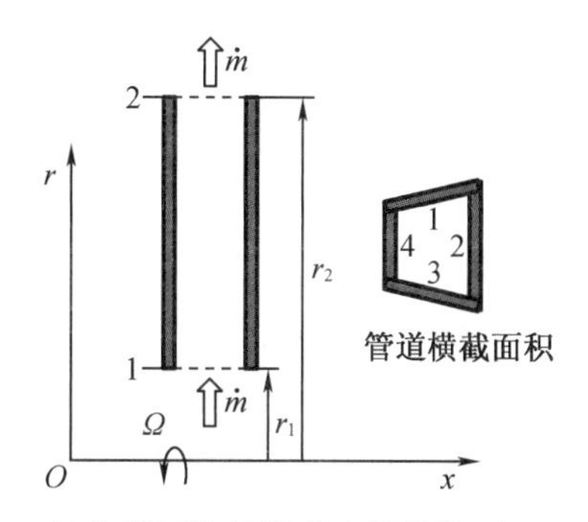


图 14.5　任意截面旋转管道中的传热(问题 14.8)

# 问题 14.8 的解法

在这个问题中,燃气轮机叶片中的冷却蒸汽温度通过对流传热和旋转功传递而升高。旋转引起的冷气温度变化将影响从管道壁到冷气的对流传热。在目前的解决方案中,分别计算由传热和旋转引起的冷气温度变化,并忽略它们之间的耦合,有关耦合传热和旋转功传递的解决方案,请参见 Sultanian(2015)。

## 冷气因传热引起的总温升

由于对流换热,恒定壁温和流体总温之间的差值从管道进口到出口呈指数衰减,即

$$(T_w - T_{0\_outlet}) = (T_w - T_{0\_inlet})e^{-\eta}$$

式中,$\eta = (h_w A_w)/(\dot{m}c_p)$。对于四边管道,每一侧具有不同的传热特性,使用新定义的平均量扩展此解决方案:

$$(\bar{T}_w - T_{0\_outlet}) = (\bar{T}_w - T_{0\_inlet})e^{-\bar{\eta}}$$

式中

$$\bar{T}_w = \frac{\sum_{i=1}^{i=4} h_{wi} A_{wi} T_{wi}}{\sum_{i=1}^{i=4} h_{wi} A_{wi}}$$

以及

$$\bar{\eta} = \frac{\sum_{i=1}^{i=4} h_{wi} A_{wi}}{\dot{m}c_p}$$

因此,由于传热,冷气总温的变化为

$$\Delta T_{0\_heat\ transfer} = (T_{0\_outlet} - T_{0\_inlet})_{heat\ transfer} = (\bar{T}_w - T_{0\_inlet})(1 - e^{-\bar{\eta}})$$

注意,上述方程式中的冷气总温位于转子参考坐标系中。

### 冷气因旋转引起的总温升

如第 8 章所述,在绝热条件下,旋转管道任意两段之间的流体转焓保持不变。在转子坐标系下,用冷气总温表示转焓,可以得到

$$c_p T_{0\_outlet} - \frac{r_2^2 \Omega^2}{2} = c_p T_{0\_intlet} - \frac{r_1^2 \Omega^2}{2}$$

$$\Delta T_{0\_rotation} = (T_{0\_outlet} - T_{0\_intlet})_{rotation} = \frac{\Omega^2}{2c_p}(r_2^2 - r_1^2)$$

该方程表明,旋转引起的温度变化取决于流动方向,而不是其大小。对于径向向外流动,旋转对流体所做的功为正;而对于径向向内流动,则为负。

因此,由于传热和旋转,冷气总温的总变化变为

$$\Delta T_0 = \Delta T_{0\_heat\ transfer} + \Delta T_{0\_rotation} = (\overline{T}_w - T_{0\_inlet})(1 - e^{-\overline{\eta}}) + \frac{\Omega^2}{2c_p}(r_2^2 - r_1^2)$$

其中如果考虑了冷气温度变化时传热和旋转之间的固有耦合,可以认为,对于径向向外流动,实际冷气温升将低于通过该方程获得的温升,而该方程使用单个温度变化的线性叠加。然而,对于径向向内流动,实际冷气温度将高于通过该方程获得的温度。

## 问题 14.9:转子-静子腔中的风阻温升

图 14.6 显示了 50-Hertz(3 000 r/min)燃气涡轮发动机的典型转子-静子腔。冷气在 673 K(绝对总温)下以转子转速的 60%旋转进入内半径处的空腔。它在外半径处以转子转速的 40%的预旋离开空腔。冷气的质量流量为 20 kg/s。如果静子表面作用于空腔空气的总摩擦扭矩为 3 008 N·m,则找到转子扭矩和冷气的出口总温。转子-静子表面是绝热的(零传热)。所有数量均在惯性(静子)参考坐标系中给出。假设空气的 $c_p = 1\ 004$ J/(kg·K)。

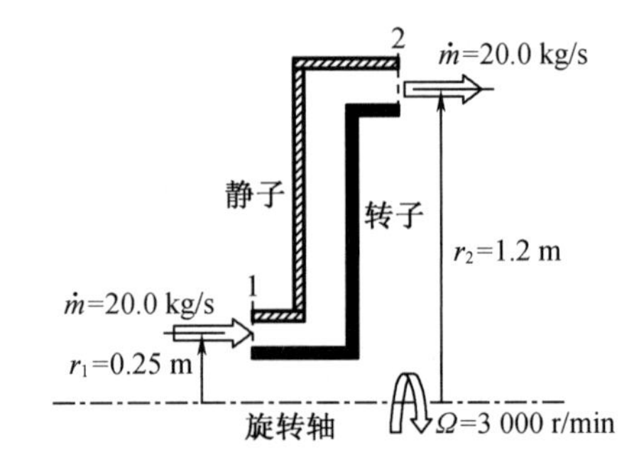


图 14.6 转子-静子腔中的鼓风温度上升(问题 14.9)

## 问题 14.9 的解法

在该问题中,冷气空气温度的升高不是由于传热(绝热流),而是由于转子的功传递。叶轮机械中转子-静子或转子-转子腔中这种形式的功传递通常称为风阻。注意,由于静子腔内的风阻,空气总温升始终为零。

由截面 1 和 2 之间控制体积的角动量方程得出

$$\Gamma_{rotor} - \Gamma_{stator} = \dot{m}(r_2 V_{t2} - r_1 V_{t1})$$

$$\Gamma_{rotor} = \Gamma_{stator} + \dot{m}(r_2 V_{t2} - r_1 V_{t1})$$

可以将功(空阻)转移到空腔中的冷气,如下所示:

$$\dot{W}_{\text{windage}}=\Gamma_{\text{rotor}}\Omega$$

用扭矩和角动量平衡方程中的静子扭矩 $\Gamma_{\text{stator}}$ 替换该方程中的转子扭矩 $\Gamma_{\text{rotor}}$，得到

$$\dot{W}_{\text{windage}}=\Gamma_{\text{stator}}\Omega+\dot{m}\Omega(r_2V_{t2}-r_1V_{t1})$$

其右侧的第一项通常被解释为静子扭矩做功，以在空腔中产生风阻。由于静子不能对空腔空气进行任何工作，因此对术语 $\Gamma_{\text{stator}}\Omega$ 的解释在物理上是不正确的。事实上，转子扭矩仅能对空腔空气做功，它由两部分组成：一部分用于平衡静子扭矩，另一部分用于改变冷气的角动量。为了在物理上保持一致，应该始终使用转子扭矩来计算转子-静子或转子-转子腔中的功传递。然后，使用以下方程式计算空气总温的上升：

$$\Delta T_{0\_\text{windage}}=\frac{\Gamma_{\text{rotor}}\Omega}{\dot{m}_{\text{air}}c_p}$$

使用该问题的给定数据，使用上述方程获得的数值结果如下：

### 转子角速度

$$\Omega=\frac{3\ 000\times 2\pi}{60}=314.159\ \text{rad/s}$$

### 进口处的空气切向速度(截面1)

$$V_{t1}=0.6\times 314.159\times 0.25=47.124\ \text{m/s}$$

### 出口处的空气切向速度(截面2)

$$V_{t2}=0.4\times 314.159\times 1.2=150.796\ \text{m/s}$$

### 转子扭矩

$$\begin{aligned}\Gamma_{\text{rotor}}&=\Gamma_{\text{stator}}+\dot{m}(r_2V_{t2}-r_1V_{t1})\\&=3\ 008+20\times(1.2\times 150.796-0.25\times 47.124)\\&=6\ 391.495\ \text{N}\cdot\text{m}\end{aligned}$$

### 空阻温升

$$\Delta T_{0\_\text{windage}}=\frac{\Gamma_{\text{rotor}}\Omega}{\dot{m}_{\text{air}}c_p}=\frac{6\ 391.495\times 314.159}{20\times 1\ 004}=100\ \text{K}$$

### 冷气出口总温

$$\frac{1}{5}\ln x=-\frac{1}{3}\ln y+\ln\widetilde{C}_1$$

# 问题 14.10:两齿迷宫密封

对于两齿迷宫密封,如图 14.7 所示,每个齿的平均半径为 $r_m=0.5$ m,径向间隙为 $s=3$ mm。转子以 3 000 r/min 旋转,泄漏空气的预旋因子在 $S_f=0.5$ 下保持不变。密封初始在 $p_{0in}=10$ bar 和 $T_{0in}=500$ K 下运行。在 $p_{out}=5$ bar 下出口静压(背压)保持不变。假定动能传递因子为 0,流量系数为 $C_d=0.8$,忽略由传热和旋转功传递(风阻)带来的空气总温的任一变化。计算:(1)通过密封的泄漏空气质量流量;(2)第二个齿位置处密封刚刚阻塞($Ma_2=1$)的最小泄漏空气质量流量和进口总压。

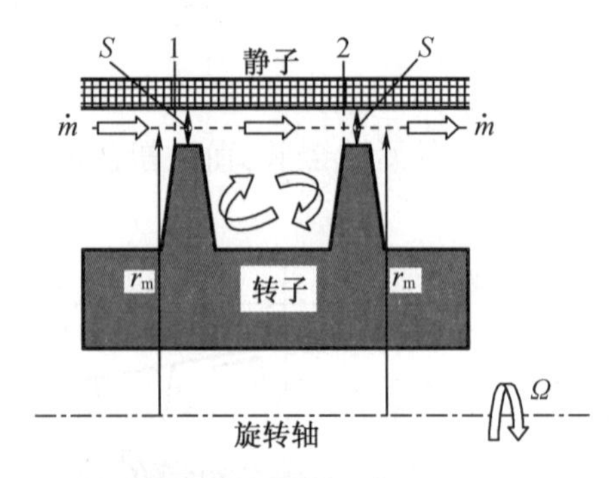


图 14.7 两齿迷宫密封示意图(问题 14.10)

# 问题 14.10 的解法

由于预旋因子保持不变,可以在与空气预旋速度一起旋转的相对坐标系中,使用仅基于轴向通流速度的总压和总温来解决此问题。这些数量的计算如下:

## 空气切向速度

$$V_t=S_f r_m \Omega=0.5\times0.5\times\frac{3\ 000\pi}{30}=78.540\ \text{m/s}$$

## 第一个齿进口处的相对总温

$$T_{0x1}=T_{0in}-\frac{V_t^2}{2c_p}=500-\frac{78.540\times78.540}{2\times1\ 004.5}=496.9\ \text{K}$$

## 第一个齿进口处的相对总压

$$\frac{p_{0in}}{p_{0x1}}=\left(\frac{T_{0in}}{T_{0x1}}\right)^{\frac{\gamma}{\gamma-1}}=\left(\frac{500}{496.30}\right)^{3.5}=1.021\ 8$$

$$p_{0x1}=\frac{p_{0in}}{1.021\ 8}=\frac{10\times10^3}{1.021\ 8}=9.787\times10^5\ \text{Pa}$$

## (1)通过密封的泄漏空气质量流量

每个篦齿上的泄漏流面积

$$A=2\pi r_m s=2\times\pi\times0.5\times\frac{3}{1\ 000}=0.009\ 43\ \text{m}^2$$

通过篦齿 1 的质量流量

$$\dot{m}_1=\frac{AC_\mathrm{d}\hat{F}_{\mathrm{f01}}p_{0x1}}{\sqrt{RT_{0x1}}}$$

通过篦齿 2 的质量流量

$$\dot{m}_2=\frac{AC_\mathrm{d}\hat{F}_{\mathrm{f02}}p_{0x2}}{\sqrt{RT_{0x2}}}=\frac{AC_\mathrm{d}\hat{F}_{\mathrm{f01}}p_{0x1}}{\sqrt{RT_{0x1}}}$$

在这个问题中,有 $\dot{m}_1=\dot{m}_2$,$T_{0x1}=T_{0x2}$ 和 $p_{0x2}=p_1$。

可使用以下迭代方法计算泄漏空气质量流量,其中收敛值显示在括号内。

第 1 步,假设 $Ma_1$(0.55)。

第 2 步,计算 $\hat{F}_{\mathrm{f01}}$:

$$\hat{F}_{\mathrm{f01}}=Ma_1\sqrt{\frac{\gamma}{\left(1+\frac{\gamma-1}{2}Ma_1^2\right)^{\frac{\gamma+1}{\gamma-1}}}}\quad(0.545)$$

第 3 步,计算 $\dot{m}_1$:

$$\dot{m}_1=\frac{AC_\mathrm{d}\hat{F}_{\mathrm{fo1}}p_{0x1}}{\sqrt{RT_{0x1}}}$$

第 4 步,计算 $p_1$:

$$p_1=\frac{p_{0x1}}{\left(1+\frac{\gamma+1}{2}Ma_1^2\right)^{\frac{\gamma}{\gamma-1}}}\quad(7.970\times10^5)$$

第 5 步,计算马赫数 $Ma_2$:

$$Ma_2=\left\{\frac{2}{\gamma-1}\left[\left(\frac{p_1}{p_{\mathrm{out}}}\right)^{\frac{\gamma-1}{\gamma}}-1\right]\right\}^{\frac{1}{2}}\quad(0.844)$$

第 6 步,计算 $\hat{F}_{\mathrm{f02}}$:

$$\hat{F}_{\mathrm{f02}}=Ma_2\sqrt{\frac{\gamma}{\left(1+\frac{\gamma-1}{2}Ma_2^2\right)^{\frac{\gamma+1}{\gamma-1}}}}\quad(0.670)$$

第 7 步,计算 $\dot{m}_2$:

$$\dot{m}_2=\frac{AC_\mathrm{d}\hat{F}_{\mathrm{f02}}p_1}{\sqrt{RT_{0x1}}}\quad(10.657)$$

第 8 步,重复步骤 1~7,直到 $\dot{m}_1=\dot{m}_2$。

因此,在这种情况下计算的密封泄漏空气质量流量为 10.657 kg/s。

### (2) 当 $Ma_2=1$ 和 $p_{\mathrm{out}}=5$ bar 时,计算 $\dot{m}$ 和 $p_{0\mathrm{in}}$ 的一种非迭代方法

当通过迷宫密封的泄漏流完全为亚音速时,出口静压必须等于规定的静态背压。当最后一个篦齿阻塞时,出口静压可能等于或高于背压。在当前情况下,进口总压随着密封泄

漏空气质量流量的增加而同时增加，直到 $Ma_2=1$，出口静压等于规定背压，$p_{out}=5$ bar。

为了求解质量流量和总进口压力，可以使用(1)中的迭代方法。在这里提出了一种直接求解方法，即从篦齿 2 向后推进到篦齿 1。

对于齿 2 处的 $Ma_2=1$，计算

$$\frac{p_1}{p_{out}}=\left(\frac{\gamma+1}{2}\right)^{\frac{\gamma}{\gamma-1}}=1.2^{3.5}=1.893$$

得到

$$p_1=\frac{p_1}{p_{out}}p_{out}=1.893\times5\times10^5=9.465\times10^5$$

和

$$\hat{F}_{f2}=Ma_2\sqrt{\gamma\left(1+\frac{\gamma+1}{2}Ma_2^2\right)}=\sqrt{1.4\times\frac{1.4+1}{2}}=1.296$$

从而得出密封泄漏质量流量为

$$\dot{m}=\frac{AC_d\hat{F}_{f02}p_{out}}{\sqrt{RT_{0x1}}}=\frac{0.009\ 43\times0.8\times1.296\times5\times10^5}{\sqrt{287\times496.930}}=12.939\ \text{kg/s}$$

和

$$\hat{F}_{f02}=\frac{\hat{F}_{f2}}{\dfrac{p_1}{p_{out}}}=\frac{1.296}{1.893}=0.685$$

为了直接计算篦齿 1 处的进口总压，利用以下事实：

①篦齿 1 出口静压等于篦齿 2 进口总压($\alpha=0$)；

②对于恒定的总温和密封间隙(篦齿 1 和篦齿 2 下的流动面积相等)，篦齿 1 的静压质量流量函数等于篦齿 2 的总压质量函数。

因此，得到 $\hat{F}_{f1}=\hat{F}_{f02}=0.685$，这直接得到

$$\begin{aligned}Ma_1&=\sqrt{\frac{-\gamma+\sqrt{\gamma^2+2\gamma(\gamma-1)\hat{F}_{f1}^2}}{\gamma(\gamma-1)}}\\&=\sqrt{\frac{-1.4+\sqrt{1.4^2+2\times1.4\times(1.4-1)\times0.685^2}}{1.4\times(1.4-1)}}\\&=0.561\end{aligned}$$

从等熵关系可以得出总压与静压之比

$$p_{01}/p_{0x1}=1.021\ 8\frac{p_{0x1}}{p_1}=\left(1+\frac{\gamma-1}{2}Ma_1^2\right)^{\frac{\gamma}{\gamma-1}}=(1+0.2\times0.561^2)^{3.5}=1.239$$

和

$$p_{0x1}=1.239\times9.465\times10^5=1.172\times10^5\ \text{Pa}$$

其中 $p_{01}/p_{0x1}=1.021\ 8$，最终得到

$$p_{01}=1.021\ 8p_{0x1}=1.021\ 8\times1.172\times10^5=1.198\times10^5\ \text{Pa}$$

因此，对于阻塞的第二个齿，利用直接求解方法得出在要求的进口总压 $1.198\times10^5$ Pa 下的泄漏质量流量为 12.939 kg/s。可以证实，一旦密封阻塞，泄漏空气质量流量随总进口

压力呈线性变化,而整个密封的总压与静压比保持不变。因此,产生的出口静压会高于规定的背压。在这个问题上,这种阻塞两齿迷宫密封的方法具有重要的实际意义。对于给定的背压,可以首先利用直接求解方法计算其泄漏质量流量和总压,然后在密封保持阻塞的情况下,将这些值缩放到其他进口和出口压力条件。

## 问题 14.11:齿下流动皆阻塞的两齿迷宫密封

对于问题 14.10 的两齿密封,表明对于两个篦齿下阻塞的泄漏气流,必须增加第二个篦齿下的间隙,以满足以下关系:

$$\frac{s_2}{s_1}=\left(\frac{\gamma+1}{2}\right)^{\frac{\gamma}{\gamma+1}}=1.893$$

式中,$s_1$ 和 $s_2$ 分别为篦齿 1 和篦齿 2 下的密封间隙。

## 问题 14.11 的解法

根据问题 14.10 中两篦齿密封的物理流动,可以写出 $T_{0x1}=T_{0x2}, p_{0x2}=p_1, \dot{m}_1=\dot{m}_2$。可以将每个齿下的阻塞质量流量表示为

$$\dot{m}_1=\frac{A_1 C_d \hat{F}_{f1}^* p_1}{\sqrt{RT_{0x1}}}$$

$$\dot{m}_2=\frac{A_2 C_d \hat{F}_{f02}^* p_{0x2}}{\sqrt{RT_{0x2}}}=\frac{A_2 C_d \hat{F}_{f02}^* p_1}{\sqrt{RT_{0x1}}}$$

式中,$A_1$ 和 $A_2$ 分别为篦齿 1 和 2 下的密封间隙面积;$\hat{F}_{f1}^*$ 是在 $Ma_1=1$ 处评估的静压质量流量函数;$\hat{F}_{f02}^*$ 是在 $Ma_2=1$ 处评估的总压质置流量函数。

上述由于 $\dot{m}_1=\dot{m}_2$,故有

$$A_1\hat{F}_{f1}^*=A_2\hat{F}_{f02}^*$$

对于 $\gamma=1.4$ 的空气,其结果如下:

$$\frac{A_2}{A_1}=\frac{s_2}{s_1}=\frac{\hat{F}_{f1}^*}{\hat{F}_{f02}^*}=\left(\frac{\gamma+1}{2}\right)^{\frac{\gamma}{\gamma-1}}=1.893$$

## 问题 14.12:为涡轮冷却输送压气机引气的旋转径向管道

在一些燃气轮机中,压气机转子腔中使用的径向管,将一部分高压压气机气流从边缘排放到孔中,用于涡轮零件的下游冷却。图 14.8 显示了在 3 000 r/min 下运行的燃气涡轮的一种此类设计。这种设计使用 20 根径向管道,每根长度为 1 m,内径为 40 mm,外径为 45 mm。在 7 bar 的总压($p_0$)和 600 K 的总温($T_0$)下,压气机以 $\dot{m}=7.5$ kg/s 的总质量流量排气(均在静子(绝对)坐标系下)在转子的实心旋转下进入管道。主要设计目的是使冷气空气位于位置 $A$,并使压力从排放点的压力值降到最小。在图 14.8 中,$r_1=0.15$ m,$r_2=$

0.2 m。每个绝热管道的摩擦系数 $f=0.022$。假设从管道出口到 $A$ 点的气流为等熵自由涡流。在静子和转子参考坐标系中绘制静压随总压和总温的变化曲线。这些量的数值和 $A$ 点的空气预旋因子是多少。对于空气，假设 $\lambda=1.4$，$R=287$ J/(kg·K)。

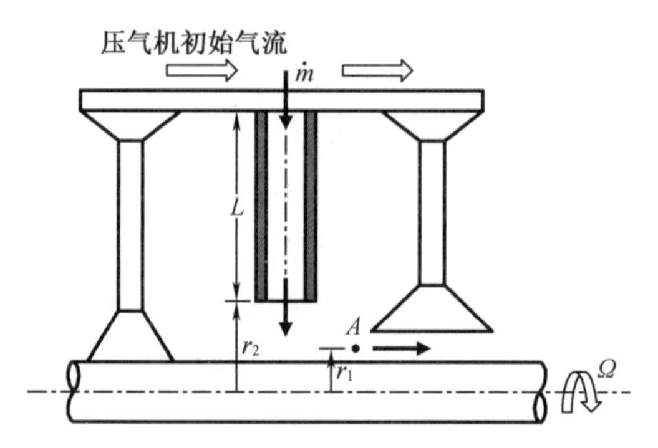


图 14.8　带有径向管的压气机转子腔示意图，用于为下游涡轮部件冷却提供压气机抽气（问题 14.12）

# 问题 14.12 的解法

在这个问题中，每个固定面积径向管中的压气机排气流都会受到摩擦和旋转的影响，但不会发生传热。对于具有热传递的变面积管道，可以很容易地扩展这里给出的解决方案。管道中的流体与管道保持固体旋转，这是一个受迫涡流，角速度恒定，等于转子的角速度。管壁摩擦力降低了静压，增加了流向上的熵。管道旋转对径向向内流动有两种影响：首先，它降低了静压，一般使用径向平衡方程计算静压，而不是使用附录 A 中讨论的等熵受迫涡中压力变化的计算方法；其次，旋转产生的离心力的功降低了转子坐标系中的空气总温，该降低值等于管道切向速度的等效动温的降低（$=\Omega^2(r_2^2-r_1^2)/(2c_p)$）。

为了计算每个径向管道中的流动参数，将其划分为 20 个相等的段，也可以使用更多的段，直到解决方案没有显著变化。从与管道进口相对应的第一个管段进口开始，计算来自给定进口条件的其他参数，包括管道摩擦和旋转的影响，使用一种迭代解法（在以下章节中概述）来计算该管段出口处的所有流动参数。然后，这些参数将成为下一个管段的进口条件。通过这种方式，对所有剩余管段逐段进行数值求解，其中最后一段产生管道出口条件。

## 一些初步计算

$$\frac{\gamma}{\gamma-1}=\frac{1.4}{1.4-1}=3.5$$

$$c_p=\frac{\gamma R}{\gamma-1}=3.5\times 287=1\,004.5\ \text{J/(kg·K)}$$

### 管流面积

$$A=\frac{\pi D^2}{4}=\frac{\pi\cdot 0.04^2}{4}=1.257\times 10^{-3}\ \text{m}^2$$

每个管道质量流量

$$\dot{m}_p=\frac{\dot{m}}{n_p}=\frac{7.5}{20}=0.375\ \mathrm{kg/s}$$

管道角速度

$$\Omega=\frac{\pi N}{30}=\frac{3.141\ 6\times 3\ 000}{30}=314.16\ \mathrm{rad/s}$$

转子参考系中的进口总温

$$T_{0\mathrm{Rin}}=T_{0\mathrm{in}}-\frac{\Omega^2 r_{\mathrm{in}}^2}{2c_p}=600-\frac{314.16^2\times 1.2^2}{2\times 1\ 004.5}=529.3\ \mathrm{K}$$

转子参考系中的进口总压

$$\frac{T_{0\mathrm{Rin}}}{T_{0\mathrm{in}}}=\frac{529.3}{600}=0.882$$

$$\frac{T_{0\mathrm{Rin}}}{T_{0\mathrm{in}}}=\frac{529.3}{600}=0.882 p_{0\mathrm{Rin}}=p_{0\mathrm{in}}\left(\frac{T_{0\mathrm{Rin}}}{T_{0\mathrm{in}}}\right)^{\frac{\gamma}{\gamma-1}}=7\times 10^5\times 0.882^{3.5}=451\ 235\ \mathrm{Pa}$$

## 管段1进口(管道进口)

总压质量流量函数

$$\hat{F}_{\mathrm{f0in}}=\frac{\dot{m}_{\mathrm{p}}\sqrt{RT_{0\mathrm{Rin}}}}{Ap_{0\mathrm{Rin}}}=\frac{0.375\sqrt{287\times 529.3}}{(1.257\times 10^{-3})\times 451\ 235}=0.257\ 7$$

马赫数

对于 $\hat{F}_{\mathrm{f0in}}=0.257\ 7$,使用迭代方法,例如,在MS Excel中进行目标搜索,从方程中获得 $Ma_{\mathrm{in}}=0.224$。

$$\hat{F}_{\mathrm{f0in}}=Ma_{\mathrm{in}}\sqrt{\frac{\gamma}{\left(1+\frac{\gamma-1}{2}Ma_{\mathrm{in}}^2\right)^{\frac{\gamma+1}{\gamma-1}}}}$$

静温

$$T_{\mathrm{in}}=\frac{T_{0\mathrm{Rin}}}{1+\frac{\gamma-1}{2}Ma_{\mathrm{in}}^2}=\frac{529.3}{1+0.5\times(1.4-1)\times 0.224^2}=524.0\ \mathrm{K}$$

静压

$$p_{\mathrm{in}}=p_{0\mathrm{Rin}}\left(\frac{T_{\mathrm{in}}}{T_{0\mathrm{Rin}}}\right)^{\frac{\gamma}{\gamma-1}}=451\ 235\times\left(\frac{524}{529.3}\right)^{3.5}=435\ 671\ \mathrm{Pa}$$

密度

$$\rho_{\mathrm{in}}=\frac{p_{\mathrm{in}}}{RT_{\mathrm{in}}}=\frac{435\ 671}{287\times 524}=2.897\ \mathrm{kg/m^3}$$

**流速**

$$V_{in}=Ma_1\sqrt{\gamma RT_{in}}=0.224\times\sqrt{1.4\times287\times524}=103.005\ \mathrm{m/s}$$

## 管段 1 出口(管段 2 进口)

为了计算长度为 0.05 m 的 1 管段出口处的各种流量特性,使用以下迭代解法。(括号内的值是每个量的收敛值)

第 1 步,当 $r_{in}=1.2$ m,$r_{out}=1.15$ m 时,出口总温为

$$\begin{aligned}T_{0Rout}&=T_{0Rin}+\frac{\Omega^2(r_{out}^2-r_{in}^2)}{2c_p}\\&=529.3+\frac{314.16^2\times(1.15\times1.15-1.2\times1.2)}{2\times1\,004.5}\\&=523.5\ K\end{aligned}$$

第 2 步,假设 $Ma_{out}$($Ma_{out}=0.232$)。

第 3 步,根据方程计算 $\hat{F}_{f0out}$:

$$\hat{F}_{f0out}=Ma_{out}\sqrt{\frac{\gamma}{\left(1+\frac{\gamma-1}{2}Ma_{out}^2\right)^{\frac{\gamma+1}{\gamma-1}}}}\quad(\hat{F}_{f0out}=0.266\,3)$$

第 4 步,根据方程计算 $p_{0Rout}$:

$$p_{0Rout}=\frac{\dot{m}_p\sqrt{RT_{0Rout}}}{A\hat{F}_{f0out}}=\frac{0.375\times\sqrt{287\times523.5}}{1.257\times10^{-3}\times0.266\,3}=434\,293\ \mathrm{Pa}$$

$$(p_{0Rout}=434\,293\ \mathrm{Pa})$$

第 5 步,计算 $T_{out}$:

$$\frac{T_{0Rout}}{T_{out}}=1+\frac{\gamma-1}{2}Ma_{out}^2=1+\left(\frac{1.4-1}{2}\right)\times0.232^2=1.011$$

$$T_{out}=\frac{T_{0Rout}}{\frac{T_{0Rout}}{T_{out}}}=\frac{523.5}{1.011}=517.9\ \mathrm{K}\quad(T_{out}=517.9\ \mathrm{K})$$

第 6 步,计算 $p_{out}$:

$$p_{out}=\frac{p_{0Rout}}{\left(\frac{T_{0Rout}}{T_{out}}\right)^{\frac{\gamma}{\gamma-1}}}=\frac{434\,293}{1.011^{3.5}}=418\,255\ \mathrm{Pa}\quad(p_{out}=418\,255\ \mathrm{Pa})$$

第 7 步,计算 $V_{out}$:

$$V_{out}=Ma_{out}\sqrt{\gamma RT_{out}}=0.232\times\sqrt{1.4\times287\times517.9}=106.047\ \mathrm{m/s}$$

$$(V_{out}=106.047\ \mathrm{m/s})$$

第 8 步,计算 $\rho_{out}$:

$$\rho_{out}=\frac{p_{out}}{RT_{out}}=\frac{418\,255}{287\times517.9}=2.814\ \mathrm{kg/m^3}\quad(\rho_{out}=2.814\ \mathrm{kg/m^3})$$

第 9 步,计算 $\Delta p_f$:

$$\Delta p_f = -\frac{f}{2} \cdot \frac{\Delta L}{D} \cdot \frac{\dot{m}_p}{A} \cdot \frac{V_{in}+V_{out}}{2}$$

$$= -\frac{0.022}{2} \times \frac{0.05}{0.040} \times \frac{0.375}{1.257 \times 10^{-3}} \times \frac{103.005+106.47}{2}$$

$$= -0.430 \text{ Pa} \quad (\Delta p_f = -0.430 \text{ Pa})$$

第 10 步,计算 $\Delta p_{rot}$:

$$\Delta p_{rot} = \frac{(\rho_{in}+\rho_{out})\Omega^2(r_{out}^2 - r_{in}^2)}{4c_p}$$

$$= \frac{(2.897+2.814) \times 314.16^2 \times (1.15 \times 1.15 - 1.2 \times 1.2)}{4 \times 1\,004.5}$$

$$= -16.483 \text{ Pa} \quad (\Delta p_{rot} = -16.483 \text{ Pa})$$

第 11 步,计算 $p'_{out}$:

$$p'_{out} = p_{in} + \Delta p_f + \Delta p_{rot} = 435\,671 - 430 - 16.483 = 435\,224.51 \text{ Pa}$$

第 12 步,重复步骤 2~11,直到在可接受的公差范围内,步骤 6 中计算的 $p_{out}$ 等于步骤 11 中计算的 $p'_{out}$。

对其余 19 个管段重复上述求解方法,给出转子坐标系中管道出口处各种流动特性的以下值:

$p_{exit} = 247\,216$ Pa

$p_{0R\_exit} = 271\,184$ Pa

$T_{0R\_exit} = 460.5$ K

$Ma_{exit} = 0.366$

$T_{exit} = 448.5$ K

$p_{exit} = 247\,216$ Pa

**静子坐标系中管道出口总温和总压**

$r_{exit} = r_2 = 1.2$ m,现在计算静子坐标系中管道出口处的总温和总压,如下所示:

$$T_{0\_exit} = T_{0\_Rexit} + \frac{r_{exit}^2 \Omega^2}{2c_p} = 460.5 + \frac{0.2^2 \times 314.159^2}{2 \times 1\,004.5} = 462.5 \text{ K}$$

$$p_{0\_exit} = p_{0\_Rexit}\left(\frac{T_{0\_exit}}{T_{0\_Rexit}}\right)^{\frac{\gamma}{\gamma-1}} = 271\,184 \times \left(\frac{460.5}{462.5}\right)^{3.5} = 275\,256 \text{ Pa}$$

**每个径向管道中流动特性的变化**

图 14.9 显示了静压 $p$、转子坐标系中的总压 $p_{0R}$、静子坐标系中的总压 $p_{0R}$、转子坐标系中的总温 $T_{0R}$ 和静子坐标系中的总温 $T_0$ 如何沿径向管道从进口到出口变化。

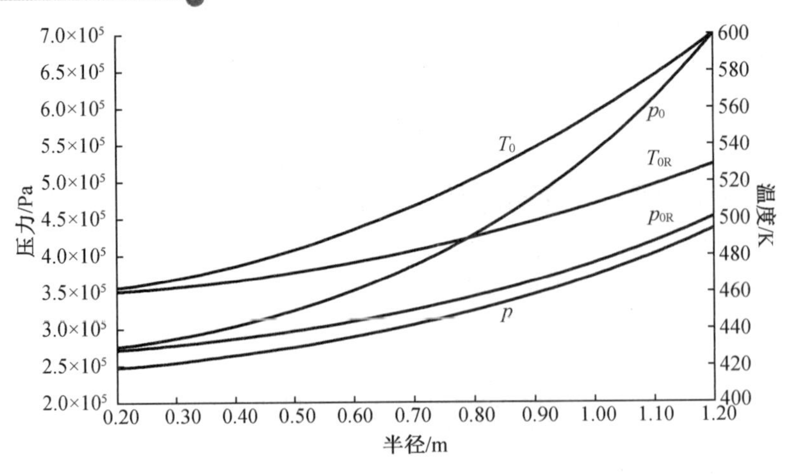


图 14.9 管道中从进口到出口的径向向内引气流量特性的变化(问题 14.12)

**从管道出口到 *A* 点的等熵自由涡流**

由于等熵自由涡流中的总温和总压保持不变,得到 $T_{0A}=T_{0\_exit}=462.4\ \mathrm{K}$,$T_{0RA}=T_{0R\_exit}=460.5\ \mathrm{K}$,$p_{0A}=p_{0\_exit}=275\ 256\ \mathrm{Pa}$,$p_{0RA}=p_{0R\_exit}=271\ 184\ \mathrm{Pa}$。

***A* 点的切向(涡流)速度和涡流系数**

$$V_{t\_exit}=r_{exit}\Omega=0.2\times314.159=62.832\ \mathrm{m/s}$$

$$V_{tA}=\frac{V_{t\_exit}r_{exit}}{r_A}=\frac{62.832\times0.2}{0.15}=83.776\ \mathrm{m/s}$$

$$S_{fA}=\frac{V_{tA}}{r_A\Omega}=\frac{83.776}{0.15\times314.159}=1.778$$

除了将压气机排气点到 *A* 点之间的静压损失降至最低外,径向管有助于使空气涡流系数尽可能接近实心车身旋转($S_{fA}=1$)。

**从管道出口到 *A* 点的动温升高**

$$(\Delta T)_{dyn}=\frac{V_{tA}^2-V_{t\_exit}^2}{2c_p}=\frac{83.776^2-62.832^2}{2\times1\ 004.5}=1.53\ \mathrm{K}$$

***A* 点静温**

正如在等熵自由涡流中一样,两点之间的动温变化与这些点之间的静温变化相等且相反,在 *A* 点得到

$$T_A=T_{exit}-(\Delta T)_{dyn}=462.4-1.53=446.9\ \mathrm{K}$$

***A* 点静压**

$$p_A=p_{0A}\left(\frac{T_A}{T_{0A}}\right)^{\frac{\gamma}{\gamma-1}}=275\ 256\times\left(\frac{446.9}{462.4}\right)^{3.5}=244\ 279\ \mathrm{Pa}$$

# 术 语

| 符号 | 含义 |
| --- | --- |
| $A$ | 通流面积 |
| $A_{\mathrm{w}}$ | 壁面面积 |
| $c_p$ | 定压比热容 |
| $c_v$ | 定容比热容 |
| $C_{\mathrm{d}}$ | 流量系数 |
| $d_{\mathrm{j}}$ | 射流直径 |
| $\hat{F}_{\mathrm{f}}$ | 静压质量流量函数 |
| $F_{\mathrm{f0}}^{*}$ | 总压质量流量函数 |
| $\hat{F}_{\mathrm{f}}$ | $Ma=1$ 时的总压质量流量函数 |
| $F_{\mathrm{rot}}$ | 旋转产生的离心力 |
| $F_{\mathrm{rotor}}$ | 转子轴向推力 |
| $h$ | 流体比焓 |
| $h_{\mathrm{w}}$ | 管道壁面的传热系数 |
| $H$ | 角动量流量 |
| $\dot{m}$ | 质量流量 |
| $Ma$ | 马赫数 |
| $Ma_{\mathrm{t}}$ | 基于切向速度的马赫数($Ma_{\mathrm{t}}=V_{\mathrm{t}}/\sqrt{\gamma RT}$) |
| $p$ | 静压 |
| $p^{*}$ | 临界压力($Ma=1$ 时的静压) |
| $p_0$ | 总压(滞止压力) |
| $p_{0\mathrm{R}}$ | 转子坐标系中的总压 |
| $\Delta p_{\mathrm{f}}$ | 管道壁面摩擦引起的静压变化 |
| $\Delta p_{\mathrm{rot}}$ | 管道旋转引起的静压变化 |
| $r$ | 径向距离 |
| $r_{\mathrm{m}}$ | 平均半径 |
| $r_{\mathrm{sh}}$ | 轴半径 |
| $R$ | 气体常数 |
| $s$ | 比熵 |
| $s_1$ | 迷宫密封第一个篦齿下的间隙 |
| $s_2$ | 迷宫密封第二个篦齿下的间隙 |
| $S_{\mathrm{f}}$ | 涡流系数(相同半径下空气涡流速度与转子涡流速度之比) |
| $T$ | 静温 |

| 符号 | 含义 |
|---|---|
| $T^*$ | 临界静温($Ma=1$ 时的静温) |
| $T_0$ | 总温(滞止温度) |
| $T_w$ | 管道壁面温度 |
| $T_{0R}$ | 转子坐标系中的总温 |
| $V$ | 绝对流速 |
| $V_t$ | 切向绝对流速分量 |
| $W_j$ | 射流速度 |
| $x$ | 笛卡儿坐标 $x$ |
| t | 切向坐标 |
| $\alpha$ | 动能携带系数 |
| $\gamma$ | 比热容比($\gamma=c_p/c_v$) |
| $\rho$ | 流体密度 |
| $\Gamma$ | 扭矩 |
| $\Gamma_p$ | 压力产生的扭矩 |
| $\Omega$ | 角速度 |

# 参考文献

Sultanian, B. K. 2018. Gas Turbines: Internal Flow Systems Modeling (Cambridge Aerospace Series #44). Cambridge: Cambridge University Press.

# 参考书目

Abe, T., Kikuchi, J. and Takeuchi, H. 1979. An Investigation of Turbine Disk Cooling: Experimental Investigation and Observation of Hot Gas Flow into a Wheel Space. 13th International Congress on Combustion Engines (CIMAC), Vienna, Austria, May 7-10, Paper No. GT30.

Bayley, F. J. and Owen, J. M. 1969. Flow Between a Rotating and Stationary Disc. Aeronautical Quarterly. 20: 333-354.

Bayley, F. J. and Owen, J. M. 1970. Fluid Dynamics of a Shrouded Disk System with a Radial Outflow of the Coolant. ASME Journal of Engineering for Gas Turbines and Power. 92(3): 335-341.

Childs, P. R. N. 2010. Rotating Flow. New York: Elsevier.

Dittmann, M., Dullenkopf, K. and Wittig, S. 2004. Discharge Coefficients of Rotating Short Orifices with Radiused and Chamfered Inlets. ASME Journal of Engineering for Gas Turbines and Power. 126: 803-808.

Dittmann, M. , Dullenkopf, K. and Wittig, S. 2005. Direct-Transfer Pre-Swirl System: A One-Dimensional Modular Characterization of the Flow. ASME Journal of Engineering for Gas Turbines and Power. 127: 383-388.

Dittmann, M. , Geis, T. , Schramm, V. , Kim, S. and Wittig, S. 2002. Discharge Coefficients of a Pre-Swirl System in Secondary Air Systems. Journal of Turbomachinery. 124: 119-124.

Dweik, Z. , Briley, R. , Swafford, T. and Hunt, B. 2009. Computational Study of the Heat Transfer of the Buoyancy-Driven Rotating Cavity with Axial Throughflow of Cooling Air. ASME Paper GT2009-59978.

Hoerner, S. F. 1965. Fluid-Dynamic Drag: Theoretical, Experimental, and Statistical Information. Author-published.

Idelchik, I. E. 2005. Handbook of Hydraulic Resistance, 3rd edition. New Delhi: Jaico Publishing House.

Lewis, P. 2008. Pre-Swirl Rotor-Stator Systems: Flow and Heat Transfer. PhD thesis. University of Bath.

Lugt, H. J. 1995. Vortex Flow in Nature and Technology. Malabar: Krieger Publishing Company.

Miller, D. S. 1990. Internal Flow Systems, 2nd edition. Houston: Gulf Publishing Company.

Newman, B. G. 1983. Flow and Heat Transfer on a Disk Rotating Beneath a Forced Vortex. AIAA Journal. 22(8): 1066-1070.

Owen, J. M. 1989. An Approximate Solution for the Flow Between a Rotating and a Stationary Disk. Transactions of the ASME, Journal of Turbomachinery. 111(3): 323-332.

Owen, J. M. and Powell, J. 2006. Buoyancy-Induced Flow in Heated Rotating Cavities. ASME Journal of Engineering for Gas Turbines and Power. 128(1): 128-134.

Owen, J. M. and Rogers, R. H. 1989. Flow and Heat Transfer in Rotating-Disc System. Vol. 1 Rotor-Stator Systems. Taunton: Research Studies Press.

Owen, J. M. and Rogers, R. H. 1995. Flow and Heat Transfer in Rotating-Disc System. Vol. 2 Rotating Cavities. Taunton: Research Studies Press.

Scanlon, T. , Wilkes, J. , Bohn, D. and Gentilhomme, O. 2004. A Simple Method of Estimating Ingestion of Annulus Gas into a Turbine Rotor Stator Cavity in the Presence of External Pressure Gradients. ASME Paper No. GT2004-53097.

Sultanian, B. K. 2015. Fluid Mechanics: An Intermediate Approach. Boca Raton, FL: Taylor & Francis. Sultanian, B. K. 2019. Logan's Turbomachinery: Flowpath Design and Performance Fundamentals, 3rd edition. Boca Raton, FL: Taylor & Francis.

Sultanian, B. K. and Nealy, D. A. 1987. Numerical Modeling of Heat Transfer in the Flow Through a Rotor Cavity. Heat Transfer in Gas Turbines, HTD-Vol. 87, ed. D. E. Metzger, 11-24, New York: ASME.

Zografos, A. T. , Martin, W. A. , and Sunderland, J. E. 1987. Equations of Properties as a Function of Temperature for Seven Fluids. Computer Methods in Applied Mechanics and Engineering. 61: 177-187.

# 附录 A　欧拉叶轮机械方程和转焓

## 欧拉叶轮机械方程

根据欧拉叶轮机械方程,传递到流体或者来自流体的气动功率仅是扭矩与转子角速度(单位是 rad/s)的乘积。在泵、风扇和压气机中,功率传递给流体,以增加其角动量出流的速度。在涡轮中,功率从流体传递到转子,以降低角动量出流的速度。

考虑如图 A.1 所示的转子相邻叶片之间形成的旋转通道中的稳态绝热流动。截面 1(入口)的速度矢量 $\boldsymbol{V}_1$ 和截面 2(出口)的速度矢量 $\boldsymbol{V}_2$ 在轴向、径向和切向上都有分量。子午速度 $V_{xr}$ 是轴向速度和径向速度的合成,是截面 1 和截面 2 的质量速度。$V_{t1}$ 是截面 1 的切向速度,$V_{t2}$ 是截面 2 的切向速度。

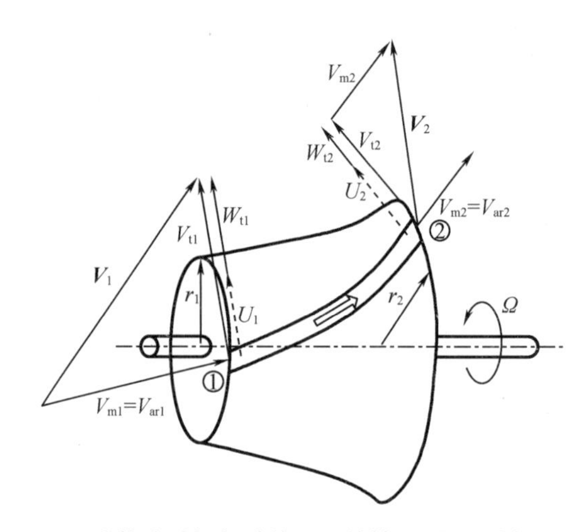


**图 A.1　流体流过相邻叶片之间的轴向-径向叶轮机通道**

对于恒定质量流量 $\dot{m}$,通过叶片通道的角动量方程产生的气动力矩为

$$\Gamma = \dot{m}(r_2 V_{t2} - r_1 V_{t1}) \tag{A.1}$$

由此确定气动功率传递,即气动力矩作用于流体控制体积的功传递速率:

$$P = \Gamma\Omega = \dot{m}(r_2 V_{t2} - r_1 V_{t1})\Omega = \dot{m}(U_2 V_{t2} - U_1 V_{t1}) \tag{A.2}$$

式中,$U_1$ 和 $U_2$ 分别为截面 1 和截面 2 的转子切向速度。用这些截面的总焓来表示稳态流动能量方程,上式也可以写成

$$P = \dot{m}(h_{02} - h_{01}) \tag{A.3}$$

与式(A.2)联立,可以得到

$$h_{02} - h_{01} = U_2 V_{t2} - U_1 V_{t1} \tag{A.4}$$

这就是著名的欧拉叶轮机械方程。该方程表明,对于涡轮,功从流体传递到转子,得到

$h_{02}<h_{01}$ 和 $U_2V_{t2}<U_1V_{t1}$。对于压气机、风扇和泵来说，功从转子传递到流体，得到 $h_{02}>h_{01}$ 和 $U_2V_{t2}>U_1V_{t1}$。叶轮机械的坐标系是非惯性坐标系，在这个参考系中具有离心力和科氏力，式(A.4)使用了惯性(绝对)参考系中的量，参见 Sultanian(2015, 2019)对该方程的进一步讨论。

对轴流机械，$r_1 \approx r_2$，$U_1 \approx U_2$，由式(A.4)可知，总焓的变化完全由流动切向速度的变化引起，例如 $\Delta h_0 = \overline{U}\Delta V_t$ 要求叶片带弯度。然而，对于径向流动机械，总焓的变化主要由半径变化带来转子切向速度的变化引起，即 $\Delta h_0 = \Delta U\overline{V}$。

在式(A.4)中代入 $V_t = W_t + r\Omega$，可得

$$h_{02} - h_{01} = (U_2W_{t2} - U_1W_{t1}) + (r_2^2 - r_1^2)\Omega^2$$

式中，$U_2W_{t2}-U_1W_{t1}$ 表示空气动力作用下的比功传递，$(r_2^2-r_1^2)\Omega^2$ 表示科氏力作用下的比功传递，参见 Lewis(1996)。

## 转　焓

重新排列式(A.4)

$$h_{01} - U_1V_{t1} = h_{02} - U_2V_{t2} \tag{A.5}$$

这表明，在绝热条件下(没有传热)，在转子流动中任意一点的$(h_0-UV_t)$保持恒定，称之为转焓，表示为

$$I = h_0 - UV_t = h + \frac{V^2}{2} - UV_t \tag{A.6}$$

式中，$h_0$ 和 $V_t$ 都在静子(绝对)参考系中。

对于在转子参考系中表示式(A.6)，有

$$V^2 = V_x^2 + V_r^2 + V_t^2 \tag{A.7}$$

$$W^2 = W_x^2 + W_r^2 + W_t^2 \tag{A.8}$$

和

$$V_t = W_t + U \tag{A.9}$$

式中，$U$ 为转子当地切向速度。将式(A.9)中 $V_t$ 代入式(A.7)，并且 $W_x = V_x$，$W_r = V_r$，得到

$$V^2 = W_x^2 + W_r^2 + W_t^2 + 2W_tU + U^2 \tag{A.10}$$

在式(A.6)中使用式(A.9)和式(A.10)可得

$$I = h + \frac{W_x^2 + W_r^2 + W_t^2 + 2W_tU + U^2}{2} - U(W_t + U)$$

该式进一步简化为

$$I = h + \frac{W^2}{2} - \frac{U^2}{2} = h_{0R} - \frac{U^2}{2} \tag{A.11}$$

式中，$h_{0R}$ 为转子参考系的比总焓。对于 $c_p$ 恒定的完全气体，把这个方程写成

$$I = c_pT_{0R} - \frac{U^2}{2} \tag{A.12}$$

式中，$T_{0R}$ 为转子参考系的内流体总温度。根据这个方程，在转子的任意一点，用流动的旋

转焓值衡量流动的相对总焓比用固体旋转时的动态焓值高。

对于等熵流,得到

$$dh = \frac{dp}{\rho} \tag{A.13}$$

对于不可压缩流,结合式(A.11)可得

$$\frac{p_1}{\rho} + \frac{W_1^2}{2} - \frac{U_1^2}{2} = \frac{p_2}{\rho} + \frac{W_2^2}{2} - \frac{U_2^2}{2}$$

$$\frac{p_{0R1}}{\rho} - \frac{U_1^2}{2} = \frac{p_{0R2}}{\rho} - \frac{U_2^2}{2} \tag{A.14}$$

$$p_{0R2} - p_{0R1} = \frac{\rho U_2^2}{2} - \frac{\rho U_1^2}{2}$$

式中,$p_{0R1}$ 和 $p_{0R2}$ 分别为点 1 和点 2 的相对总压。

## 欧拉叶轮机械方程的另一种形式

对于转子的绝热流动,转焓在两点之间保持不变,即 $I_1 = I_2$。由式(A.11)可以写出

$$h_1 + \frac{W_1^2}{2} - \frac{U_1^2}{2} = h_2 + \frac{W_2^2}{2} - \frac{U_2^2}{2}$$

$$h_2 - h_1 = \left(\frac{W_1^2}{2} - \frac{W_2^2}{2}\right) + \left(\frac{U_2^2}{2} - \frac{U_1^2}{2}\right) \tag{A.15}$$

这就是用流动相对速度的比动能的变化和转子切向速度的比动能的变化来表示转子比静焓的变化。

根据比总焓的定义,可以把位置 1 和位置 2 的比总焓的变化写成

$$h_{02} - h_{01} = (h_2 - h_1) + \left(\frac{V_2^2}{2} - \frac{V_1^2}{2}\right) \tag{A.16}$$

将式(A.15)中的 $h_2 - h_1$ 代入,得到欧拉叶轮机械方程的另一种形式:

$$h_{02} - h_{01} = \left(\frac{W_1^2}{2} - \frac{W_2^2}{2}\right) + \left(\frac{U_2^2}{2} - \frac{U_1^2}{2}\right) + \left(\frac{V_2^2}{2} - \frac{V_1^2}{2}\right) \tag{A.17}$$

## 在静子和转子参考系之间转换总压和总温

在叶轮机械设计应用中,经常需要将静子参考系的总温和总压转换到转子参考系,使用两个参考系中转焓的定义来完成这项任务。

为了将转子坐标系的总温转换为静子坐标系的总温,用式(A.6)和式(A.11)表示:

$$h_0 - UV_t = h_{0R} - \frac{U^2}{2}$$

$$c_p T_0 - UV_t = c_p T_{0R} - \frac{U^2}{2}$$

$$T_0 = T_{0R} + \frac{U}{2c_p}(U + 2W_t) \tag{A.18}$$

$T_0 = T_{0R}$，可以得到 $W_t = -U/2$。

对于等熵可压缩流动，计算静子参考系内的总压：

$$\frac{p_0}{p_{0R}} = \left(\frac{T_0}{T_{0R}}\right)^{\frac{\gamma}{\gamma-1}} = \left[1 + \frac{U(U + 2W_t)}{2c_p T_{0R}}\right]^{\frac{\gamma}{\gamma-1}} \tag{A.19}$$

这里用的静压和静温都是流体性质，与参考系无关。

为了将静子坐标系的总温转换为转子坐标系的总温，将式(A.18)改写为

$$T_{0R} = T_0 - \frac{U}{2c_p}(U + 2W_t)$$

用 $V_t$ 代替 $W_t$，并做进一步简化：

$$T_{0R} = T_0 + \frac{U}{2c_p}(U - 2V_t) \tag{A.20}$$

代入 $T_{0R} = T_0$，得到 $V_t = U/2$。

对于等熵可压缩流，可以用该公式计算转子参考系内的总压：

$$\frac{p_{0R}}{p_0} = \left(\frac{T_{0R}}{T_0}\right)^{\frac{\gamma}{\gamma-1}} = \left[1 + \frac{U(U - 2V_t)}{2c_p T_0}\right]^{\frac{\gamma}{\gamma-1}} \tag{A.21}$$

# 参考文献


Lewis, R. I. 1996. Turbomachinery Performance Analysis. New York: John Wiley and Sons.

Sultanian, B. K. 2015. Fluid Mechanics: An Intermediate Approach. Boca Raton, FL: Taylor & Francis.

Sultanian, B. K. 2019. Logan's Turbomachinery: Flowpath Design and Performance Fundamentals, 3rd edition. Boca Raton: Taylor & Francis.

# 附录 B 轴流压气机和涡轮的无量纲速度三角形

## 引 言

在本附录中,推导出了与性能参数相关的方程,即流量系数、叶片载荷系数和轴流压气机和涡轮的反动度,用于计算沿恒定半径和恒定叶片速度的流线的进出口速度三角形的所有参数。利用恒定的叶片速度将绝对流速和相对流速归一化,得到了一种直接从这三个性能参数绘制无量纲速度三角形的快速方法。所得到的速度三角形具有以共同的顶点连接的叶片进口和出口速度三角形的特性。一旦构造完成,可以将每个速度三角形沿切向(水平)滑动,得到复合的进出口速度三角形,其对应叶片速度的无量纲单位向量。

## 速度三角形的符号表示

在用速度三角形分析叶轮机械设计时,需要使用符号。根据这里使用的符号约定:当 $V_t$ 和 $W_t$ 与叶片速度 $U$ 同向时,$V_t$ 和 $W_t$ 为正,否则这些速度就是负的;当切向速度分量为正时,绝对气流角 $\alpha$ 和相对气流角 $\beta$ 为正,否则这些角度就是负的。图 B.1 描述了这里使用的符号约定。对于图 B.1(a)中的速度三角形,所有的量都是正的。然而,在图 B.1(b)中,$\beta$ 和 $W_t$ 都是负的,其余都是正的。对于图 B.1(b)所示的速度三角形,如果不使用现有的符号约定,只简单地加上 $U$ 和 $W_t$,就会导致 $V_t$ 的值不正确。

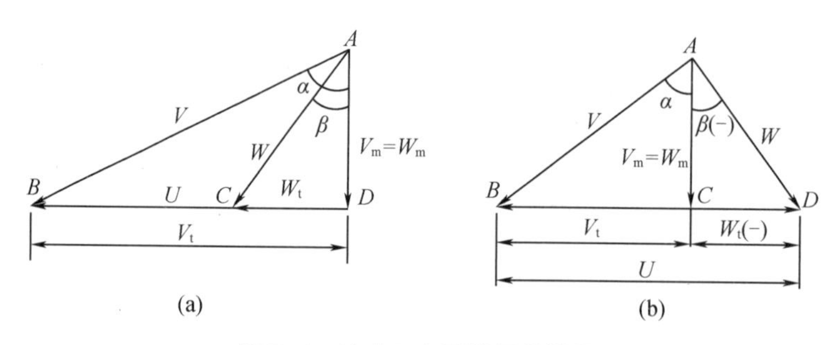


**图 B.1 速度三角形使用的符号**

图 B.2 为轴流压气机叶片进出口速度三角形。图 B.3 为轴流涡轮叶片进出口速度三角形。

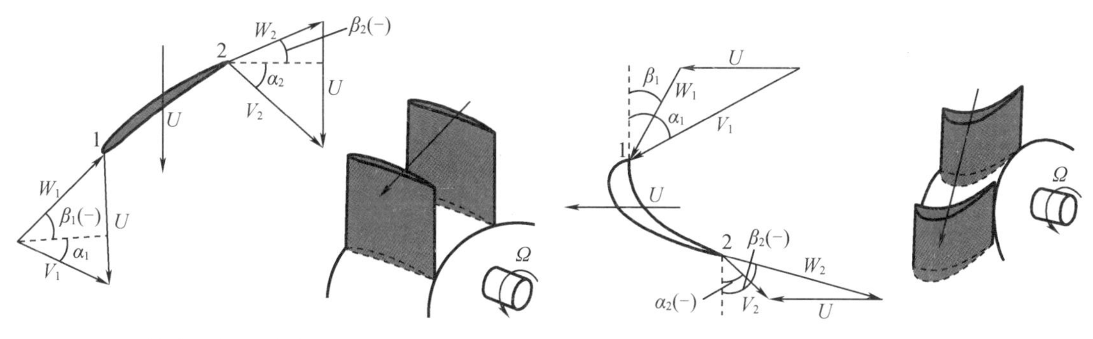


图 B.2 轴流压气机叶片进出口速度三角形　　图 B.3 轴流涡轮叶片进出口速度三角形

# 性能参数

叶轮机械的三个关键性能参数是流量系数 $\varphi$、叶片载荷系数 $\psi$ 和反动度 $R$。这里使用轴流压气机和涡轮的级定义,如图 B.4 所示。注意,在这两种情况下,转子的入口都用 1 表示,出口都用 2 表示。

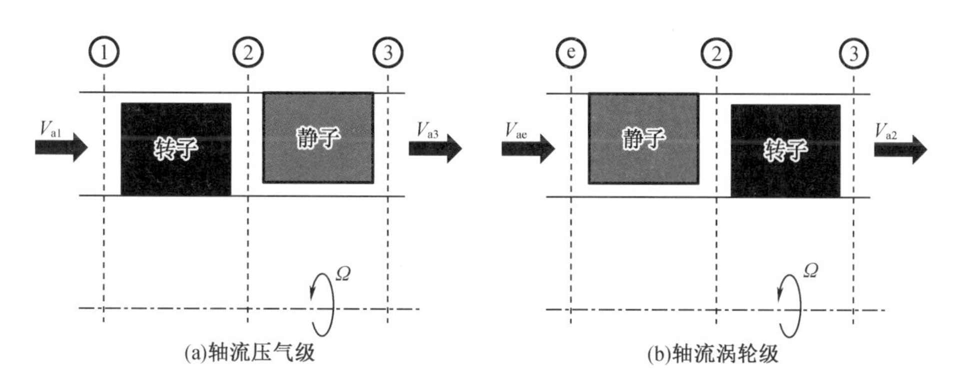


图 B.4 叶轮机械子午视图

对于 $U_1=U_2=U$ 的轴流压气机和涡轮,三个性能参数定义如下。

## 流量系数

流量系数定义为

$$\varphi=\frac{V_a}{U} \tag{B.1}$$

## 载荷系数

载荷系数定义为

$$\psi=-\frac{\Delta h_0}{U^2} \tag{B.2}$$

用欧拉叶轮机械方程(见附录 A)表示为

$$\psi=-\frac{U_2V_{t2}-U_1V_{t1}}{U^2} \tag{B.3}$$

当轴流叶轮机械 $U_1=U_2=U$ 时,式(B.3)可以简化为

$$\psi=-\frac{V_{t2}-V_{t1}}{U}=-\frac{\Delta V_t}{U} \tag{B.4}$$

这使得轴流压气机的 $\psi$ 为负,涡轮的 $\psi$ 为正。

当 $V_t=W_t+U$ 时,可以将式(B.4)改写为

$$\psi=-\frac{\Delta V_t}{U}=-\frac{\Delta W_t}{U}=-\frac{W_{t2}-W_{t1}}{U} \tag{B.5}$$

## 反动度

用(B.6)来定义叶轮机的反动度

$$R=\frac{\Delta h_{\text{rotor}}}{\Delta h_{\text{stage}}}=\frac{\Delta h_{\text{rotor}}}{\Delta h_{\text{stator}}+\Delta h_{\text{rotor}}} \tag{B.6}$$

为了对反动度有一个直观的理解,考虑级静子和转子的静压变化。例如图 B.5(a)所示的冲击叶轮,静压的整个变化发生在喷嘴内,静压在转子保持恒定。根据方程(B.6),在这种情况下,反动度为零。对于图 B.5(b)所示的流动情况,静压的变化同时发生在静叶和动叶通道内。如果这两个变化相等,该涡轮级将有 $R=50\%$的反动度。图 B.5(c)是一个草坪洒水器,静压的整个变化发生在每个旋转臂上,因此有 $R=100\%$的反动度。

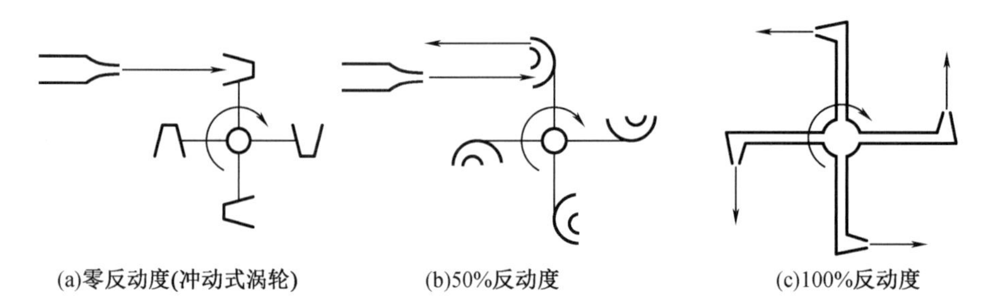

(a)零反动度(冲动式涡轮)　(b)50%反动度　(c)100%反动度

**图 B.5　不同反动度下叶轮流动情况**

对于图 B.1(a)所示的轴流压气机级,可以写成

$$R=\frac{h_2-h_1}{(h_3-h_2)+(h_2-h_1)} \tag{B.7}$$

当整个静子(绝热无功传递)的总(滞止)焓保持不变时,得到

$$h_{02}=h_{03}$$

$$h_2+\frac{V_2^2}{2}=h_3+\frac{V_3^2}{2}$$

$$h_3-h_2=\frac{V_2^2}{2}-\frac{V_3^2}{2} \tag{B.8}$$

由于转子中的转焓保持不变(见附录 A),可以写成

$$I_1 = I_2$$

$$h_1 + \frac{W_1^2}{2} - \frac{U_1^2}{2} = h_2 + \frac{W_2^2}{2} - \frac{U_2^2}{2}$$

对于 $U_1 = U_2$ 的轴流式压气机,简化为

$$h_2 - h_1 = \frac{W_1^2}{2} - \frac{W_2^2}{2} \tag{B.9}$$

将式(B.7)代入式(B.8)和式(B.9),得到

$$R = \frac{W_1^2 - W_2^2}{(V_2^2 - V_3^2) + (W_1^2 - W_2^2)}$$

当压气机级进出口的绝对速度相等($V_1 = V_3$)时,重复级简化为

$$R = \frac{W_1^2 - W_2^2}{(V_2^2 - V_1^2) + (W_1^2 - W_2^2)} \tag{B.10}$$

如果也假定转子进出口轴向速度保持恒定($V_{a1} = V_{a2}$),则式(B.10)变为

$$R = \frac{W_{t1}^2 - W_{t2}^2}{(V_{t2}^2 - V_{t1}^2) + (W_{t1}^2 - W_{t2}^2)} \tag{B.11}$$

将 $V_{t1} = W_{t1} + U$ 和 $V_{t2} = W_{t2} + U$ 代入式(B.11),有

$$R = \frac{W_{t1}^2 - W_{t2}^2}{[(W_{t2}^2 + 2W_{t2}U + U^2) - (W_{t1}^2 + 2W_{t1}U + U^2)] + (W_{t1}^2 - W_{t2}^2)}$$

$$R = \frac{(W_{t1} - W_{t2})(W_{t1} + W_{t2})}{2U(W_{t2} - W_{t1})}$$

$$R = -\frac{W_{t1} + W_{t2}}{2U} \tag{B.12}$$

由于 $W_{t1} = V_{t1} - U$, $W_{t2} = V_{t2} - U$,可以用转子进出口切向绝对速度表示为

$$R = 1 - \frac{V_{t1} + V_{t2}}{2U} \tag{B.13}$$

为了计算图 B.4(a)所示的轴流压气机级的反动度,在此推导出的式(B.12)和式(B.13)也适用于图 B.4(b)所示的轴流涡轮级。

## 无量纲速度三角形

进出口轴流速度相等的轴流压气机和涡轮的复合进出口速度三角形有两种绘制方式:(1)使用叶片速度 $U$ 作为转子进口和出口速度三角形的公共底边,如图 B.6(a)所示;(2)使用绝对和相对速度的连接点作为转子进口和出口速度三角形的共同顶点,如图 B.6(b)所示。在第一种情况下,两个三角形的峰值之间的距离为载荷系数乘以叶片速度的大小。在第二种情况下,绝对速度之间的夹角给出了动叶片的气流折转角($\alpha_1 - \alpha_2$)。

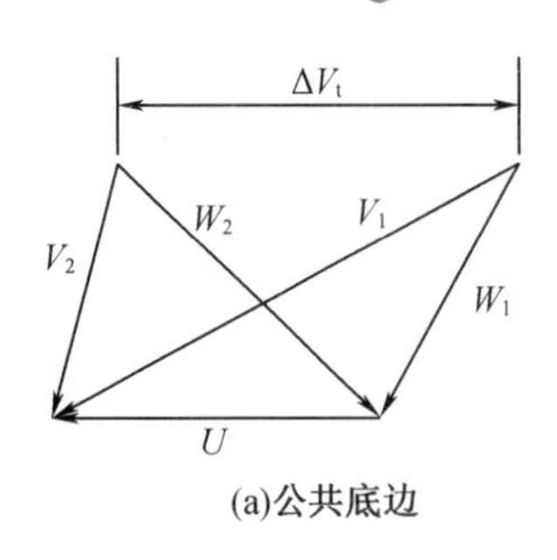

(a)公共底边

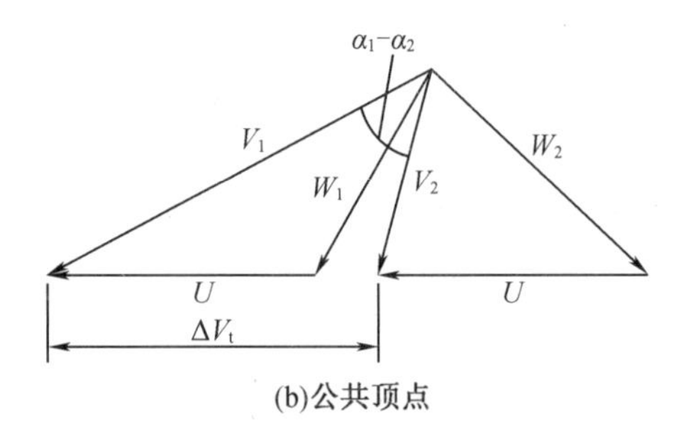

(b)公共顶点

图 B.6　复合进出口速度三角形

图 B.7(a)和图 B.7(b)分别为轴流压气机和轴流涡轮的速度三角形,其顶点为一个公共顶点,每个速度通过除以叶片速度 $U$ 来无量纲化。在这些速度三角形中,有量纲的叶片速度变为单位一量。每个无量纲速度三角形都有 $\varphi$、$\psi$ 和 $R$ 三个性能参数,这在前面已经介绍过了。值得注意的是,可以从轴流压气机的速度三角形中得到轴流涡轮的速度三角形,反之亦然,即只需简单地交换不同量的下标 1 和 2 即可,这意味着压气机出口成为涡轮进口,压气机进口成为涡轮出口,$\varphi$、$\psi$ 和 $R$ 有相同的值。

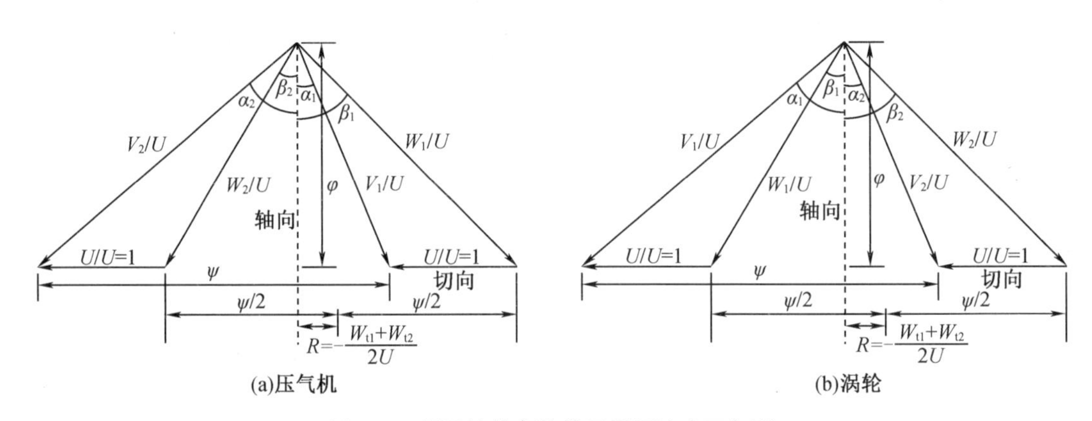

(a)压气机　　(b)涡轮

图 B.7　显示性能参数的无量纲速度三角形

## 计算无量纲速度三角形的速度和角度的方程推导

在介绍一种使用性能参数快速绘制无量纲速度三角形的方法之前,首先推导出计算转子进口和出口的无量纲绝对速度和相对速度的方程,以及它们的气流角度(偏离轴向)。对于这些推导,使用图 B.7 所示的速度三角形。

### 转子进口绝对气流角

由图 B.4(a)的入口速度三角形可知

$$\tan\alpha_1=\frac{V_{t1}}{V_a}=\frac{V_{t1}}{U}\cdot\frac{1}{\varphi}\tag{B.14}$$

由方程(B.4)对载荷系数 $\psi$ 的定义,可以得到

$$\frac{V_{t2}}{U} = -\psi + \frac{V_{t1}}{U} \tag{B.15}$$

将 $\theta_{\theta 2}/U$ 代入式(B.13),得到

$$R = 1 + \frac{\psi}{2} - \frac{V_{t1}}{2U} - \frac{V_{t1}}{2U} = 1 + \frac{\psi}{2} - \frac{V_{t1}}{U}$$

$$\frac{V_{t1}}{U} = \frac{\psi}{2} - R + 1 \tag{B.16}$$

将式(B.16)中的 $V_{t1}/U$ 代入式(B.14),最后得到

$$\tan \alpha_1 = \frac{0.5\psi + (1 - R)}{\varphi}$$

$$\alpha_1 = \arctan\left[\frac{0.5\psi + (1 - R)}{\varphi}\right] \tag{B.17}$$

## 转子出口绝对气流角

由图 B.7(a)的出口速度三角形,可以写出

$$\tan \alpha_2 = \frac{V_{t2}}{V_a} = \frac{V_{t2}}{U} \cdot \frac{1}{\varphi} \tag{B.18}$$

由式(B.4)得到

$$\frac{V_{t1}}{U} = \psi + \frac{V_{t2}}{U} \tag{B.19}$$

将式中的 $V_{t1}/U$ 代入式(B.13)得到

$$R = 1 - \frac{\psi}{2} - \frac{V_{t2}}{2U} - \frac{V_{t2}}{2U} = 1 - \frac{\psi}{2} - \frac{V_{t2}}{U}$$

$$\frac{V_{t2}}{U} = -\frac{\psi}{2} + 1 - R \tag{B.20}$$

将这个方程中的 $V_{t2}/U$ 代入式(B.18),最后得到

$$\tan \alpha_2 = -\frac{0.5\psi - (1 - R)}{\varphi}$$

$$\alpha_2 = \arctan\left[\frac{(1 - R) - 0.5\psi}{\varphi}\right] \tag{B.21}$$

## 转子入口相对气流角

由图 B.7(a)的入口速度三角形可以写出

$$\tan \beta_1 = \frac{W_{t1}}{V_a} = \frac{W_{t1}}{U} \cdot \frac{1}{\varphi} \tag{B.22}$$

由式(B.5)对载荷系数 $\psi$ 的定义,得到

$$\frac{W_{t2}}{U} = -\psi + \frac{W_{t1}}{U} \tag{B.23}$$

将该式中的 $W_{t2}/U$ 代入式(B.12)得到

$$R=\frac{\psi}{2}-\frac{W_{t1}}{2U}-\frac{W_{t1}}{2U}=\frac{\psi}{2}-\frac{W_{t1}}{U}$$

$$\frac{W_{t1}}{U}=\frac{\psi}{2}-R \tag{B.24}$$

将 $W_{t1}/U$ 代入式(B.23),最终得到

$$\tan\beta_1=\frac{0.5\psi-R}{\varphi}$$

$$\beta_1=\arctan\left(\frac{0.5\psi-R}{\varphi}\right) \tag{B.25}$$

## 转子出口相对气流角

由图 B.7(a)的出口速度三角形可以写出

$$\tan\beta_2=\frac{W_{t2}}{V_a}=\frac{W_{t2}}{U}\cdot\frac{1}{\varphi} \tag{B.26}$$

由式(B.5)得到

$$\frac{W_{t1}}{U}=\psi+\frac{W_{t2}}{U} \tag{B.27}$$

将式(B.27)代入式(B.12),得到

$$R=-\frac{\psi}{2}-\frac{W_{t2}}{2U}-\frac{W_{t2}}{2U}=-\frac{\psi}{2}-\frac{W_{t2}}{U}$$

$$\frac{W_{t2}}{U}=-\frac{\psi}{2}-R \tag{B.28}$$

将式(B.28)代入式(B.26),最终得到

$$\tan\beta_2=-\frac{0.5\psi+R}{\varphi}$$

$$\beta_2=\arctan\left(-\frac{0.5\psi+R}{\varphi}\right) \tag{B.29}$$

## 转子入口无量纲绝对速度

由图 B.7 所示轴流压气机和涡轮的进口速度三角形可知

$$\left(\frac{V_1}{U}\right)^2=\left(\frac{V_a}{U}\right)^2+\left(\frac{V_{t1}}{U}\right)^2=\varphi^2+\left(\frac{V_{t1}}{U}\right)^2$$

将 $V_{t1}/U$ 代入式(B.16),可以得到

$$\frac{V_1}{U}=[\varphi^2+(0.5\psi-R+1)^2]^{1/2} \tag{B.30}$$

## 转子出口无量纲绝对速度

由图 B.7 所示轴流压气机和涡轮出口速度三角形可知

$$\left(\frac{V_2}{U}\right)^2=\left(\frac{V_a}{U}\right)^2+\left(\frac{V_{t2}}{U}\right)^2=\varphi^2+\left(\frac{V_{t2}}{U}\right)^2$$

将 $V_{t2}/U$ 代入式(B.20),可以得到

$$\frac{V_2}{U}=[\varphi^2+(0.5\psi+R-1)^2]^{1/2} \tag{B.31}$$

### 转子入口无量纲相对速度

由图 B.7 所示轴流压气机和涡轮的进口速度三角形可知

$$\left(\frac{W_1}{U}\right)^2=\left(\frac{V_a}{U}\right)^2+\left(\frac{W_{t1}}{U}\right)^2=\varphi^2+\left(\frac{W_{t1}}{U}\right)^2$$

将 $W_{t1}/U$ 代入式(B.24),得到

$$\frac{W_1}{U}=[\varphi^2+(0.5\psi-R)^2]^{1/2} \tag{B.32}$$

### 转子出口无量纲相对速度

由图 B.7 所示轴流压气机和涡轮出口速度三角形可知

$$\left(\frac{W_2}{U}\right)^2=\left(\frac{V_a}{U}\right)^2+\left(\frac{W_{t2}}{U}\right)^2=\varphi^2+\left(\frac{W_{t2}}{U}\right)^2$$

将 $W_{t2}/U$ 代入式(B.28),可以得到

$$\frac{W_2}{U}=[\varphi^2+(0.5\psi+R)^2]^{1/2} \tag{B.33}$$

## 使用 $\varphi$、$\psi$ 和 $R$ 快速绘制无量纲速度三角形

为了使用 $\varphi$、$\psi$ 和 $R$ 绘制轴流压气机和涡轮的无量纲速度三角形,在这里为其中的 $\varphi=0.5$,$\psi=-0.5$ 和 $R=0.5$ 的轴流压气机提供了一个计算步骤。注意,在无量纲速度三角形中,无量纲叶片速度($U/U$)始终是单位一量的,为了绘图,在这里用 10 cm 表示。

### 步骤 1:流量系数

如图 B.8 所示,首先绘制了两条用点隔开的水平平行线,其中 $\varphi=0.5$ 的给定值为 5 cm;还画了一条虚线作为轴向,与两条水平线相交。速度三角形的公共顶点位于顶部水平线上,所有的绝对和相对流速矢量将终止于底部水平线,代表切向方向。

### 步骤 2:级反动度

如图 B.9 所示,在底部水平线上从虚线处标记一个 5 cm 的点,对应于 $R=0.5$。将这一点与顶点连接起来,就得到了通过叶片通道的平均相对流速。

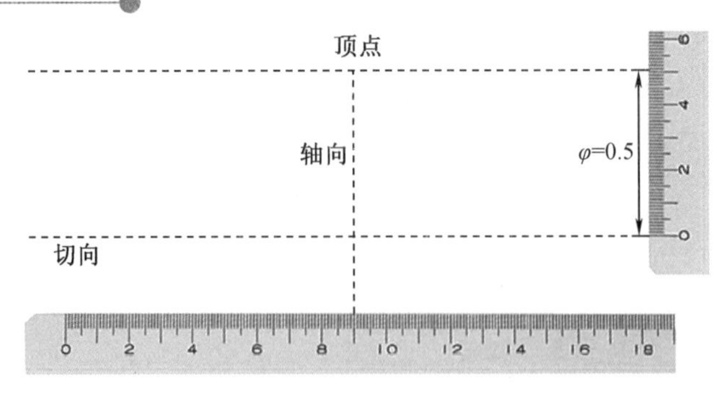


图 B.8　部分绘制的无量纲速度三角形，显示流量系数

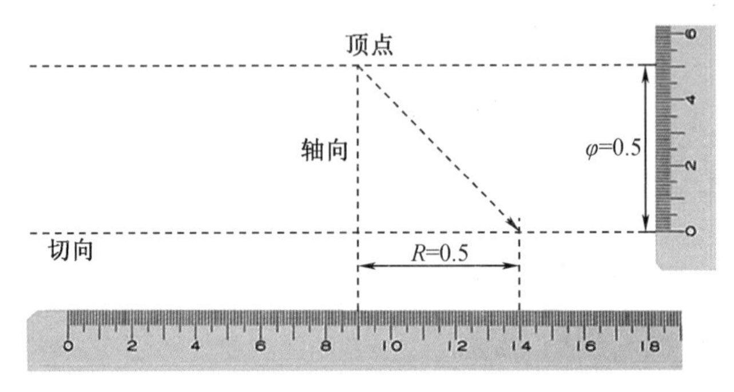


图 B.9　部分绘制的无量纲速度三角形，显示流动系数、级反动度、通过叶片通道的平均相对流速

## 步骤 3：叶片进出口无量纲相对流速

在底部的水平线上，标记了两个点，分别在平均相对流速尖端的两侧，这个距离对应于载荷系数量级（$|0.5\psi|=0.25$）的一半，如图 B.10 所示。将这些点连接到顶点，就得到了无量纲相对流速 $W_1/U$ 和 $W_2/U$。由于压气机转子扩散，有 $W_2/U<W_1/U$。

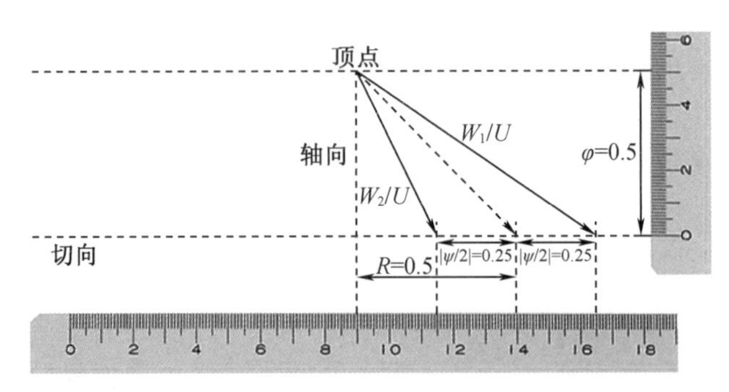


图 B.10　部分绘制的无量纲速度三角形，显示流量系数、级反动度、通过叶片的平均相对流速、叶片进出口相对流速

## 步骤 4：叶片进出口无量纲绝对流速

现在将底部水平线上每个无量纲相对流速矢量的尖端与无量纲叶片速度矢量（$U/U=1$）的尾部连接起来，连接该矢量尖端和共同顶点的直线给出了相应的无量纲绝对流速，如

图 B.11 所示。

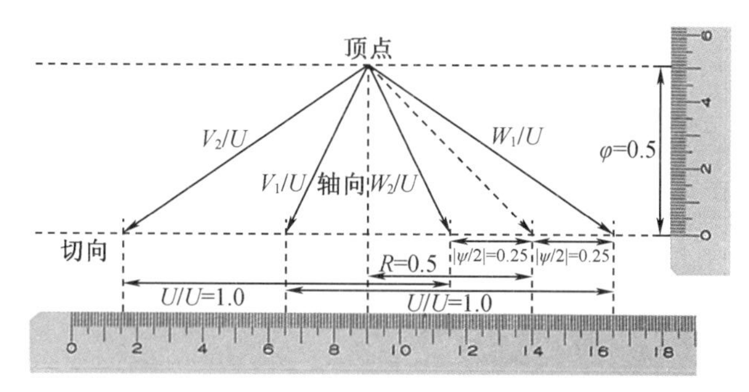


**图 B.11　部分绘制的无量纲速度三角形,显示流量系数、级反动度、通过叶片的平均相对流速、叶片进口和出口相对流速以及对应的绝对流速**

## 步骤 5:叶片进出口的绝对和相对气流角

最后,去掉多余的线条和构造辅助线,标记叶片进出口的绝对气流角和相对气流角,如图 B.12 所示。注意,按照前面的约定,在这种情况下,$\beta_1$ 和 $\beta_2$ 的相对气流角都是负的。

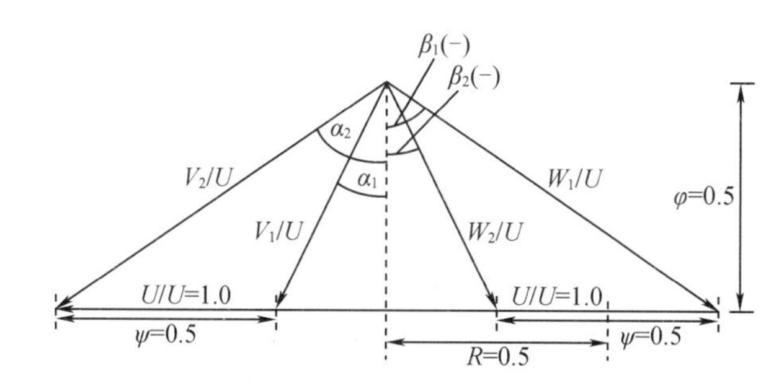


**图 B.12　给定性能参数 $\varphi$、$\psi$ 和 $R$ 的轴流压气机最终无量纲速度三角形**

对于图 B.11 所示的速度三角形,可以对叶片进口和出口的无量纲绝对流速和相对流速的大小进行缩放,并用量角器测量相应的绝对气流角和相对气流角。然而,上述公式得到了这些量的更精确的数值。使用这些方程,得到了以下数值。

### 转子进口

$$V_1/U=0.559,W_1/U=0.901,\alpha_1=26.57°,\ \beta_1=-56.31°$$

### 转子出口

$$V_2/U=0.901,W_2/U=0.559,\alpha_2=56.31°,\ \beta_2=-26.57°$$

当 $R$=0.5 时,这些计算值证实速度三角形是对称的。注意,轴流压气机的速度三角形如图 B.9 所示,其可以很容易地被转换为轴流涡轮的速度三角形,并且同样具有这些相同的性能参数($\varphi$=0.5,$\psi$=0.5,$R$=0.5),只需切换下所有涉及的量的下标 1 和 2 即可。